U0956679

基层农技推广人员知识更新培训教材

基层农技推广人员专业知识

（种植业与农机）

阳 淑 编 著

电子科技大学出版社

图书在版编目（CIP）数据

基层农技推广人员专业知识（种植业与农机）/ 阳淑编著. —成都：电子科技大学出版社，2013.3（2023.10 重印）

ISBN 978-7-5647-1497-0

Ⅰ.①基… Ⅱ.①阳… Ⅲ.①农业科技推广—岗位培训—教材 Ⅳ.①S3-33

中国版本图书馆 CIP 数据核字（2013）第 042386 号

基层农技推广人员知识更新培训教材

基层农技推广人员专业知识
（种植业与农机）

阳　淑　编著

出　　版： 电子科技大学出版社（成都市一环路东一段 159 号电子信息产业大厦　邮编：610051）
策划编辑： 辜守义
责任编辑： 辜守义
主　　页： www.uestcp.com.cn
电子邮箱： uestcp@uestcp.com.cn
发　　行： 新华书店经销
印　　刷： 成都金龙印务有限责任公司
成品尺寸： 185mm×260mm　**印张** 17.5　**字数** 425 千字
版　　次： 2013 年 3 月第一版
印　　次： 2023 年 10 月第十次印刷
书　　号： ISBN 978-7-5647-1497-0
定　　价： 46.00 元

编者的话

为了贯彻落实党的十八大和四川省省委第十次党代会精神，加强基层农技人员队伍建设，我们组织有关高等院校和科研院所的学者以及长期从事农业技术推广工作的专家，编写了基层农技人员培训考试用书，供全省各地开展对基层农业科技人员培训和考试使用。该套书是我国目前基层农技人员最新的一套培训考试教材，采用了国家最新标准、法定计量单位和最新名词、术语，并注重行业针对性和实用性，力求做到内容浅显易懂、图文并茂，让广大基层农业技术人员易于学习、掌握。由于编写时间较为仓促，教材中难免存在不足和错误，诚望各位专家和广大读者批评指正。

四川省基层农技推广人员培训考试教材编委会

2013 年 2 月

目 录

第一章

农业生产基础知识

第一节 农 技 推 广

一、农业推广方法分类

随着我国国民经济的发展和市场经济体制的完善建立，农业生产的发展也呈现出前所未有的新局面，农业推广工作也面临着新的挑战。顺应变化，因地、因时、因事而选择不同的农业推广工作方法，是确保完成农业推广项目、实现农业推广目标的前提。按照传播方式来划分，农业推广方法可以分为大众传播法、集体指导法和个别指导法。

二、农业推广的主要方法

（一）大众传播法

大众传播的本质是针对无限量的大众进行的有意识的传播活动。

大众传播的载体主要有印刷品、视听宣传工具（如广播、电影、电视、录音、录像、幻灯、投影等）和静态传播媒介（如科技展览、模型、照片等）。

1. 大众传播的重要特征

（1）速度快，范围广，信息量大。广播、录像、电影、电视、印刷品可以在短时间内将大量的信息传播出去。这种方式覆盖面大，科学可靠，具有广泛性和及时性。

（2）针对性，系统性，可查性强。如印刷品（报纸杂志，技术资料等），可以系统记录专项技术，项目要点等，在时间上伸缩性大，可长期保存，随时查阅，重复使用。

（3）信息传播权威性高。广播、电影、电视传播的信息一般是经过“组织化”的，发送单位有较高的声望（电台、电视台收集的），容易取得接受者信赖（一般不易假冒）。

（4）直观性、形象性。图片、样品、模型、电影、电视等传搭媒介，生动逼真、无抽象感，农民喜闻乐见，收效大，易于被大众接受。

（5）接收随意性大，成本低。由于传播面广，因此信息传播成本低，效益高，但有时播送、接受时间错位，所以接收随意性大，但一条信息可为多人接受，每个人成本低，广种薄收，推广对象可对号入座。

（6）传播方式单向性。报刊、杂志、广播、电视都属于单向传播，无法双句交流和反馈。

2. 大众传播过程

大众传播过程模式：S→M→C－R 模式，如图 1-1 所示。

S－M－C－R 模式各部分的含义：

S：新华社、电视台、报纸等。

M：信息的权威性；大量输送性；收讯者存在差异性和分散性，等等。

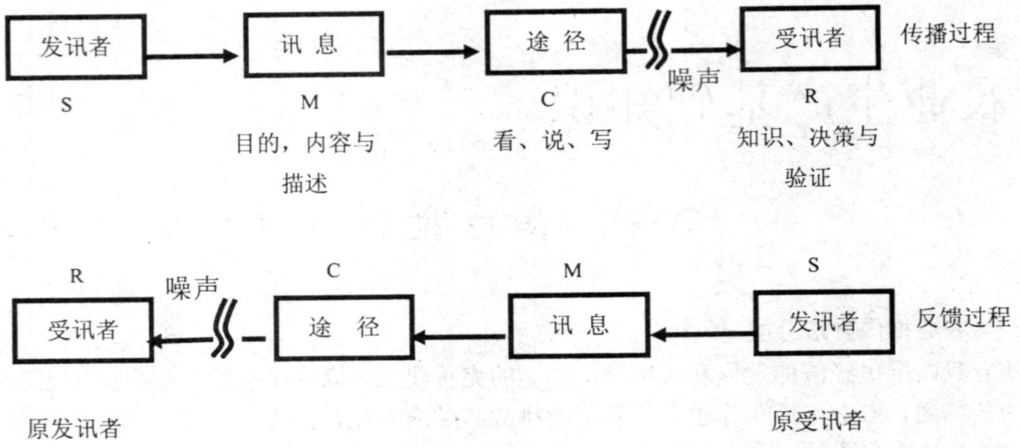

图1-1 传播过程的S-M-C-R模式

C：途径：传播媒介和方法。

R：受讯者：消化吸收信息和译码

3. 大众传播成功的条件

（1）发讯者和受讯者对于传播中使用的符号要有共同的了解和经验。

（2）消除传播过程中的障碍因素。这些障碍因素主要有：

① 语言障碍；② 传播途径障碍；③ 经验累积障碍；④ 消除立场失谐。

其中，立场失谐与经验累积只是程序上的不同，是指发讯者与受讯者存在观念不符而产生的一种排斥作用。

4. 大众传播主要方式

（1）印刷品等图文传播方式。依靠文字、图像，借助于适当的载体进行传播。包括报纸、杂志、黑板报及技术传单和小册子。

① 报纸、杂志。报纸是农业推广常用的知识信息传播渠道。优点是传播对象广，速度快，信息量大。准备内容及编辑时要注意掌握及时性、简要性、内容的准确性、生动性和趣味性。

杂志与报纸相比，具有信息量大，内容丰富，容易做到图文并茂，介绍内容系统性好等优点，但杂志周期长，没有报纸传播速度快。

② 黑板报。黑板报是一种经济实用的推广手段。通常是在人群密集的地方，利用墙壁等简单现有的条件，在黑板上用粉笔、毛笔、广告色或者印刷品张贴等工具，发布相关信息。

这种方式经济实惠，内容便于根据生产情况及时进行变换。要注意的就是要及时更换新内容，尽量做到图文并茂、内容生动、实用，能解决具体问题。

③ 技术传单和小册子。这也是一种形式简便的推广宣传印刷品。根据条件，可以用手写、油印、打印、复印等形式。要求突出地方特色，使用农民易懂的语言，切合农民心理特点，内容生动活泼，有吸引力。优点是周期短、针对性强、传送速度快。

（2）视听宣传工具。利用人的视觉、听觉感官接受信息的传播方法。由于视听工具传播速度快、影响面大、内容丰富，形式生动形象，且不受接受者文化水平的限制，所以应用十分广泛。常用的主要视听工具有以下几种：

① 广播。广播分为无线广播和有线广播。无线广播依靠电磁波传递声音，其特点是传播速度快、距离远，不受时间、空间的限制，在短时间内就可以把推广信息传递到大面积的范围，在紧急情况下这无疑是一种重要的有效手段。有线广播是利用电线传递声音的一种听觉媒介，它输送的距离相对较短，受到线路的限制，一般用于一定地区范围的信息传播。中央农业广播学校在我国农业推广上取得的重大成效，主要就归因于广播的成功应用。

② 电影。电影的优点是集声、像、色为一体，具有极强的真实感；还可以通过特殊的电影技术吸引观众，能收到一般的传播媒体达不到的直观效果；此外，通过拷贝，可同时在多地放映，是一种新型的理想的传播手段。美中不足的就是电影的制作时间长，成本高，不能及时根据生产特点变换传播内容。

③ 电视。电视具有无线广播和电影的双重特点，能远距离地传播并能把图像、文字逼真地在屏幕上再现。推广过程中能把图片、图表、幻灯片、电影等结合起来，是传播技术和信息的理想媒介。但节目制作成本昂贵。

④ 录音、录像。录音、录像适宜于要反复使用的特定内容的传播。它能把推广工作者的声音、形象真实地反映在接收者面前，是提高推广成效的重要辅助手段。

⑤ 幻灯。幻灯是推广教育中的一种重要视听工具。它制作成本低、体积小、易于制作，缺点是不能连续成像、无法声像同步，所以它只适合于一些特定的应用场合。

⑥ 投影仪。这是近年来广为使用的推广手段。它是利用投影仪、书写笔和透明胶片，即时地传递推广人员想要表达的文字等信息。在开展技术培训时较多地用来增强培训效果。

（3）静态传播媒介。以广告、标语以及展览陈列等方式在人群聚集地进行传播的方法。

现在我国多数地区每年都在开展农业展览。它是利用某一地区成功的技术或品种的实物定期地公开展出。展览过程中可以把实物、资料、视听讲解有机地结合起来，同时和参观者进行交流，因而效果非常显著。

展览一般要选择较大的交通方便的展馆，设置不同类型、不同地区的展厅。展览前要进行广泛的宣传，展览中要合理安排展品的摆放和光影的设计、声音图像的配套，等等。最好在展览的同时有讲解和示范，同时散发相关的资料进行推广。

展场主要陈列样品、模型和图片。

展览的实物样品有农用物资、农机具和农产品等，可以直接以实物展示。要选择有代表性的、能反映本实物基本特征的样品，并同时配上相关的简明的文字介绍，便于参观者迅速了解产品的主要功能、优缺点和使用方法等。

模型。一般对于不能移入展馆的实物，或者因为季节和生产原因不能搬运的产品，可以用模型的方式进行展出。模型要能基本反映实物的主要特征，也要求配上相应的文字说明和功能演示图。

图片与模型一样，都是针对特定的实物进行的一种展示。通过对实物照片进行合理的编辑、排列，达到反映实物生产技术过程，介绍实物主要特征的目的。

5. 大众传播的应用

在农业推广过程中，要根据农业项目特点和生产的不同关键阶段，采用不同的传播媒介，达到扬长避短的目的。一般在项目开始阶段，利用广播、电影等进行反复传播，目的是吸引农民注意，引起他们的重视。在农民开始注意后，可以利用实物展览等手段，使他们看到实际产品和项目效果，从而达到激发他们采用的兴趣。在农民试用时，可以利用报纸和技术资料，使他们掌握具体的技术并组织考察培训等，使他们最终接受新技术和新产品。

大众传播法通常适用于以下情况：

（1）新技术、新成果的大范围的传播。

（2）普遍性的技术信息和具有重大效益的信息。

（3）及时发布天气预报、病虫害预测、预报等，同时提出应对措施。

（4）对推广活动的宣传和成功经验的广泛传播。

（5）多数人所普遍关心的问题的解决办法等。

（6）多数人需要反复强化的信息或建议。

（二）集体指导

集体指导又叫着小组指导或团体指导法，是指针对相同类型、相同地区，在生产条件和经营方法也相似的条件下，推广人员把从事相同类型生产的农民组织起来，通过小组会议、示范、培训、参观考察等方法，对农民进行集中指导和推广的方法。

集体指导和大众传播比较。因为集体指导是针对小范围内的一定地区的农民，在内容的针对性，时间、地点的灵活性上会更适合特定的对象，所以效果更好。但是大众传播比集体指导覆盖面要大得多，由此，大众传播是一种大范围的“面”上的农业推广方法，而集体指导是一个地区“点”上的农业推广方法。

集体指导比个别指导应用更广泛。主要是因为一定地域的农民，往往有近似的共性；同时，因为集体指导同时向多人进行指导，而且可以根据生产阶段性和生产特点灵活安排，可以大大提高推广工作的效率；又因为集体指导人数不是太多，是以小组的形式进行组织，技术培训人员和农民之间以及农民相互之间都可以进行充分的交流，所以集体指导效果是非常好的。因而集体指导是一种兼顾效率和效果、兼有组织性和灵活性的推广方法。

1. 集体指导法的特点

（1）指导范围相对较大，有利于提高推广效率和农业推广的经济效益。集体指导是一种规模较小的集体教育，推广对象相对较多。农业推广人员把信息通过集体指导传递给推广对象，他们又可以进一步把信息传播到更多农民手中，这样可以节约时间，大大提高农业推广的效率和效益。

（2）便于信息反馈和双向的互动交流。通过推广人员和推广对象的相互交流，农民可以得到更多、更细致、更具体的专业指导，推广人员也可以从农民反馈的信息中得到有益的提高和补充，并及时调整和修正推广方法和内容，以提高农业推广的效果。

（3）有利于农业推广方式的灵活多样，以达到最佳的农业推广效果。可以通过示范教学、集体讨论、经验交流等灵活多样的推广活动，澄清和修正农民对问题的不正确的认识和理解上的片面性，并及时发现普遍性的问题，以避免在正式实施时造成不必要的损失。

（4）主要是解决小范围内带共性的问题，不一定能完全满足每个人的特殊要求。因为集体指导主要目的还是在于一个群体的整体效果，短时间内不可能对每个人的每个具体的问题都进行详尽的指导或讨论。

2. 集体指导法的应用

（1）集体教学。集体教学是在同一时间、同一地点，面向较多农民进行教学活动。组织集体教学的方法主要有：短期培训班、专题讲座、科技报告会、工作布置会、经验交流会、专题讨论会、农民学习小组以及村民会议等多种形式。也可以在一次集体教学中多种方法同时使用。

集体教学一般是请大专院校有经验的专家或者生产第一线的劳模、优秀的示范户等进行讲解。对象主要是村组干部、农民技术员、科技示范户以及农民骨干参加。内容要适合当地农民的需要，还要针对当地的特殊情况，要少而精，使农民愿意听。时间不宜太长，而且要安排在当地农时允许的时间进行。地点要方便多数参加人员。方法要讲效果，要力求生动，并能结合具体实例、最好能结合田间操作来进行教学。

① 培训班。在开始培训前，首先是制订培训计划。培训计划通常包括：培训名称、培训主题、内容安排，讲授者介绍、听众数量和类型、培训时间安排、参考资料及为听众准备的纸质资料、听众已有的基础知识分析、地点及布置；其次是时间和地点要精心安排。培训要尽可能安排在农闲时间，并确保在事前把有关培训人员及参加时间与地点通知到有关人员，便于人们及早安排。地点要尽量照顾多数人的交通方便，如果可能，要配备一定的教学设备并检查周边环境，是否有噪音和其他干扰因素存在；最后是实施培训工作时，要有专人负责现场，以提供多种可能的服务，达到最大限度地增强培训效果。

② 小组讨论。讨论是集体指导法中最有效的一种方法。农业推广人员提出事先经过设计选择的讨论题目，农民及技术员参加讨论，最后形成一致的结论或观点的方法。

小组讨论需要经过精心的设计。首先，讨论的主题，要能引起农民群众的兴趣，要是当前农民所关注的问题，这样参加者才有积极性，讨论的时候也才有自己的观点，也才有思辨的激情；其次是要选定讨论主持人，主持人可以引导大家讨论，同时逐步改变讨论者原有的态度和观点，并及时防止和纠正讨论偏离主题，以提高讨论效果。小组讨论的最主要的不足，就是容易造成时间的浪费。

（2）成果示范。农业推广人员把在当地经过试验程序并取得成功的项目有计划地在一定范围内进行实际应用，目的是做出样板，示范给其他农民，引导他们来参观学习，达到引起他们兴趣、鼓励他们效仿的一种集体指导推广方法。因为直接用农民实际成功的经验去推广新技术，容易引起农民兴趣，并具有很强的说服力，农民易于接受。

成果示范前要有详尽的计划，并取得当地政府主要领导的支持和争取足够的资金和物资的配套。具体包括以下步骤：

① 示范点、线的选择。根据当地的地理状况，合理确定示范点，由多个示范点连成一定形状的示范分步（线）。一般平原地区，可以采用“梅花布点式”示范；交通不便的山区，可根据山川走向，采用“条状布点式”示范。各种分布的目的，是为了兼顾参观方便和示范点的代表性，提高示范效果。每个示范点要有对照，立示范标志牌，标志牌上要标明题目、内容、方法、时间及示范单位、负责人和实施农户的姓名。示范的规模要合理，不可太小，目的是要能代表特定的生产条件。

② 确定示范户。示范点多数应该放在有经验、文化水平高、接受能力强、群众中有威信的农民技术员或者科技示范户家中。确定好示范户后要对他们进行技术培训，让他们学会观察记录，掌握必要的技术措施，并给予适当的物资和资金补助。

③ 观察记录。在推广人员指导下，记录反映示范的全过程和技术关键环节的重要数据，以便于及时发现问题、解决问题和纠正失误。

④ 适时组织示范参观。选择项目生产的关键时期，及时组织农民到示范点参观学习，同时辅之以配套的幻灯、挂图和必要的印刷品说明资料。

⑤ 宣传、总结和评价工作。示范期间要及时组织有关领导、专家到场，并配套利用媒体进行宣传，以扩大影响。示范结束后，还要组织有关专家、技术人员和农民进行总结，综合进行评价。并同时评选优秀示范户进行表彰奖励，并把他们的先进经验利用媒体进行大众传播，扩大影响。

（3）方法示范。方法示范是指在农业推广过程中通过实际操作向农民展示某种实际操作过程的推广方法。例如，请专业技术人员现场操作水稻机械插秧设备及配套技术等，同时向群众讲解技术要领。这种方法因为是在实际操作中综合利用农民的多种感官去感知，效果非常好。

① 示范前准备。准备的内容要经过实践检验，切实可行，而且又与农民现在的方法有比较优势；示范的场地、时间和安排要及时到位；示范的人员要有丰富的经验、良好的口头表达能力，能把技术要领口齿清楚地传递给示范对象；示范人员要有相关的服务人员助手，助手要准备必要的技术或者物质必需品。

② 示范。又可分为三个阶段，第一个阶段是对示范者本人进行介绍，主要是姓名、单位和示范题目；第二个阶段是示范，示范时要选择大家都便于观察到的突出的位置，动作要慢而清楚，语言要简单、通俗易懂并和示范动作密切配合。最后是小结，说明本操作的重要技术要领，大家容易出现的问题及解决办法。

③ 交流。主要是在示范结束后，回答群众提出的问题，并与群众进行交流，以便对他们进行更为详尽的指导。如果条件允许，还可以让群众有直接操作的机会。如果操作有直接的成果或者产品，可能通过品尝等方法，提高大家参与的积极性。

（4）现场参观。现场参观是指在组织农民及示范户到先进技术的采用点进行现场考察。参观前要与参观单位进行接洽，以得到适当的接待；还要对考察的地点进行选择，要有先进性，还要有可借鉴性；参观路线安排要合理，可以一条线观察多个点，同时让农民有比较学习的机会，也可以边看边议，同时总结别人的优缺点，达到取长补短的目的。这样让农民亲自看到别人的成功，学到别人成功的经验，可以丰富他们的知识并引起他们参与项目的兴趣。

（三）个别指导法

农业生产的地域性特点决定了不同地区的农民对于农业推广工作的需要有很大的差异性，农民个体之间因为所受教育、自然环境、经济环境和家庭条件的不一致，也有很大的差异，所以针对特定的农民对象进行农业推广工作，需要采用不同的农业推广方法。通过与农民个体单独的交流，直接向个别农民传播技术和信息的农业推广方法，就叫个别指导法。

1. 个别指导法的特点

（1）针对性强。通过与农民个体的单独接触，农业推广人员可以有针对性地采取不同的方式、方法和手段，以最大限度地适应农民对农业推广工作的要求，使农民的问题得到很好的解决，以提高农业推广的效果。可以说，对于接受推广工作的个体而言，个别指导法是效果最好的推广方法。

（2）解决问题的直接性。推广人员与农民或其家庭直接接触，甚至直接进到其田间地块，可以平等地与农民进行交流和讨论，把握农民生产的第一手资料，可以使问题迅速得到解决。

（3）沟通的双向性。在与农民直接接触、向农民传授知识的同时，推广人员也了解了农民生产的真实情况，农民也会主动提出问题或者要求。这种双向沟通，容易建立起推广人员与农民之间平等互信关系，有利于以后进一步的交流和其他农业推广项目的展开。

（4）信息量小，费用高。因为是针对个别的农民，效果较好，但就农业推广工作的整体而言，效率较低，会占用较多的农业推广资源，而且服务面过窄。

2. 个别指导法的形式

（1）走访农户。是指推广人员走村串户与农民进行的一种个别的接触。主要适用于解决个别农民的特殊问题。使用这种方法要注意以下几点：

① 访问要事前有计划。事前要了解访问对象的家庭情况、生产特点、主要存在的问题。同时要整理好准备向他们传授的知识信息，或者备好相关文件资料。

② 访问对象要有选择性。中国农业推广人员偏少，而农民人口众多，不可能在短时间内访问所有农户。选择访问对象最好的办法就是抓“两头”，即先进的和落后的。先进的农户的条件是：（a）在当地威望高，影响力大的带头人；（b）文化基础好，容易接受新思想、并敢于创新的生产积极分子；（c）在当地生产经营搞得好，为群众所效仿的人的；（d）生产经验好，又不吝于向其他农民传授的人；（e）人际交往广，活动能力强的人。后进的访问对象，应该选择那种由于某种特殊原因限制，暂时没能发展得很好，但是有强烈的改进生产技术，提高自己和家庭生活条件的农民，通过一定时间的工作，可以使他们变为先进，从而对其他农民形成示范效应。

③ 访问要做好记录。记录的目的是为了备忘，同时也是为了积累第一手资料，便于以后通过整理，进行分析、总结。当然重点是记录农民生产生活中发现的问题和推广人员对农民的承诺，也包括当时推广人员回答不了、解决不了的问题，便于找到解决办法后及时地向农民反馈。

④ 访问要坚持经常性。对农户的访问是农业推广经常性的工作，尤其要结合农业生产的季节性，在关键的生产环节和重要的农事活动期间，有针对性地、不失时机地对农户进行访问，及时解决农民迫切需要解决的问题。

（2）建立“联系户”或“科技示范户”。在经常性的访问过程中，有目的、有重点地选择一些农户作为主要联系对象，逐步把他们树立为当地农业推广的示范户，然后通过他们，把农业生产的新知识、新技术或信息向农民中间扩散，以此达到以点带面的目的，提高农业推广效果。

联系户或科技示范户的选择，可以参考前面对于走访对象选择标准。

（3）定点咨询。定点咨询是指农业推广人员选择固定的地点开展推广工作，使农民有问题、有需要的时候能找到解决问题的场所。

目前，在农村较多地选择在从事农用物资经营的“庄稼医院”或者乡镇农技术站办公地点进行定点咨询。当然，科研院所开展的类似的“三下乡”等活动也多属于定点咨询的形式。定点咨询要注意以下几点：（a）选择方便农民来访的地点，一般较多地选择在当地物资集散地带，多数是在农民可以顺便购买农用物资的经营门市；(b) 时间安排。中国一般乡镇都有赶场镇的习惯，所以要保证在咨询点工作时间，尤其是在逢场赶集的时候有工作人员准时值班，并要建立来访登记、值班登记制度；(c) 采用适当的传播手段，例如准备印刷小册子、挂图、宣传画等；(d) 推广人员在定点咨询点要热情地接待农民，耐心听他们所询问的问题并给出适当的解答，不能解答的也要做好记录并给出明确的说明，在能解决的时候再给农民一个满意的答复。

(4) 信函访问。信函访问是指以发送信函的形式向农民传播科技知识、技术和信息。这种方法的优点是不受时间、地点的限制，也没有语言障碍，农业推广人员也可以节约较多的时间。不足之处是由于中国农民文化程度较低，不一定能很好地看懂信函，再加之函件邮寄时间长，所以这种方法时效性差，不适合关键生产环节需要的技术指导。这种方法在发达国家和地区用得较多，在不发达国家和地区应用得较少。

(5) 电话访问。随着我国通信事业的发展，现在这种方法用得越来越普遍。电话访问由于受时间的限制不能畅所欲言，也因为只通过声音进行交流，效果要受到制约。电话访问较多地用来解决紧急情况下，农业推广人员当时不能立即到达现场而借助电话对农民进行指导和沟通。

(6) 田间插旗法。这是在推广人员走访到农户或田间的时候发现问题而一时又联系不到当事人的一种处理方法。具体做法是推广人员把田间发现的问题，例如病虫害情况、施肥情况等问题，写在纸条上，放在事先准备好的小三角形红旗的口袋里，用树枝或铁丝竖在田间易于被农民发现的地方。农民从口袋里取出纸条后再将红旗插回原处，等下次推广人员再来时根据问题的解决情况再与农户进一步联系。

这种方法较好地解决了推广人员与农民在时间上和空间上的不一致问题，有利于提高农业推广的效率和推进问题的解决，通常是要结合走访农户方法同时进行。

三、农业推广方法的选择

在农技推广中，针对不同地区、不同农户及不同的生产阶段，选用几种不同的推广方法进行合理配套，综合运用，对于获得技术推广的最佳效益、提高推广效果有着十分重要的意义。

(一) 农技推广方法综合运用的特点

1. 适应性广。根据各种不同的情况，将几种推广方法综合运用，其适应性会大大增强，收到的推广效果要比只用一种（类）推广方法好。

2. 互补效应明显。各种推广方法都有各自的优缺点，使用范围也不尽相同。如果综合运用几种推广方法，可取长补短，相得益彰。

3. 提高推广效益。由于采用综合的推广方法，适应性广并有明显的互补效应，可以加快推广速度，提高推广的社会效益和经济效益。

(二) 对不同类型地区，采用不同的综合推广方法

1. 经济发达地区。这类地区主要采用印发技术资料、成果示范、方法示范、举办培训班、经验交流会等形式，辅之以个别指导的综合推广方法，向农民进行技术传授。

2. 经济发展地区。这类地区以成果示范、方法示范、集体指导的方式为主，综合运用报刊、资料、广播、电视等大众传播方法，加速技术的传播和扩散。

3. 经济开发区。这类地区主要运用大众传播的方法并搞好成果示范、方法示范，多进行双向沟通，加强个别指导，组织农民参观学习，举办培训班等，以拓宽农民视野，改变农民观念。

（三）对不同农民，采用不同的综合推广方法

1. 农业产业化经营业主。他们具有敏锐的思维和较为开阔的视野，对高新技术的接受速度快，承担风险的能力强，新技术应用的增收速度快，对技术配套的渴望较为强烈。对他们的推广，应特别注重新技术、新品种、新成果的集成组装，制订周密的推广计划，根据生产计划重点进行定期指导。

2. 科技示范户。科技示范户有一定文化水平，是接受新技术的“先驱者”，人数较少，对这类农民应重视个别指导，举办培训班、座谈会、参观学习，结合印发技术资料，着重培养他们的学习能力、应用能力和带动能力，帮助他们把技术学精，使他们带动和影响周围农民。

3. 具有一定技术和文化水平的农民。这类农民以中青年占多数，许多属于进步农民。在推广中，应将办培训班、开经验交流会、成果示范、印发资料、声像宣传、参观学习等方法综合运用，使他们能够尽快掌握新技术。

4. 技术文化素质较低的农民。这类农民的比重很大，在技术推广中应多用直观性强的方法，如声像宣传、成果示范、方法示范、现场参观等，使他们尽快掌握信息技术，增强其使用技术的欲望。

总之，农技推广方法的综合运用，就是根据推广情况，将各种推广方法灵活地、有机地结合起来。其目的是加快推广速度、提高推广效果。

四、农业信息索取技术

（一）农业信息的获取技术

传统的图书情报技术，现在正在逐步被电子信息情报技术所取代，这里介绍网络途径的电子信息情报技术：主要介绍谷歌，百度的使用。

数据：数据是指各种原始资料的总称，是存在于载体上的反映内容的物理符号或信号。载体是信息的物理形式，信息是数据的内容，他们形影不离。

信息：信息指事物之间相互联系、相互作用的状态的内容描述。信息是指描述的内容，以什么形式描述取决于载体。

1. 基本概念

（1）网页、页（page）：WWW 上独立的一帧内容，由单个 HTML 文件定义并由单个 URL 引用。

（2）带宽（Bandwidth）：它是指通过连接通道的、低于载体满负荷时可发送的数据量，通常以字节每秒（bps）来计算。

（3）Cookie：小甜饼，存储在硬盘上的文件，用于供远程计算机识别你的计算机或有关参数。Cookie 通常用于识别 Web 站点的访问者。

（4）HTML：超文本标记语言（Hypertext Markup Language）的编写，一种用于创建链接的语言，是在 Web 上显示文档的基础。

（5）下载（Downloading）：从远程计算机申请文件，传送并保存到本地计算机的过程。

（6）上传（Uploading）：从本地计算机向远程计算机传输文件的过程。

（7）HTTP（HyperText Transfer Protocol）："超文本传输协议"的缩写。该协议是WWW技术的基础，是在Web上显示文档的基础。

（8）超文本（Hypertext）：按一定格式编写的电子文本，可通过链接进行快速访问，访问对象可以是本文档的其他超文本，也可以是其他文档的超文本。

（9）URL（Uniform Resource Locator）："统一资源定位符"的缩写，指定Internet资源（文件）电子方位的地址。Url通常由四部分组成：

协议名：//服务器（或域）/路径和文件名（有时不包含路径和文件名）

如：一家园林企业的苗木网页的URL：http：//www.cdqcyy.com/web_show.asp?id=1448

（10）搜索引擎（Search Engine）：用于在Internet或Web上查找文件的软件应用程序或服务，通常可以使用Microsoft Internet Explorer浏览器进行访问，目前最流行的搜索引擎包括Excite、Google、WebCrawler、Infoseek等，而且目前还不断有新的搜索引擎问世。

（11）防火墙（FireWall）：网络使用的一种软件，用于防止未经授权的人非法访问网络。

（12）冲浪（Surf）："浏览Internet"的俚语。指无目的地闲逛，而非搜寻特定内容。

2. google的简单使用

要用Google做搜索，首先要进入Google网站（www.Google.cn）。人们经常在使用搜索引擎过程中，主要问题不是找不到东西，往往是因为找到的东西太多，而不知道什么才是自己要找的，所以搜索引擎技术实际上主要是排除技术，即在尽可能减少不需要的信息的同时，尽可能保留自己所需要的信息，也就是实现精确搜索的技术。

（1）Google的主要搜索逻辑

① 逻辑"与"操作。当搜索结果要求包含两个及两个以上关键字的时候，一般搜索引擎需要在多个关键字之间加上" "（空格），而Google无需用明文的" "来表示逻辑"与"操作，只要空格就可以了。

[例1-1] 搜索所有包含关键词"搜索引擎"和"历史"的中文网页。

搜索："搜索引擎 历史"。

查看一下搜索结果，发现前列的绝大部分结果还是不符合要求，大部分网页涉及的"历史"，并不是我们所需要的"搜索引擎的历史"。怎么办呢？删除与搜索引擎不相关的"历史"。我们发现，这部分无用的资讯，总是和"文化"这个词相关的，另外一些常见词是"中国历史"、"世界历史"、"历史书籍"等。

② 逻辑"非"操作。Google用减号"–"表示逻辑"非"操作。"A–B"表示搜索包含A但没有B的网页。

[例1-2] 搜索所有包含"搜索引擎"和"历史"但不含"文化"、"中国历史"和"世界历史"的中文网页。

搜索："搜索引擎 历史－文化－中国历史－世界历史"。

我们看到，通过去掉不相关信息，搜索结果又减少了将近一半。

注意：这里的" "和"－"号，是英文字符，而不是中文字符的"＋"和"－"。此外，操作符（例：空格、减号）与作用的关键字之间，不能有空格。比如"搜索引擎－文化"，搜索引擎将视为关键字为"搜索引擎"和"文化"的逻辑"与"操作，中间的"－"

被忽略。

③ 逻辑“或”操作。Google 用大写的“OR”表示逻辑“或”操作。搜索“A OR B”，意思就是说，搜索的网页中，要么有 A，要么有 B，要么同时有 A 和 B。在上例中，我们希望搜索结果中最好含有“archie”、“lycos”、“蜘蛛”等关键字中的一个或者几个，这样可以进一步的精简搜索结果。

注意：“或”操作必须用大写的“OR”，而不是小写的“or”。

在上面的例子中，介绍了搜索引擎最基本的语法“与”“非”和“或”，这三种搜索语法 Google 分别用“ ”（空格）、“－”和“OR”表示。顺着上例的思路，也可以了解到如何缩小搜索范围，迅速找到目的资讯的一般方法：目标信息一定含有的关键字（用“ ”连起来），目标信息不能含有的关键字（用“－”去掉），目标信息可能含有的关键字（用“OR”连起来）。

（2）Google 的其他常见操作

① 通配符“*”代表一连串字符，“?”代表单个字符

很多搜索引擎支持通配符号，如“*”代表一连串字符，“?”代表单个字符等。Google 对通配符支持有限。它目前只可以用“*”来替代单个字符，而且包含“*”必须用“ ”引起来。比如，“以*治国”，表示搜索第一个为“以”，末两个为“治国”的四字短语，中间的“*”可以表示为任何字符。

② 搜索特定的文件类型

日常工作中会有很多例行工作，我们需要特定的文件格式化，使能“拿来”的就可以使用，于是找到我们需要的特定的文件类型就显得特别重要。

“filetype：”是 Google 开发的非常强大实用的一个搜索语法。也就是说，Google 不仅能搜索一般的文字页面，还能对某些二进制文档进行检索。目前，Google 已经能检索微软的 Office 文档如.xls、.ppt、.doc、.rtf、WordPerfect 文档，Lotus1-2-3 文档，Adobe 的.pdf 文档，ShockWave 的.swf 文档（Flash 动画）等。其中最实用的文档搜索是 PDF 搜索。PDF 是 ADOBE 公司开发的电子文档格式，现在已经成为互联网的电子化出版标准。目前 Google 检索的 PDF 文档大约有 2500 万左右，大约占所有索引的二进制文档数量的 80%。PDF 文档通常是一些图文并茂的综合性文档，提供的资讯一般比较集中全面。

［例 1-3］ 搜索几个资产负债表的 Office 文档。

搜索：“资产负债表 filetype：doc OR filetype：xls OR filetype：ppt”。

结果：[DOC]企业会计报表_资产负债表 czj.yantai.gov.cn/img/text1638.doc

文件格式：Microsoft Word－快速查看

资产负债表. 会企 01 表. 编制单位：年月单位：元. 资产. 行次. 年初数. 期末数. 负债和所有者权益.（或股东权益）. 行次. 年初数. 期末数. 流动资产：. 流动负债：. 货币资金...

后面列出了大量的与资产负债表相关的 Word 格式文件。

③ 其他小技巧

A. 中英文字典。这项中（英）文单词翻译服务是由 DrEye 译典通网站所提供的，其查询格式为：“fy 中（英）文单词”（实际操作时，请勿输入引号）。例如：在 Google 搜索框中输入 fy innocent 后，Google 就会在搜索结果页面的最上方显示出“innocent 的中文翻译”链接，点击就能查到该单词的中文意思了。另外，假如我们要翻译“无辜”这个词语

的话，那么，只要输入“fy 无辜”这样的格式就行了，Google 会直接显示其所对应的英文单词，点下方的“Dr.eye 线上字典”链接，保证你还能查到更多的内容。如果手边没有翻译软件，Google 提供的单词翻译服务就显得很方便。

B. 天气查询。其查询格式为：“tq 城市名称”，例如输入：tq 北京，再点击搜索结果页面上方的“北京天气预报”链接后，你就能在 tqonline 网站上查询到北京今后 3 天内的天气状况了。

C. 查询邮编或长途区号。虽然现在网络已非常发达，但偶尔也难免要写封信、打个电话，这时，此项功能就能帮上忙了。查询格式为：“yb 城市名称”或“qh 城市名称”，借助此命令，我们还可以输入相应的邮编或长途区号，反向查询到城市名称。不过，Google 所收录的邮编和长途区号的信息还不十分完整，有待于补充改进。

D. 股票查询。其查询格式为：“gp 股票名称或代码”，如：gp 宝钢股份或 gp 600019，其数据是由新浪财经提供的。

E. 查询手机号码归属地。直接输入移动或联通的手机号码后，通过相应链接，你就能知道该号码的所属省份、所属城市和手机卡类型等信息，十分方便。

此外，Google 还提供了特定网站搜索命令：“site：”，特定链接搜索命令：“url：”，网页标题搜索命令：“intile：”以及其他多种命令集。并同时在搜索页面中提供网页翻译、单词查询以及网页过滤等功能。

3. 百度的使用

百度搜索使用了高性能的“网络蜘蛛”，该程序（Spider）自动地在互联网中搜索信息，可定制、高扩展性地调度算法，使得搜索器能在极短时间内收集到最大数量的互联网信息。百度搜索在中国和美国均设有服务器，搜索范围涵盖了中国内陆、香港、中国台湾、澳门、新加坡等华语地区以及北美、欧洲的部分站点。百度搜索引擎目前已经拥有世界上最大的中文信息库，总量达到 6000 万页以上，并且还在以每天超过 30 万页的速度不断增长。

（1）基本搜索

百度搜索引擎简单方便。仅需输入查询内容并回车（Enter），即可得到相关资料，或者输入查询内容后，用鼠标点击“百度搜索”按钮，也可得到相关资料。输入的查询内容可以是一个词语、多个词语、一句话等。例如：可以输入“李白”、“mp3 下载”、“蓦然回首，那人却在，灯火阑珊处”。百度搜索引擎严谨认真，要求“一字不差”。例如：分别搜索“舒淇”和“舒琪”，会得到不同的结果。因此在搜索时可以试用不同的词语。

（2）输入多个词语搜索

输入多个词语搜索（不同字词之间用一个空格隔开），可以获得更精确的搜索结果。例如：想了解北京暂住证相关信息，在搜索框中输入“北京 暂住证”获得的搜索效果会比输入[北京暂住证]得到的结果更好。在百度查询时不需要使用符号“AND”或“+”，百度会在多个以空格隔开的词语之间自动添加“+”。百度提供符合相关全部查询条件的资料，并把最相关的网页排在前列。

（3）减除无关资料

有时候，排除含有某些词语的资料有利于缩小查询范围。百度支持“－”功能，用于有目的地删除某些无关网页，但减号之前必须留一空格。例如，要搜寻关于“武侠小说”，但不含“古龙”的资料，可使用“武侠小说-古龙”的方式查询。

（4）并行搜索

使用“A | B”来搜索“或者包含词语 A，或者包含词语 B”的网页。例如：查询“图片”或“写真”相关资料，无须分两次查询，只要输入“图片 | 写真”搜索即可。百度会提供与“ | ”前后任何字词相关的资料，并把最相关的网页排在前列。

（5）相关检索

如果无法确定输入什么词语才能找到满意的资料，就可以试用百度的相关检索。可以先输入一个简单词语搜索，然后，百度搜索引擎会提供“其他用户搜索过的相关搜索词语”作为参考。点击其中一个相关搜索词，都能得到那个相关搜索词的搜索结果。

（6）百度快照

百度搜索引擎已先预览各网站，拍下网页的快照，为用户贮存大量的应急网页。点击每条搜索结果后的“百度快照”，可查看该网页的快照内容。百度快照不但下载速度极快，而且所搜索用的词语均已用不同颜色在网页中标明。原网页随时可能更新，跟百度快照内容不同，请注意查看新版。百度和网页作者无关，不对网页的内容负责。

（7）几个小问题

在结果中查询。选中该项后，重新输入查询内容，可在当前搜索结果中进行精确搜索。

搜索结果统计。这是有关搜索结果数量、所输入的词语以及搜索时间的统计。

相关检索。百度搜索引擎会为用户提供“其他用户搜索过的相关搜索词语”作为参考。点击其中任何一个相关搜索词，都能得到那个相关搜索词的搜索结果。

网页标题。这是搜索结果中该网页的标题。点击该网页标题可直达该网页。

网页网址（url）。这是搜索结果中该网页的网址（url）。

网页大小。这个数字是该网页文本部份的大小。

网页时间。这是该网页生成的时间。

网站类聚更多结果。为了便于用户阅读更多网站的内容，百度搜索引擎已经自动为用户做类聚，每个网站（或频道）只显示一个最相关网页的信息。点击此链接，可查看该网站（或频道）内更多的相关网页。

（二）农业信息的传播、储存和处理技术

农业信息的传播、储存和处理技术主要是指电子文件的传播与储存和处理以及电子文件的编辑与处理，可以使用一般的电子文档编辑处理技术，这里就不一一赘述，重点介绍传播与储存技术。

在网上冲浪总要有个网络硬盘，这样，一是可以保存重要的资料，相当于对重要资料做个备份，毕竟有时候硬盘也不太可靠；二是如果外出，只要有网络，就可以方便地找到所用的资料并进行处理；三是把网络硬盘作为一个资料分享的场所，通过它把自己的资源与好友共享。

现在的网络硬盘大致有三种类型：

1. 专业的网络硬盘

功能专业，只提供网络硬盘的服务，上传下载的速度以及文件共享方面都做得比较好。

① 蜂盘。http：//www.1g.cn　100M 空间，基于资源管理器访问，使用非常方便，和本地硬盘使用差不多，速度也很快。蜂盘提倡资源共享，可分享蜂友蜂盘里所共享的资料。现在使用的人也越来越多了，蜂盘是目前互联网上较好的网络硬盘。

② 威盘。Vdisk http：//www.vdisk.cn 100M 空间，需要客户端才可上传文件，并且速度不太稳定，功能类似于蜂盘。不过现在有绿色免安装版的客户端程序，也可以共享资源，值得一提的是，它可以在线搜索共享资源。

③ 永硕 E 盘。http：//www.ys168.com/20M 空间，比较稳定，平时速度还不错，而且可以收藏网址，浏览者也可以留言，对于小于 0.3M 的 jpg，gif，bmp，txt 文件可以直接打开，不过受文件和流量的限量。

2. 从电子邮箱或是个人主页发展而来的 Web 方式网络硬盘

一般是最初提供邮箱或是主页空间，后来把网络硬盘作为一个附加的功能加上去的。因此两者都是登录之后，统在一起进行操作的，功能上也比较完善了。比如可以实现网络硬盘密码共享、文件批量上传等。Web 方式的网络硬盘随着互联网的发展，迟早要会被淘汰的，因为 http 文件传输协议有先天性的残疾，大文件传不上去，速度慢，传输过程是明码的。这类型的网络硬盘有：

① 雅虎公文包。由雅虎电子邮箱提供，空间比较大，只是速度不太理想。

② 35 网络 U 盘（http：//ud.35.com）。它是 U 盘，电子邮箱和电子相册三合一的空间，有客户端和在线两种上传方式，还可以添加 U 盘邻居、与好友资源共享。

③ MSN 用户的免费网络磁盘。它由微软提供，使用非常方便，在 MSN 上的“我的网站”就可以进入，只是容量太小。

3. 大文件中转空间

并不是属于用户单独的空间，只是替用户暂时保管，有存放时间限制。现在腾讯公司提供的 QQ 硬盘工具以及其他提供在线聊天软件的网络公司都同时提供大文件中转服务，多数网络公司在提供电子邮件的同时，也同时提供大文件中转服务。

（三）农业信息的利用技术

各种文献中所包含的信息，只有被人吸收和利用，并与人类的生产实践相结合，才可产生出新的认知，创造出新的智慧成果。所以信息的利用就是为了帮助人类认识和改造世界。

1. 目前不同农业从业者对农业信息的利用

我国有 5 万多农业管理人员，9.5 万农业科研人员，2.6 万农业教学人员，65 万农业技术人员，200 多万农民技术员，还有人数众多的农业从业者——农民，他们可以从不同的途径利用农业信息。

（1）农业行业管理人员

农业行业管理人员是指在我国农业科研尤其是推广和生产战线的管理人员。人们需要了解农业行业发展规律和各行业发展动态、各地农业资源情况、农业生产状况以及农业产品市场动态等，以便于做出正确的管理决策。所以他们需要对农业经济、农业发展战略、国家农业政策、法规以及相关的各种统计资料等信息有充分的了解，通过报纸、期刊、统计资料和网络系统获取相关信息，就成了他们利用农业信息的主要途径。

（2）农业科研和教学人员

农业科研和教学人员为了进行科研方向的选择，选择科研课题，提高研究水平和效率，也为了提高教学水平和教学质量，他们需要把握各学科前沿最新研究动态和生产实践对科研与教学的需要。所以他们需要利用农业专业科技期刊，也需要利用图书、会议文献、科技报告、专利文献、标准文献等信息资源。

（3）农业推广员、农业技术员和农民

他们属于农业生产人员。他们迫切需要有针对性、实用性、易操作、投资少见效快的农业适用技术，特别是高产、高效、省工、优质的良种良法技术。同时，他们也需要掌握市场需求信息和同行业发展信息。所以他们对农业信息的利用，主要是通过农业实用技术刊物、农业科技信息报刊、农村致富信息资料，以及一些效益好省工的农业科技成果来转化。

2. 农业企业对农业信息的利用

随着我国农业产业化的发展，越来越多的企业进入农业生产领域。这些农业企业在生产中需要相关的技术信息、管理中需要相关的农业行业特定的管理措施、经营中需要掌握大量的农产品市场信息，以利于企业效益的提高和农业企业市场化水平的提升并不断促进农业现代化的实现。

（1）专利文献

企业需要开发自己的独特的产品，创新已有的产品线，这是企业核心的要素，是企业赖以存在的根本。专利文献是创新的重要来源。它所包含的新产品、生产工艺、技术创新等信息，可以为企业提供源源不断的变革动力。企业充分利用专利信息，有利于克服产品开发的盲目性，避免重复性，提高开发的成功率。同时可以大大缩短开发的时间和开发成本。据世界知识产权组织的材料报道，在产品开发中利用专利文献，可缩短开发时间60%，节约开发费用40%。

（2）标准文献

企业产品要进入市场必须遵循一定的标准，主要是国际标准、国家标准、行业标准以及企业内部标准，不同产品遵循的标准等级有所不同。只有遵循相应的标准，企业产品才可以进入相关的市场领域，这有利于提高企业产品的竞争力。企业通过参考标准信息，可以了解各国的经济政策、技术政策、生产水平、资源情况和标准化水平；先进的标准可供研制新产品，改进工艺和操作水平借鉴；此外，标准文献也有一定的约束力。

（3）农业科技期刊

农业企业利用农业科技期刊，可以了解农业相关产业动态、掌握最新科研进展，把握生产中重点难点课题的发展情况，可以吸取其他相关科研机构的研究成果。商业性、数据性、信息性期刊中刊载的大量工艺、材料、产品、技术、市场等信息，可供企业利用。

（4）农业产品样品资料

通过标本、实物等形式展出或派发的农业产品样品及资料，一般对于相关农产品的技术规格、生产约束条件（光、温、水、肥、汽等）、产品特性等有较好的代表性或准确的描述，这有利于农业企业学习借鉴，并帮助农业企业进行品种的选择与产品的更换。

（5）市场信息资料

市场信息包括经营信息、供需信息、环境信息、技术信息、金融信贷信息等。了解和掌握这些信息，有利于企业产品进入相关的市场领域。这些信息的主要来源有相关农业行政机关、企业的相关主管部门、农产品流通各环节、企业内部、相关其他机构等。充分利用市场信息可以帮助企业决策，调整企业管理，因应市场规律的变化。

五、田间实验与生物统计

（一）田间实验设计的基本方法

田间试验设计从广义上理解是指试验研究课题设计，也就是整个试验计划的拟定。主要包括课题的名称、试验目的，研究依据、内容及预期达到的效果，试验方案，试验单位的选取，重复数的确定，试验单位的分组，试验的记录项目和要求，试验结果的分析方法，经济效益或社会效益估计，已具备的条件，需要购置的仪器设备，参加研究人员的分工，试验时间、地点、进度安排和经费预算，成果鉴定，学术论文撰写等内容；狭义上理解是指试验单位的选取、重复数目的确定及试验单位的分组。生物统计中的试验设计主要指狭义的试验设计。

试验设计的目的是避免系统误差，控制、降低试验误差，无偏估计处理效应，从而对样本所在总体做出可靠、正确的推断。

田间实验设计的基本方法主要有完全随机试验、随机区组试验和拉丁方试验，此外，有时也用到交叉设计和正交设计试验。但对前三种方法用得最多，这里主要介绍前三种田间试验设计方法。

1. 完全随机设计

它是根据试验处理数将全部供试动植物随机地分成若干组，然后再按组实施不同处理的设计。这种设计保证每头供试验动植物都有相同机会接受任何一种处理，而不受试验人员主观倾向的影响。在畜牧、水产等试验中，当试验条件、特别是试验动物的初始条件比较一致时，可采用完全随机设计。这种设计应用了重复和随机化两个原则，因此能使试验结果受非处理因素的影响基本一致，真实反映出试验的处理效应。

完全随机设计的实质是将供试对象进行随机分组。随机分组的方法有抽签法和用随机数字表法，以用随机数字表法为好，因为随机数字表上所有的数字都是按随机抽样原理编制的，表中任何一个数字出现在任何一个位置都是完全随机的。除从随机数字表可查得随机数字外，有些电脑及计算器均有此功能，用起来更方便。下面举例说明用随机数字表将试验动物分组的方法。

（1）两个处理比较的分组

［例 1-4］ 现有同品种、同性别、同年龄、体重相近的健康绵羊 18 只，试用完全随机的方法分成甲、乙两组。

首先将 18 只绵羊依次编为 1，2，…，18 号，然后从随机数字表中任意一个随机数字开始，向任一方向（左、右、上、下）连续抄下 18 个（两位）数字，分别代表 18 只绵羊。令随机数字中的单数为甲组，双数为乙组。如从随机数字表第 12 行第 7 列的 16 开始向右连续抄下 18 个随机数字填入表第二行。如表 1-1 所示。

表 1-1　18 只绵羊分组

绵羊编号	1	2	3	4	5	6	7	8	9	10	11	12	13	14	15	16	17	18
随机数字	16	07	44	99	83	11	46	32	24	20	14	85	88	45	10	93	72	88
组　别	乙	甲	乙	甲	甲	甲	乙	乙	乙	乙	乙	甲	乙	甲	乙	甲	乙	乙
调整组别							甲		甲									

随机分组结果：

甲组：2　4　5　6　12　14　16

乙组：1　3　7　8　9　10　11　13　15　17　18

甲组比乙组少 4 只，需要从乙组调整两只到甲组。仍用随机的方法进行调整。在前面 18 个随机数字之后再接着抄下两个数字：71、23，分别除以 11（调整时乙组的绵羊只数）、10（调整 1 只绵羊去甲组后乙组剩余的绵羊只数），余数为 5、3，则把分配于乙组的第 5 只绵羊（9 号）和余下 10 只的第 3 只绵羊（7 号）分到甲组。调整后的甲、乙两组绵羊编号如表 1-2 所示。

表 1-2

甲组	2	4	5	6	7	9	12	14	16
乙组	1	3	8	10	11	13	15	17	18

（2）三个以上处理比较的分组

［例 1–5］ 设有同品种、同性别、体重相近的健康仔猪 18 头，按体重大小依次编为 1，2，3，…，18 号，试用完全随机的方法，把它们等分成甲、乙、丙三组。

由随机数字表第 10 列第 2 个数 94 开始，向下依次抄下 18 个数，填入表 1-3 所示的第 2 横行。

表 1-3

动物编号	1	2	3	4	5	6	7	8	9	10	11	12	13	14	15	16	17	18
随机数字	94	94	88	46	56	00	04	00	26	56	48	91	90	88	26	53	12	25
以 3 除后之余数	1	1	1	1	2	0	1	0	2	2	0	1	0	1	2	2	0	1
组　别	甲	甲	甲	甲	乙	丙	甲	丙	乙	乙	丙	甲	丙	甲	乙	乙	丙	甲
调整组别												丙		乙				

一律以 3（处理数）除各随机数字，若余数为 1，即将该动物归于甲组；余数为 2，归入乙组；商为 0 或余数为 0，归入丙组。结果归入甲组者 8 头，乙组 5 头，丙组 5 头。各组头数不等，应将甲组多余的 2 头调整 1 头给乙组、1 头给丙组。调整甲组的 2 头动物仍然采用随机的方法。从随机数字 25 后面接下去抄录两个数 63、62，然后分别以 8（甲组原分配 8 头）、7 除之（注意：若甲组原分配有 9 头，须将多余的 3 头调整给另外两组，则抄下三个随机数，分别以 9、8、7 除之），得第一个余数为 7，第二个余数为 6，则把原分配在甲组的 8 头仔猪中第 7 头仔猪即 14 号仔猪改为乙组；把甲组中余下的 7 头仔猪中的第 6 头仔猪即 12 号仔猪改为丙组。这样各组的仔猪数就相等了。调整后各组的仔猪编号如表 1-4 所示。

表 1-4

组 别	仔猪编号					
甲 组	1	2	3	4	7	18
乙 组	5	9	10	14	15	16
丙 组	6	8	11	12	13	17

以上是用完全随机的方法，将试验动物分为两组或三组的情形，若将试验动物分为四组、五组或更多的组，方法相同。

（3）试验结果的统计分析

对于完全随机试验的统计分析，由于试验处理数不同，统计分析方法也不同。

①处理数为 2。两个处理的完全随机设计也就是非配对设计，对其试验结果进行统计分析时，无论实际所得资料两处理重复数相同与否均采用非配对设计的 t 检验法分析。

②处理数大于 2。若获得的资料各处理重复数相等，则采用各处理重复数相等的单因素试验资料方差分析法分析；若在试验中，因受到条件的限制或供试动物出现疾病、死亡等使获得的资料各处理重复数不等，则采用各处理重复数不等的单因素试验资料方差分析法来分析。

（4）完全随机设计的优缺点

完全随机设计是一种最简单的设计方法，主要优缺点如下：

① 完全随机设计的主要优点

A. 设计容易。处理数与重复数都不受限制，适用于试验条件、环境、试验动物差异较小的试验。

B. 统计分析简单。无论所获得的试验资料各处理重复数相同与否，都可采用 t 检验或方差分析法进行统计分析。

② 完全随机设计的主要缺点

A. 由于未应用试验设计三原则中的局部控制原则，非试验性因素的影响被归入试验误差，试验误差较大，试验的精确性较低。

B. 在试验条件、环境、试验动物差异较大时，不宜采用此种设计方法。

2. 随机区组设计

随机区组也称为随机单位组（或窝组）设计。它是根据局部控制的原则，如将同窝、同性别、体重基本相同的动物划归一个单位组，每一区组内的动物数等于处理数，并将各单位组的试验动物随机分配到各处理组，这种设计称为随机单位组设计。

随机区组设计要求同一区组内各头（只）试验动物尽可能一致，不同区组间的试验动物允许存在差异，但每一区组内试验动物的随机分组要独立进行，每种处理在一个区组内只能出现一次。例如，为了比较 5 种不同中草药饲料添加剂对猪增重的效果，从 4 头母猪所产的仔猪中，每窝选出性别相同、体重相近的仔猪各 5 头，共 20 头，组成 4 个单位组，设计时每一单位组有仔猪 5 头，每头仔猪随机地喂给不同的饲料添加剂。这就是处理数为 5，单位组数为 4 的随机区组设计。

（1）随机区组设计方法

① 随机区组设计的分组方法。在畜牧、水产等动物试验中，除把初始条件相同的动物如同窝仔畜划为同一单位组外，还可根据实际情况，把不同试验场、同一场内不同畜舍、不同池塘等划分为单位组。下面结合例子说明分组的方法。

［**例 1-6**］ 前面提到的 5 种中草药饲料添加剂分别以 A_1、A_2、A_3、A_4、A_5表示，供试 4 窝仔猪分别按体重依次编号为：1～5 号为第Ⅰ组，6～10 号为第Ⅱ组，11～15 号为第Ⅲ组，16～20 为第Ⅳ组。试按随机单位组设计将试验仔猪分组。

先从随机数字表（Ⅱ）第 15 行、第 11 列 15 开始，向下依次抄下 16 个随机数字（舍弃 00），每抄 4 个数字留一个空位，见表 1-5 第 2 行。再将同一单位组内前 4 个随机数字依次除以 5、4、3、2（最大数 5 为处理数），根据余数（余数为 0 者，以除数代之）确定每一单位组内各供试仔猪喂给的添加剂种类。如第一单位组中，第一个余数是 5，则将第 1 号仔猪喂给 5 种添加剂列于第 5 位的 A_5添加剂；第二个余数是 2，则将第 2 号仔猪喂给剩下的 4 种添加剂 A_1、A_2、A_3、A_4列于第二位的 A_2添加剂；第三个余数是 3，则将第 3 号仔猪喂给剩下的 3 种添加剂 A_1、A_3、A_4列于第三位的 A_4添加剂；第四个余数是 1，则将第 4 号仔猪喂给剩下的 2 种添加剂 A_1、A_3列于第 1 位的 A_1添加剂；第 5 号仔猪只能喂给剩下的 A_3添加剂。用同样方法一一确定其他单位组内各仔猪喂给的添加剂，结果见表 1-6。

表 1-5　5 种饲料添加剂试验随机单位组设计表

仔猪编号	1	2	3	4	5	6	7	8	9	10	11	12	13	14	15	16	17	18	19	20
随机数字	15	50	75	25	–	71	38	86	58	–	95	98	56	85	–	99	83	21	62	–
除　数	5	4	3	2	–	5	4	3	2	–	5	4	3	2	–	5	4	3	2	–
余　数	5	2	3	1	–	1	2	2	2	–	5	2	2	1	–	4	3	3	2	–
添加剂	A_5	A_2	A_4	A_1	A_3	A_1	A_3	A_4	A_5	A_2	A_5	A_2	A_3	A_1	A_4	A_4	A_3	A_5	A_2	A_1

表 1-6　5 种饲料添加剂试验随机单位组设计试验动物分组表

添加剂	单　位　组			
	Ⅰ	Ⅱ	Ⅲ	Ⅳ
A_1	4	6	14	20
A_2	2	10	12	19
A_3	5	7	13	17
A_4	3	8	15	16
A_5	1	9	11	18

② 配对设计分组方法。配对设计是处理数为 2 的随机单位组设计。在进行配对设计时，配成对的两个试验单位必须符合配对要求：配成对的两个试验单位的初始条件尽量一致，不同对子间试验单位的初始条件允许有差异，每一个对子就是试验处理的一个重复，然后将配成对子的两个试验单位随机地分配到两个处理组中。

例如，现有同一品种的供试家畜 18 头，分别将性别、年龄相同，体重相近的两头家畜配成对子，共 9 对，编号为 1～9 号。试用随机方法将每个对子中的两头家畜分到甲、乙两个处理组中。

由随机数字表的第 16 行、第 8 列 20 开始，向右依次抄下 9 个随机数字，将单数组中配对的第一头家畜归入甲组，第二头家畜归入乙组；双数组中配对的第一头家畜归入乙组，第二头家畜归入甲组，则 9 对家畜分组如表 1-7 所示。

表 1-7

配对编号	1	2	3	4	5	6	7	8	9
随机数字	20	38	26	13	89	51	03	74	17
配对中第一头家畜组别	乙	乙	乙	甲	甲	甲	甲	乙	甲
配对中第二头家畜组别	甲	甲	甲	乙	乙	乙	乙	甲	乙

（2）试验结果的统计分析

① 随机单位区组试验结果的统计分析。随机单位组试验结果的统计分析采用方差分析法。分析时将单位组也看成一个因素，连同试验因素一起，按两因素单独观测值的方差分析法进行。这里需要说明的是，假定单位区组因素与试验因素不存在交互作用。

若把试验处理因素记为 A，处理因素水平数记为 a；

$$x_{ij}=\mu+\alpha_i+\beta_j+\varepsilon_{ij} \quad (i=1, 2, \cdots, a;\ j=1, 2, \cdots, b) \tag{1-1}$$

式中，μ 为总体均数；α_i 为第 i 处理的效应；β_j 为第 j 单位组效应。处理效应 α_i 通常是固定的，且有 $\sum_{i=1}^{a}\alpha_i=0$；单位组效应 β_j 通常是随机的。ε_{ij} 为随机误差，相互独立，且都服从 $N(0,\sigma^2)$。

平方和与自由度的划分式为

$$SS_T=SS_A+SS_B+SS_e \tag{1-2}$$

$$df_T=df_A+df_B+df_e$$

对于[例 1-6]，通过按表 1-6 试验动物分组结果进行试验后，各号仔猪增重结果列于表 1-8 中。

A. 计算各项平方和与自由度

矫正数

$$C=x^2_{..}/ab=4689^2/5\times4=1099336.05$$

表 1-8 5 种不同饲料添加剂对仔猪的增重效果 （单位：g）

处理（A）	单位组（B）				处理合计 $x_{i.}$	处理平均 $\overline{x}_{i.}$
	$B_{Ⅰ}$	$B_{Ⅱ}$	$B_{Ⅲ}$	$B_{Ⅳ}$		
A_1	205	168	222	230	825	206.25
A_2	230	198	242	255	925	231.25
A_3	252	248	305	260	1065	266.25
A_4	200	158	183	196	737	184.25
A_5	265	275	315	282	1137	284.25
单位组合计 $x_{.j}$	1152	1047	1267	1223	4689（$x_{..}$）	

总平方和

$$SS_T=\sum x^2_{ij}-C=（205^2+168^2+\cdots+282^2）-1099336.06=35890.95$$

处理间平方和

$$SS_A=\sum x^2_{i.}/b-C=（825^2+925^2+\cdots+1137^2）/4-1099336.05=27267.2$$

单位组间平方和

$$SS_B=\sum x^2_{.j}/a-C=（1152^2+1047^2+\cdots+1223^2）/5-1099336.05=5530.15$$

误差平方和

$$SS_e=SS_T-SS_A-SS_B=35890.95-27267.2-5530.15=3093.6$$

总自由度

$$df_T=ab-1=5\times4-1=19$$

处理间自由度

$$df_A=a-1=5-1=4$$

单位组间自由度

$$df_B=b-1=4-1=3$$

误差自由度

$$df_e=df_T-df_A-df_B=（a-1）（b-1）=（5-1）（4-1）=12$$

B. 出方差分析表，进行 F 检验

如表 1-9 所示，因为 $F_A>F_{0.01(4,12)}$，$F_B>F_{0.01(3,12)}$，表明饲料添加剂对仔猪增重影响极其显著，因而还需要对各不同饲料添加剂平均数间差异的显著性进行检验。单位组间的变异，虽然 F 值已达到 0.01 显著水平，由于我们采取的是随机单位组设计，已将它从误差中分离出来，达到了局部控制的目的。单位组间的变异即使显著，一般也不做单位组间的多重比较。

C. 饲料添加剂间的多重比较

均数标准误为：

$$S_{\bar{x}}=\sqrt{MS_e/n}=\sqrt{257.8/4}=8.028$$

由 df_e=12、秩次距 k=2，3，4，5，查附表得临界 q 值：$q_{0.05}$、$q_{0.01}$，并与 $S_{\bar{x}}$ 相乘求得

LSR 值，列于表 1-10。

表 1-9 方差分析表

变异原因	*SS*	*df*	*MS*	*F*	$F_{0.01}$
处理间（*A*）	27267.20	4	6816.80	26.44**	5.41
单位组间（*B*）	5530.15	3	1843.38	7.15**	5.95
误　差	3093.6	12	257.8		
总 变 异	35890.95	19			

表 1-10 饲料添加剂平均数间多重比较表（*q* 法）

添加剂	平均数 $\overline{x}_{i\cdot}$	$\overline{x}_{i\cdot}-184.25$	$\overline{x}_{i\cdot}-206.25$	$\overline{x}_{i\cdot}-231.25$	$\overline{x}_{i\cdot}-266.25$
A_5	284.25	100**	78**	53**	18
A_3	266.25	82**	60**	35**	
A_2	231.25	47**	25*		
A_1	206.25	22			
A_4	184.25				

表 1-11 *q* 值和 *LSR* 值表

df_e	*k*	$q_{0.05}$	$q_{0.01}$	$LSR_{0.05}$	$LSR_{0.01}$
12	2	3.08	4.32	24.73	34.68
	3	3.77	5.04	30.27	40.46
	4	4.20	5.50	33.72	44.15
	5	4.51	5.84	36.21	46.88

由表 1-10 看出，除 A_5 与 A_3，A_1 与 A_4 之间差异不显著，A_2 与 A_1 间差异显著外，其余平均数间差异极显著，说明采用 A_5、A_3 添加剂仔猪平均增重极显著高于 A_2、A_1、A_4 添加剂；A_2 显著高于 A_1、极显著高于 A_4；A_4 添加剂对仔猪增重效果最差。

② 配对设计试验结果的统计分析。试验结果为计量资料时，采用第五章所介绍的配对设计 *t* 检验法进行统计分析。若试验结果为次数资料，采用配对次数资料的 x^2 检验法进行分析。

（3）随机单位组设计的优缺点

① 随机单位组设计的主要优点

A. 设计与分析方法简单易行。

B. 由于随机单位组设计体现了试验设计三原则，在对试验结果进行分析时，能将单位组间的变异从试验误差中分离出来，有效地降低了试验误差，因而试验的精确性较高。

C. 把条件一致的供试动物分在同一单位组，再将同一单位组的供试动物随机分配到不同处理组内，加大了处理组之间的可比性。

② 随机单位组设计的主要缺点。当处理数目过多时，各单位组内的供试动物数数目也过多，要使各单位组内供试动物的初始条件一致将有一定难度，因而在随机单位组设计中，处理数以不超过 20 为宜。

配对设计是处理数为 2 的随机单位组设计，其优点是结果分析简单，试验误差通常比非配对设计小。但由于试验动物配对要求严格，不允许将不满足配对要求的试验动物随意配对。

3. 拉丁方设计

“拉丁方”的名字最初是由 R.A.Fisher 给出的。拉丁方设计是从横行和直列两个方向进行双重局部控制，使得横行和直列两向皆成单位组，是比随机单位组设计多一个单位组的设计。在拉丁方设计中，每一行或每一列都成为一个完全单位组，而每一处理在每一行或每一列都只出现一次。也就是说，在拉丁方设计中，试验处理数=横行单位组数=直列单位组数=试验处理的重复数。在对拉丁方设计试验结果进行统计分析时，由于能将横行、直列两个单位组间的变异从试验误差中分离出来，因而拉丁方设计的试验误差比随机单位组设计小，试验精确性比随机单位组设计高。

（1）拉丁方简介

① 拉丁方。以 n 个拉丁字母 A，B，C，…，为元素，作一个 n 阶方阵，若这 n 个拉丁方字母在这 n 阶方阵的每一行、每一列都出现且只出现一次，则称该 n 阶方阵为 $n×n$ 阶拉丁方。

例如：

$$\begin{matrix} A & B \\ B & A \end{matrix} \qquad \begin{matrix} B & A \\ A & B \end{matrix}$$

为 2×2 阶拉丁方，2×2 阶拉丁方只有这两个。

$$\begin{matrix} \mathrm{A} & \mathrm{B} & \mathrm{C} \\ \mathrm{B} & \mathrm{C} & \mathrm{A} \\ \mathrm{C} & \mathrm{A} & \mathrm{B} \end{matrix}$$

为 3×3 阶拉丁方。

第一行与第一列的拉丁字母按自然顺序排列的拉丁方，叫做标准型拉丁方。3×3 阶标准型拉丁方只有上面介绍的 1 种，4×4 阶标准型拉丁方有 4 种，5×5 阶标准型拉丁方有 56 种。若变换标准型的行或列，可得到更多种的拉丁方。在进行拉丁方设计时，可从上述多种拉丁方中随机选择一种；或选择一种标准型，随机改变其行列顺序后再使用。

② 常用拉丁方。在动物试验中，最常用的有 3×3，4×4，5×5，6×6 阶拉丁方。下面列出部分标准型拉丁方，供进行拉丁方设计时选用。其余拉丁方可查阅数理统计表及有关参考书。

3×3

A	*B*	*C*
B	*C*	*A*
C	*A*	*B*

4×4

(1)

A	*B*	*C*	*D*
B	*A*	*D*	*C*
C	*D*	*B*	*A*
D	*C*	*A*	*B*

(2)

A	*B*	*C*	*D*
B	*C*	*D*	*A*
C	*D*	*A*	*B*
D	*A*	*B*	*C*

(3)

A	*B*	*C*	*D*
B	*D*	*A*	*C*
C	*A*	*D*	*B*
D	*C*	*B*	*A*

(4)

A	*B*	*C*	*D*
B	*A*	*D*	*C*
C	*D*	*A*	*B*
D	*C*	*B*	*A*

5×5

(1)

A	*B*	*C*	*D*	*E*
B	*A*	*E*	*C*	*D*
C	*D*	*A*	*E*	*B*
D	*E*	*B*	*A*	*C*
E	*C*	*D*	*B*	*A*

(2)

A	*B*	*C*	*D*	*E*
B	*A*	*D*	*E*	*C*
C	*E*	*B*	*A*	*D*
D	*C*	*E*	*B*	*A*
E	*D*	*A*	*C*	*B*

(3)

A	*B*	*C*	*D*	*E*
B	*A*	*E*	*C*	*D*
C	*E*	*D*	*A*	*B*
D	*C*	*B*	*E*	*A*
E	*D*	*A*	*B*	*C*

(4)

A	*B*	*C*	*D*	*E*
B	*A*	*D*	*E*	*C*
C	*D*	*E*	*A*	*B*
D	*E*	*B*	*C*	*A*
E	*C*	*A*	*B*	*D*

…………

（2）拉丁方设计方法

在畜牧、水产等动物试验中，如果要控制来自两个方面的系统误差，且试验动物的数量又较少，则常采用拉丁方设计。下面结合具体例子说明拉丁方设计方法。

［例 1-7］ 为了研究 5 种不同温度对蛋鸡产蛋量的影响，将 5 栋鸡舍的温度设为 *A*、*B*、*C*、*D*、*E*，把各栋鸡舍的鸡群的产蛋期分为 5 期，由于各鸡群和产蛋期的不同对产蛋量有较大的影响，因此采用拉丁方设计，把鸡群和产蛋期作为单位组设置，以便控制这两个方面的系统误差。拉丁方设计步骤如下：

① 选择拉丁方。选择拉丁方时应根据试验的处理数和横行、直列单位组数先确定采用几阶拉丁方，再选择标准型拉丁方或非标准型拉丁方。此例因试验处理因素为温度，处理数为 5；将鸡群作为直列单位组因素，直列单位组数为 5；将产蛋期作为横行单位组因素，横行单位组数亦为 5，即试验处理数、直列单位组数、横行单位组数均为 5，则应选取 5×5 阶拉丁方。本例选取前面列出的第 2 个 5×5 标准型拉丁方，即：

A	*B*	*C*	*D*	*E*
B	*A*	*D*	*E*	*C*
C	*E*	*B*	*A*	*D*
D	*C*	*E*	*B*	*A*
E	*D*	*A*	*C*	*B*

② 随机排列。在选定拉丁方之后，如是非标准型时，则可直接按拉丁方中的字母安排试验方案。若是标准型拉丁方，还应按下列要求对横行、直列和试验处理的顺序进行随机排列。

3×3 标准型拉丁方：直列随机排列，再将第二和第三横行随机排列。

4×4 标准型拉丁方：随机选择 4 个标准型拉丁方中的一个，然后再将横行、直列及处理都随机排列。

下面对选定的 5×5 标准型拉丁方进行随机排列。先从随机数字表（Ⅰ）第 22 行、第 8 列 97 开始，向右连续抄录 3 个 5 位数，抄录时舍去“0”、“6”以上的数和重复出现的数，抄录的 3 个五位数字分别为：13542，41523，34521。然后将上面选定的 5×5 拉丁方的直列、横行及处理按这 3 个五位数的顺序重新随机排列。

A. 直列随机。将拉丁方的各直列顺序按 13542 顺序重排。

B. 横行随机。再将直列重排后的拉丁方的各横行按 41523 顺序重排。

选择拉丁方

1	2	3	4	5
A	*B*	*C*	*D*	*E*
B	*A*	*D*	*E*	*C*
C	*E*	*B*	*A*	*D*
D	*C*	*E*	*B*	*A*
E	*D*	*A*	*C*	*B*

直列随机

	1	3	5	4	2
1	*A*	*C*	*E*	*D*	*B*
2	*B*	*D*	*C*	*E*	*A*
3	*C*	*B*	*D*	*A*	*E*
4	*D*	*E*	*A*	*B*	*C*
5	*E*	*A*	*B*	*C*	*D*

横行随机

4	*D*	*E*	*A*	*B*	*C*
1	*A*	*C*	*E*	*D*	*B*
5	*E*	*A*	*B*	*C*	*D*
2	*B*	*D*	*C*	*E*	*A*
3	*C*	*B*	*D*	*A*	*E*

C. 把 5 种不同温度按第三个 5 位数 34521 顺序排列。即：*A*=3，*B*=4，*C*=5，*D*=2，*E*=1，也就是说，在拉丁方中的 *A* 表示第 3 种温度，*B* 表示第 4 种温度等，以此类推。从而得出 5×5 拉丁方设计，如表 1-12 所示。

表 1-12　5 种不同温度对鸡产蛋量影响的拉丁方设计

产蛋期	鸡群				
	一	二	三	四	五
Ⅰ	*D*（2）	*E*（1）	*A*（3）	*B*（4）	*C*（5）
Ⅱ	*A*（3）	*C*（5）	*E*（1）	*D*（2）	*B*（4）
Ⅲ	*E*（1）	*A*（3）	*B*（4）	*C*（5）	*D*（2）
Ⅳ	*B*（4）	*D*（2）	*C*（5）	*E*（1）	*A*（3）
Ⅴ	*C*（5）	*B*（4）	*D*（2）	*A*（3）	*E*（1）

注：括号内的数字表示温度的编号。

由表 1-12 可以看出，第一鸡群在第Ⅰ个产蛋期用第 2 种温度，第二鸡群在第Ⅰ个产蛋期用第 1 种温度，等等。试验应严格按设计实施。

（3）试验结果的统计分析

拉丁方设计试验结果的分析是将两个单位组因素与试验因素一起，按三因素试验单独观测值的方差分析法进行，但应假定 3 个因素之间不存在交互作用。将横行单位组因素记为 *A*，直列单位组因素记为 *B*，处理因素记为 *C*，横行单位组数、直列单位组数与处理数记为 *r*，对拉丁方试验结果进行方差分析的数学模型为：

$$x_{ij(k)} = \mu + \alpha_i + \beta_j + \gamma_{(k)} + \varepsilon_{ij(k)} \quad (i=j=k=1, 2, \cdots, r) \qquad (1\text{-}3)$$

式中，μ 为总平均数；α_i 为第 i 横行单位组效应；β_j 为第 j 直列单位组效应，$\gamma_{(k)}$ 为第 k 处理效应。单位组效应 α_i、β_j 通常是随机的，处理效应 $\gamma_{(k)}$ 通常是固定的，且有 $\sum_{k=1}^{\gamma}\gamma_{(k)}=0$；$\varepsilon_{ij(k)}$ 为随机误差，相互独立，且都服从 N（0，σ^2）。

注意：k 不是独立的下标，因为 i、j 一经确定，k 亦随之确定。

平方和与自由度划分式为

$$SS_T=SS_A+SS_B+SS_C+SS_e$$
$$df_T=df_A+df_B+df_c+df_e \tag{1-4}$$

[例 1-7]的试验结果如表 1-13 所示。

表 1-13　5 种不同温度对母鸡产蛋量影响试验结果　（单位：个）

产蛋期	鸡群					横行和 $x_{i.}$
	一	二	三	四	五	
I	D（23）	E（21）	A（24）	B（21）	C（19）	108
II	A（22）	C（20）	E（20）	D（21）	B（22）	105
III	E（20）	A（25）	B（26）	C（22）	D（23）	116
IV	B（25）	D（22）	C（25）	E（21）	A（23）	116
V	C（19）	B（20）	D（24）	A（22）	E（19）	104
直列和 x_j	109	108	119	107	106	$x..=549$

注：括号内数字为产蛋量。

表 1-14　各种温度（处理）的合计

温度	A	B	C	D	E
$x_{(k)}$	116	114	105	113	101
$\bar{x}_{(k)}$	23.2	22.8	21.0	22.6	20.2

现对表 1-14 资料进行方差分析。

① 计算各项平方和与自由度

矫正数　$C=x^2../r^2=549^2/5^2=12056.04$

总平方和

$$SS_T=\Sigma x^2_{ij(k)}-C=23^2+21^2+\cdots+19^2-12056.04=12157-12056.04=100.96$$

横行平方和

$$SS_A=\Sigma x^2_{i.}/r-C=（108^2+105^2+\cdots+104^2）/5-12056.04=27.36$$

直列平方和

$$SS_B=\Sigma x^2_j/r-C=(109^2+108^2+\cdots+106^2)/5-12056.04=22.16$$

处理平方和

$$SS_C=\Sigma x^2_{(K)}/r-C=(116^2+114^2+\cdots+101^2)/5-12056.04=33.36$$

误差平方和

$$SS_e=SS_T-SS_A-SS_B-SS_c=100.96-33.36-27.36-22.16=18.08$$

总自由度

$$df_T=r^2-1=5^2-1=24$$

横行自由度

$$df_A=r-1=5-1=4$$

直列自由度

$$df_B=r-1=5-1=4$$

处理自由度

$$df_C=r-1=5-1=4$$

误差自由度

$$df_e=df_T-df_A-df_B-df_C=(r-1)(r-2)=(5-1)(5-2)=12$$

② 列出方差分析表，进行 F 检验

表 1-15 所示为资料的方差分析表。

表 1-15 资料的方差分析表

变异来源	SS	df	MS	F	$F_{0.05}$	$F_{0.01}$
横行间	27.36	4	6.84	4.56*	3.26	5.41
直列间	22.16	4	5.54	3.69*	3.26	5.41
温度间	33.36	4	8.34	5.56**	3.26	5.41
误　差	18.08	12	1.50			
总变异	100.96	24				

经 F 检验，产蛋期间和鸡群间差异显著，温度间差异极显著。因为在拉丁方设计中，横行、直列单位组因素是为了控制和降低试验误差而设置的非试验因素，所以即使显著，一般也不对单位组间进行多重比较。下面对不同温度平均产蛋量间进行多重比较。

③ 多重比较

列出多重比较表，见表 1-16。

温度平均数标准误为：

$$S_{\bar{x}}=\sqrt{MS_e/n}=\sqrt{1.5/5}=0.55$$

由 df_e=12 和 k=2，3，4，5，从 q 值表查得临界 q 值：$q_{0.05}$ 和 $q_{0.01}$，并与 $S_{\bar{x}}$ 相乘得 LSR_α 值，列于表 1-17。

表 1-16 不同温度平均产蛋量多重比较表（q 法）

温度	平均数 $\bar{x}_{(k)}$	$\bar{x}_{(k)}-20.2$	$\bar{x}_{(k)}-21$	$\bar{x}_{(k)}-22.6$	$\bar{x}_{(k)}-22.8$
A	23.2	3.0*	2.2	0.6	0.4
B	22.8	2.6*	1.8	0.2	
D	22.6	2.4*	1.6		
C	21.0	0.8			
E	20.2				

表 1-17 q 值和 LSR 值表

df_e	k	$q_{0.05}$	$q_{0.01}$	$LSR_{0.05}$	$LSR_{0.01}$
12	2	3.08	4.32	1.69	2.38
	3	3.77	5.04	2.07	2.77
	4	4.20	5.50	2.31	3.03
	5	4.51	5.84	2.48	3.21

多重比较结果表明：温度 A、B、D 平均产蛋量显著高于 E，即第 3、4 两种温度的平均产蛋量显著高于第 1 种温度的平均产蛋量，其余之间差异不显著。第 1 种和第 5 种温度平均产蛋量最低。

（4）拉丁方设计的优缺点

① 拉丁方设计的主要优点

A. 精确性高。拉丁方设计在不增加试验单位的情况下，比随机单位组设计多设置了一个单位组因素，能将横行和直列两个单位组间的变异从试验误差中分离出来，因而试验误差比随机单位组设计小，试验的精确性比随机单位组设计高。

B. 试验结果的分析简便。

② 拉丁方设计的主要缺点

因为在拉丁方设计中，横行单位组数、直列单位组数、试验处理数与试验处理的重复数必须相等，所以处理数受到一定限制。若处理数少，则重复数也少，估计试验误差的自由度就小，影响检验的灵敏度；若处理数多，则重复数也多，横行、直列单位组数也多，导致试验工作量大，且同一单位组内试验动物的初始条件亦难控制一致。因此，拉丁方设计一般用于 5～8 个处理的试验。在采用 4 个以下处理的拉丁方设计时，为了使估计误差的自由度不少于 12，可采用“复拉丁方设计”，即同一个拉丁方试验重复进行数次，并将试验数据合并分析，以增加误差项的自由度。

应当注意，在进行拉丁方试验时，某些单位组因素，如奶牛的泌乳阶段，试验因素的各处理要逐个地在不同阶段实施，如果前一阶段有残效，在后一阶段的试验中，就会产生系统误差而影响试验的准确性。此时应根据实际情况，安排适当的试验间歇期以消除残效。另外还要注意，横行、直列单位组因素与试验因素间不存在交互作用，否则不能采用拉丁方设计。

（二）农作物田间产量测定方法

农作物在田间实际产量测定工作中，要贯彻执行公平、公正、科学、求实的原则，以确保测定结果准确、真实、可靠。

1. 田间产量测定人员的组成。要由3～5个相关人员组成测定小组。

2. 准备工作。产量测定前的准备工作分别如下。

产量测定工具：卷尺、种子袋、标签、镰刀、绳子。

记录设备：录像机、照相机、田间记录本。

3. 田间产量测定及调查

（1）基本情况调查

首先了解和弄清所选调查田地的农户姓名、作物、品种、种植面积等基本信息；其次还要知道作物播种的时间、播种量、播种方法及使用肥料、农药的种类和数量。

（2）取点频率的确定

因为调查面积不一样，取样点数也有所不同，通常按表1-18来确定取样点数。

表1-18　调查面积与取样点数

面积（公顷）	最低取点数
少于2	5
3	7
4	10
5	12
6	14
7	16
8	18
9～10	20

注：大于10公顷的每增加1公顷递增2个点。

（3）田间取点技术

为保证测定的准确性，必须科学地使用取点方法。如果取点方法不当，必然会使测定结果产生误差。因此，取点要力求做到合理，具有足够的代表性，不要有任何主观偏见，以减少测定误差，进而使我们的测定工作能够反映出测定目标的真实性。

地头、边行、缺苗断垄的地方因植株生长特殊，不具有代表性，应避免取点。为了取点不出现人为错误，应采取随机抛物法取点。样区点的确定一般采用对角线方法。

4. 水稻、玉米、大豆的田间测产方法

以测产面积定取样点，每个取样点取 1m^2 作物（按 1 垄或 1 行延长米取）。水稻通常是 30cm×13cm 的行、株距，那么单行取为 3.35 延长米（约为 1m^2）；玉米、大豆垄距一般为 65cm，单行取 1.55 延长米（约为 1m^2）。按照标准定点取样后，脱粒晾晒至标准水分，去除杂物后称重，然后换算成亩产量。

范例：

（1）实际产量

计算公式：亩产=每平方米重量×667

需测产某水稻田 2 亩，共采 5 点，每点 1m^2，5 点共得产量 3.8kg，平均每平方米为 0.76kg，那么平均亩产=0.76kg×667（m^2），即实际测得产量为 506.92kg/667m^2。

（2）理论产量

① 水稻：每平方米 500 株，每株平均 75 粒，千粒重为 22.5g。

计算公式：平方米粒重=平方米株数×每株粒数×千粒重÷1000

平方米粒重=500×75×22.5÷1000=843.75（g）

每平方米产量=843.75÷1000=0.84375（kg）

亩产=每平方米重×667=0.84375×667=562.78（kg）

② 大豆：每平方米 22 株，每株 85 粒，百粒重为 20g。

计算公式：平方米粒重=平方米株数×每株平均粒数×百粒重÷100

平方米粒重=22×85×20÷100=374（g）

每平方米产量=374÷1000g=0.374（kg）

亩产=每平方米重×667=0.374×667=249.46（kg）

③ 玉米：每平方米 6 株，每株粒数（按 14 行×每行 30 粒）为 420 粒，百粒重为 35g。

计算公式：平方米粒重=平方米株数×每株平均粒数×百粒重÷100

平方米粒重=6×（14×30）×35÷100=882（g）

每平方米产量=882÷1000=0.882（kg）

亩产=每平方米重×667=0.882×667=588.29（kg）

（三）试验资料的收集与整理

1. 试验资料的分类

正确进行资料的分类是资料整理的前提。在调查或试验中，由观察、测量所得的数据按其性质的不同，一般可以分为数量性状资料、质量性状资料两大类。

（1）数量性状。数量性状是指能够以量测或计数的方式表示其特征的性状。观察测定数量性状而获得的数据就是数量性状资料。数量性状资料又可分为连续性变数资料和间断性变数资料。

① 连续性变数资料。连续性变数资料又叫做计量资料，指用量测方式获得的数量性状资料，即用度、量、衡等计量工具直接测定获得的数量性状资料。其数据是用长度、容积、重量等来表示。这种资料的各个观测值不一定是整数，两个相邻的整数间可以有带小数的任何数值出现，其小数位数的多少由度量工具的精度而定，它们之间的变异是连续性的。因此，计量资料也称为连续性变异资料。

② 间断性变数资料。间断性变数资料又称为计数资料，是指用计数方式获得的数量性

状资料。在这类资料中，它的各个观察值只能以整数表示，在两个相邻整数间不得有任何带小数的数值出现。各观察值是不连续的，因此该类资料也称为不连续性变异资料或间断性变异资料。

（2）质量性状。质量性状是指能观察到而不能直接测量的性状，如颜色、性别、生死等。这类性状本身不能直接用数值表示，要获得这类性状的数据资料，须对其观察结果做数量化处理，其方法有以下两种：

① 统计次数法。统计次数法简称为分组法，在一定的总体或样本中，根据某一质量性状的类别统计其次数，以次数作为质量性状的数据。如种子发芽试验，供试验 1000 粒种子，其发芽数为 876 粒，可知其发芽率为 87.6%，从而能直观地获知这类信息。这种由质量性状数量化得来的资料又叫做次数资料。

② 评分法。对某一质量性状，因其类别不同，分别给予评分或者分级，并给各级别一个适当的数值，然后分别统计各级别出现的次数。例如小麦子粒颜色有红有白，可令是红色的数量为 0，是白色的数量为 1。则在这个小麦子粒群中只有“0”、“1”两种数量，然后，统计“0”、“1”的出现次数，即可得到和数量性状相似的资料。

2. 资料的整理

当观测值不多（$n \leq 30$）时，不必分组，直接进行统计分析。

当观测值较多（$n > 30$）时，宜将观测值分成若干组，以便统计分析。将观测值分组后，制成次数分布表，即可看到资料的集中和变异情况。

（1）连续性变数资料整理

现以表 1-19 的 120 行水稻产量资料为例，试编制次数分布表。

表 1-19 水稻品种 120 行产量表 （单位：kg）

177	215	197	97	159	245	119	119	131	152	167	104
161	214	125	175	188	192	176	175	95	199	116	165
214	95	158	83	80	138	151	187	126	134	206	137
98	97	129	143	174	159	165	136	108	141	148	168
163	176	102	194	173	75	130	149	150	155	111	158
131	189	91	142	154	152	163	123	205	155	131	209
183	97	119	181	187	131	215	111	186	150	155	197
116	*254*	239	160	179	151	198	124	179	184	168	169
173	181	188	211	175	122	151	171	166	143	190	213
192	231	163	159	159	177	147	194	227	169	124	159

① 求极差。最大观察值−最小观察值=极差，以 R 表示，R 表示整个样本资料的变异幅度。从表 1-19 中找出最大观察值为 254kg，最小观察值为 75kg，极差 R=254−75=179kg。

② 确定组数和组距。根据极差的大小把资料分为若干个组。组与组之间的距离，称为组距，用 i 表示。组数和组距是相互决定的，在确定组数和组距时应考虑：（a）观察值个数

的多少；（b）极差的大小；（c）便于计算；（d）能反映出资料的真实面貌。样本大小与组数多少的关系可参照表 1-19。

表 1-19 资料的观察值个数为 120，查表 1-20 可分为 8～12 组，决定分为 10 组。这样其组距便是：

$$组距i=\frac{R}{组数}=\frac{179}{10}=17.9\approx 18$$

组距得 17.9，选用较接近的整数 18。

③ 确定各组的组限。组限即为每一组范围的上、下两个界限值，有了上、下两个界限后，才能使各个观察值划归到一定的组内。确定组限首先是确定第一组下限，有了第一组下限后，把下限加上组距，则为第一组的上限；第一组的上限也是第二组的下限，第二组的下限加组距，即为第二组的上限；以下各组依此类推。

表 1-20　不同样本容量适宜分组数

样本容量（n）	分组数
40～60	6～8
60～100	7～9
100～200	8～12
200～500	12～17
500 以上	17～20

第一组下限值以资料中最小观察值减 $\frac{i}{2}$ 为宜，如本例最小观察值是 75，$\frac{i}{2}=\frac{18}{2}=9$，则第一组下限便是为 75-9=66，第一组上限则为 66+18=84，因此，本例各组的组限如表 1-21 所示。

表 1-21　水稻品种 120 行产量分组组限

组　别	下　限	上　限
第一组	66	84
第二组	84	102
第三组	102	120
⋮	⋮	⋮
第十一组	246	264

由于相邻两组的上限和下限是同一值，而一个观察值只归入一组，不可重复，如有压线观察值，可自行规定归入上组还是归入下组。

④ 计算组中值。有了组限，即可编制次数分布表，但是各组如只用下限和上限来区分，计算上不方便，所以各组还应定出一个“组中点值”（组中值）作为该组的代表，组中值用 x 表示，组中值＝（下限＋上限）/2。本例第一组组中值为 $\frac{(76.5+79.5)}{2}=78$。

⑤ 各观察值归组并统计各组次数。可按资料中各观察值的次序，把各数值逐一归于各组，一般用画“正”字来计数，待全部观察值归组后，即可求得各组的次数，制成次数分布表（见表 1-22）。

表 1-22 水稻品种 120 行产量的次数分布表

组限	次数（f）	频率/%	累积频率/%
66～84	3	2.50	2.50
84～102	8	6.67	9.17
102～120	9	7.50	16.67
120～138	15	12.5	29.17
138～156	19	15.83	45
156～174	23	19.17	64.17
174～192	21	17.50	81.67
192～210	11	9.17	90.84
210～228	7	5.83	96.67
228～246	3	2.5	99.17
246～264	1	0.83	100

从表 1-22 可以看出，120 行水稻产量的变异范围为 120～192kg；大部分产量在 170kg 左右，而以 138～192kg 之间株数最多。从而可以对该水稻品种产量性状有所了解。另外需要指出，这个次数分布两头少、中间多，形成一个左右大致对称的分布，这种分布有助于我们直观地理解正态分布。

（2）间断性变数资料的整理

因为观测值多少和变异幅度不同，所以间断性变数的整理通常采用组限式分组法和单项分组法。

① 组限式分组法。当观测值较多，数值波动大时，用组限式分组法，即采用每组上限和下限进行数据分组。但与连续性变数资料有所不同：一是组限必须用整数；二是前一组的上限与后一组的下限数值不能相等，以免归类分组时产生混乱。这种方法类似于前面的例子，只是组限上有所不同。

② 单项分组法。在观测值数目较多但波动不大的情况下，可以用单项分组法。

[例 1-8] 某梨品种 500 个花序调查数据，经整理如表 1-23。

从表 1-23 可以看出，该梨品种每花序花朵数一般为 4～7 朵（占 98%），多数为 5～6 朵（占 74%）。

（3）质量性状资料的整理。质量性状资料的整理一般采用单项分组法，类似于表 1-23。

表 1-23 某梨品种 500 个花序花朵数的次数分步表

每花序花朵数	花序数（f）	频率/%	累计频率/%
3	10	2	2
4	65	13	15
5	190	38	53
6	180	36	89
7	55	11	100

（4）常用统计表与统计图

① 统计表

常用的统计表可以分为三类。

第 1 类：调查记载表，主要用于记载原始数据，就是按照调查时的需要，逐个地把观测值记录下来，如表 1-18 所示。

第 2 类：整理计算表，用于整理观测值和计算统计数。如表 1-23 所示。

第 3 类：汇总分析表，主要用于对资料数据进行归纳、分析和比较，以此来说明研究的结论，如表 1-24 所示。

表 1-24 不同小麦品种籽粒 N、P、K 的含有率（%）

（张××等，2007～2009 四川成都）

品种	N	P_2O_5	K_2O
川农	2.47	0.48	0.60
绵阳 11	2.48	0.61	0.46
川农 25	2.51	0.62	0.55
川农 13	2.07	0.62	0.52

注：小麦品种对氮、磷、钾的不同吸收量，因测验时间不同有所差异，此为收获 10 天内测定值。

汇总统计表要求有表题、表头、表身和注释四部分。

表题概括表内主要内容，表题下面可以用括号标明作者、年份和地点，可视需要在表右上角标明计量单位。

表头包括横表头和纵表头，横表头表述处理效果或性状的各种指标，纵表头列出试验处理或研究的性状。

表身是除表头以外的各行和列，填写具体数据，数据要保持相同的小数位数，缺失数据在相应表格中画短横线。

注释是在表内用“备注”栏或者表外用“注”或符号“*”并加入注释文字表示。

② 统计图

常用的统计图有条形图、饼图、线图、直方图和折线图等。一般情况下，计量资料采用直方图和折线图，计数资料、质量性状资料、半定量（等级）资料常用条形图、线图或饼图。

A. 统计图绘制的基本要求

（a）标题简明扼要，列于图的下方。

（b）纵、横两轴应有刻度，注明单位。

（c）横轴由左至右、纵轴由下而上，数值由小到大；图形长宽比例约 5∶4 或 6∶5。

（d）图中需用不同颜色或线条代表不同事物时，应有图例说明。

B. 常用统计图及其绘制方法

（a）条形图

它用等宽长条的长短或高低表示按某一研究指标划分属性种类或等级的次数或频率分布。如果只涉及一项指标，则采用单式长条图；如果涉及两个或两个以上的指标，则采用复式长条图。

在绘制长条图时，应注意以下几点：

第一，纵轴尺度从“0”开始，间隔相等，标明所表示指标的尺度及单位。

第二，横轴是长条图的共同基线，应标明各长条的内容。长条的宽度要相等，间隔相同。间隔的宽度可与长条宽度相同或者是其一半。

第三，在绘制复式长条图时，将同一属性种类、等级的两个或两个以上指标的长条绘制在一起，各长条所表示的指标用图例说明，同一属性种类、等级的各长条间不留间隔。

表 1-25 6 个不同小麦品种小穗数的差异水平

（6 个小麦育种材料产量因子比较研究，张××，郝××，成都农业科技职业学院）

（单位：个）

育种材料	小穗：数
川麦 44	22.8
川麦 36	19
川麦 107	22
川农 18	21
SN14951	19.62
LB1768	21.4

如根据表1-25绘制的条形图如图1-2所示。

（b）饼图。用于表示计数资料、质量性状资料或半定量（等级）资料的构成比。所谓构成比，就是各类别、等级的观测值个数（次数）与观测值总个数（样本含量）的百分比。把圆图的全面积看成100%，按各类别、等级的构成比将圆面积分成若干份，以扇形面积的大小分别表示各类别、等级的比例。

绘制圆图时，应注意以下三点：

① 圆图每3.6° 圆心角所对应的扇形面积为1%。

② 圆图上各部分按资料顺序或大小顺序，以时钟9时或12时为起点，顺时针方向排列。

③ 圆图中各部分用线条分开，注明简要文字及百分比。

例如根据表 1-25 中的数据用饼图绘出的 6 种小麦品种小穗数差异，见图 1-3。

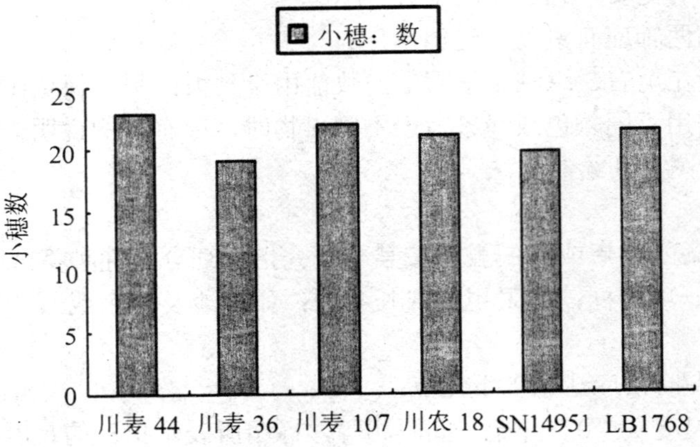

图 1-2 6 个不同小麦品种小穗数差异（条形图）

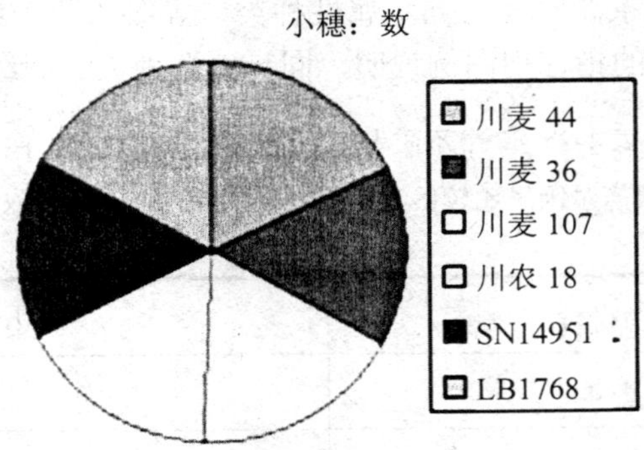

图1-3 6个不同小麦品种小穗数差异（饼图）

（c）线图。用来表示事物或现象随时间而变化发展的情况。线图有单式和复式两种。

单式线图。表示某一事物或现象的动态，把数据在坐标图上用平滑曲线连接起来形成的平确良滑线图，如图1-4所示。

复式线图。在同一图上表示两种或两种以上事物或现象的动态。这时可用实线“——”，断线“------”，点线“····”，横点线“-•-•-•-”等来标志区别。

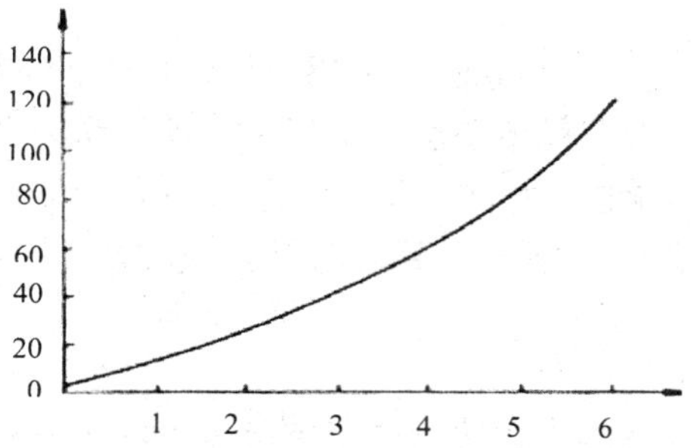

图 1-4　不同小麦日照时数阶段株高走势图（线图）

折线图。对于计量资料，还可根据次数分布表作出次数分布折线图。其作法是：在横轴上标记组中值，纵轴上标记次数，以各组组中值为横坐标，次数为纵坐标描点，用线段依次连接各点，即可得次数分布折线图。

例如，根据表1-25绘制的次数分布折线图如图1-5所示。

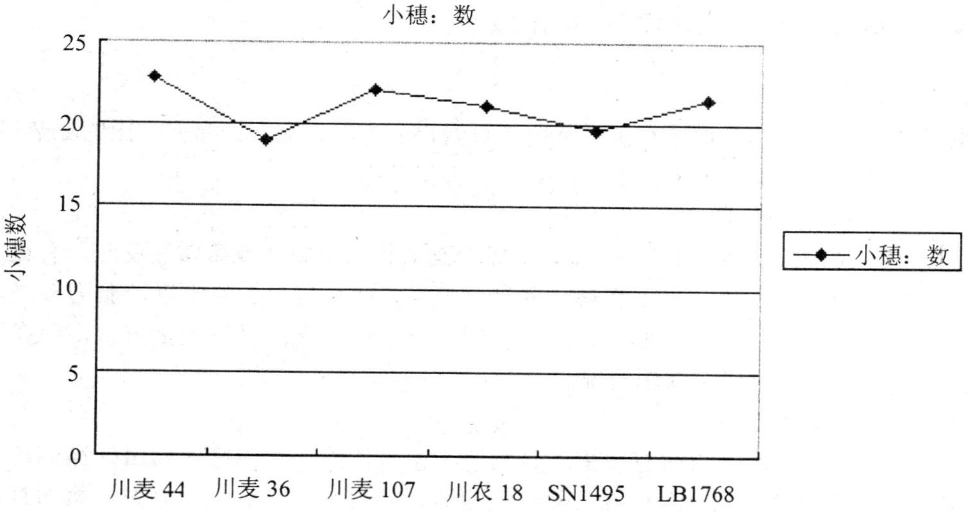

图 1-5　6 个不同小麦品种小穗数差异（折线图）

第二节　四川主要土壤类型与特性

四川土壤类型很多，分布面积较大的有水稻土、紫色土和黄壤。

一、水稻土

水稻土是在长期周期性淹灌种稻水耕熟化过程中形成的一种具有独特土体构型和物质循环的特殊耕作土壤。

（一）基本理化性质

水稻土有机质含量为13.4～35.0g/kg；水稻土往往缺磷、缺钾；水稻土中的硫当通气状态不好时易还原引起水稻中毒，根系发黑。水稻土的铁和锰易于随pH值的变化产生移动，在酸性较强排水不良的“锈水田”中Fe含量可达50～100mg/kg的毒害临界值。水稻田的pH值除受原母土影响外，与水层管理关系较大，一般酸性水稻土或碱性水稻土在淹水后，pH值均向中性变化。

（二）改良基本途径

高产水稻土的特点是良好的土体构型，耕层深厚15～18cm，犁底层不太紧实，以利托水托肥，淀积层棱块状结构发达，利于通气透水，地下水位在80～100cm为宜，以保证土体的水分浸润和通气状况；剖面中无高位障碍层次；质地适中，耕性良好，水分渗漏快慢适度，适量的有机质和较高的土壤养分含量，养分供应协调。

水稻土的低产特性主要表现为冷、粘、沙、酸等，若加以改良，增产潜力大。针对低洼地区地下水位高的潜育水稻土、冷浸田等冷性土，改良方法是水旱轮作，构建渠网、田网、路网，开沟排水，降低地下水位；针对黏性土、沙性土主要改良方法是增施有机肥料；针对酸性土应当适量施用石灰或土壤调理剂。

二、紫色土

紫色土发育于亚热带地区石灰性紫色砂页岩母质土壤，主要分布在中国的亚热带地区，四川盆地、贵州北部面积最大，南方诸省中有零星分布。

（一）基本理化性质

紫色土土层浅薄，通常不到50cm。一般含碳酸钙，呈中性或微碱性反应，有机质含量低。由于紫色土母岩疏松，易于崩解，砂粒含量高，矿质养分含量丰富，肥力较高，富含磷、钾，但酸性紫色土由于强淋洗作用，全磷、有效磷缺乏；微量元素丰富，但在不良条件下，可出现缺锌、缺硼、缺钼情况。

（二）改良基本途径

因侵蚀和干旱缺水现象时有发生，且紫色土蓄水性能差，应修建梯田，深翻培土，加厚土层，配建沿山沟、排水沟和蓄水池、沉沙池、储粪池，防止水土流失，增加有机肥料投入，提高土壤有机质和氮的含量。

三、黄壤

黄壤是亚热带暖热阴湿常绿阔叶林和常绿落叶阔叶混交林下，氧化铁高度水化的土壤。黄化过程明显，富铝化过程相对较弱，发育成具有枯枝落叶层、暗色腐殖层和鲜黄色富铁铝层的湿暖铁铝土。

（一）基本理化性状

土壤中的游离铁与水结合形成氧化铁，如针铁矿、褐铁矿，使土壤颜色偏黄；质地一般较黏重；呈酸性至强酸性反应，pH为4.5～5.5，土壤有机质和氮含量低，有效磷、钾特别缺乏，钙、镁等营养元素也缺。

（二）改良基本途径

采用工程、农艺、化学等综合性措施进行改良治理，提高黄壤综合生产能力。

1. 工程措施：修建梯田，“两沟”（沿山沟、排水沟）、“三池”（蓄水池、沉沙池、储粪池）配套，形成渠网、田网、路网，减少水土流失。

2. 农艺措施：多施有机肥料，种植绿肥或豆科作物。

3. 化学措施：适量施用石灰，磷肥施用选择钙镁磷肥等碱性磷肥。

第三节 肥料主要类型与施肥技术

合理施肥能提高作物产量、改善品质、培肥地力、保护环境。要做到合理施肥，必须了解肥料的基本性质以及施肥原理、方法和注意事项。

一、化肥

（一）氮肥

1. 铵态氮肥

含有铵离子（NH_4^+）或氨（NH_3）的含氮化合物。主要有碳酸氢铵（NH_4HCO_3）、硫酸铵[（NH_4）$_2SO_4$]、氯化铵（NH_4Cl）、氨水（$NH_3 \cdot H_2O$）、液氨（NH_3）。一般都具有以下共同特点：易溶于水，作物可直接吸收利用；$NH4^+$易被土壤胶体吸附，不易淋失；碱性条件下易发生氨的挥发损失；高浓度的$NH4^+$易对作物产生毒害，造成“氨的中毒”；作物吸收过量的铵会对Ca_2^+、Mg_2^+、K^+的吸收产生抑制作用。

（1）碳酸氢铵（NH_4HCO_3）。含氮 17%左右，呈白色细小的结晶，易溶于水，属速效性肥料；肥料水溶液 pH 为 8.2～8.4，呈碱性反应；化学性质不稳定，易分解挥发损失氨；贮存、运输过程中，易发生潮解、结块；施入土壤后，碳酸氢铵很快发生解离为均能被作物吸收利用的NH_4^+和HCO_3^-，不残留任何副成分。保存时应密封，并放在阴凉干燥处。

在生产中常作基肥、追肥；但不宜作种肥；深施并覆土，以防止氨的挥发。

（2）氯化铵（NH_4Cl）。含氮 24%～25%，物理性状较好，吸湿性略大于硫酸铵；易溶于水，肥料水溶液呈酸性反应；化学性质稳定，不挥发、不分解。属于生理酸性肥料，长期施用会使土壤酸度增强和土壤板结，大量施用氯化铵（特别是酸性土壤）应配施石灰和有机肥料；深施覆土，特别是在石灰性土壤上。

一般作为复混肥料生产原料。在生产中常作基肥、追肥，不宜作种肥。适宜稻田长期施用，不宜在耐氯力低的作物（烟草、果树、茶叶、薯类等）上施用，适宜于棉麻类作物；碱性条件下，发生氨的挥发损失，因此，不能与碱性物质混合贮存和施用。

（3）硫酸铵[（NH_4）$_2SO_4$]。简称为硫铵，含氮 20%～21%；白色结晶，有少量杂质时多呈微黄色；物理性状良好，不吸湿、不结块；易溶于水，肥料水溶液呈酸性反应；化学性质稳定，常温常压下不挥发、不分解；生理酸性肥料，长期施用会使土壤酸度增强；碱性条件下，发生氨的挥发而损失氮，不能与碱性物质混合贮存和施用。酸性土壤施用硫铵，应配合施用石灰，但注意石灰与硫铵应分开施用；石灰性土壤含有大量 $CaCO_3$，施用硫铵对土壤酸度的影响较小，但会引起氨的挥发损失，应深施。

市场上已少见。在生产中常适宜作基肥、追肥和种肥。适宜各种作物，喜硫作物施用效果更好；稻田不宜长期施用，影响水稻根系的呼吸，发生水稻的黑根病；应深施并覆土。

2．硝态氮肥

主要有硝酸铵、硝酸钙、硝酸钠，它们的共同特点有：易溶于水，属速效性氮肥；易淋失，不易被土壤胶体吸附；嫌气条件下，反硝化作用损失氮素；吸湿性较大，物理性状较差；易爆、易燃，贮存和运输过程中应采取安全措施；易淋失。

最常见的硝态氮肥是硝酸铵（NH_4NO_3）。含氮 33%～34%。白色结晶，含杂质时呈淡黄色，易溶于水，速效性；吸湿性强，溶解时发生强烈的吸热反应；贮存和堆放不要超过3m 高，以免受压结块，易燃易爆；施入土壤后，NH_4^+和 NO_3^-能被作物吸收。

在生产中适宜作追肥、种肥，一般不作基肥。追肥要少量多次；作种肥时注意用量，并尽量不使其与种子直接接触；不宜水田施用；不宜与有机肥混合施用，易造成嫌气条件，发生硝化作用。

3．酰胺态氮肥

尿素[$CO(NH_2)_2$]属于酰胺态氮肥，是目前市场上主打氮肥，含氮 46%，固态肥料，白色针状或棱柱状结晶；易溶于水，易吸湿；加入疏水物质制成颗粒状肥料，以降低其吸湿性。尿素转化为碳酸氢铵或碳酸铵，才能被植物吸收和利用。

尿素不提倡作种肥使用，影响种子的呼吸和发芽，适宜追肥，要求深施盖土。

（二）磷肥

1. 水溶性磷肥

（1）过磷酸钙。简称普钙，灰白色、粉末状，含有效磷（以 P_2O_5 计）12%～20%。主要成分有水溶性磷酸一钙[$Ca(H_2PO_4)_2 \cdot 2H_2O$]占 30%～50%，难溶性硫酸钙[$CaSO_4 \cdot 2H_2O$]占 40%，游离磷酸和硫酸占 3%～5%。呈酸性反应，有一定的吸湿性和腐蚀性，潮湿的条件下易吸湿、结块，磷肥肥效降低。在贮存和运输过程中注意防潮，贮存时间也不宜过长。

过磷酸钙适用于各类土壤、各种作物，可做基肥、追肥和种肥。无论施入何种土壤，都易被固定，移动性较小。合理施用过磷酸钙应减少肥料与土壤的接触，增加肥料与植物根系的接触，以提高过磷酸钙的利用率。

根据它的性质及施用原则，合理施用的方法如下：

① 集中施和分层施。集中施（条施、穴施）可减少肥料与土壤的接触面，减少浪费，同时增加了与根群的接触机会。在集中施的基础上采取分层施效果更好。即大部分磷肥作基肥深施，少部分浅施或作种肥，或水稻点秧根。

② 与有机肥混合施。可减少与土壤的接触，有机肥的分解产物可减少土壤中铁、铝等对磷的固定。

③ 制成颗粒肥。把过磷酸钙制成粒径为 3～5mm 的颗粒，逐步溶解出有效磷，有效时间较长，同时又减少与土壤的接触。

④ 在酸性土上施用，要配施石灰。先施石灰翻犁耙匀后再施磷肥，不要把石灰与普钙混合，以免降低磷肥的有效性。

⑤ 作根外追肥。将过磷酸钙作根外喷施可以防止磷在土壤中被固定，又能被作物直接吸收。

过磷酸钙一般作基肥的用量为 20kg/667m^2～30kg/667m^2，作追肥的用量一般10kg/667m^2～20kg/667m^2，作种肥 4kg/667m^2～5kg/667m^2。过磷酸钙特别适合缺硫的土

壤施用。

（2）重过磷酸钙。简称重钙，含磷（P_2O_5）38%～44%，主要成分是磷酸一钙，不含石膏，性质比普通过磷酸钙稳定，易溶于水，水溶液呈酸性反应，吸湿性较强，易结块。由于不含铁、铝等杂质，吸湿后不发生磷酸退化现象。在土壤中的转化和施用与普钙一样，但用量应减少一半以上。

2. 弱酸溶性磷肥

能溶于2%柠檬酸或中性柠檬酸铵溶液的磷肥，又称枸溶性磷肥。主要有钙镁磷肥、沉淀磷肥、脱氟磷肥、钢渣磷肥等。这类磷肥均不溶于水，但能被作物根系分泌的弱酸溶解，也能被其他弱酸溶解供植物吸收利用。弱酸溶性磷肥在土壤中的移动性很差，不会流失，肥效比水溶性磷肥缓慢，但肥效持久。

钙镁磷肥，是一种常见的枸溶性磷肥。黑绿色或灰棕色粉末，不溶于水，但能溶于弱酸。无腐蚀性，不吸湿，不结块，物理性质良好。碱性，pH 为 8.0～8.5。钙镁磷肥宜作基肥并及早施用，一般不做追肥和种肥，对喜钙、镁和硅的作物较好，最好施在酸性土壤上。

3. 难溶性磷肥

所含磷酸盐大部分只能溶于强酸，肥效迟缓，肥效长。磷矿粉和骨粉是难溶性磷肥的代表。

磷矿粉。肥效缓慢，后效较长，只能作基肥施用，适宜在酸性土壤施用。应与酸性肥料或生理酸性肥料配合施用，以提高磷矿粉中磷的有效性。由于施用当年的利用率不高，残留较多，因此不必年年施用。

（三）钾肥

1. 氯化钾（KCl）。K_2O 含量为 54%～60%，白色或淡黄色、紫红色结晶；易溶于水，对作物是速效的；有一定吸湿性，长久贮存会结块；属化学中性、生理酸性肥料。酸性土壤上施用氯化钾应配施有机肥。可作基肥、追肥，不宜作种肥，不宜在盐碱地上施用，适宜在水田上施用；耐氯弱的作物慎用；适宜棉麻类作物。

2. 硫酸钾（K_2SO_4）。白色或淡黄色结晶；K_2O 含量为 40%～50%，易溶于水，对作物是速效的；吸湿性较小，不易结块；属化学中性、生理酸性肥料。可作基肥、种肥、追肥和根外追肥。适宜在十字花科、葱蒜类等喜硫作物以及对氯敏感的作物上施用，不宜在水田中施用。

（四）复混肥料

复混肥料是指氮、磷、钾三种养分中，至少有两种养分标明量的肥料，由化学方法或物理加工制成。

1. 常用复混肥料的种类

（1）复合肥。化学方法制造出来的某种化合物，养分含量和比例固定。多为二元复合肥，无副成分。例如，磷酸一铵、磷酸二铵、磷酸二氢钾等。

（2）复混肥。按一定比例，由单质肥料或复合肥配成，在加工过程中不发生化学反应，含有氮、磷、钾中任意两种元素或三种元素的肥料。常制成颗粒，多为三元复混肥，常含有副成分。有效养分一般用配合式表示，如 15-10-8 表示氮、磷、钾含量分别为 15%、10%、8%。

（3）掺混肥。掺混肥又称为 BB 肥，由几种单质肥料或复合肥按一定比例配料和简单机械混合而成。不经再造粒过程，掺混肥颗粒大小一致，随混随用，不能长期放存，成本低。掺混肥的有效养分含量也用配合式表示。

复混肥料养分种类多，含量高；大量节省包装、贮存、运输及施用等费用；副成分少，对土壤性质不会产生不良影响；可以做到平衡施肥工厂化。但比例固定，不能完全满足各种土壤、作物对养分比例的不同要求；难于满足不同养分最佳施肥技术的要求。

2. 常用复混肥料的性质与施用

（1）二元复合肥料

磷酸一铵（$NH_4H_2PO_4$，12-52-0 或 10-50-0）又称“安福粉”，易溶于水，化学酸性（pH 为 4.4），白色结晶颗粒，性质稳定。磷酸二铵[（NH_4）$_2HPO_4$，18-46-0 或 16-48-0]又称为“重福粉”，易溶于水，化学碱性（pH 为 8.0），白色结晶，高温高湿有 NH_3 挥发。两者均为白色结晶颗粒，物理性好，不吸湿、不结块，易溶于水。都适于各种土壤和作物，一般作复混肥料的生产原料。

磷酸二氢钾（0-52.2-34.5）为白色、灰白色结晶，吸湿性弱，物理性质良好，易溶于水，水溶液酸性，可适用于任何作物和土壤施用，主要用作浸种和根外追肥。浸种浓度为 0.2%，浸种 18～20h，根外追肥浓度 0.1%～0.3%。

硝酸钾（13.5-0-45.5）适用于烟草、葡萄、马铃薯、番茄等忌氯喜钾作物。白色结晶，物理性质良好，易溶于水，吸湿性较小，不易结块，具有强氧化性质，易燃、易爆，生理酸性肥料。适宜作追肥特别是根外追肥，也可用作浸种。浸种浓度为 0.2%，根外追肥浓度为 0.6%～1.0%。

（2）三元复混肥料

三元复混肥料物理性质好，速效性，适于各种作物，一般作基肥，条施、穴施均可。

（五）中量元素肥料

中量元素是对元素钙、镁、硫等的统称。

1. 钙肥

石灰：主要成分是氧化钙。酸性土壤上施用石灰是改土培肥的重要措施之一。石灰多做基肥，每公顷 750～1125kg，也可以用作追肥。

石膏：是含水硫酸钙的俗称。石膏在改善土壤钙营养状况上可以称得上是石灰的姊妹肥。在碱化土壤上可以调节钙钠比，改善物理性能。每公顷 1500kg 左右。

2. 镁肥

常用的镁肥有硫酸镁、氯化镁、碳酸镁等。硫酸镁和氯化镁均为酸性，易溶于水，易被作物吸收。镁肥既可做基肥，也可做追肥。施用时要严格控制用量，同时要因土选择镁肥品种。一般酸性土施用碳酸镁，碱性土施用氯化镁、硫酸镁。

做基肥或追肥浅施，最好和铵盐、磷、钾肥混合施用，每公顷 15～22.5kg，叶面喷施浓度为 1%～2%。

3. 硫肥

石膏：生石膏、熟石膏和含磷石膏。

硫黄、硫酸铵、过磷酸钙、硫酸钾。其中硫黄为无机硫，难溶于水，在微生物作用下氧化为硫酸后才能被利用；硫酸铵微溶于水，其他硫肥为水溶性肥料。

硫肥主要作基肥。石膏作基肥每公顷 225～375kg，作种肥每公顷 60～75kg，作追肥每公顷 75～150kg。

（六）微量元素肥料

常见微量元素肥料有硼肥、锌肥、钼肥、铜肥、铁肥、锰肥。

1．硼肥

硼酸（H_2BO_3）：含硼（B）17.5%，白色结晶或粉末状，溶于水。

硼砂（$Na_2B_4O_7 \cdot 10H_2O$）：含硼（B）11%，性状同硼酸。

可作基肥、追肥、种肥和根外追肥。基肥每公顷 11.25～18.75kg，可与氮磷肥或干土、沙等混合施用；追肥宜早，注意均匀施用；种肥浸种浓度为 0.01%～0.1%，浸种 6～12 小时，拌种时每千克种子用硼酸或硼砂 0.2～0.5g；根外追肥注意浓度，硼砂浓度为 0.2%，硼酸浓度为 0.1%～0.15%，晶体硼镁肥浓度为 1.5%～2.0%。硼肥有一定后效，一般可持续 3～5 年。

2．锌肥

硫酸锌（$ZnSO_4 \cdot 7H_2O$）：含锌（Zn）22%；一般为白色结晶，易溶于水。

氯化锌（$ZnCl_2$）：含锌（Zn）48%，一般为白色结晶，易溶于水。

可作基肥，每公顷 11.25～22.5kg，更适宜种子处理和根外追肥，硫酸锌浸种浓度为 0.02%～0.05%，拌种 1kg 种子 4～6g，根外追肥浓度为 0.01%～0.05%。

3．钼肥

钼酸铵含钼（Mo）49%，钼酸钠含钼（Mo）39%，两者均为青白色结晶与粉末，都是水溶性钼肥，可用作基肥（每公顷 375～750g）、种肥和追肥，通常用作种子处理和根外追肥，钼肥主要施在豆科作物、十字花科作物上，肥效显著。钼酸铵浸种浓度为 0.05%～0.1%，浸 12 小时，拌种 1kg 种子 2～4g，根外追肥浓度为 0.01%～0.1%，每公顷喷施 600～750kg。

氧化钼含钼为 66%，钼矿渣含钼 10%，两者均难溶于水，常用作基肥。

4．铜肥

五水硫酸铜含铜 25%，一水硫酸铜含铜 35%，两者均为蓝色结晶，溶于水；氧化铜（黑色）含铜 75%、氧化亚铜（暗红色）含铜 80%，均难溶于水。

铜肥主要用于基肥、拌种和叶面喷施。硫酸铜浸种浓度为 0.1%～0.5%，拌种 1kg 种子用 1.2g，根外追肥浓度为 0.02%～0.05%。

5. 铁肥

硫酸亚铁含铁 19%，淡绿色结晶，易溶于水；硫酸亚铁铵含铁 14%，淡蓝绿色结晶，易溶于水。

铁肥主要用作基肥和叶面喷施。根外追肥浓度 0.05%～0.3%。

6. 锰肥

常用的锰肥有含锰 26%的硫酸锰、含锰 19%的氯化锰，两者均是粉红色结晶，易溶于水。作基肥亩用硫酸锰 1～2.5kg；浸种用 0.1%～0.2%的硫酸锰溶液浸种 8 小时，捞出阴干播种；拌种每公斤种子用 4～8g 硫酸锰；根外追肥、叶面喷施 0.05%～0.2%的硫酸锰。

二、有机肥料

有机肥料速效养分含量低，但养分齐全，肥效缓慢长久，施用一般不容易造成植物缺素病症，具有改良土壤、提高地力、改善农产品品质等特殊功效。有机肥料品种很多，常见的有人畜粪尿、沼渣沼液、草木灰等。

（一）人畜粪尿与厩肥

人畜尿液、粪便属于速效肥类，多作追肥使用。粪尿肥必须经过充分消毒、熟化。

新鲜厩肥必须发酵腐熟，肥效较粪尿肥长久，含有较多腐殖质，多作为基肥使用。

粪尿、厩肥既含有植物所需的速效性养分，又具有较长时间的肥效性，因此既可以作为基肥使用，也可以作为追肥使用。可全面撒施或集中施用。

（二）沼渣沼液

含有较高的速效氮，可作为速效肥使用；沼渣与沤肥相当，含有较高的腐殖质及小分子植物营养，可作为基肥使用。

（三）草木灰

草木灰主要含有 Ca、K、P、Mg 和 Fe 等元素。草木灰中的钾 90%是碳酸钾，其次是氯化钾和硫酸钾，均为水溶性的，对作物速效，但易受雨水淋失；呈碱性反应，酸性土壤施用，不仅能供应钾，还能降低土壤酸度和补充 Ca、Mg 等元素。既可作基肥、追肥，也可作根外追肥、盖种肥。不宜与铵态氮肥、腐熟的有机肥混合施用，以免造成氨的挥发。

三、新型肥料

（一）有机-无机复混肥料

有机-无机复混肥料是指含有一定有机质的复混肥料，呈颗粒状或条状，无机械杂质。

该肥兼具有机肥和复混肥的作用，有通用型和专用型，有机质来源不同施用效果有差异，腐殖酸含量高的有机-无机复混肥效果较好。一般作基肥，由于养分含量比复混肥料低，施用时用量相应加大。

（二）缓控释肥料

缓控释肥是一种通过各种调控机制使肥料养分最初释放延缓，延长植物对其有效养分吸收利用的有效期，使养分按照设定的释放率和释放期缓慢或控制释放的肥料，具有提高化肥利用率、减少使用量与施肥次数、降低生产成本、减少环境污染、提高农产品品质等优点，使用量较大时，也不会出现烧苗、徒长、倒伏等现象。

缓控释肥料一般作基肥，可撒施、沟施、放射状施肥。注意与种子、幼苗隔开，以免烧种或烧苗。可视作物和土壤的具体情况比普通对照肥料减少 1/3～1/2 的施用量。根据作物生育期的长短，选用不同释放期的缓控释肥。如水稻，选用 60～70 天释放期；棉花、中稻等作物，选用 3 个月释放期；冬季瓜果菜选用 4 个月释放期；果树等多年生作物选用 4 个月释放期。施肥时，一般以缓控释肥作底肥，按总施肥量的 70%施用，以普通速效化肥作追肥，按总施肥量的 30%施用。

（三）作物专用配方肥

作物专用配方肥通常称为配方肥，是在测土配方施肥工程实施过程中研制开发的适合于特定区域、特定作物品种的新型肥料。配方肥是复混肥料生产企业根据土肥技术推广部门针对不同作物需肥规律、土壤养分含量及供肥性能制定的专用配方进行生产的，可以有效调节和解决作物需肥与土壤供肥之间的矛盾，并有针对性地补充作物所需的营养元素，作物缺什么元素补充什么元素，需要多少补多少，将化肥用量控制在科学合理的范围内，达到既能确保作物高产，又不会浪费肥料的目的。研发、生产、使用配方肥是今后肥料产业发展的方向。施用方法：专用配方肥一般作底肥施用，可与其他肥料一起在播种时撒施，深翻。

（四）水溶性肥料

水溶性肥料是一种可以完全溶于水、含多种养分的肥料，能够迅速地溶解于水中，容易被作物吸收，且吸收利用率相对较高，一般作叶面喷施，也可用于喷滴灌等设施农业，实现水肥一体化，达到省水省肥省工的效能。一般常见的有大量元素水溶肥料、微量元素水溶肥料、含氨基酸水溶肥料和含腐殖酸水溶肥料等，有固体、液体两种剂型。施用时，可根据作物生长所需要的营养需求特点来设计配方，避免不必要的浪费。由于肥效快，还可随时根据作物长势对肥料配方做出调整。作叶面肥一般稀释 600～800 倍，在阴天或晴天傍晚喷施，若喷后遇雨应重新喷施。

（五）生物肥料

生物肥料也称为菌肥，是指含有特定微生物，能够获得特定肥料效应的生物制品。施入土壤后，其中的菌类或其他微生物依靠土壤中的营养、水分等大量生长繁殖，通过合成和分泌某些植物或土壤所需的特效性物质，活化养分，改良土壤，增强植物抗性，促进植物生长，提高植物品质。

1. 农用微生物菌剂肥料

农用微生物菌剂又称为功能菌剂、菌剂类产品、微生物接种剂。它是由一种或一种以上的目的微生物（有效活菌）经工业化生产增殖后直接使用，或经浓缩、或经载体吸附而制成的活菌制品。按内含微生物种类或功能特性细分为固氮菌、根瘤菌、解磷微生物、硅酸盐微生物、光合细菌、促生、菌根、生物修复等菌剂。

固氮菌肥的施用要求土壤通气良好，含水量较低，pH 值中性或微碱性，忌阳光直射及与杀菌剂、速效氮肥等混用。磷细菌肥可作为基肥、追肥、种肥，尤其适合缺磷但有机质丰富的土壤，可与有机肥、固氮肥、抗生菌肥等配合使用。钾细菌肥可作基肥、追肥、拌种或蘸秧根，在喜钾植物中肥效更显著。菌根菌肥类在植物生长过程中，许多微生物可与其根系形成共生体，帮助和促进植物对磷、硫、钙、锌等矿质元素及水分的吸收，目前已应用到多种园林园艺植物的栽培实践中。

2. 生物有机肥

生物有机肥是指特定功能微生物与主要动植物残体（如畜禽粪便、农作物秸秆等）为来源并经无害化处理、腐熟的有机物料复合而成的一类兼具微生物肥料和有机肥效应的肥料。养分缓慢释放，肥效长，还能明显改善土壤理化性质。

3. 复合微生物肥料

复合微生物肥料是指目的微生物经工业化生产增殖后与氮磷钾营养物质复合而成的活菌制品，具有含有益微生物数量和群类多，环境适应能力强，营养成分全面、营养功能好、肥力效果长久，富含有机质和生理活性物质，改良土壤，明显促进根系发育和植物生长，施用方便等优点。施用时，必须注意满足其生长繁殖条件，傍晚施用，结合覆土、浇水等措施，禁止和杀虫剂、杀菌剂、种衣剂混合施用，避免高温干旱条件下施用，避免暴露在阳光、紫外线照射下，这样才能充分发挥微生物的肥效作用。

四、测土配方施肥技术

测土配方施肥是以土壤测试和肥料田间试验为基础，根据作物需肥规律、土壤供肥性能和肥料效应，在合理施用有机肥料的基础上，提出氮、磷、钾及中、微量元素等肥料的施用品种、数量、时期和方法。

（一）测土配方施肥的原则

1. 有机与无机相结合

实施配方施肥必须以有机肥料为基础，必须坚持多种形式的有机肥料投入才能够培肥地力，实现农业可持续发展。

2. 大量、中量、微量元素相结合

必须强调氮、磷、钾肥的相互配合，并补充必要的中、微量元素，才能获得高产稳产。

3. 用地与养地相结合，投入与产出相平衡

要使作物—土壤—肥料形成物质和能量的良性循环，必须坚持用养结合，投入产出相平衡。破坏或消耗了土壤肥力，就意味着降低了农业再生产能力。

（二）肥料配方设计

基于田块的肥料配方设计应首先确定氮磷钾养分的用量，然后确定相应的肥料组合，通过提供配方肥料或发放施肥建议卡，指导农民使用。基于区域的肥料配方设计以施肥指导单元之肥料配方为基础，运用相应的数学方法（如聚类分析）将大量的配方综合形成有限的“大配方”，设计时要考虑农艺需要、生产企业、农民用肥习惯等因素。

肥料用量的确定方法主要包括土壤与植株测试推荐施肥方法、肥料效应函数法、土壤养分丰缺指标法和养分平衡法。

1．土壤与植株测试推荐施肥方法

对于大田作物，在综合考虑有机肥、作物秸秆应用和管理措施的基础上，根据氮磷钾和中微量元素养分的不同特征，采用不同的养分优化调控与管理策略。其中，氮肥推荐根据土壤供氮状况和作物需氮量，进行实时动态监测和精确调控，包括基肥和追肥的调控；磷、钾肥通过土壤测试和养分平衡进行监控；中微量元素采用因缺补缺的矫正施肥策略。

2．肥料效应函数法

根据田间试验结果建立当地主要作物的肥料效应函数，直接获得某一区域、某种作物的氮磷钾肥料的最佳施用量，为肥料配方和施肥推荐提供依据。

3．土壤养分丰缺指标法

通过土壤养分测试结果和田间肥效试验结果，建立不同作物、不同区域的土壤养分丰缺指标，提供肥料配方。

4．养分平衡法

根据作物目标产量需肥量与土壤供肥量之差估算目标产量的施肥量，通过施肥补足土壤供应不足的那部分养分。目标产量确定后，因土壤供肥量的确定方法不同，又分为地力差减法和土壤有效养分校正系数法。施肥量的计算公式为：

$$\text{施肥量（kg/亩）}=\frac{\text{目标产量所需养分总量}-\text{土壤供肥量}}{\text{肥料中养分含量}\times\text{肥料当季利用率}}$$

（三）配方肥合理施用

选用单质或复合肥自行配制配方肥，也可直接购买配方肥。根据肥料性质和植物营养特性，适时施肥。常用施肥方式有撒施后耕翻、条施、穴施等。

五、肥料登记管理办法

《肥料登记管理办法》于 2000 年 6 月 12 日经农业部常务会议通过并发布施行。2004 年 6 月 25 日又经农业部修订。

（一）肥料登记管理概述

为规范肥料市场，保证农民放心使用肥料，国家实行肥料登记管理制度，未经登记的肥料产品不得进口、生产、销售和使用，不得进行广告宣传。农业部负责全国肥料登记和监督管理工作，省、自治区、直辖市人民政府农业行政主管部门协助农业部做好本行政区域内的肥料登记工作，县级以上地方人民政府农业行政主管部门负责本行政区域内的肥料监督管理工作。从登记管理角度划分，肥料产品可分为免予登记肥料、省级农业行政主管部门登记肥料、农业部登记肥料。

免予登记肥料：尿素、碳酸氢铵、氯化铵、硝酸铵、硫酸铵、氰氨化钙；过磷酸钙、钙镁磷肥、硝酸磷肥；氯化钾、硫酸钾、硝酸钾；磷酸一铵、磷酸二铵、磷酸二氢钾；硫酸锌、硼酸、硼砂。

省级农业行政主管部门登记肥料：复混肥料、掺混肥料、有机-无机复混肥料、有机肥料和床土调酸剂。

农业部登记肥料：大量元素水溶肥料、农业用硝酸钾、农业用硝酸铵钙、农业用硫酸钾镁、农业用氯化钾镁、缓释肥料、增效氮肥；中量元素水溶肥料、中量元素肥料、农业用硝酸钙、农业用硫酸镁；微量元素水溶肥料、微量元素肥料；含氨基酸水溶肥料、含腐殖酸水溶肥料、有机水溶肥料；增效氮肥、包膜氮肥、磷酸二氢钾铵；农用微生物菌剂、生物有机肥、复合微生物肥料；肥料增效剂、土壤调理剂、农林保水剂；其他新型肥料类。

（二）登记申请

凡经工商注册，具有独立法人资格的肥料生产者均可提出肥料登记申请。农业部负责办理肥料登记受理手续，并审查登记申请资料是否齐全。境内生产者申请肥料临时登记，其申请登记资料应经其所在地省级农业行政主管部门初审后，向农业部提出申请。

（三）登记审批

省级以上农业行政主管部门按照职责分工，负责肥料的登记审批、登记证发放和公告工作。肥料登记分为临时登记和正式登记，前者有效期为一年，后者有效期为五年。

（四）监督管理

农业行政主管部门应当按照规定对辖区内的肥料生产、经营和使用单位的肥料进行定期或不定期监督、检查，必要时按照规定抽取样品和索取有关资料，有关单位不得拒绝和隐瞒。对质量不合格的产品，要限期改进。对质量连续不合格的产品，肥料登记证有效期满后不予续展。

（五）法律责任

生产、销售未取得登记证的肥料产品；假冒、伪造肥料登记证、登记证号的；生产、销售的肥料产品有效成分或含量与登记批准的内容不符的都要受到处罚。有以上三种情形之一的，由县级农业行政主管部门给予警告，并处违法所得 3 倍以下的罚款，但最高不得超过 30 000 元；没有违法所得的，处 10 000 元以下罚款。

转让肥料登记证或登记证号的；登记证有效期满未经批准续展登记而继续生产该肥料产品的；生产、销售包装上未附标签、标签残缺不清或者擅自修改标签内容的都要受到处罚。有以上三种情形之一的，由县级以上农业行政主管部门给予警告，并处违法所得 3 倍以下罚款，但最高不得超过 20 000 元；没有违法所得的，处 10 000 元以下罚款。

第四节　种子基本知识

一、农作物种子的概念

种子在农业生产上和植物学上的含义不同。农作物种子是指农作物的种植材料或者繁殖材料，包括籽粒、果实和根、茎、苗、芽、叶等。农作物包括粮食、棉花、油料、麻类、糖料、蔬菜、果树（核桃、板栗等干果除外）、茶树、花卉（野生珍贵花卉除外）、桑树、烟草、中药材、草类、绿肥、食用菌等作物以及橡胶等热带作物。

二、主要农作物品种

四川的主要农作物为水稻、小麦、玉米、棉花、大豆、油菜、马铃薯和甘薯，主要农作物品种在推广应用前应当通过国家或者省级审定。

三、种子的类别

根据种子繁育技术的不同，可将种子分为常规种子和杂交种子。

（一）常规种子

常规种子是指遗传性状确定的常规品种的种子，保持了本物种的原有特性，制种时只要做好提纯复壮、防杂保纯工作，可以重复多代使用。

（二）杂交种子

杂交种子是指利用两个强优势亲本杂交而成的杂种第 1 代种子，它在生长势、生活力、繁殖力、抗逆性、产量和品质上比其亲本优越，但只能使用 1 代，不能 2 次做种。

在大田用种的包装物表面和标签上的种子类别中，杂交种必须标注，常规种可以不具体标注；通常标注“组合”的是指杂交种。

四、种苗类型

根据繁殖方式的不同，可将种苗分为实生苗、扦插苗、嫁接苗、压条苗、分株苗和组培苗。

（一）实生苗

实生苗是指直接用种子繁殖的种苗，其特点是生长旺盛、根系发达、适应性强，寿命较长，繁殖材料来源丰富，方法简便，成本低廉，但容易产生变异和退化。

（二）扦插苗

从植物母体上切取茎、芽或叶的一部分，在适宜的环境条件下促使其生根抽枝而形成的独立植株。其特点是：变异性较小，能保持母株的优良性状和特性，幼苗期短，结果早，投产快。

（三）嫁接苗

将植物营养器官的一部分移接于其他植物体上，接活后的苗称为嫁接苗，用于嫁接的枝条称为接穗，嫁接的植株称为砧木。其特点是：能保持优良品种的性状，生长快，树势强，结果早，适应性和抗逆性强，树体可矮化或乔化。

（四）组培苗

组培苗是将植物体的细胞、组织或器官的一部分，通过无菌操作，在无菌和适宜的人工条件下，培育形成的完整植株。其特点是：繁殖周期短，速度快，效率高，可周年生产，保持植株优良形状，可培育无病毒苗。

五、作物品种选择

不同作物品种的生育期、产量、抗性、品质、适应性等特性是不一样的，因此，选择推广品种时要考虑以下因素：

（一）品种审定

国家规定主要农作物品种应当审定后才能推广，涉及主要农作物品种时，首先要看该品种是否审定、审定的适宜种植区域是否包括拟推广地区。

（二）市场因素

市场需求较多的品种应作为首选品种，在引进新品种和奇特品种的时候，要注意搞好市场调查，了解和掌握市场的需求和发展趋势，避免盲目引进造成经济损失。在引进新品种前应完善品种引进、试验、示范和推广环节，先进行小面积试验，待试验成功后再行示范和推广。

（三）地理环境

不同的地理纬度和海拔高度所形成的气候条件有很大差异。因此，在选择品种时，应弄清所选品种来源的地理纬度和海拔高度，尽量选择地理纬度相近的品种。

（四）生态条件

农作物生长的环境条件包括水源条件、热量资源、土壤质地、土壤肥力、地理形态等。所选作物和品种的生理特性应尽可能适应当地的生态条件。

（五）农作物发病情况

作物的发病程度受当地气候条件、土壤环境和作物品种本身的抗病性影响。生产中，可根据上年度或近几年的病害发生情况选择适宜的品种。

第五节 植物保护基本知识

一、植物保护的基本概念

植物保护是综合利用多学科知识，以经济、科学的方法，保护人类目标植物免受生物危害，提高植物生产投入的回报，维护人类的物质利益和环境利益。

“预防为主、综合防治”是植物保护工作的方针。“预防为主”包括三方面内容：消灭病虫来源降，低发生基数；恶化病虫发生为害的环境条件；及时采取适当措施，消灭病虫在大量显著为害之前。“综合防治”可以针对某一种病害或虫害，也可以针对某种在本地区发生的主要病虫，通过实施一系列的防治措施，达到控制其为害的目的。

从事植物保护工作要树立“科学植保、公共植保、绿色植保”现代植保理念。科学植保就是要顺应病虫害发生危害规律，把科学防控的理念贯穿于病虫害管理全过程、各环节，全面提高植保基础研究、技术集成、推广应用水平，着力促进防控策略由单一病虫、单一作物防治向区域协防和可持续治理转变；公共植保就是要明确植保公益性、基础性、社会性地位，强化公共管理和社会服务职能，构建植保防灾减灾公共服务和社会化服务体系，着力促进防控方式由一家一户分散防治向专业化统防统治和联防联控转变；绿色植保就是要坚持以人为本，在保障农业生产安全的同时，更加注重农产品质量安全，更加注重保护生物多样性，更加注重减少环境污染，着力促进防控措施由主要依赖单一化学农药防治向绿色防控和综合防治转变。

二、农业有害生物的基本知识

农业有害生物主要指危害农业生产并造成显著经济损失的生物，包括植物病原微生物、寄生性植物、植物线虫、植食性昆虫、杂草、鼠类以及其他鸟、兽等。

（一）农业害虫的基本知识

习惯上，我们把对农业生产活动造成不利影响的昆虫、螨类、软体动物等都统称为农业害虫。

1. 害虫与天敌。农业害虫是人类从事农业生产活动的产物。这是因为栽培作物的单一化，为某些植食性昆虫提供了丰富的食料条件，同时削弱了天敌对有害生物的控制作用，再加上一些栽培管理措施为某些种类创造了适生环境，就使这种昆虫得以超常量发生，给农业生产带来严重的经济损失。这类昆虫，就成了害虫。

昆虫在生长发育过程中，常遭受其他生物的捕食或寄生，这些害虫的自然敌害称为天敌。天敌的种类很多，主要有昆虫病原微生物、有益昆虫、食虫动物等。它们对抑制害虫种群数量有着重要作用。

2. 害虫的分类。依据危害农作物的部位不同，可分为食叶类害虫、食茎类害虫、食（蛀）果类害虫、食根类害虫等；依据危害方式的不同，可分为刺吸性害虫、钻蛀性害虫、啃食性害虫、传毒性害虫等。

（二）植物病害的基本知识

1. 植物病害分类

植物病害根据病原的不同可分为侵染性病害和非侵染性病害。由微生物侵染而引起的病害称为侵染性病害。由于侵染源的不同，又可分为真菌性病害、细菌性病害、病毒性病害、线虫性病害、寄生性种子植物病害等多种类型。

由不适宜的物理、化学等非生物环境因素直接或间接引起的植物病害，又称为生理性病害。因不能传染，也称为非传染性病害。如营养物质、温度、光照、有毒物质的污染和农药引起的药害等。

2. 植物病害的症状

植物病害的症状分为病状和病征两部分，是植物病害田间判断的主要依据。病状是指植物感病后自身表现出来的异常状态。病状可以表现在植物的各个器官和组织上，如枝干、枝条、根、茎、叶、花、果等，表现形式多种多样。常见的病状有变色、坏死、腐烂、萎蔫、畸形等。

植物感病后，病原物在发病部位表现出来的特征称为病征。病征是在病害发展到一定阶段才出现，有的病害没有病征，如病毒、类病毒、植原体、螺原体和一些难培养的细菌引起的病害；非传染性病害也无病征。常见的病征有霉状物、粉状物、点状物、颗粒状物、脓状物等。

（三）草害的基本知识

根据杂草的生长期可将其分为：

1. 一年生杂草。种子发芽、开花、结果、整个生活周期在一年内完成，这类杂草都是种子繁殖，幼苗不能越冬，每年只结实一次。如金狗尾草、藜、苋、苍耳等。

2. 越年生或二年生杂草。这类杂草需要度过两个完整的夏季才能完成它的生长发育周期。种子繁殖，一般在夏、秋季发芽，以幼苗或根越冬，次年夏秋开花结实，但也有春天发芽，当年开花结实，整个生命周期跨越两个年度。如黄花蒿、益母蒿等。但也有春天发芽，当年开花、结实，表现为一年生的习性。如荠菜、看麦娘等。

3. 多年生杂草。在田间生存 3 年以上，一年中可多次开花结实。这类杂草的越冬芽、根茎、块茎、块根及鳞茎等在土壤中越冬，如眼子菜等。近年来在农田大量发生，危害严重，而且难以防除。如根茎杂草（问荆等）、根芽杂草（苣荬菜、苦荬菜等）、直根杂草（羊蹄等）、球茎杂草（香附子）等。

（四）鼠害的基本知识

鼠类属哺乳纲啮齿目动物。农作物从种到收全过程中和农产品贮存过程中都可能遭受其害，而且鼠类繁殖次数多，孕期短，产仔率高，性成熟快，数量能在短期内急剧增加，常对农业生产酿成巨大灾害。鼠类有的专吃种子和青苗，如大家鼠、社鼠、黄毛鼠、小家鼠、黑线仓鼠和大仓鼠等；有的以植物的根、茎为食，如鼢鼠和鼹形田鼠等；有些鼠类喜食粮油作物种子，如小家鼠、黑线姬鼠和黄胸鼠等。

三、病虫害预测预报

农作物病虫害预测预报，简称为病虫测报，是植物保护的基础性工作。就是系统、准确监测农作物病、虫、草、鼠害发生时空、数量和危害变化，根据病虫害、农作物、气候因素和人为活动之间的关系，并运用生物学、生态学、系统科学等知识，对病虫草鼠未来发生危害趋势进行分析和预测，并由县级以上的农业部门植保机构免费向社会发布，为农户防治农作物病虫害提供科学、准确、及时的公益性服务。

1. 农作物病虫预报的种类。目前，按预报时间长短来分，病虫害预测预报分为短期预报、中期预报和长期预报三类。短期是指预测其现在一个世代以内，如一个或几个虫态的预测，预报时限在 20 天以内，用来确定防治时间、次数和防治方法。短期预报准确率高，使用广泛。中期则一般为一个或几个世代的季节性预测，预报时限在 20 天至 1 个季度。长期则为一个季度或一年以上的预测，预测指标的幅度较大，一般只要求对发生程度做出估计。

2．农作物病虫害预报的方法。（1）确定预报对象。农作物病虫种类繁多，生产中不可能对每一种病虫都进行预报，要确定对当地农作物产量和品质影响较大的病虫种类作为预报对象。（2）调查病虫害动态。按照相关的测报调查技术规程，开展田间调查，掌握害虫发生的时空动态。（3）收集和分析有关的资料和情报。病虫害的消长涉及作物生育期、品种抗性、栽培措施、肥水管理、气象条件、天敌因子、防治措施等因素，在作病虫预报前，要尽可能收集相关资料，还要收集历年的发生情况，并对资料进行加工整理，去伪存真，以反映客观规律。（4）科学预测。通过组织专家利用所掌握的病虫害信息，利用科学的或经验的方法对目标病虫害未来发生趋势进行预测。基层常见的预测方法有发育进度预测法、物候预测法、气候因子预测法等短期预测，准确性很高，应用范围广。

四、农业有害生物综合防治

农业有害生物综合防治是指从农田生态系统的整体出发，以农业生态区为基础，根据作物—有害生物—天敌和环境之间的相互关系，充分发挥自然因素的调控作用，因地制宜地采取必要的措施，将有害生物控制在经济损失允许水平以下，以获得最佳的经济、生态和社会效益。

农业有害生物的防治方法，按其作用原理和应用技术可分为以下5类：

（一）植物检疫

植物检疫是通过法律法规、行政和技术的手段，禁止或限制危险性病、虫、杂草和其他有害生物的人为传播，保障农林业的安全，促进贸易发展的措施。

（二）农业防治

农业防治亦称为栽培防治，是通过调整和改善作物的生长环境，增强作物对病、虫、草害的抵抗力，创造不利于病原物、害虫和杂草生长发育或传播的条件，以控制、避免或减轻病、虫、草的危害。主要措施有选用抗病虫品种、调整品种布局、选留健康种苗、轮作、深耕灭茬、调节播种期、合理施肥、及时灌溉排水、适度整枝打杈、搞好田园卫生和安全运输贮藏等。

（三）物理机械防治

物理机械防治指利用物理因子或机械作用对有害生物生长、发育、繁殖等的干扰，以防治植物病虫害的方法。物理因子包括光、电、声、温度、放射能、激光、红外线辐射等，如黄板、黑光灯、性诱剂（器）等；机械作用包括人工捕杀、使用器具器械装置等。

（四）生物防治

生物防治包括以虫治虫、以菌治虫、以有益生物治虫、以菌治病等，即利用捕食性昆虫，如瓢虫、草蛉、螳螂、食蚜蝇、食虫虻、猎蝽等防治害虫；利用寄生性昆虫，如寄生蜂类、寄生蝇类等防治害虫；利用细菌等微生物防治害虫和病害；利用有益生物，如蜘蛛、青蛙、益鸟等防治害虫。生物防治的最大优点是不污染环境，且具有长期控制作用。

（五）化学防治

化学防治法是使用化学农药防治有害生物的方法。化学农药具有高效、速效、使用方便、经济效益高等优点，但使用不当可对植物产生药害，引起人畜中毒，杀伤有益微生物，导致病虫害产生抗药性，造成农药残留等问题。为了充分发挥化学防治的优点，减轻其不良作用，应当恰当地选择农药种类和剂型，采用适宜的施药方法和高效施药器械，合理使用农药。

五、病虫害专业化统防统治

农作物病虫害专业化统防统治是指具备一定植保专业技术条件的服务组织，采用先进、实用的设备和技术，为农民提供契约性的防治服务，开展社会化、规模化的农作物病虫害防控行动。

（一）组织形式

农作物病虫害专业化统防统治遵循政府支持、农民自愿、循序渐进和市场运作的原则，其组织形式主要有以下 7 种：一是专业合作社和协会型，二是企业型，三是大户主导型，四是村级组织型，五是农场、示范基地、出口基地自有型，六是互助型，七是应急防治型。

（二）服务方式

开展农作物病虫害专业化统防统治的服务方式主要有以下 3 种：一是代防代治。专业化防治组织为服务对象施药防治病虫害，收取施药服务费。农药由服务对象自行购买或由机防手统一提供。这种服务方式，专业化防治组织和服务对象之间一般无固定的服务关系。二是阶段承包。专业化防治组织与服务对象签订服务合同，承包部分或一定时段内的病虫害防治任务。三是全程承包。专业化防治组织根据合同约定，承包作物生长季节所有病虫害的防治。全程承包与阶段承包具有共同的特点：即专业化防治组织在县植保部门的指导下，根据病虫发生情况，确定防治对象、用药品种、用药时间，统一购药、统一配药、统一时间集中施药，防治结束后由县级植保部门监督进行防效评估。

第六节 农机基础

一、农业机械、农业机械化的概念

农业机械有广义和狭义之分。广义的农业机械是指机具和动力，也就是我们经常所说的机组，并且涵盖了大农业范围内的农、林、牧、副、渔等所有的作业设备——田间作业机械、场上作业机械、农副产品加工机械、林业机械、渔业机械、牧草机械、畜禽饲养机械、饲料加工机械、农田基本建设机械等。狭义的农业机械主要是指田间作业机具，包括部分场上作业机械——耕整机械、播种施肥机械、田间管理机械、植保机械、排灌机械、收获机械等。

农业机械化是指运用先进适用的农业机械装备农业，改善农业生产经营条件，不断提高农业的生产技术水平和经济效益、生态效益的过程。农业机械化是农业生产力的重要组成部分，是实施先进的农业技术的载体，是农业生产和农村经济发展的重要物质技术基础和生力军。

二、农业机械分类

按中华人民共和国农业行业标准（NY/T 1640-2008 农业机械分类），农业机械共分 14 个大类，57 个小类，276 个品目，详见表 1-26。

表 1-26 农业机械分类（NY/T 1640-2008）

耕整地机械	耕地机械	铧式犁、翻转犁、圆盘犁、栅条犁、旋耕机、耕整机（水田、旱田）、微耕机、田园管理机、开沟机（器）、浅松机、深松机、浅耕深松机、机滚船、机耕船、其他耕地机械
	整地机械	钉齿耙、弹齿耙、圆盘耙、滚子耙、驱动耙、起垄机、镇压器、合墒器、灭茬机、其他整地机械、其他耕整地机械
种植施肥机械	播种机	条播机、穴播机、异型种子播种机、小粒种子播种机、根茎类种子播种机、水稻（水、旱）直播机、撒播机、免耕播种机、其他播种机械
	育苗机械设备	秧盘播种成套设备（含床土处理）、秧田播种机、种子处理设备（浮选、催芽、脱芒等）、营养钵压制机、起苗机、其他育苗机械设备
	栽植机械	蔬菜移栽机、油菜栽植机、水稻抛秧机、水稻摆秧机
	栽植机械	甘蔗种植机、草皮栽补机、树木移栽机、手扶步进式水稻插秧机、独轮乘坐式水稻插秧机、四轮乘坐式水稻插秧机、其他栽植机械
	施肥机械	施肥机（化肥）、撒肥机（厩肥）、追肥机（液肥）、中耕追肥机、其他施肥机械
	地膜机械	地膜覆盖机、残膜回收机、其他地膜机械、其他种植施肥机械
田间管理机械	中耕机械	中耕机、培土机、除草机、埋藤机、其他中耕机械
	植保机械	手动喷雾器（含背负式、压缩式、踏板式）、电动喷雾器（含背负式、手提式）、机动喷雾喷粉机（含背负式机动喷雾喷粉机、背负式机动喷雾机、背负式机动喷粉机）、动力喷雾机（含担架式、推车式机动喷雾机）、喷杆式喷雾机（含牵引式、自走式、悬挂式喷杆喷雾机）、风送式喷雾机（含自走式、牵引式风送喷雾机）、烟雾机（含常温烟雾机、热烟雾机）、杀虫灯（含灭蛾灯、诱虫灯）、其他植保机械
	修剪机械	嫁接设备、茶树修剪机、果树修剪机、草坪修剪机、割灌机、其他修剪机械、其他田间管理机械
收获机械	谷物收获机械	自走轮式谷物联合收割机（全喂入）、自走履带式谷物联合收割机（全喂入）、背负式谷物联合收割机、牵引式谷物联合收割机、半喂入联合收割机、梳穗联合收割机、大豆收获专用割台、割晒机、割捆机、其他谷物收获机械
	玉米收获机械	背负式玉米收获机、自走式玉米收获机、自走式玉米联合收获机（具有脱粒功能）、穗茎兼收玉米收获机、其他玉米收获机械
	棉麻作物收获机械	棉花收获机、麻类作物收获机、其他棉麻作物收获机械
	果实收获机械	葡萄收获机、果实捡拾机、草莓收获机、其他果实收获机械

（续表）

收获机械	蔬菜收获机械	豆类蔬菜收获机、叶类蔬菜收获机、果类蔬菜收获机、其他蔬菜收获机械
	花卉（茶叶）采收机械	花卉采收机、啤酒花收获机、采茶机、其他花卉（茶叶）采收机械
	籽粒作物收获机械	油菜子收获机、葵花籽收获机、草籽收获机、花生收获机、其他籽粒作物收获机械
	根茎作物收获机械	薯类收获机、大蒜收获机、甜菜收获机、药材挖掘机、甘蔗收获机、甘蔗割铺机、甘蔗剥叶机、其他根茎作物收获机械
	饲料作物收获机械	青饲料收获机、牧草收获机、割草机、翻晒机、搂草机、捡拾压捆机、压捆机、其他饲料作物收获机械
	茎秆收集处理机械	秸秆粉碎还田机、高秆作物割晒机、其他茎秆收集处理机械、其他收获机械
收获后处理机械	脱粒机械	稻麦脱粒机、玉米脱粒机、脱扬机、其他脱粒机械
	清选机械	粮食清选机、种子清选机、甜菜清理机、籽棉清理机、扬场机、其他清选机械
	剥壳（去皮）机械	玉米剥皮机、花生脱壳机、棉籽剥壳机、干坚果脱壳机、青豆脱壳机、大蒜去皮机、其他剥壳（去皮）机械
	干燥机械	粮食烘干机、种子烘干机、籽棉烘干机、果蔬烘干机、药材烘干机、油菜子烘干机、热风炉、其他干燥机械
	种子加工机械	脱芒（绒）机、种子分级机、种子包衣机、种子加工机组、种子丸粒化处理机、棉籽脱绒成套设备、其他种子加工机械
	仓储机械	金属筒仓、输粮机、简易保鲜储藏设备、其他仓储机械
	其他收获后处理机械	其他收获后处理机械
农产品初加工机械	碾米机械	碾米机、砻谷机、谷糙分离机、组合米机、碾米加工成套设备、其他碾米机械
	磨粉（浆）机械	打麦机、洗麦机、磨粉机、面粉加工成套设备、淀粉加工成套设备 磨浆机、粉条（丝）加工机、其他磨粉（浆）机械
	榨油机械	螺旋榨油机、液压榨油机、毛油精炼成套设备、滤油机、其他榨油机械
	棉花加工机械	轧花机、皮棉清理机、剥绒机、棉花打包机、其他棉花加工机械

（续表）

农产品初加工机械	果蔬加工机械	水果分级机、水果打蜡机、切片切丝机、榨汁机、蔬菜清洗机、薯类分级机、蔬菜分级机、其他果蔬加工机械
	茶叶加工机械	茶叶杀青机、茶叶揉捻机、茶叶炒（烘）干机、茶叶筛选机、其他茶叶加工机械
	其他农产品初加工机械	其他农产品初加工机械
农用搬运机械	运输机械	农用挂车、手扶拖拉机变型运输机、农业运输车辆、挂桨机、其他运输机械
	装卸机械	码垛机、农用吊车、农用叉车、农用装载机、其他装卸机械
	农用航空器	农用固定翼飞机、农用旋翼飞机、其他农用搬运机械
排灌机械	水泵	离心泵、潜水泵、微型泵、泥浆泵、污水泵、其他水泵
	喷灌机械设备	喷灌机、微灌设备（微喷、滴灌、渗灌）、水井钻机、其他喷灌机械设备、其他排灌机械
畜牧水产养殖机械	饲料（草）加工机械设备	青贮切碎机、铡草机、揉丝机、压块机、饲料粉碎机、饲料混合机、饲料破碎机、饲料分级筛、饲料打浆机、颗粒饲料压制机、饲料搅拌机、饲料加工成套设备、饲料膨化机、其他饲料（草）加工机械设备
	畜牧饲养机械	孵化机、育雏保温伞、螺旋喂料机、送料机、饮水器、清粪机（车）、鸡笼鸡架、消毒机、药浴机、网围栏、其他畜牧饲养机械
	畜产品采集加工机械设备	挤奶机、剪羊毛机、牛奶分离机、储奶罐、家禽脱羽设备、家禽浸烫设备、生猪浸烫设备、生猪刮毛设备、屠宰加工成套设备、其他畜产品采集加工机械设备
	水产养殖机械	增氧机、投饵机、网箱养殖设备、水体净化处理设备、其他水产养殖机械、其他畜牧水产养殖机械
动力机械	拖拉机	手扶拖拉机、履带式拖拉机、半履带式拖拉机、25 马力（不含）以下轮式拖拉机、25 马力（含）至 80 马力（不含）轮式拖拉机、80 马力（含）以上轮式拖拉机、其他拖拉机
	内燃机	柴油机、汽油机、其他内燃机
	燃油发电机组	汽油发电机组、柴油发电机组、其他燃油发电机组、其他动力机械

（续表）

农村可再生能源利用设备	风力设备	风力发电机、风力提水机、其他风力设备
	水力设备	微水电设备、水力提灌机、其他水力设备
	太阳能设备	太阳能集热器、太阳灶、其他太阳能设备
	生物质能设备	沼气发生设备、沼气灶、秸秆气化设备、秸秆燃料致密成型设备（含压块、压棒、压粒等设备）、其他生物质能设备、其他农村可再生能源利用设备
农田基本建设机械	挖掘机械	挖掘机、开沟机（开渠用）、挖坑机、土机、其他挖掘机械
	平地机械	平地机、铲运机、其他平地机械
	清淤机械	挖泥船、清淤机、其他清淤机械
	其他农田基本建设机械	其他农田基本建设机械、
农业设施设备	日光温室设施设备	日光温室结构（含墙体、屋面、骨架、覆膜）、卷帘机、保温被、加温炉、其他日光温室设施设备
	塑料大棚设施设备	大棚结构（含骨架、覆膜、卡具）、手动卷膜器、其他塑料大棚设施设备
农业设施设备	连栋温室设施设备	连栋温室结构（含基础、骨架、覆盖材料）、开窗机、拉幕机（含遮阳网、保温幕）、风机、温帘、苗床、二氧化碳发生器、加温系统（含燃油热风炉、热水加温系统）、无土栽培系统、灌溉首部（含灌溉水增压设备、过滤设备、水质软化设备、灌溉施肥一体化设备以及营养液消毒设备等）、其他连栋温室设施设备、其他设施农业设备
其他机械	废弃物处理设备	固液分离机、废弃物料烘干机、有机废弃物好氧发酵翻堆机、有机废弃物干式厌氧发酵装置、其他废弃物处理设备
	包装机械	计量包装机、灌装机、其他包装机械
	牵引机械	卷扬机、绞盘、其他牵引机械

第七节　农产品质量安全基本知识

一、“三品一标”的内容

“三品一标”是无公害农产品、绿色食品、有机产品和农产品地理标志的统称。标志如图 1-6 所示。

图 1-6 “三品一标”的标志

二、“三品一标”的定义

（一）无公害农产品

无公害农产品是指产地环境、生产过程和产品质量符合国家有关标准和规范的要求，经认证合格获得认证证书并允许使用无公害农产品标志的未经加工或者初加工的食用农产品。简言之为，经农业部农产品质量安全中心认定允许使用无公害农产品标志的农产品。

（二）绿色食品

标示农产品来源于特定地域，产品品质和相关特征主要取决于自然生态环境和历史人文因素，并以地域名称冠名的特有农产品标志。

（三）有机产品

有机产品是按照有机产品标准（GB/T 19630《有机产品》）生产、加工、销售的供人类消费、动物食用的产品。

（四）农产品地理标志

农产品地理标志是指标示农产品来源于特定地域，产品品质和相关特征主要取决于自然生态环境和历史人文因素，并以地域名称冠名的特有农产品标志。农业部农产品质量安全中心负责农产品地理标志登记的审查和专家评审工作。

第八节 农 村 能 源

一、概念

农村能源是指沼气、秸秆、薪柴等生物质能和用于农村生产生活的太阳能、风能、地热能等非化石能源。

二、农村能源的分类

农村能源分为以下四类：

1. 沼气工程；
2. 高效生物质炉；
3. 太阳能利用；

4. 生物质成型燃料。

三、农村能源安全管理使用知识

1. 大中型沼气工程

（1）大中型沼气工程建设，必须坚持专业设计和专业施工，强化工程监理。

（2）严禁在池内和井盖附近点火照明、吸烟，严禁在井口圈附近燃放烟花爆竹，并建议施工单位将井盖涂刷成黄色醒目标志。

（3）沼气池沉渣的清掏、维修必须由专业队伍承担。检修时入池人员必须戴上正压空气呼吸器，系上安全绳，池上要有人监护。

（4）使用企业或业主不得在沼气池的沉渣池、后处理池的预制盖板上覆盖泥土和堆放杂物，注意保护预制盖板，以方便清渣和检修。

2. 户用沼气池及生活污水净化沼气池

（1）沼气池的进、出料口要加盖，防止人、畜掉进池内，造成伤亡事故。

（2）沼气灯、炉具和输气管等附近不得堆放柴草等易燃物品，以防失火。一旦发生火灾，应立即关闭开关，切断气源。

（3）严禁在沼气池导气管口和出料口点火，以免引起回火，损坏沼气池。

（4）下池出料、检修，一定要做好安全防护措施，请具有“沼气生产工”职业资格证的专业技术人员进行现场指导，或委托沼气物业服务网点进行出料、检修。

3. 高效生物质炉、太阳能利用、生物质成型燃料

高效生物质炉、太阳能利用、生物质成型燃料一般为成型商品，必须按照使用说明书进行安装使用。

第二章
农业技术推广岗位

第一节 粮油生产

一、水稻

（一）水稻的生物学基础

水稻喜高温、多湿、短日照，喜弱酸性土壤，水稻土最好。幼苗发芽最低温度为 10～12℃，最适温度为 28～32℃。分蘖期日均温在 20℃以上，穗分化适温为 30℃左右；低温使枝梗和颖花分化延长，抽穗适温为 25～35℃，开花最适温在 30℃左右，低于 20℃或高于 40℃，严重影响受粉。

水稻产量是由单位面积上的穗数、每穗粒数（每穗颖花数）、成粒率和粒重四个基本因素构成。

穗数的形成：单位面积上的穗数是由株数、单株分蘖数、分蘖成穗率三者组成。决定单位面积穗数的关键时期是分蘖期。所以，促使分蘖早生快发，保证在有效分蘖期达到适宜的茎蘖数，提高分蘖质量和成穗率，最终达到适宜穗数，是分蘖期管理的主攻目标。

粒数的形成：决定每穗粒数的关键时期是长穗期。所以，培育壮秆大穗，防止小穗败育是长穗期管理的主攻目标。

成粒率和粒重的形成：决定成粒率、粒重及最后形成产量的时期是结实期。提高成熟度，促进粒大、粒饱，防止空壳秕粒，实现高产和优质，是结实期栽培的主攻目标。

（二）水稻常见育苗技术

1. 水稻旱育秧技术

（1）苗床准备

应选用地势平坦、背风向阳、土质肥沃、疏松透气、水源方便的田地。按秧本比为 1∶20 留够苗床地，播种前按 5～10kg/m^2 施入腐熟有机肥。

（2）整地作厢

在播种前 2～3 个晴天进行平整苗床，厢宽 1.2m，走道宽 0.5m，厢高 10～15cm，厢长不超过 15m。表面平整、土细、无杂草。施入“呋喃丹”2～4g/m^2，也可施用其他地下害虫防治剂。取出走道床土过筛，集中堆放，盖种。

（3）种子处理

播种前 3～4 天浸种，浸种前晒种一两天，浸种时先用清水选种，再放入 25%“多菌灵”1000 倍液中消毒 24h，然后捞起种子用清水冲洗干净，继续用清水浸泡 48～72h，待种子充分吸足水分后（注意每 24h 换水 1 次）即可催芽。

（4）催芽

温水快速催芽法：选避风保温的地方，铺一层 24～30cm 的稻草，将事先准备好的水缸放在上面，向缸内倒入 40℃左右的温水，把沥干的种子放入温水中，边倒边搅拌，使之受热均匀，并控制水温在 38℃左右，然后用薄膜封缸口加稻草堆紧保温，5～6h 出种子，稍沥水，用稻草盖好让其带温露种 18～19h 经第一次露种后，一般有 5%～10%的种子开始露白。再用上述方法进行第二次浸种，但浸种水温应降至 35～36℃，浸种时间应缩减为 2～3h 露种时间延长到 21～22h 经第二次露种后，破胸率可达 85%左右。再用上述方法进行第三次浸种，水温保持 32～33℃，浸种 1～1.5h，露种到破胸为止。破胸后，用 35℃温水淋洗沥干，趁热上堆，保温催芽。应该注意的是：盛具、缸、覆盖稻草都必须清洗，除尽其他谷粒。

锅内温水破胸法：把杂交早稻种子浸足 48h，起水沥干，装入蛇皮袋或布袋。在锅内放 15～20cm 深的水，烧至 75～80℃便熄火，然后在离锅水面 3～5cm 处搁上一排小木棍，上面放种子，种子量以不顶着锅盖为宜，锅盖应为拱形，过一段时间，检查水温，若温度下降至 10～20℃时，再烧微火使锅内温度升至 30℃左右，一般这样处理 24h 即可全部破胸。

（5）播种

催芽后应及时播种。播种前将床土浇水达到饱和状态，然后按 150～180g/m^2 撒播粉嘴谷，播种要均匀。播种后用细床土盖种，并将床土浇透水，如发现种子露出，再用细床土补盖。最后用“旱秧净”或其他旱育秧专用除草剂兑水喷雾（按使用说明实施）并按水田地膜育秧方法盖膜。播种期常年日平均气温稳定在 8～10℃时即可播种。一般比当地水育秧的正常播种期提早 10～15 天播种为宜。杂交稻每公顷本田用种 15～22.5kg，常规稻每公顷本田用种 22.5～30kg。

（6）苗床管理

① 出苗期播种至出苗重点是保温保湿，一般不揭膜，如发现苗床干燥还应补水。

② 一叶期控温保湿，防止高温烧苗。当膜内温度超过 25℃时，应打开两头降温。苗床土失水发白，可适量喷水。

③ 二叶期重点是通风炼苗，控水防病。膜内温度控制在 20℃左右，晴天适当开膜降温降湿，苗床保持干燥。秧苗长到二叶一心时，用 1000 倍“敌克松”溶液喷施苗床，防止“立枯病”发生。

④ 三叶期保湿降温、施肥促蘖、炼苗控高。当秧苗长到二叶一心时用尿素 15～20g/m^2、氯化钾 10g/m^2 兑水 3kg 均匀泼施，施用后必须立刻用清水洗苗，防止肥料灼伤秧苗，也可用猪粪水加适量尿素泼苗。

⑤ 四叶以后除雨天外，应注意通风炼苗，先日揭夜盖，后逐步过渡到全天揭膜炼苗，以适应外界环境，增强抗逆能力，同时用猪粪水加适量尿素泼苗。

2. 水稻抛秧育秧技术

（1）播前准备

① 品种选择。应优选分蘖力强、抗性好、生育期适中的高产优质杂交稻品种。每公顷大田备种 15～22.5kg。

② 苗床选择。应选用地势平坦、背风向阳、土质肥沃、疏松透气、水源方便的田地。按秧、本田比为 1∶40 留够苗床地。

③ 肥料准备。按每公顷苗床施尿素 150kg、过磷酸钙 450～600kg、氯化钾 150kg，结合整地均匀施入床土内。

（2）精整苗床

苗床力求精耕细作，全层翻耕，力求全层施肥分布均匀。苗床整地过程中，应捡除苗床内外的残茬杂物，理通四周围沟，按 1.7m 开厢，沟宽 0.4m 做成“条盘型”苗床，要求苗床厢面要平，厢土要细，且上紧下松。

（3）适时播种

① 播期的确定。应做到适期播种。播种过早，气温地温都偏低，不利于种子生长，幼苗抗性降低，易感立枯病；播种过迟，对后期的齐穗和扬花安全系数有很大影响。最佳播种期宜在 4 月上旬。

② 浸种消毒。先用清水捞出浮于水面的空壳和秕籽，再用 20%“三环唑”1000 倍液浸种 36 小时后滤出稻谷，然后用清水漂洗种子，继续浸种 12 小时后捞出，适当摊晾待播。

③ 种子“包衣”。大力推广和实施“旱育保姆”种子“包衣”技术。种子“包衣”时应提前滤种，晾去多余的水分，并按标准进行种子“包衣”，即 1 袋“旱育保姆”药剂“包衣”1kg 种子。

④ 浇足底水。播前先对苗床浇足底水，缓浸慢浇，使苗床土湿透。

⑤ 精细播种。采用分厢定量人工撒播，且按每公顷大田用种 15～22.5kg 的用量，抛秧用苗床 225～300m^2、秧盘 675～900 个。要求分次播种，力求均匀，盖种土厚度要求达 0.7～1cm。

⑥ 搭拱盖膜。播种结束后，厢面喷水结合芽前化学除草，加适量敌克松进行面土消毒，按每间隔 1m 插 1 根竹弓，最好是边插弓边盖膜。

（4）秧床管理

① 温度调控。播种至出苗的重点是保温保湿，一般不揭膜。出苗前，膜内温度应控制在 32℃以内，出苗后温度应控制在 25℃以内。

② 肥水管理。若气温偏高，土发白，叶卷筒，要适当补水。二叶一心期追施断奶肥，以后视苗情追施分蘖肥。苗床追肥以清粪水为主，先清后浓，秧苗长大后，可在粪水中适当增加少量尿素混合追施。

③ 炼苗。一叶一心开始炼苗，方法是先揭去两端或一侧薄膜，做到日揭夜盖。日均气温稳定通过 15℃后可全揭膜，勿在烈日下陡然揭膜，若遇低温寒潮，应重新盖膜保温。

④ 施药健苗。秧苗长至 3 叶后，每公顷用 15%多效唑可湿性粉剂 150g 兑水 75kg 喷雾，以达到矮化秧苗，防止徒长，促进分蘖的目的。喷药时注意匀喷，忌重喷、漏喷。

⑤ 病、虫、草鼠害防控。防控措施有：（a）三叶前用“广枯灵”或“立枯净”1000 倍液泼施，防治立枯病；（b）每公顷用 40%稻瘟灵 2250mL 防苗稻瘟；（c）每公顷用三唑磷乳油或稻腾 450mL 防一代螟虫；（d）每公顷用 10%稻杰 600～900mL 化学除草；（e）在田鼠洞穴附近安放毒饵诱杀田鼠。

3. 机插秧育苗技术

（1）床土准备。床土就是铺放在软盘中的底土，一般选择菜园土、耕作熟化的旱土地或经过秋耕、冬翻春耖的稻田土，不能使用去冬今春含有绿黄隆成分除草剂的麦田或油菜田土，每公顷机插大田必须准备床土 1500kg。在床土过筛后，用每 100kg 床土混 1 袋壮秧营养剂拌匀即可。壮秧剂的使用可以起到培肥、调酸、助壮的作用。

（2）苗床准备。秧田选择应符合“相对集中、便于管理、就近供秧”的要求，排灌条件好，便于管理和运秧。秧田比按 1∶80～1∶100 比例留足，在播前 10 天上水整地并开沟，厢宽 140cm，沟宽 25cm，深 15cm。四周开好围沟，沟宽 30cm，沟深 20cm。厢面做好后，排水晾厢，使厢面沉实，播前 2 天对厢面铲高补低，填平裂缝，并充分拍实，厢面要求实、平、光、直。

（3）材料准备。软盘育秧大田需准备 58cm×28cm×25cm 的秧盘 450～480 张/公顷，幅宽 2m 的无纺布 4.2m。

（4）种子准备。选择适合当地种植的中等偏上、抗倒抗病性强、穗型较大的高产稳产优质品种，用种量 52.5～60.0kg/公顷。

（5）定量精量播种，确保播种质量

① 播期的确定。由于机插秧播种密度大，秧苗根系集中在厚度为 2.0～2.5cm 的薄土层中生长，根据大田让茬、整耕、沉实时间，按照秧龄 15～18 天，不超过 20 天推算播种期；做到宁可田等秧，不可秧等田；如果面积大，根据插秧机的插秧进度，合理分批播种，确保适龄移栽。

② 种子处理。播前晒种 1～2 天，用 10%恶线清 1 包＋25%先净 2～4mL 兑水 6～7kg，浸 5kg 种子，浸种 48～72 小时，采用日浸夜露和浸种催芽同步法，待种子自然破胸露白即可播种。

③ 软盘育秧的播种步骤。将塑盘横排 2 行依次平铺，要求软盘边与边重叠，盘与盘之间紧密整齐。在盘中上营养土，掌握土厚为 2.0～2.5cm，同时把土面刮平。在播前 1 天灌平板水，在底土吸湿后迅速排放。一般每张软盘播芽谷 130～150g，播种后盖细土，盖土厚度掌握在 0.3～0.5cm，以看不见稻种即可。封布前沿秧板每隔 50～60cm 放几根麦草，以防无纺布与床土粘贴在一起，再在盘面上平盖无纺布，使四周严实。

（6）苗床管理

① 高温高湿促全苗。注意雨后及时清除无纺布上的积水，防止局部造成闷种烂芽，影响全苗。

② 及时揭膜炼苗。播后 5～7 天一般均能正常齐苗，应及时揭膜炼苗，揭膜时间应掌握“晴天傍晚揭，阴天上午揭，小雨雨前揭，大雨雨后揭”，揭膜时必须灌 1 次平沟水，以补充盘内水分的不足。

③ 科学管水。秧田前期以床土湿润管理为主，保持盘土不发白，晴天中午秧苗不卷叶，缺水补水。秧田集中的可灌平沟水，小面积的可早晚洒水。在移栽前 3 天要控水炼苗，晴天保持半沟水，阴天排干秧沟水，特别在机播前遇雨要提前盖布遮雨，防止床土含水量过高影响起秧和机插。当秧苗叶龄达到 3.5～3.8 叶，苗高 12～17cm，单株白根 10 条以上，成苗 2～3 株/cm^2，均匀整齐，根系盘结好，提起不散，应适时机插。

④ 适时追肥。在移栽前 3 天施好送嫁肥，用尿素 75kg/公顷兑水 7500kg 傍晚浇施。

⑤ 病虫防治。在栽前 1～2 天用 50%吡蚜酮 150g/公顷兑水 600kg 喷雾，对螟虫、飞虱、稻蓟马等防效较好。

（三）水稻高产栽培技术

水稻超高产强化栽培是新的水稻高产栽培技术，克服了传统水稻栽培技术中的缺点，具有节水、投入少、保护环境、提高地力、增产增收效果显著等特点。在水稻超高产强化栽培中应注意以下几个问题。

1. 选择品种、田块

适宜的品种应当具备株形直立，叶片略内卷，剑三叶长度适中，耐肥抗到，抗病、抗低温能力强，穗重型或偏穗重型，分蘖能力中等，生育期适中，再生能力强等特性。田块宜选用有一定水源保证的区域及田块。

2. 确定播栽时间

水稻的播种时间应根据当地的气象条件、水稻的生育期和作物的茬口来确定。适期早播种、早栽秧，可延长水稻营养生长期，减轻移栽过程中叶片和根系的损伤，容易达到浅插的要求，低位分蘖多，易形成大穗；还可避免夏旱、伏旱对水稻生长发育的影响。

3. 采用旱育壮秧

水稻高产栽培技术要求中小苗移栽，但因早春气候不稳定，温度变化较大，寒潮多，故对秧苗素质要求较高。旱育秧植株矮健，白根多，根系发达，叶片短而厚，抗逆力强。因此，推广水稻高产栽培技术应选用旱育秧方式，培育健壮的中、小苗。在苗期管理上做到：一叶一心期正常天气白天揭两头，晚上盖严；二叶一心期正常天气白天揭侧膜，晚上盖两侧、揭两头，寒潮天气盖严；三叶期正常天气全揭，寒潮揭两头，强寒潮盖严。移栽前炼苗 1 天以上。同时 2.5～3 叶期用 300～375kg/公顷尿素兑腐熟清粪水作送嫁肥。

4. 提高移栽质量

本田整地质量要求较高，要求田平、泥绒，高度差不超过 3cm；栽秧时间一般秧龄为 30～35 天，天气应选在冷尾暖头，不强求栽直，力求浅栽。若栽得过深，不能利用地表泥温高、表层氧气充足的优势，还容易造成基部低位分蘖休眠，提高分蘖节位，小穗增多，遇低温极容易形成僵苗，降低秧苗成活率。

5. 合理增加密度

栽插密度基本苗保证 22.5 万/公顷株左右。选择栽插方式时要考虑风向、地势和田块形状，做到因地制宜。

6. 平衡施肥

按照“减前增后，增大穗、粒肥用量”的原则进行全生育期平衡足量施肥，达到每公顷施纯氮 150～180kg、五氧化二磷 75～120kg、氧化钾 120～165kg。田块应做到稻草全部还田，每公顷施用人畜肥 15 000～22 500kg、过磷酸钙 525kg、锌肥 15kg（不能与磷肥混用）作底肥，有条件的还可施用绿肥；钾肥宜采用施氯化钾或硫酸钾，每公顷 150～225kg 作底肥，每公顷 90～105kg 作追肥；氮肥按底肥、蘖肥、穗肥、粒肥分别为 4∶2∶1∶1 的比例施用，一般每公顷用尿素 130～180kg 作底肥，返青后每公顷施尿素 52.5～75kg，栽后 10～20 天每公顷施尿素 45～60kg，拨节后 3～5 天每公顷施尿素 67.5kg，齐穗后 7～10 天每公顷施尿素 30kg。

7. 加强田间管理

浅水栽秧（有灌溉条件的可无水栽秧）、薄水分蘖，当秧苗成活时让田水自然落干后再灌第二次水，使前水不见后水。在基本苗达到设计有效穗数的 80%～85%时排水晒田；轻晒标准是开小裂缝，白根翻面，叶片挺直。复水早的可多次晒田，即灌 1 次“浅水”，自然落干后晒田。拨节后至收获应一直保持浅水层。

在除草方面，应在有效分蘖末期前进行 2～4 次中耕除草，在病虫防治方面，应严格按照预测预报进行，重点加强水稻螟虫、稻瘟病、纹枯病等病虫防治。

二、玉米

（一）玉米的生物学基础

玉米喜温，种子发芽的最适温度为 25～30℃。拔节期日均 18℃以上。从抽穗到开花日均 26～27℃。灌浆和成熟需保持在 20～24℃；低于 16℃或高于 25℃，淀粉酶活动受影响，导致籽粒灌浆不良。

玉米为短日照作物，日照时数在 12 小时内，成熟提早。长日照则开花延迟，甚至不能结穗。

玉米在沙壤、壤土、黏土上均可生长。玉米适宜的土壤 pH 为 5～8，以 pH 为 6.5～7.0 最宜。耐盐碱能力差，特别是氯离子对玉米为害大。

（二）玉米的育苗方法

1. 方格育苗

（1）选好苗床

以阳光充足，地势高燥与大田玉米比较近便，无禽兽危害的空地、菜园或早熟早稻田为好。一般大田以栽 54 000～60 000 株/公顷为标准，加上备苗、缺苗、损耗以 15 000 株计算，则共计 69 000～75 000 个方块，每块以 5cm×5cm 计算，则要 12m^2 苗床。先整平床面，做成宽 1.1m 面，沟 35cm，床面上再少量铺一层细砂。

（2）选用塘泥

选择比较肥沃、带沙性的塘泥，粒性重的则要加适量的细沙或煤渣，以改良通气性，过粘、过沙或过肥发臭没有肥分的塘泥、河泥不宜采用，没有塘泥也可采用一般田泥，敲细，除净杂质冲水，加点人粪尿、猪粪和磷钾肥料，调成糨糊状也可采用。

（3）做好方格

把糊状的水塘泥铺好后，隔一天左右待塘泥半干半湿时，可用尺和菜刀一条条切开，横直切成方格。

（4）播种

播前先晒种 1～2 天，再进行粒选，后浸种 2～3 小时，捞出晒干，即可用手一粒粒地把玉米种子按在方格中央，稍低于泥面，种胚朝上，再洒上水，盖上细砂。

（5）苗床管理

出苗前，每天早晚各淋水一次，遇大雨，要用塑料薄膜覆盖，雨后立即除膜。待玉米种子萌动及时去掉覆盖，否则玉米苗会迅速伸出泥面，造成高颈苗。覆盖去掉后，还要坚持早晚各淋水一次，玉米种子外露要用泥灰或细砂覆盖，二叶一心即可移植。

（6）带土移植。

移植前，先淋水，再用泥铣起苗一块块地分开，清除病苗、坏苗、高颈苗。

2. 肥团育苗

（1）捏制肥团，培育壮苗

① 选择育苗地，做好苗床

选择地势平坦、背风向阳、搬运方便的地块做苗床。一般在移栽地里选多点育苗，间套地在预留的玉米空带里隔行育苗，便于就地育苗，就地移栽。

② 配制营养土，适期捏团

肥团营养土配制一般为70%的腐熟优质有机肥、30%的细肥土，每100kg加入磷酸二铵0.6～0.8kg、磷酸二氢钾0.2～0.3g、硫酸锌0.3～0.4kg，混合后加水调制成手捏成团、落地散开为宜。当气温回升到5℃时，即可制团，用手捏成鹅蛋大的肥团，用木棍插一个深2cm右的种子孔，排放在苗床厢内，等待播种。

配制营养土要注意四点：一是不能掺尿素等化学氮肥，以免烧芽烂根不出苗；二是不能掺黄土和煤渣，以免形成死黄泥坨，影响扎根发苗；三是不能用未腐熟的猪、牛粪，以防烧苗伤根；四是不能掺谷壳、麦麸，以防鼠害伤钵损种。

③ 选择良种，适期早播

根据不同的种植区域选择丰产性好、抗性强、适应性广、品种优的半紧凑型中、迟熟玉米品种。当日平均温度稳定通过8℃时即可播种，较露地直播玉米提前15～20天，出苗期提前20～23天，育苗期可增加积温120～150℃。每个肥团中播1粒包衣种子，覆盖1～2cm厚的细土，浇足水后紧贴表面盖一层地膜，再拱盖农膜，增温保墒。

④ 苗期勤管，培育壮苗

播种后一周左右，重点是护膜保温，膜内温度保持在30～35℃。当80%的肥团出苗并触及地膜时，从畦边抽出地膜，床温应控制在20～25℃。二叶期前棚膜要密封，若遇低温，夜间用草帘覆盖保温；二三叶期控制叶片旺长，促进生根发育，低温蹲苗培育矮健壮苗；三四叶期防高温烧苗，晴天中午揭膜通风散热，增强幼苗适应性和抗逆性。水分的管理在播种浇透水后一般不浇水，当畦面干裂，早晨叶尖露珠少、中午叶片萎蔫时，适当浇水；对旺长的要及时移团断根，蹲苗促壮。

3. 软盘育苗

（1）精细播种

① 准备苗床。选择背风向阳、地势平坦、水源方便的菜园地作苗床。按床宽1.3m、沟宽0.7m作厢，移栽大田备苗床75～90m^2/公顷，苗床长度视地形和移栽面积而定，最长不能超过10m。

② 配制营养土、准备塑料盘。优质过筛菜园土1500～1800kg/公顷，腐熟干细过筛猪牛粪375kg/公顷，壮秧营养剂15包/公顷，呋喃丹2.25kg/公顷，四者混合拌匀备用。100孔玉米育苗专用塑料软盘300～375个/公顷。

③ 适时播种。当日平均气温稳定通过8℃时就可播种育苗。先将营养土上盘至盘孔2/3处，然后每孔播催芽种子2粒，再盖不加壮秧剂的营养土，厢面湿透后摆盘上厢，再将盘压至厢面入土2/3，然后将盘面湿透，盘孔补满营养土，撒上防鼠药，搭架覆膜。

④ 苗床管理。播种至1.5叶以保温为主，苗床温度控制在25～30℃，温度大于35℃时应揭膜降温，床土转白及时喷水。2～2.5叶，保持厢面湿润，适时揭膜通气。3叶后炼苗，补施“送嫁肥”。

（三）玉米地膜覆盖栽培高产栽培技术

1. 播前准备

（1）选用地膜

地膜的规格和质量的好坏，直接影响到增温保墒、增产增收。当前主要采用低压高密度超薄地膜，也称为超薄膜，其厚度为0.005～0.007mm，幅度为70～80cm，是种植地膜玉米用的理想材料，每公顷用量 45～52.5kg。

（2）选地、整地、施肥

① 选地。地膜玉米宜选用地势平坦、土层深厚、土质疏松、肥力中等以上、保肥保水能力较强、茬口好的地块，切忌选用陡坡地、石砾地、沙土地、瘠薄地、洼地、涝地等地块种植。耕作层的熟土层在 20～33cm 为佳。

② 整地。整地深度为 20～33cm，精细平整，疏松土壤，上虚下实，做到无根茬。增温保墒，结合施足底肥，达到深、松、平、净、肥、软、润等标准，为高质量盖膜创造一个良好的环境条件。

③ 施肥。每公顷产 12 000kg 玉米籽粒需尿素 780kg、磷肥 1500kg、硫酸钾 750kg，结合耙耱整地施足底肥。如果每公顷施优质农家肥 45 000～60 000kg，则每公顷施尿素 450～600kg、磷肥 750kg（或二铵 225～300kg）、硫酸钾（或氯化钾）225kg 即可。地膜玉米一般采用底肥一次施入，施肥深度为 30cm，且与种子不同沟。

（3）选择适宜品种

选择比原露地种植品种的生育期长 7～15 天或所需积温多 150～300℃，叶片数多 1～2 片的品种作为覆盖玉米最佳。为了提高群体的光能利用率，最好选用紧凑型品种，利于密植。

2. 覆膜播种

（1）盖膜方法

目前普遍采用的是人工半机械化覆膜方法，要求三人为一组，先在地头装膜，开沟压膜，一人在前拉覆膜机，两人在两侧检查覆膜质量，并每隔 3m 左右在膜上压一小土埂，防止大风揭膜。

（2）播种

一般比露地春播玉米早播 10～15 天。当露地 5cm 地温稳定通过 7～10℃时即可播种。播种时先在地膜两侧人工开沟、人工播种，一般大穗型品种穴距 50cm，行距 40cm，留苗 45 000～48 000 株/公顷，每穴下种 2～3 粒；紧凑型玉米品种穴距 30cm，每穴下种 2～3 粒，行距 40cm，留苗 60 000～67 500 株/公顷。

3. 田间管理

（1）间苗、定苗

三四叶期间苗，四五叶期定苗。间、定苗时拔除异株、病株、弱株，保留健壮株。地膜玉米由于水温和营养条件较好，幼苗易生分蘖，应及早掰除。

（2）中耕除草

地膜对膜下杂草生长有一定的抑制作用，苗期杂草不易造成危害，但到中期，有些杂草破膜而出，且未覆膜空间杂草易丛生，应采取化除或人工拔除的办法消灭杂草。

（3）追肥灌水

一般应前控后促，合理追肥灌水。前期幼苗水肥供应充足，生长较快，一般不追拔节肥。应重施喇叭肥，主攻穗粒，一般每公顷施尿素 225～300kg。结合追肥进行灌水，随后封闭肥口。大喇叭口期之后的一段时间是玉米需水的临界期，有条件的一定要饱灌 1 次水，以提高抗旱能力，增加结实率和粒重。

(4) 防治病虫害

大喇叭口期若发生玉米螟危害，可用辛硫磷毒杀制成颗粒剂灌心叶防治。预防矮花叶病，一是选用抗病品种；二是在玉米生长至 5～7 片叶时，叶面喷施叶面宝加病毒 A，每 7 天 1 次，连喷 2 次。预防玉米花叶病毒病，防治玉米病毒病，当田间病株达 5%以上时，可用病毒 A 加叶面肥，每 7 天 1 次，连喷 3 次即可。同时，要对田间重病株及时拔除，并带出田间掩埋。

(5) 去雄、授粉

当雄穗刚露出顶叶，隔行或隔株抽掉雄穗，地头和边行不去雄。去雄时严防带叶、折秆。在玉米授粉期可进行人工辅助授粉。选晴朗无风或微风天气，在上午 9～11 时用牛皮纸收集花粉，混合后吹于花丝上，每隔 3 天 1 次，连续 2～3 次。

(6) 叶面喷肥

抽雄到灌浆初期，每公顷用 3～4.5kg 磷酸二氢钾兑水 600kg 叶面喷施，起到壮秆、增粒、增重作用。

(7) 及时收获

当籽粒变硬，用手指掐后看不到痕迹，并呈现固有颜色时即可收获。收获后消除禾秆根茬，及早将残膜清除干净，防止废膜影响耕作和下茬作物根系生长。

除地膜覆盖外，目前秸秆覆盖和地膜、秸秆两段覆盖也为广大农民所采用。

① 秸秆覆盖。其一，半耕整秆半覆盖：收获玉米秆时，一边割秆一边顺行覆盖，盖 67cm，空 67cm，也可盖 60cm，空 73cm。下一排要压住上一排梢，在秸秆交接处和每隔 1m 左右的秸秆上要适量压些土。第二年春天，在未盖秸秆的空行内耕作、施肥，并在空行靠秸秆两边种两行玉米。玉米生长期间，在未盖秸秆的地内中耕、追肥、培土。秋收后，再在第一年未盖秸秆的空行内覆盖秸秆。其二，免耕整秆覆盖：玉米收获后，不翻耕，不去茬，将玉米整株秸秆顺垄割倒或用机具压倒，均匀地铺在地面，形成全覆盖。第二年春天，播种前 2～3 天，把播种行内的秸秆搂到垄背上形成半覆盖。

②地膜、秸秆两段覆盖。在玉米、花生地膜覆盖栽培的基础上，小麦收获后，玉米施攻苞肥时，拔去残膜，将麦秆覆盖在行间或株间，既可避免地膜后期接纳雨水困难及局部高温的危害，又可利用秸秆接纳雨水，达到保湿、防止水土流失、培肥地力等效果。

三、小麦

(一) 小麦的生物学基础

根据其生长发育进程，可划分为两个发育阶段：春化阶段和光照阶段。生产上，人们为了栽培管理上的方便，根据小麦生长发育中心的变化，将其一生划分三个生长阶段，即营养生长阶段、营养生长和生殖生长并进阶段、生殖生长阶段。

1. 春化阶段（感温阶段）：小麦种子萌动以后，其生长点除要求一定的综合条件外，还必须通过一个以低温为主导因素的影响时期才能抽穗结实，这段低温影响时期，叫做小麦的春化阶段。根据小麦春化阶段要求低温的程度与持续时间的长短，可将小麦划分为三种类型，如表 2-1 所示。

冬性品种：苗期匍匐耐寒性强，对温度反应极为敏感，未经春化处理的种子，春播一般不能抽穗。

表 2-1　小麦的类型

品种类型	通过春化阶段的温度	需要的时间
冬性品种	0～3℃	40～45 天
半冬性品种	3～6℃	10～15 天
春性品种	8～15℃	5～8 天

半冬性品种：苗期半匍匐耐寒性较强，种子未经春化处理，春播一般不能抽穗或延迟抽穗，抽穗极不整齐。

春性品种：苗期直立，耐寒性差，对温度反应不敏感，种子未经春化处理，春播可以正常抽穗结实。

四川省多数地区冬季气候比较温暖，小麦品种主要是春性品种，其次是半冬性品种。

2. 光照阶段：小麦在完成春化阶段后，在适宜条件下，进入光照阶段。通过光照阶段的主要因素是日照的长短，这一阶段对光照时间反应特别敏感。小麦是长日照作物，一些品种如果每日只有 8 小时的光照，就不能抽穗结实。给以连续光照，则可以加速抽穗。

3. 小麦生育时期的特征、特性

（1）播种期：播种后，如果墒情适宜，种子很快会萌动发芽，因此，计算小麦全生育期的天数，一般从播种期算起。四川小麦播种期一般在 10 月下旬至 11 月中旬。

（2）出苗期：田间有半数麦苗露出地面 2～3cm 时即为出苗期，如果墒情好温度适宜，1 周左右就能出苗。

（3）分蘖期：一般麦田在出苗后 15 天左右，当主茎长出三片叶，第四片叶刚开始出现时，在主茎第一片叶的叶腋处长出主茎的第一个分蘖。当田间有一半麦苗第一个分蘖露出叶鞘时即为分蘖期。

（4）越冬期：在冬前日平均温度下降至 0℃左右，麦苗基本停止生长时即为越冬期。四川小麦（除川北及部分海拔较高的山区）在冬季并不停止生长，没有明显越冬期。

（5）返青期：当跨年度生长的叶片由叶鞘长出 1～2cm，全田有半数麦苗达到这一程度，而且仍处匍匐状态时即为返青期。冬性、半冬性品种匍匐状态较为明显，春性品种不明显。

（6）起身期：全田有半数以上的麦苗由匍匐状转向直立生长，主茎的春生第二片叶接近定长，幼穗分化进入小穗原基分化期时即为起身期。

（7）拔节期：全田半数以上的麦苗第一伸长节间露出地面 2cm 左右时即为拔节期。四川小麦一般 1 月下旬进入拔节期。

（8）孕穗期：麦田半数以上的旗叶（也称剑叶）全部伸出叶鞘，由于幼穗发育而使叶鞘膨大，小麦进入孕穗期。

（9）抽穗期：小麦进入孕穗期后，穗下节间伸长，当麦田半数以上的麦穗顶端（不包括麦芒）露出叶鞘时即为抽穗期。

（10）开花期：麦田半数以上的麦穗开始开花时即为开花期，一般在抽穗后 3～6 天。四川小麦一般在 3 月下旬开花。

（11）灌浆期：麦粒胚乳呈清乳状时就进入充实期，一般在开花后10～13天左右。四川小麦一般在4月上中旬开始灌浆。

（12）成熟期：大部分籽粒的胚乳呈蜡质状，麦穗和穗下节变黄，大部分籽粒变硬，粒重也最高。四川小麦一般在5月中旬开始收割。

（二）小麦的机播栽培技术

1. 选择良种

选用通过国家或四川省农作物品种审定委员会审定的小麦品种。选择适宜稻茬小麦生态生产条件的高抗条锈病、耐肥抗倒、丰产性好的品种，如川麦42、川麦104、绵麦1403、川农麦23等。

2. 提高播种质量

播种质量的标准是指在数量上保证足够苗数，质量上要求壮苗早发，使群体发育有良好的基础。主要技术措施如下：

（1）种子处理

① 晒种。利用太阳热能，促进种子呼吸，增强种皮透性，以提高发芽率和发芽势。一般在播种前7天左右将麦种摊晒2～3天。

② 精选种子。通过风选、筛选、水选，淘汰瘦小种子，清除杂质，瘪粒，选出大而饱满的种子。泥水选种时，50kg水约需泥土20kg。

③ 子消毒、药剂拌种。对病菌附着种子表面或病原物混在麦种中传染的病害进行种子消毒、拌种处理。

（2）播种量

稻茬麦（四川小麦以立地条件可划分为稻茬小麦和丘陵旱地小麦，其中稻茬小麦约占全省小麦总面积的30%，丘陵旱地小麦约占70%）一般要求基本苗达到225～300万株/公顷。以此推算用种量，发芽力正常的种子，大粒型品种（千粒重45～50g）播种量为150～180kg/公顷，中小粒型品种（千粒重45g以下）播种量为120～150kg/公顷。

（3）确定播期

目前，我省多数品种的高产播期在10月26日～11月5日。春性较强品种应适当推迟，以11月初～11月6日为宜；春性较弱、生育期相对较长品种应适当提前，以10月23日～28日为宜。

（4）播前精细整地

前茬作物收获后，适时对小麦种植带进行整地。可采用人工翻挖或微耕机旋耕1～2遍，耙细整平以利机械播种。丘陵坡耕地无法使用大型耕整机具，因此，秸秆很难实现翻埋还田，可在播种之后，将秸秆铡细覆盖于小麦行间或预留行内。

（5）精细播种

可采用带式机播技术，在1m宽的小麦种植带上，用带式播种机（如2B-4型或2B-5型）播种4行或5行，行距为20～25cm。

在没有播种机的情况下，可采用小锄或圆撬人工播种，要求每公顷的套作窝数应达到12～15万窝，即行距23～25cm、窝距13～15cm左右，每窝种子10粒左右。播后用渣肥或粪水浇窝盖种，或铲细土掩盖。

（6）免耕麦田应在播前7～10天用除草剂进行化学除草，小麦苗期（12月上旬）再进行 1 次化学除草。

3. 加强田间管理

① 施肥总量及分配。稻茬小麦要夺取高产，每公顷的施肥量为：纯氮 150～180kg、磷肥（P_2O_5）90～120kg、钾肥（K_2O）75kg，使氮∶磷∶钾的比例达到 1∶0.7∶0.5；施肥方式为：氮肥 60%作底肥、40%作拔节肥施用，磷肥和钾肥全部用作底肥一次性施用。为便于机械化播种，底肥尽量选择复合肥。复合肥种类的选择上，要尽量选择质量合格的并以氮、磷为主、适当兼顾钾素的类型，既确保丰产，又节约成本。苗期、拔节期的追肥可用尿素、碳酸氢铵、磷铵等。

② 水分管理。在秋雨较多的年份，播种及出苗阶段水分管理的重点是排渍降湿；在降水少出现秋干的年份，可在播前或刚播种之后灌一次“跑马水”；拔节前后灌一次拔节水；丘陵稻茬田在灌浆成熟阶段注意清沟排湿。

③ 合理化学调控。对植株较高品种或群体过大的麦田，应在苗期和拔节初期喷施矮壮素或矮丰，以控高防倒，施用方法为 50%矮壮素 100～300 倍液，或 50g 丰兑水 20～30kg，均匀喷雾。

④ 科学防控病虫害。小麦条锈病是我省小麦生产的主要病害，在小麦的各生育期都可能发生，其中以春季的拔节期和开花灌浆期为主，应加强监测预报和药剂防治。小麦赤霉病一般在小麦抽穗扬花阶段发生，如气温达到 15℃左右，预报连续 3 天有雨，或 10 天内有 5 天以上是阴雨天气，或有大雾、重露时，应喷药（甲基硫菌灵或多菌灵等）预防赤霉病。蚜虫：在防治赤霉病时，若蚜虫达到了防治标准（田间蚜穗率为 20%～30%），可加入吡虫啉等药剂混合喷药，达到防病治虫的目的。

⑤ 后期“一喷三防”。稻茬小麦进入灌浆期后，随着气温的上升，很可能发生条锈病、蚜虫等多病虫混合危害，可在 4 月中下旬的适当时期，将杀菌剂、杀虫剂和叶面肥按照科学合理的比例混合后进行“一喷三防”，以达到防病、防虫和防后期脱肥早衰的目的。对蚜虫发生较重田块，可单独再防 1 次。

4. 适时收获

小麦的适宜收获期是蜡熟末期至完熟期。一般我省小麦的收获时间在 5 月份，收获时可用半喂入收割机及时收获，收获过程中将麦秆切碎抛洒，利于秸秆还田操作和下茬水稻栽插。小麦收后应及时晾晒扬净，含水量低于 12.5%以下时进仓储藏，预防霉烂。

（三）小麦免耕播种栽培技术

1. 品种选用

由于免耕播种机大多采用大行宽苗带，且免耕播种的小麦扎根较浅，后期易倒伏，因此，生产上以选用经当省或国家审定通过的适宜当地种植的适应性强、根系发达、株型紧凑、株高适中、分蘖能力强、成穗率高、抗病、抗伏倒、高产稳产的品种为宜。

2. 播前准备

播种前要对种子进行精选，剔除嫩籽、病籽、破籽、虫蛀籽等劣质种子，然后晒种 1～2 天，以提高种子的发芽率。最好选择包衣种子或进行药物拌种、浸种等处理，防止病虫害的发生。免耕播种的地块，底肥要深施，不要撒施，最好是使用腐熟的农家肥和小麦专用肥，不得选用碳酸氢铵等易挥发性肥料，否则易造成烧种、烧苗，导致减产。及时开好“三沟”，清除沟中碎土，做到沟沟相通，对低凹湿田要进一步开厢理沟，排除田间积水。在播种前 7～10 天，选晴好天气用草甘膦、克芜踪等灭生性除草剂进行化学除草。

3. 精细播种

在最佳播期范围内应选择晴天播种，播种过早或过迟都不利于小麦高产。免耕小麦分蘖节位低，分蘖力强，成穗率高，播种时要严格控制播种量。一般播种量每公顷 135～150kg，高肥水条件的田块可适当降低播种量；播期迟、土壤肥力低的田块可适当增加播种量。免耕机条播的播深应为 3～5cm，深浅要一致，若播种过深，会影响种子出苗速度，出苗后长势也较弱。播种过程中做到落籽分散均匀，不漏播、重播。播种后立即进行稻草覆盖，做到均匀覆盖，厚薄适度，并用水喷湿促进稻草腐烂，不仅可以遮阴保湿促全苗，而且能培肥土壤。

4. 田间管理

播种后至出苗前不宜浇水，以免造成种子被埋过深。当麦苗开始分蘖时，结合施肥浇 1 次防冻水，以促进分蘖，确保越冬安全。4～5 叶期时，结合间苗及时查苗补缺，及时进行补种。根据苗情长势适量追施，磷、钾肥料可一次性作底肥施入，速效性氮肥不宜作底肥，应以追施的方式进行补充。后期用尿素加磷酸二氢钾兑水喷施 1～2 次，小麦返青后拔节前，对群体较大、分蘖较多的麦田，用壮丰安进行叶面均匀喷施，以防倒伏。

5. 病、虫、草害防治

麦田主要杂草有看麦娘、日本看麦娘、茵草、猪殃殃、繁缕、大巢菜、稻槎菜、早熟禾、雀舌草、棒头草、附地草、藜等；病虫害主要有条锈病、赤霉病、纹枯病、白粉病、叶枯病、灰飞虱、红蜘蛛、蚜虫等。及时做好病虫测报工作，适时进行药剂防治。每隔 2～3 年对实施免耕播种的地块深松 1 次，以彻底打破犁底层、增加土壤的透气度，杀灭杂草和地下害虫，促进粮食增产、增收。

6. 适时收获

使用联合收获机直接收获时，宜在蜡熟期至完熟期进行。根据天气和小麦的成熟度及时采用机械收割，脱粒后及时晾晒 3～4 天，使籽粒含水量降到安全含水量以下方可进仓。

（四）小窝疏株密植高产栽培技术

小撬是一种专门制作的、简易、轻便的铁制打窝工具，用它能在田里挖直径 4～5cm、深 3～4cm 的小窝。同时小窝子在全田密度大，分布匀，而每窝苗数较少，麦苗在田里呈“大分散、小集中”状态，即为疏株密植。它是以大穗为基础，播种质量为关键，重底肥早追肥为保证，深沟高厢防除病、虫、杂草为前提的配套栽培技术

1. 密度。窝子在 45 万/公顷以上是增密疏株的前提，没有这个密度条件是不能疏株的。因此行窝距需保证 10cm×20cm、10cm×18cm，窝深 3～4cm，要求行端窝匀。播量不能高，每窝播 4～6 粒，每窝 3～5 苗。

2. 品种选用。大穗型品种更适宜疏株密植技术，充分发挥单穗重较高的优势。

3. 施肥。“前促、中控、后保”。具体做法是：重施底肥，早施孽肥，巧施小穗肥，灵活施花肥。施肥总量：尿素 300～450kg/公顷，过磷酸钙 750～1500kg/公顷，一般底肥占总量的 60%～70%，追肥占 30%～40%。根据叶蘖同伸与肥水效应的关系，按叶龄施肥是关键。以 11 片叶为例，五叶期前 1～2 叶位上发生的分蘖成穗率高达 70%以上，占总分蘖数的 90%左右，而五叶期后 3～4 位叶发生的分蘖成穗率仅 10%左右，四叶期普见分孽是壮苗的标志；一叶一心至二叶一心要促，四至五叶期以水为主，以肥为辅，饱浇 1 次防冬旱。七叶期施

肥要酌情，一般苗旺、色绿、苗数高的田块就不施。冬干时应浇水1～2次。后期不出现明显缺肥现象，不再施肥。

四、马铃薯

（一）马铃薯的生物学基础

1. 温度

马铃薯性喜冷凉，不耐高温，生育期间以平均气温17～21℃为宜，全生育期需有效积温1000～2500℃（以10cm土层5℃以上温度计算），多数品种为1500～2000℃。

块茎萌发的最低温度为4～5℃，芽条生长的最适温度为13～18℃；温度超过36℃，块茎不萌芽并造成大量烂种。新收获的块茎，芽条生长则要求25～27℃的高温，但芽条细弱，根数少。茎叶生长的最低温度为7℃，最适温度为15～21℃，土温在29℃以上时，茎叶停止生长。对花器官的影响主要是夜温，12℃形成花芽，但不开花，18℃时大量开花。

块茎形成的最适温度为20℃，低温块茎形成较早，如在15℃出苗后7天形成，25℃出苗后21天形成。27～32℃高温则引起块茎发生次生生长，形成畸形小薯。

块茎增长的最适温度为15～18℃，20℃时块茎增长速度减缓，25℃时块茎生长趋于停止，30℃左右时块茎完全停止生长。昼夜温差大，有利于块茎膨大，特别是较低的夜温，有利于茎叶同化产物向块茎运转。马铃薯抵抗低温能力较差，当气温降到-1～-2℃时，地上部茎受冻害，－4℃时植株死亡，块茎也受冻害。

2. 光照

马铃薯光饱和点为30 000～40 000勒克斯。光照强度大，叶片光合强度高，块茎产量和淀粉含量均高。光周期对马铃薯植株生育和块茎形成及增长都有很大影响。每天日照时数超过15小时，茎叶生长繁茂，匍匐茎大量发生，但块茎延迟形成，产量下降；每天日照10小时以下，块茎形成早，但茎叶生长不良，产量降低。一般日照时数为11～13小时，植株发育正常，块茎形成早，同化产物向块茎运转快，块茎产量高。早熟品种对日照反应不敏感，晚熟品种则必须在短日照条件下才能形成块茎。

日长、光强和温度三者有互作效应。高温促进茎伸长，不利于叶片和块茎发育，在弱光下更显著。但高温的不利影响，短日照可以抵消，能使茎矮壮，叶片肥大，块茎形成早。因此高温、短日照下块茎的产量往往比高温、长日照下高。高温、弱光和长日照，则使茎叶徒长，块茎几乎不能形成，匍匐茎形成枝条。开花则需要强光、长日照和适当高温。

3. 水分

马铃薯的蒸腾系数为400～600。若年总降雨量400～500mm，且均匀分布在生长季节，即可满足马铃薯对水分的需求。

整个生育期间，土壤湿度保持田间持水量的60%～80%为最适宜。萌芽和出苗靠种薯自身水分，故有一定的抗旱能力。幼苗期需水量不大，占一生总需水量的10%～15%，土壤保持田间持水量的65%左右为宜。块茎形成期需水量显著增加，约占全生育期总需水量的30%左右，保持田间持水量的70%～75%为宜。块茎增长期，茎叶和块茎的生长都达到一生的高峰，需水量最大，也是马铃薯的需水临界期，保持田间持水量的75%～80%为宜，并要保证水分均匀供给。淀粉积累期需水量减少，占全生育期总需水量的10%左右，保持田间最大持水量的60%～65%即可。后期水分过多，易造成烂薯和降低耐贮性，影响产量和品质。

4. 土壤

马铃薯对土壤要求不十分严格，但以表土深厚、结构疏松和富含有机质的土壤为最适宜。冷凉地方沙土和沙质壤土最好，温暖地方沙质壤土或壤土最好。在这样的土壤上栽培马铃薯，出苗快、块茎形成早、薯块整齐、薯皮光滑、产量和淀粉含量均高。

马铃薯要求微酸性土壤，以 pH5.5～6.5 为最适宜。但在 pH5～8 的范围内均能良好生长。土壤含盐量达到 0.01%时，植株表现敏感，块茎产量随土壤中氯离子含量的增高而降低。

5. 营养

马铃薯是高产喜肥作物，对肥料反应非常敏感。生产 500kg 块茎需吸收纯氮 3.33kg、纯磷 3.23kg、纯钾 4.15kg。对肥料三要素的需要以钾最多，氮次之，磷最少。各时期对氮、磷、钾的吸收数量和吸收速度不同。一般幼苗期植株小，需肥较少。块茎形成至块茎增长期吸收养分速度快，数量多，是马铃薯一生需要养分的关键时期。淀粉积累期吸收养分速度减慢，吸收数量也减少。

（二）春、秋、冬马铃薯配套高产栽培技术

1. 春马铃薯栽培技术

（1）播前准备

因地制宜选用良种，最好使用脱毒种薯，播种前把种薯从库中取出，放于室内催芽。选用良种是马铃薯高产栽培的一个重要环节。春马铃薯由于播种时期气候冷，可播种时间随意性较大，大部分地区种薯已通过休眠期，品种选择范围较宽。目前四川主要推广川芋系列（川芋 4 号、川芋 5 号、川芋 56、川芋早等）、凉薯系列（凉薯 97、凉薯 14 等）、米拉等品种。

（2）选地整地

马铃薯适宜轮作，不宜连作，也不宜与茄科作物如茄子、番茄、烟草、海椒等作物连作，最好与禾本科、豆科等作物轮作；否则，会加重青枯病、晚疫病、病毒病以及蚜虫等病虫害的危害，严重影响马铃薯产量。一般宜选择两年内没有种过马铃薯和其他茄科作物的地块。地块最好选择地势平坦，有灌溉条件，且排水良好、耕层深厚、疏松的沙壤土，进行深耕细耙，然后起垄作厢，厢的宽窄和高低要视地势、土壤水分而定。

（3）施足基肥

肥料氮：磷：钾为 2：1：4。马铃薯的基肥要占总施肥量的 3/5 或 2/3。基肥以腐熟的堆厩肥和人畜粪等有机肥为主，配合磷、钾肥。一般每公顷施有肥机 15 000～22 500kg，过磷酸钙 225～375kg，草木灰 1500～2250kg。基肥应结合作畦或挖穴施于 10cm 以下的土层中，以利于植株吸收和疏松结薯层。播种时，用腐熟的人畜粪尿 15 000～22 500kg/公顷，或氮素化肥 5～8kg 作种肥。

（4）种薯处理

① 精选种薯。选择薯形规整、具有本品种典型特征、薯皮光滑、色泽鲜明、重量为 50～100g 大小适中的健康种薯作种。选择种薯时，要严格去除表皮龟裂、畸形、尖头、芽眼坏死、生有病斑或脐部黑腐的块茎。

② 切块与小整薯作种。切块时，易通过切刀传病，引起烂种、缺苗或增加田间发病率，加快品种退化。切块一般以切成 20～30g 为宜。切块时要纵切，使每一个切块都带有顶端优势的芽眼。切块时要剔除病薯，切块的用具要严格消毒，以防传病。小整薯作种，可避

免切刀传病，而且小整薯的生活力和抗旱力强。

③ 催芽。将种薯与沙分层相间放置，厚度约 3～4 层，并保持在 20℃左右的最适温度和经常湿润的状态下，种薯经 10 天左右即可萌芽。催芽时，种薯用 0.1%～0.2%高锰酸钾溶液浸种 10～15 分钟或用 2%硫脲浸种 20 分钟，均可提高催芽效果。

（5）适时播种

使马铃薯结薯盛期处在日平均温度 15℃～25℃条件下。适时播种是实现春马铃薯高产增收的前提。播种期视其海拔高度和气候特点而定，四川春马铃薯播种时间一般在 12 月～翌年 3 月（其中，12 月～翌年 2 月上旬播种，5～6 月收获的为小春马铃薯；2 月中下旬～3 月下旬播种，6～8 月收获的为大春马铃薯）。平坝浅丘区主要种植小春马铃薯，应在立春前播完；海拔较高山区主要种植大春马铃薯，一般在解冻后播种；部分海拔较高的冷凉高原山区如三州的部分县，可在 4 月份播种。

（6）合理密植

带状种植每公顷 45 000～67 500 窝，净作每公顷 67 500～90 000 窝，可根据气候条件、土壤肥力、生产用途和栽培方式等做适当调整。

（7）田间管理

① 查苗补苗。播种时将多余的薯块密植于田间地头，用来补苗。如果没有备用苗，可从田间出苗的垄行间，选取多苗的穴，自其母薯块基部掰下多余的苗，进行移植补苗。

② 中耕培土。出苗前如土面板结，应进行松土，以利出苗。齐苗后及时进行第 1 次中耕，深度 8～10cm，并结合除草。第 1 次中耕后 10～15 天，进行第 2 次中耕，宜稍浅。现蕾时，进行第 3 次中耕，比第 2 次中耕更浅。并结合培土，培土厚度不超过 10cm，以增厚结薯层，避免薯块外露，降低品质。

③ 追肥。出苗后，要及早用清粪水加少量氮素化肥追施促苗肥，现蕾期结合培土追施 1 次结薯肥，以钾肥为主，配合氮肥，施肥量视植株长势长相而定。开花以后，一般不再施肥，若后期表现脱肥早衰现象，可用磷钾或结合微量元素进行叶面喷施。

④ 防治病虫害。常见的病害有病毒病、晚疫病、青枯病、环腐病、疮痂病、癌肿病等。晚疫病多在雨水较多时节和植株花期前后发生，要注意及早用波尔多液或瑞毒霉进行防治。青枯病目前药剂防治较难，防治方法主要通过合理轮作、选用抗病品种以及用小整薯作种等措施进行防治。马铃薯的害虫主要有瓢虫、土蚕、蚜虫、蛴螬、蝼蛄等，可用药剂或人工捕杀等措施防治。

（8）适时收获

当马铃薯植株生长停止、茎叶大部分枯黄时，块茎很容易与匍匐茎分离，周皮变硬，干物质含量达最高限度，即为食用块茎的最适收获期。

2. 秋马铃薯栽培技术

秋马铃薯有防止退化、恢复种性、实现种薯自给和扩大栽培面积的作用。由于秋薯生育期短，容易烂种缺苗，播种时常遇秋旱、高温等，因此，在栽培过程中必须抓住下面几个重要环节：

（1）选择适宜品种

秋薯应选择丰产性好、抗病力强、抗旱性强、生育期短的品种。

（2）催芽

将种薯与沙分层相间放置，厚度约 3～4 层，并保持在 20℃左右的最适温度和经常湿润的状态下，种薯经 10 天左右即可萌芽。催芽时，种薯用 0.1%～0.2%高锰酸钾溶液浸种 10～15 分钟或用 2%硫脲浸种 20 分钟，均可提高催芽效果。

（3）适时播种，提高密度

秋马铃薯适播期为 8 月中下旬，以保证出苗至初霜有 60 天以上的生长期。播种宜于早晨和下午进行，阴天可全天播种。若遇高温烈日，播穴应深些，并随播随覆土，播后畦面用草覆盖，出苗后将草去掉，以种植 12～15 万株/公顷为宜。

（4）施足基肥，增施磷钾肥

要施足底肥，早施追肥，施优质土杂肥 45～60 吨/公顷、纯氮 120～135kg/公顷、五氧化二磷 75～90kg/公顷，氧化钾 135～150kg/公顷作底肥。马铃薯是忌氯作物，钾肥应选用硫酸钾，不要使用氯化钾。当马铃薯长至 20cm 左右时进行追肥，追施尿素 225kg/公顷左右；同时追施镁肥。研究表明，在马铃薯生长过程中，如镁肥充足，不仅产量高，且淀粉积累多，品质好，每株可追施硫酸镁 50～100g。

（5）加强田管，保证植株健壮生长

除了及时追肥外，要抓紧中耕除草、培土。争取在前期温度较高时促进植株茎叶尽快生长，至气温下降时能提前转入地下部的结薯阶段。

① 中耕培土。幼苗高 3cm 左右进行第 1 次中耕除草，深度约 3cm；隔 10～15 天进行第 2 次中耕，深度宜浅；现蕾时进行第 3 次中耕培土，中耕宜浅，离根稍远些，培土厚度 10cm 左右，以防止因块茎膨大时土层开裂而形成绿色。

② 灌溉。秋薯播种后，如遇秋旱，要及时浇水。幼苗出土后遇干旱，易导致幼苗萎缩；蕾期需大量水分；花期需大量水分维持植株正常生理活动和形成块茎，及时浇灌水，保持土壤湿润。浇水应在早、晚进行，灌水采用沟灌。

③ 防治病虫害。马铃薯晚疫病是毁灭性病害，一旦出现发病中心，可用甲霜铜 1500g/公顷，兑水 750～900kg 喷雾；7 天后重喷 1 次，可有效控制危害。对地老虎、蚜虫等虫害也要及时施药防治。

（6）适时收获

马铃薯植株未黄死前，块茎仍可生长，所以，采收时间可在茎叶枯死后进行。采收后存放于通风、透光、阴凉的地方。

3. 冬马铃薯栽培技术

冬马铃薯是指在上一年 10 月下旬至 11 月下旬播种栽培，翌年 2～4 月收获的马铃薯。四川省一般在海拔较低、冬季温光资源较好的平坝、丘陵地区种植。

四川省冬马铃薯大多作鲜菜食用，有的净作，也有的与其他蔬菜间套作。近年，丘陵地区结合耕地改制，在试验示范冬马铃薯与小麦间套作，在原“麦/玉/苕”、“麦/玉/豆”等带状间套多熟种植模式上，利用小麦预留行增种冬马铃薯，形成“小麦+冬马铃薯/春玉米/红苕或大豆”种植模式。

发展冬马铃薯可以充分利用冬季光温资源，提高土地和光能利用率，而且可以适应市场需求。错开上市季节，价格好，效益高，是农民增收的重要途径，在四川发展较快。

冬马铃薯苗期处于严寒冬季，栽培的重点是防寒防冻。

（1）种薯准备

冬马铃薯主要生长在冬春季节，气温低，应选择生育期适中、耐寒性强、丰产性好、品质优、抗病性强的品种。严格挑选种薯，尽量选用脱毒种薯，种薯质量应符合四川地方标准 DB51/T821-2008“马铃薯种薯（苗）质量标准和检验规程”的要求。外地调进的种薯应进行消毒。提倡用小整薯做种，特别是播种时湿度较大、雨水较多的地区和地块，不宜切块。未通过休眠期的要进行催芽播种。

（2）整地播种

① 选地与整地

选择土层深厚、土壤肥沃、排灌方便，最好两年以上未种过马铃薯或烟草、番茄、辣椒、茄子等茄科作物的壤土或砂壤土。

在前作收获后及时进行翻耕（或深挖），一般耕深 20～30cm，并进行精细整地后起垄。稻田应早开沟排水，采取深沟高厢栽培，也可采用免耕稻草覆盖栽培技术。

② 施足底肥

坚持“有机肥为主，化肥为辅，重施底肥，增施钾肥”的原则。每公顷施人畜粪 30 000kg，农家土杂肥 15 000～30 000kg，专用复合肥 450～750kg 或尿素 75～225kg、过磷酸钙 450～750kg、钾肥 150～225kg 或草木灰 1500kg 作底肥。

③ 适时播种

冬马铃薯一般在 10 月下旬至 11 月中下旬播种，在没有前作限制和保证安全越冬的前提下，播种越早，生长期越长，产量越高。

④ 合理密植

净作冬马铃薯适宜密度为 67 500～120 000 株（穴）/公顷。早熟品种适当密播，中晚熟品种适当稀播。提倡垄作栽培，小垄单行一般行间（垄间）距 50～70cm，穴（窝）距 15～25cm；大垄双行一般垄间距 70～100cm，穴（窝）距 20～30cm，错窝栽培。

间套作栽培密度一般 37 500～75 000 株（穴）/公顷，根据带宽和行比确定马铃薯的行距，穴（窝）距为 20～25cm。

⑤ 地膜（稻草）覆盖

播后盖土 5～10cm。最好加盖地膜（稻草），以提高土温，抵御严寒。地膜覆盖一般采用先播种后盖膜方式，出苗后及时破膜引苗。也可以先盖膜后播种。稻田冬马铃薯也可以采取稻草覆盖免耕栽培，播后盖 10cm 左右的稻草。温度低的地区，可先盖一层干稻草，然后再盖地膜，双重保温防冻。

（3）田间管理

① 中耕除草

齐苗后及时查苗补缺，保证全苗。当幼苗出土 5～10cm 时，结合除草进行第 1 次中耕，深度为 10cm 左右。以后视田间土壤结构、杂草发生情况和苗情再进行一两次中耕除草，并结合培土。

② 肥水管理

苗齐后追第一次肥，每公顷追施人畜粪 22 500kg，尿素 75～150kg，硫酸钾 150kg。以后视苗情酌施追肥，以人畜粪为主，可兑少量化肥。收获前 20 天，植株封行或开花后不宜再进行追肥。

播种后若遇冬春干旱，应根据天气情况进行灌溉，使表土经常保持湿润状态。若雨水过多，田地低洼积水，则应及时清沟排水，特别是生育后期。

③ 防寒抗冻

冬马铃薯易受霜冻冷害的影响，严重时造成马铃薯冻伤冻死，在栽培上可采取健身栽培和农业措施防止或减轻冻害。

覆盖保温。可用稻草、秸秆等覆盖或地膜覆盖保温防冻，如遇严寒还可采取地膜加秸秆双重覆盖。

增施热性肥料。适当增施热性肥料及含钾肥料如草木灰、火烧土等。因热性肥料可增加地温，钾能影响细胞的透性，提高细胞原生质的浓度，因而增强抗寒性。

施用延缓剂。在霜冻来临前叶面喷施 100～200mg/kg（0.01%～0.02%）的多效唑或 10～15mg/kg 的烯效唑溶液，可延缓生长，矮化植株，加厚叶片，增强抗寒性，而且还有防止徒长、改善光合产物分配、促进块茎生长的作用，特别是现蕾期施用。

熏烟驱霜。在霜冻来临当夜，用炉或废旧铁桶装稻谷壳或锯木屑泼少量废柴油或废机油，点火燃烧，上面覆盖少许土压灭明火，进行烟熏，改变小气候，达到驱霜防霜的目的。每亩放 5～6 个。

灌水保温。寒流降温来临前 1～2 天往畦沟灌半沟水，畦面保持湿润，以增加土壤的热容量和降低导热率，提高地温，减轻冻害。寒流过后立即排干水。

（4）防治病虫

重点防治晚疫病、霜霉病、青枯病等病害。

五、大豆

（一）大豆的生物学基础

大豆属于蝶形花科大豆属，别名黄豆。大豆对环境条件有如下要求。

1. 对温度的要求。大豆是喜温作物，在温暖的环境下生长良好。发芽最低温度在 6～8℃，以 10～12℃发芽正常；生育期间以 15～25℃最适宜；大豆进入花芽分化以后温度低于 15℃发育受阻，影响受精结实；后期温度降低到 10～12℃时灌浆受影响。全生育期要求 1700～2900℃的有效积温。大豆的幼苗对低温有一定的抵抗能力，一般温度在不低于零下 4℃时，大豆幼苗只受轻害，超过零下 5℃时幼苗全部受冻害。幼苗的抗寒力与幼苗生长状况有关，在真叶出现前抗寒力较强，真叶出现后抗寒力显著减弱。

2. 对光照和光周期的要求。大豆是喜光作物，对光照条件好坏反应较敏感。由于大豆花荚分布在植株上下部，因此上下部各位置叶片都要求得到充足的阳光，以利于叶片进行光合作用，以便将有机养分输送到各部位花荚，所以栽培过程中要保证大豆群体生长，植株透光良好，每层叶片都能得到较好的光照条件。充分进行光合作用才能有效地提高产量。大豆是短日照作物，就是说在一昼夜的光照与黑暗的交替中，大豆要求较长的黑暗和较短的光照时间。具备这种条件就能提早开花，否则，生育期变长。这种对长黑暗、短日照条件的要求，只在大豆生长发育的一定时期有此反应，即当大豆的第一个复叶片出现时，就开始光周期特性反应。这种反应达到满足的标志，是花萼原基开始出现。此后，即使放在长光照条件下也能开花结实，光周期反应结束。大豆光周期反应的这一特性，在大豆引种时应特别注意。品种所处的纬度不同，对日照反应也不同。高纬度地区品种生长在日照较长的环境下，对日照反应不是很敏感，属中晚熟品种。因此由北向南引种会加速成熟；半蔓型的会变直立，植株变矮，结实减少。相反由南向北引种，会延长生育期，植株变得高大，所以南北不宜大幅度调种。

3．大豆对水分的要求。大豆需水较多，每形成1g干物质，需耗水600～1000g，比高粱、玉米还要多。大豆对水分的要求在不同生育期是不同的。种子萌发时要求土壤有较多的水分，以满足种子吸水膨胀萌芽之需，这时吸收的水分，相当于种子风干重的120%～140%。适宜的土壤最大持水量为50%～60%，土壤最大持水量低于45%，种子虽然能发芽，但出苗很困难。种子大小不同，需水多少也不同。一般大粒种子需水较多，适宜在雨量充沛、土壤湿润地区栽培；小粒种子需水较少，多在干旱地区种植。

大豆幼苗时期地上部生长缓慢，根系生长较快，如果土壤水分偏多根系入土则浅，根量也少，不利于形成强大根系。这时增加土壤温度和通气性以利于根系生长。从初花到盛花期，大豆植株生长最快，需水量增大。要求土壤保持足够的湿润，但又不要雨水过多。气候宜不湿不燥，阳光要充足。初花期受旱，营养体生长受影响，开花结荚数减少，落花、落荚数增多。结荚到鼓粒时期仍需较多的水分，否则会造成幼荚脱落和秕粒、秕荚。大豆从初花期到鼓粒初期长达50多天的时间内，一直保持较高的吸水能力。农谚有“大豆干花湿荚，亩收石八；干荚湿花，有秆无瓜。”说明水分在大豆花荚、鼓粒期是十分重要的环境因素。大豆成熟前要求水分稍少，而气温高，阳光充足则能促进大豆籽粒充实饱满。

4．对土壤及养分的要求。大豆对土壤适应能力较强，几乎所有的土壤均可以生长，对土壤的碱度适应范围（pH值）为6～7.5，以排水良好、富含有机质、土层深厚、保水性强的壤土最为适宜。大豆在田间生长条件下，每生产50kg籽粒，需吸收氮素3.6kg；五氧化二磷0.6～0.75kg；氧化钾1.25kg。比生产等量的小麦、玉米需肥都多。大豆不同阶段吸肥速度和数量与干物质积累相适应。初花期至鼓粒期的50多天中，大豆一直保持较高的吸肥能力。从分枝期到鼓粒期吸收氮素占全生育期吸氮总量的95.1%，每日吸氮量以盛花到结荚期为最高。这个时期吸收磷也最多，达全生育期吸收磷总量的1/3；其次，吸磷多的时期是苗期和分枝期，占总量的1/4。因此在大豆栽培中，除了播种前在土壤中增施磷肥外，生育期间在叶面喷施磷肥，增产效果也很明显。对氮肥的供给则应以有机肥作底肥，并在始花期（大豆吸氮高峰开始时期）追施氮肥，增产效果显著。

（二）套作大豆、秋大豆的高产栽培技术

1. 旱地新三熟“小麦（马铃薯）/玉米/大豆”栽培技术

（1）规范开厢，分带轮作。采用带状2m开厢模式，1m种5行（或6行）小麦（或起垄播马铃薯），1m种2行玉米，待小麦（或马铃薯）收获后接着种2～3行大豆。第二年玉米和大豆实行换茬微区轮作。

（2）免耕直播，秸秆覆盖。小麦（或马铃薯）收获后，实行麦秆覆盖免耕直播大豆；玉米收获后直接砍倒原地覆盖于空行；秋、春季空行免耕直播马铃薯或小麦并用玉米秆覆盖。

（3）选用良种，适时播种，合理密植。大豆选用主茎发达、杆强不倒、粒大的中晚熟或晚熟的耐阴性品种，如“贡选一号”、“南豆12”。大豆在播种前采用烯效唑干拌种，每1kg种子用5%的烯效唑可湿性粉剂16～20mg混拌。于6月上旬小麦收后，在雨前或雨后及时播种大豆，免耕撬窝点播或免耕机械直播。点播每穴4～5粒，机播每穴3～4粒。播种密度为大豆沟漕地每公顷 90 000～112 500 株、二台土（及以上）每公顷 105 000～135 000 株；小麦和玉米的品种、播期和密度按传统的“麦/玉/薯”模式进行安排。

（4）科学施肥。大豆底肥每公顷施尿素 45～60kg、过磷酸钙 450～525kg、氯化钾 60～75kg，于播种时穴施或均匀撒于厢面；追肥视大豆长势而定。小麦和玉米按“麦/玉/薯”模式进行施肥。

（5）控旺防倒

在玉米 10～12 叶展开时，每公顷用 40%玉米健壮素水剂 375～450g，兑水 225～300kg，均匀喷施于玉米的上部叶片上。

大豆分枝期或初花期每公顷用 5%的烯效唑可湿性粉剂 360～720g 或 15%的多效唑可湿性粉剂 750～1050g，兑水 600～1050kg 均匀喷施茎叶。

（6）防治病虫害。

注意在玉米苗期防治地下害虫，大喇叭口期防治玉米螟，后期防治蜗牛、纹枯病。大豆重点防治豆秆黑潜蝇、根腐病、蚜虫、红蜘蛛等病虫害。

（7）适时收获

玉米完熟收获，收后及时砍倒玉米秸秆原地覆盖。大豆在黄熟到完熟期收获。

2. 秋大豆的高产栽培技术

（1）选择良种。大豆选择早熟、丰产、抗性强的品种，如浙春 3 号，水稻须在 8 月 20 日前收割，在乳熟期开沟放水，采用窄厢深沟点豆，确保苗齐苗全。

（2）适时播种，合理密植 8 月 10 日前后播种为宜，最迟不超过 8 月 20 日。水稻收获后不翻耕，并按 110cm 放线开厢，厢面宽 84cm，厢沟深、宽各 26cm，在厢面上按 16cm×16cm 的窝、行距撬窝浅播，每窝点种子 3～4 粒，用种量 90～105kg/公顷，出苗后及时补苗、间苗，每窝留苗 2～4 株，成苗 45 万/公顷以上。

（3）配方施肥

前促。苗期施肥以磷钾肥为主，无机与有机肥配合施用。每公顷施过磷酸钙 450kg，硫酸钾 75kg，草木灰 2250kg，细渣肥 15 000kg，混沤制后盖窝，出苗后用尿素 30～60kg 兑清粪水提苗一次。

中保。在花荚期每公顷用磷酸二氢钾 1.50～2.25kg 和硼、钼肥 0.75～1.50kg 兑水 600～750kg，根外追肥，以利保花、保荚。

（4）适时收获。秋大豆全生育期 75～80 天，一般在 10 月下旬至 11 月上旬，植株上茎、叶变黄，20%以上叶片自然脱落，荚变为褐色时收获。

六、高粱

（一）高粱的生物学基础

高粱，禾本科，高粱属，一年生草本。秆实心，中心有髓。高粱有很多品种，有早熟品种、中熟品种、晚熟品种，又分常规品种、杂交品种；口感有常规的、甜的、黏的；株型有高秆的、中高秆的、多穗的等；高粱秆还有甜与不甜之分。粮食颜色有红的、白的、白脸红面的、不红也不白的等多种。按性状及用途可分为食用高粱、糖用高粱、帚用高粱等。食用高粱谷粒供食用、酿酒。糖用高粱的秆可制糖浆或生食；帚用高粱的穗可制笤帚或炊帚；嫩叶阴干青贮，或晒干后作饲料用。

（二）高粱对环境条件的要求

1. 温度

高粱是喜温作物，在整个生育期间都要求较高的温度。一定的高温可以提早幼穗分化，低温则可延迟幼穗分化，这种特性称为高粱的感温性。高粱在不同的生育时期内，对温度有不同的要求。种子发芽的最低温度为6～7℃，最适温度为20～30℃，最高温度为44～50℃。高粱幼苗不耐低温和霜冻。出苗至拔节期的适宜温度为 20～25℃。拔节至抽穗期为高粱生育的旺盛时期，适宜温度为25～30℃。过高温度会使植株发育加快，茎秆细弱，提早抽穗，穗小。开花至成熟期对温度要求比较严格，最适温度为 26～30℃，低温会使花期推迟，开花过程延长，影响授粉，如遇高温和伏旱，会使结实率降低。灌浆阶段较大的温差有利于干物质的积累和籽粒灌浆成熟。

2. 水分

高粱具有抗旱能力，不仅能抗土壤干旱，也能抗干旱天气。同时高粱又具有耐涝性，其耐涝性在孕穗期以后尤为明显。在抽穗后如遇连续降雨，在短期内淹水不没顶，仍能获得一定产量。苗期约占全生育期总需水量的 10%；拔节孕穗期占 50%，这期间如水分不足，会影响植株生长和幼穗分化；孕穗至开花期占 15%，水分不足会造成“掐脖子”，是高粱的需水临界期；灌浆期占 20%；成熟期占 5%左右。全生育期降雨 400～500mm 分布均匀即可满足其生长需要。

3. 光照

高粱是喜光作物，在生长发育过程中，要求有充足的光照条件。光照不足会延迟生育，产量降低，特别是后期光照不足会直接影响籽粒干物质积累。高粱属短日照作物，缩短光照时数可提早抽穗和成熟，延长光照时数则成熟延迟。北方品种引种到南方种植，光照时数缩短，会提早成熟。

4. 土壤与矿质营养

要使高粱生育良好，达到高产、稳产，必须为之创造土层深厚、土质肥沃、有机质丰富、结构良好的土壤条件。高粱对土壤的适应性和耐瘠性与其具有较庞大的根系和较强的吸收能力有关。高粱的需肥规律：每生产 100kg 籽粒需要氮（3.25±1.37）kg（1.68±0.48）kg、钾（4.54±1.14）kg，三者的比例为 1∶0.52∶1.37。

（1）苗期。由于生长缓慢，植株小，需要的养分也少，氮 12.4%、磷 6.5%、钾 7.5%。

（2）拔节至抽穗开花。需氮 62.5%、磷 52.9%、钾 65.4%，该阶段是需肥的关键时期。

（3）开花至成熟。需氮 25.1%、磷 40.6%、钾 27.1%，这一阶段的营养供应状况直接影响籽粒灌浆，养分充足，可增强灌浆速度，使籽粒饱满，粒重增加。

（三）高粱高产栽培技术

1. 常规高粱育苗、移栽、高产栽培技术

（1）选择适合移栽的品种

育苗移栽能相对缩短大田生育时期，故选用熟期偏晚的品种移栽效果更好。如选用的移栽品种生育期太短，丰产性能不高，常因移栽不及时往往形成“小老苗”，达不到增产目的，甚至还会造成减产。据四川省农科院水稻高粱研究所研究，西南地区用青壳洋高粱、红缨子、泸糯8号等进行育苗移栽，都能取得明显的增产效果。

（2）育苗方法

① 选地作床。为培育壮苗和便于起苗，苗床应安排在土壤肥沃、地势平坦、土质松软、排水和灌水条件较好的砂壤土或壤土。苗床面积与本田面积的比例为1∶10。苗床选好后，即进行精细整地，一般每公顷施优质有机肥60 000～75 000kg，过磷酸钙300kg，硫酸钾150kg，施肥后浅耕一遍，将地面耙平整细，做成宽1.7m左右的苗床，各个苗床之间开一排水沟，以便排水防涝和扒土清棵。

② 播种时期。播种时期可根据品种、移栽时间、适宜苗龄和温度条件来确定。一般早熟品种可晚些，迟熟品种要早些，苗龄小的移栽应晚些，苗龄大的要早些。总原则是做到苗全、苗壮，防止移栽时苗龄过小或过大。如育苗过晚，移栽秧苗太小，成活率不高，并且延长本田的生育期而推迟成熟，影响后茬作物的播种，如育苗过早，移栽苗龄过大，影响幼穗的生长发育，使穗子变短。通常在麦收前20～30天开始育苗，移栽叶龄以6片左右为宜。麦收后或油菜收后栽高粱一般在3月下旬至4月上旬播种。

③ 播种。在播种前先进行苗床灌水，或施足清粪水，做到足墒播种。小畦播者每公顷播种量约为 45kg，覆土厚度为 1～2cm。播种后用地膜塌地或拱架覆盖，以地膜拱架育苗（营养土、方格或肥球）为好，四周用土压严，保温保湿。

④ 苗床管理。播种后如晴天中午膜内气温超过35℃时，应揭膜通风降温，下午4时盖膜。出苗后及时揭膜炼苗。为培育壮苗，要及时做好间苗灌水等作业。还应注意防治蚜虫和清除杂草。如幼苗黄弱，也要及时追施人畜粪尿和氮素化肥。由于床内幼苗密度大，在2～3片叶龄时，要间苗，4～5片叶龄时，再间苗一次。

出苗后若出现旱象，可适量灌水。但底墒充足，幼苗发育正常时则不宜灌水。苗期要适当控制土壤水分，以防止幼苗徒长和移栽时因伤根过重影响成活。育苗期间进行清棵的目的是控制次生根的生长，使其不往深土层扎根，起蹲苗促壮作用。幼苗长出3片叶开始生长次生根，是清棵蹲苗的最好时机。具体的做法是用竹篦子或铁丝篦子把幼苗分蘖节以下的表土扒掉，使分蘖节露出地面。这样，次生根便长不出来或长得很慢，反而把分蘖节憋成粗壮的小结。经过清棵的幼苗生长茁壮敦实，颜色深绿，株高降低，幼苗素质提高。

（3）适时移栽，合理密植

移栽适龄壮苗是增产的重要环节。一般早熟品种的苗龄要小些，晚熟品种的苗龄可稍大些。属中熟杂交种的泸糯8号、泸糯10号等约以25～30天为苗龄，达6片叶时为宜；晚熟的青壳洋高粱、国窖红1号则以35天左右，达7～8片叶时为宜。在有效积温量较小的地方选用生育期较长的品种时，苗龄要适当大些；反之，苗龄则可适当小些。据四川省农科院水稻高粱研究所研究，泸杂4号以叶龄6片时移栽产量最高，亩产为436.3kg，6叶期以后移栽每推迟2片叶减产约70kg。一般中晚熟品种到10～12片叶时就进入幼穗分化时期，此时移栽必然影响幼穗分化，使穗子变小，穗粒重明显下降。

为获得较高的产量，育苗移栽时必须根据品种特性及土壤肥力等因素，适当增加密度，一般以每公顷高秆品种90 000～105 000株、中秆品种105 000～120 000株、矮秆品种135 000～150 0000株为宜。

（4）移栽后的管理

高粱移栽后的返青期为 5～8 天，为了缩短返青期，促使秧苗早发，移栽后应施一次清粪水。返青后结合灌水每公顷追施尿素 150kg 作促苗肥，同时中耕松土，可收到早生快发的效果。返青后，很快进入的拔节至抽穗时期是高粱对水肥需要最多和对水肥最敏感的时期。这时的需水量占总需水量的41.9%～49.1%。如果此时耕作层土壤含水量少14%～15%，就会形成“掐脖旱”，严重影响产量。所以，栽后管理必须水肥齐攻，在干旱地区采取的方法是结合施肥进行灌水。土壤肥力较低时，要重施拔节肥，轻施孕穗肥。土壤肥力较高或底肥较多，植株生长健壮时，以采取前轻后重的施肥方法为佳。在每次追肥或灌水后，都应及时进行中耕，中耕松土要早、勤、深，以便破除板结，消灭杂草，控制徒长，促进根系下扎；拔节前要培土上行，防止倒伏。高粱移栽的密度大，容易发生病虫害。应加强对蚜虫、螟虫等害虫的防治。

（5）适时收获

高粱在 90%成熟时就可采收，由于高粱秆可以扎扫帚，经济价值高，在收获时要留足一定长度的穗秆，以便脱粒后高粱秆扎扫帚用；另一方面，穗秆长还可促进高粱成熟作用，增加籽粒重量。

2. 再生高粱配套高产栽培技术

高粱收获后利用茎节的休眠腋芽萌发成穗再收一季高粱，叫做再生高粱。再生高粱一般每公顷3000～6000kg。四川在7月20前收获的春播杂交高粱，一般都能培育出再生高粱，具有省种省工的优点，是粮食增收的途径之一。

（1）头季栽培

① 选用再生力强、早熟或中熟杂交高粱品种

杂交高粱品种一般再生力强，生育期较短，适宜再生栽培，如泸糯 8 号、泸杂 4 号、两糯 1 号。

② 卡定播种期，培育壮苗

当土壤 10cm 以下的温度稳定通过 12℃时即可播种。在适宜播期范围内宜早播，泸糯 8 号在四川南部宜在 3 月 5 日前播种，以地膜拱架覆盖育苗移栽为宜。

③ 适时早栽，合理密植

苗龄 25～30 天（叶龄 5 叶左右）移栽，最迟不超过 35 天，利用雨后抢墒或灌足清粪水后移栽。中等肥力地块，行距 60～70cm，窝距 30～35cm，每窝栽双株，中矮大穗品种每公顷 90 000～105 000 株、矮秆小穗品种每公顷 135 000～150 000 株。

（2）再生栽培

① 适时收割，及时砍秆

头季高粱穗子上九成籽粒变色、变硬即应收获；当天收割、当天砍秆，砍秆时，应在近地节位之上 2～3cm 处下刀平砍，留桩高度在 3～5cm。避免破桩、伤芽，造成桩头失水或腐烂，保证近地节位腋芽顺利萌发成苗。砍秆后立即清理，防止秸秆遮盖秆桩，影响再生苗萌发。

② 排水防涝，保湿提苗

再生高粱怕涝不怕旱，砍秆后应立即清理田块背沟、厢沟、边沟，防止田间积水成涝，造成烂根、烂蔸。若遇天旱，可用砍下的高粱秆覆盖行间保湿。再生芽萌动后，可及时用15000kg/公顷清粪水兑尿素 45～75kg 灌窝（注意保护桩头伤口），促近地节腋芽及早萌发形成健壮的再生苗。

③ 去蘖除草，施肥培土

当再生苗长到3叶时，应及时除草和去除多余分蘖，每窝留健壮苗2～3个；苗高30cm左右时，用尿素150～225kg/公顷加足量农家粪肥进行追肥，并除草培土上厢。

④ 防治病虫，抢晴收割

再生高粱病虫害防治与头季高粱基本相同，但应特别加强对螟虫、蚜虫的防治和防鸟害。10 月中下旬，当再生高粱籽粒转色变硬后，及时抢晴收割晾晒以防止霉变。

七、甘薯

（一）甘薯的生物学基础

1. 甘薯的根

由薯苗或茎蔓生长的根均称为不定根。根据不定根的发育情况可分为纤维根、柴根和块根三种类型。块根是贮藏养分的器官，也是供食用的部分。

2. 甘薯的茎

甘薯的茎是输导养料和水分的器官。茎节有不定根原基，利用茎蔓栽插，极易成活，所以茎蔓也是供繁殖的器官。甘薯蔓的长度因品种而异。长蔓型品种，春薯蔓长在 3m 以上，夏薯在 2m 以上；中蔓型品种，春薯蔓长为 1.5～3m，夏薯为 1～2m；短蔓型品种，春薯蔓长在 1.5m 以下，夏薯在 1m 以下。蔓的长度又因土壤肥力、栽植密度、栽植时期及环境条件的不同而异。茎蔓细而长的品种类型，匍匐性较强，分枝较少，叶层较薄，叶片呈密集配置型，为重叠型，下层叶透光性差，较不耐肥，结薯较晚，块根前期膨大较慢，生长后期膨大较快，较抗旱耐瘠薄，宜做春薯栽培而不宜做夏薯栽培。茎蔓短而粗的品种，植株呈半直立型，分枝多，成疏散型，叶层虽厚，但下层叶透光性较好，较耐肥，结薯早且前期膨大较快，宜做夏薯栽培。茎蔓粗的类型，内部输导组织比较发达，有利于同化作用所制造的养料向块根输送，对增产有利。茎色因品种而异，可分为绿、紫、褐或绿中带紫等。光照强或生长速度缓慢时茎色较深；反之则较浅。甘薯顶芽含植物生长激素较多，顶端生长优势强，所以用蔓尖栽夏薯有利增产。

3. 甘薯的叶

甘薯品种间叶形可分为心脏形、三角形与掌状等。叶缘分为全缘、带齿、浅单缺刻、浅复缺刻和深复缺刻。但有些品种在一株上有两种或两种以上的叶形。叶色有绿、浅绿和紫色等。顶叶色是识别品种的主要特征之一。叶片背面叶脉颜色，分淡红、红、紫、淡紫和绿色等。叶柄基部色分为紫、褐、绿色等，叶脉色和叶柄基色都是识别品种的标志。

4. 甘薯的花、果实、种子

我国北纬 23°以南，一般品种能自然开花；在我国北方，则很少自然开花。甘薯是异花授粉作物，花单生或若干朵集成聚伞花序，花型如漏斗状。有雄蕊 5 个，花丝长短不一，花粉囊分为两室。雌蕊 1 个，柱头球状分二裂。果为蒴果，球形或扁球形，每果有种子 1～4 粒，种皮褐色。

2. 甘薯对环境条件的要求

（1）温度

甘薯原产热带地区，喜温暖而对低温反应敏感，最怕霜冻。在 15～30℃之间，温度愈高生长愈快，以 25℃为最适温度，超过 35℃生长缓慢，低于 15℃生长停滞，10℃以下植株因受冷害而死亡。栽插时，5～10cm 的地温对发根有显著影响。10℃不发根，15℃需 5 天发根，17～18℃约 4 天发根，20℃约 3 天发根，27～30℃约 1 天即可发根。

温度对茎叶的影响如下：最低气温在 18℃以上时，茎叶生长加快，18℃以下生长缓慢。因此，5～10cm 地温稳定在 15℃以上或气温在 18℃时，即可栽植甘薯。

地温在 21～29℃之间，地温越高块根形成越快，而且数量较多；在 22～24℃的地温条件下，幼根初生形成层活动加快，中柱细胞木质化程度也少，有利于块根的形成。

块根膨大的适宜地温是 20～25℃，地温低于 20℃或高于 30℃时，块根膨大较慢，低于 18℃时，有的品种停止膨大，低于 10℃时易受冷害，在-2℃时块根受凉。块根膨大时期，较大的昼夜温差有利于块根膨大。因为白天温度较高，光合作用较强，制造的光合产物较多，而夜间温度较低时，呼吸强度较低，消耗的光合产物较少。

（2）水分

甘薯是耐旱作物，其蒸腾系数在 300～500 之间，低于一般旱田作物。虽然甘薯的茎叶繁茂、营养体较大、单产较高、生长期较长，但是栽培过程中田间耗水量的绝对数量却高于一般旱田作物。

甘薯田间耗水量与产量成正相关。据研究，春甘薯 37.5～60 吨/公顷时，田间耗水量为 450～750mm，相当于 4500～7500 吨/公顷的灌溉量。尽管如此，甘薯还具有耐旱特性及相应的组织结构，表现为根系发达，根毛多；茎叶细胞的胶体束缚水含量高，保水力强；叶片能减少水分蒸发；在供水不足时，植株可以发展成适应旱生的形态结构，表现为细胞和叶片变小，叶的输导束变密，叶片变厚，气孔变小等。另外，甘薯的块根含水量较高，遇旱时，块根对植株的水分状况能够起自动调节的作用，维持其生命机能。

3. 土壤

甘薯耐瘠薄，对土壤要求不严格。但以土层深厚、疏松、排水良好、含有机质较多、具有一定肥力的壤土或砂壤土为宜。甘薯高产对土壤物理性状的要求：土壤孔隙度在 50%以上，其中非毛管孔隙在 20%以上，气温在 18℃时，即可栽植甘薯。地温在 21～29℃之间，地温越高块根形成越快，而且数量较多；在 22～24℃的地温条件下，幼根初生形成层活动加快，中柱细胞木质化程度也少，有利于块根的形成。

4. 养分

甘薯产量高，根系发达，吸肥力强。综合国内外资料，平均每生产 1000kg 甘薯，需从土壤中吸收纯氮 3.72kg，五氧化二磷 1.72kg，氧化钾 7.48kg。其中以钾最多，氮次之，磷较少。氮、磷、钾比例约为 2∶1∶4。由于肥料利用率的限制，加之肥料的流失、挥发，同时为了培肥地力，还需相应地增加施肥量。目前，一般情况下，增施三要素肥料可获显著的增产效果。

5. 光照

甘薯是喜光作物，其光合作用的光饱和点为 30 000～40 000 lx。甘薯生长过程中，如果光照充足，则光合作用强，光合产物多，有利于茎叶生长和块根膨大；相反，如果光照弱，则叶色发黄、叶龄短，茎蔓细长，茎的输导组织不发达，同化产物少，向块根输送也少，产量降低。甘薯块根膨大不但和光照强度有关，而且与每天受光时间长短有关。每天受光 12.5～13 小时，比较适宜块根膨大，而每天受光 8～9 小时，对现蕾、开花有利，而不利于块根的膨大。

（二）甘薯育苗技术

1. 选用良种

为提高甘薯产量，应大力推广和普及综合性能优良、适应性强、干物质含量高的脱毒品种，如：南薯 88、徐薯 18、川薯 27 等，淘汰劣质、老化品种，保持和恢复甘薯种性，发挥良种增产潜力。

2. 适时早播，培育壮苗

确定适宜排种期：气温一般稳定在 12℃以上时便可开始排种。

地膜覆盖，保温育苗：苗床大小按需要而定，一般以厢宽 1.3～1.5m 的长方形为宜，拱棚覆盖地在排种结束，应用竹片搭好拱架覆膜，四周用细土封严，在甘薯苗出土后及时破膜引苗，并用细土封严膜口。

精选种薯，严格种薯消毒：对精选好的种薯一般采用药剂消毒，常用的药剂有 50%甲基托布津可湿性粉剂 200 倍液或 50%的多菌灵可湿性粉剂 500 倍液等。

提高排种质量：适宜排种密度，一般而言，采苗早的可适当密一点，采苗迟的可稀一点。总的要求是稀一点较好，窝播以 3 个甘薯块为宜。用种量因育苗方法、种薯大小而不同。在盖膜保温育苗情况下，一般大田用种 1125kg/公顷左右。正确的排种方法，排种时头部和背部（薯块在大田生长时向土表的一面）朝上，尾部朝下，倾斜排放，头齐尾不齐。

施足苗床底肥以充分腐熟的人畜粪水为主，每公顷用量 22 500～30 000kg，于排种前 2～3 天施肥，在土壤水分稍干后，耙细整平即可排种。用细沙土薄盖甘薯种，一般以不超过 3cm 为宜。甘薯厢做成微瓦背形。

2. 苗期管理

① 播种至齐苗阶段。齐苗前一般不浇水，如床上发白，可在晴天中午浇水或泼清粪水。

齐苗至剪苗阶段以催芽为主，逐渐炼苗。齐苗后让苗床温度保持在 25～28℃。薯苗长到 15cm 左右，每个薯块上留 4～5 个苗，将多余的苗从幼茎的基部扯断，扦插在采苗圃中，繁殖薯苗。间苗时一定不能从幼茎的基部扯断，不能摇动种薯伤根。同时清除苗床杂草。苗高达 25cm 以上，有 6～7 节时，进行炼苗，经 3 天以上炼苗后，即可剪苗栽插。

② 间苗后的管理。间苗的第二天浇一次透水。一般在剪二次苗的第二天追肥，每公顷用尿素 375g，兑清粪水 150～225kg 泼施。

（三）甘薯配套高产栽培技术

1. 深耕深翻

深耕翻能加厚活土层，疏松熟化土壤，改善土壤通气性，增加土壤蓄水能力，促进微生物活动，加速土壤养分分解。深耕后甘薯 80%的根系分布在 0～30cm 的土层中，根据耕翻不打乱耕作层的原则，耕翻深度以 25cm 为宜。

2. 整地

结合改善土壤起大垄高垄于栽前 1 周左右或雨后起垄为好，深开沟，一次性施足底肥和三犁成垄方法做垄，垄底宽 80～85cm，垄高 20～25cm，单垄栽培。

3. 合理施肥

合理施肥的原则：根据地力适当增施有机肥，少施化肥，以施基肥为主，追肥为辅，控氮、稳磷、补钾。根据甘薯对氮磷钾 10∶12∶21 的比例要求，一般每公顷施优质农家肥 37 500～45 000kg，15∶15∶15 的氮磷钾复合肥 600kg，肥力较高地块配合施入硫酸钾 300kg，尤其甘薯生产中后期对钾的需要量大，补钾十分重要。

4. 适时栽种

春季栽培以5cm地温稳定在17℃时即可栽培，地膜覆盖因覆盖形式不同一般可提早5～15 天进行。春季栽培要早中求快，栽培过早地温低，发根慢缓苗时间长，易造成弱苗和缺苗。

5. 采用大密度斜卧栽培技术

根据试验数据结果，一般行株距80～85cm×20cm为宜，并且栽时甘薯苗一定斜卧，有3～4节在土中，土中每一节都能发根形成根系及分化块根，既能促进根系发达，增加地下块根分化数量，又能控制食用品种特大块根形成，提高商品性、增加产值。春栽覆土深度一般7～8cm，夏栽5～6cm为宜。

6. 田间管理

栽后喷洒乙草胺500倍液进行化学除草，栽后3～5天查苗补苗，补苗要用大苗、壮苗，尽量缩小株间差距，确保全苗生长；中期及时中耕培土，封垄后拔除大草；生长期间及时防治地老虎、甘薯卷叶蛾和蚜虫等虫害，遇连阴雨天及时排净沟内积水，旱地有水利条件的及时顺沟灌溉，有旺长趋势可用提蔓断根式多效唑进行化学调控。

7. 适时收获

一般日平均气温在15℃左右收获为宜，应选择晴暖天气，上午挖收晾晒入室。

八、青稞

（一）青稞的生物学基础

青稞也叫裸大麦（一些地区称为米大麦、元麦、淮麦），是我国广大藏族人民对裸大麦的特有称呼。青稞是大麦的一种特殊类型，因其内外颖与颖果分离，籽粒裸露，故称裸大麦。现有栽培青稞，在大麦分类学上，都属于大麦属，栽培大麦种，多棱裸粒大麦亚种。青稞还被定为裸粒大麦变种，以区别有稃大麦。

青稞的分类有植物学分类法、品种特征特性分类法等。为直观和生产上识别方便起见，依据青稞的几种主要特征进行综合分类如下：

1. 熟期类型。分为特早、早、中、晚、特晚五种类型。特早熟：比当地一般中熟品种早熟10天以上。早熟：比当地一般中熟品种早熟3天以上。中熟：与当地一般中熟品种成熟期相当。晚熟：比当地一般中熟品种晚熟 3 天以上。特晚熟：比当地一般中熟品种晚熟10天以上。

2. 株高。从地面至穗部（不含芒）的长度称为株高，分为高秆、中秆、半矮秆、矮秆几种。高秆株高111cm以上，中秆株高91～111cm，半矮秆株高71～90cm，矮秆株高70cm以下。

3. 棱型。根据三联小穗结实和排列情况，可分为二棱、四棱、六棱和中间型。二棱：穗轴每个节上的三联小穗，仅中列小穗可育结实，两侧小穗不结实，穗断面呈扁平形。四棱：三联小穗全部可育结实，中列与侧列不等距排列，穗断面呈四角形或长方形。六棱：三联小穗全部可育结实，中列与侧列等距离排列，且整齐紧密，穗断面呈规则的六角形。中间型：三联小穗的中列小穗全部可育结实，侧列小穗有的结实，有的不结实，不规则，中列大，侧列小。

4. 芒性。分为有芒和无芒两种。

5. 粒色：分为黄色、褐色、红色、绿（蓝）色、灰色、黑色、紫色等颜色。

6. 冬春性。冬性：高寒区春播一般不能正常抽穗。春性：高寒区冬播不能正常越冬。

四川省藏区栽培的青稞以四棱青稞为主，二棱青稞在四川省零星分布，栽培面积很小；六棱青稞资源分布较广，但栽培总量不大，是重要的搭配类型。中间型仅在二棱与六棱的杂交后代中有所表现。

青稞对土壤中水、肥气、热的要求次于小麦。四川青稞生产主要分布在海拔2200～3800m的地区，根据不同品种要求的生育期内≧0℃的有效积温为 900～1500℃，年降雨量 400～1100mm。青稞对土壤要求砂、粘、适中，pH 为 6.5～8 的土壤较适合，年平均气温 5～10℃，土壤持水量 60%左右，土壤疏松，耕作层在 20cm 左右，矿物质养分全面。

青稞苗期在-3～-4℃、甚至在-6～-9℃的低温条件也不受冻；青稞生育期较短，一般仅为 110～125 天。与其他禾本科栽培作物一样，青稞发芽与出苗只有满足适宜的水分、温度、氧气等外在条件才能适合其生长发育的需要。

（二）青稞配套高产栽培技术

1. 合理安排轮作

主要的轮作制有豌豆—青稞—小麦、小麦—马铃薯—青稞、绿肥—青稞—小麦等三年轮作制，也有青稞—玉米的两年轮作制。一般要根据作物的茬口特性、主要作物和茬口季节来合理安排轮换顺序。

2. 选用优良品种

实践证明，在青稞生产上选用和推广良种一般比种植当地品种增产 10%以上，高的可达 30%以上。我省藏区青稞良种选用的原则：

（1）根据气候条件选用良种。热量条件好的区域，两季不足但一季有余，可选用晚熟品种来增加产量，也可选用特早熟品种而在收后再种一季其他作物以增加产量和效益。热量条件适宜的一熟区可选用中晚熟、中熟品种，以提高亩产。热量条件较差的高寒半农半牧区应选用早熟或特早熟品种。

（2）根据其他条件选用品种。高肥力土壤应选用矮秆、抗倒、分蘖力强的高产品种；瘠薄土壤应选用耐瘠品种；干旱地区选用抗旱品种；湿润地区应选用耐涝抗病品种等。

3. 播前整地与施肥

（1）整地。一般应在青稞播种前进行深耕细耙，达到地面平整、沟渠配套、排灌方便。一般要求在 20cm 以上，深耕（在秋末冬初未封冻前、前作收割后进行）要达到 25～30cm，浅耕（在春季夜冻白消或播种前 2～3 天进行）要达到 12～15cm。

（2）施肥。一般在施足有机肥的基础上，上等地力每公顷施尿素 75～120kg、磷肥（P_2O_5）120kg、钾肥（K_2O）45kg，中等地力施尿素 150～180kg、磷肥（P_2O_5）120kg、钾肥（K_2O）75kg，下等地力施尿素 225～270kg、磷肥（P_2O_5）150kg、钾肥（K_2O）75kg。施肥的方式上，由于青稞根系不发达，磷、钾肥应浅施于耕作层以利于根系吸收，氮肥应在耕作层深施覆盖。在肥料运筹上，应施足底肥，视苗情适量追肥。

4. 适期适量播种

（1）播种期。四川省青稞的播种期一般在 4 月中下旬，但不同生态区域的播期和播种方法各有差异。一般春旱较重的区域，在有灌溉条件下可适当早播，否则应适当迟播；多雨高湿地区待 10cm 土壤温度稳定达到 8℃以上时即可整地播种；高寒山区应以路边青草或杨树萌芽时立即播种，播后 25～30 天出苗属正常。

（2）播前种子处理。备播种子晴天翻晒 4 小时后，用风车或筛子进行选种，选择粒大饱满、色泽好的种子。在土壤墒情好、气温低的地区一般可在播前 7～10 天浸种催芽，但在干旱而没有灌溉条件的地区不可浸种催芽。对黑穗病和地下害虫重发区应选用相应药剂拌种，也可选用药肥结合的种子包衣剂包衣后播种。

（3）播种量。一般上等地青稞基本苗每公顷应在 150～180 万株、中等地 195～225 万株、下等地 270～300 万株。要求播前最好做发芽试验，田间出苗率一般按 80%计算。

（4）播种方法。四川省青稞播种方式主要有条播和撒播两种。条播以机条播为好，但四川省青稞撒播面积较大。一般要求播种深度在 3～5cm 为宜，最深不得超过 7cm。

5. 抓好田间管理

（1）出苗至分蘖期。主攻目标是在苗齐苗壮的基础上，促进早分蘖、早扎根，达到根系发达、分蘖足、苗壮。管理措施：一是查苗补苗，缺苗的可以浸种催芽进行补种。二是疏苗、镇压，在 3～4 叶期用钉齿耙浅耕地表，也可用圆木或石滚镇压，保墒促分蘖壮苗。三是追肥。视苗情追肥，没有使用底肥或用量不足的，可在傍晚或下雨前后每公顷追施尿素 75kg。四是中耕除草。在青稞苗主茎 5 叶时，多有 2～3 个分蘖，此时应选择晴天进行人工松土除草，或采用化学除草。

（2）拔节、孕穗期。主攻目标是在保蘖增穗的基础上，促进壮秆和大穗的形成，防止徒长倒伏。管理措施：一是适时补施拔节孕穗肥，对拔节孕穗期达不到壮苗的，应视苗情适当追肥，可在行间湿润时撒施尿素 45kg/公顷，若土壤较干的应适当灌水后再追肥。对壮苗田块可不追肥，对旺长田块应进行化学调控。二是预防病虫害。拔节到孕穗期易发条锈病、白粉病等病害和青稞潜叶蝇、穗蝇、黏虫等虫害，要注意观察和化学防治。

（3）抽穗、成熟期。主攻目标是养根保叶，延长上部叶片的功能期；预防旱、涝、病虫等灾害，达到穗大、粒多和粒重，以利高产、优质。管理措施：一是抓好水分管理，适时看天、看地，管好壮穗水，既要防旱，又要防涝。二是喷施叶面肥，可在灌浆初期叶面喷施速效氮、磷、钾肥（如磷酸二氢钾等），也可结合病虫害防治，将叶面肥和杀菌剂、杀虫剂等混合喷施，达到一喷多防的作用。

6. 及时收获入仓

青稞的收获期一般在腊熟末期完熟之前，采用联合收割机或人工半人工收割脱粒，并及时晒干、扬净入仓。

九、荞麦

（一）荞麦的生物学基础

荞麦为一年生草本植物，生育期短，抗逆性强，极耐寒瘠，当年可多次播种多次收获。茎直立，下部不分蘖，多分枝，光滑，淡绿色或红褐色，有时有稀疏的乳头状突起。叶心脏形如三角状，顶端渐尖，基部心形或戟形，全缘。托叶鞘短筒状，顶端斜而截平，早落。花序总状或圆锥状，顶生或腋生。春夏间开小花，花白色；花梗细长。果实为干果，卵形、黄褐色，表面光滑。种子黑色，磨成面粉可供食用。

影响荞麦生长发育的条件如下：

1. 温度

荞麦是喜温作物，生育期要求10℃以上的积温1100～2100℃。荞麦种子发芽的最适宜温度为15～30℃。播种后四五天就能整齐出苗。生育阶段最适宜的温度是18～22℃；在开花结实期间，凉爽的气候和比较湿润的空气有利于产量的提高。当温度低于13℃或高于25℃时，植株的生育受到明显抑制。荞麦耐寒力弱，怕霜冻，因此栽培荞麦的关键措施之一，就是根据当地积温情况掌握适宜的播种期，使荞麦生育期处在温暖的气候条件下，开花结实处在凉爽的气候环境中，保证在霜前成熟。

2. 水分

荞麦是喜湿作物，一生中约需水760～840吨，比其他作物费水；抗旱能力较弱。其耗水量在各个生育阶段也不同。种子发芽耗用水分约为种子重量的40%～50%，水分不足会影响发芽和出苗；现蕾后植株体积增大，耗水剧增；从开始结实到成熟耗水约占荞麦整个生育阶段耗水量的89%。荞麦的需水临界期是在出苗后17～25天的花粉母细胞四分体形成期。如果在开花期间遇到干旱、高温，则影响授粉，花蜜分泌量也少。当大气湿度低于30%～40%而有热风时，会引起植株萎蔫，花和子房及形成的果实也会脱落。在多雾，阴雨连绵的气候条件下，其授粉结实也会受到影响。

3. 日照

荞麦是短日照作物，甜荞对日照反应敏感，苦荞对日照要求不严，在长日照和短日照条件下都能生育并形成果实。从出苗到开花的生育前期，宜在长日照条件下生育；从开花到成熟的生育后期，宜在短日照条件下生育。长日照促进植株营养生长，短日照促进发育。同一品种春播开花迟，生育期长；夏秋播开花早，生育期短。不同品种对日照长度的反应是不同的，晚熟品种比早熟品种反应敏感。荞麦也是喜光作物，对光照强度的反应比其他禾谷类作物敏感。幼苗期光照不足，植株瘦弱；若开花、结实期光照不足，则引起花果脱落，结实率低，产量下降。

4. 养分

荞麦对养分的要求，一般以磷、钾较多，施用磷、钾肥对提高荞麦产量有显著效果；氮肥过多，营养生长旺盛，“头重脚轻”，后期容易引起倒伏。荞麦对土壤的选择不太严格，只要气候适宜，任何土壤，包括不适于其他禾谷类作物生长的瘠薄、带酸性或新垦地都可以种植，但以排水良好的砂质土壤为最适合。酸性较重的和碱性较重的土壤改良后可以种植。

（二）荞麦配套高产栽培技术

1. 选种

主栽品种选用经提纯复壮的地方品种和育成的“川荞1号”、“西荞1号”。

2. 选茬整地

（1）选茬。比较好的茬口是豆类、马铃薯，其次是玉米、小麦、菜地茬口。

（2）整地。任何土壤均可种植，但有机质丰富、结构良好、养分充足、保水力强、通气性好的土壤能生产出优质高产的荞麦。要求精细整地。前作收获后，应及时浅耕灭茬，然后深耕。荞麦喜湿润，但忌过湿与积水，应作畦开沟排水。深耕有利于荞麦发芽、出苗和生长发育，同时可减轻病虫草对荞麦的危害。

3. 施肥

根据研究，每生产 100kg 荞麦籽粒，需要从土壤中吸收纯氮 4.01～4.06kg，磷 1.66～2.22kg，钾 5.21～8.18kg，吸收比例为 1：（0.41～0.45）：（1.3～2.02）。增施肥料，特别是增施氮、磷肥是荞麦丰产的基础。施肥应以“基肥为主、种肥为辅、追肥为补”，“有机肥为主、无机肥为辅”。

（1）基肥：一般以有机肥为主，也可配合施用无机肥。基肥是荞麦的主要肥料，一般应占总施肥量的 50%～60%。荞麦生产常用的有机肥有粪肥、厩肥和土杂肥。科学实验和生产实践表明，若结合一些无机肥作基肥，对提高荞麦产量大有好处。用作基肥的无机肥有过磷酸钙、钙镁磷肥、磷酸二铵、硝酸铵、尿素和磷酸氢钙。过磷酸钙、钙镁磷肥作基肥最好与有机肥混合沤制后施用。磷酸二铵、硝酸铵、尿素和磷酸氢钙作基肥可结合秋深耕或早春耕作时施，也可在播前深施，以提高肥料利用率。

（2）种肥：用无机肥料作种肥成为荞麦高产的主要技术措施。常用作种肥的无机肥料有过磷酸钙、钙镁磷肥、磷酸二铵、硝酸铵和尿素等。栽培荞麦以施 450kg/公顷磷肥作种肥定为荞麦高产的主要技术指标。过磷酸钙、钙镁磷肥或磷酸二铵作种肥，一般可与荞麦种子搅拌混合使用，硝酸铵和尿素作种肥一般不能与种子直接接触，否则易“烧苗”，故用这些化肥做种肥时，要远离种子。

（3）追肥：追肥应视地力和苗情来看：地力差，基肥和种肥不足的，出苗后 20～25 天，封垄前必须补进追肥；苗情长势健壮的可不追或少追；弱苗应早追苗肥。追肥一般宜用尿素等速效氮肥，用量不宜过多，以 75～120kg/公顷为宜。无灌溉条件的地方追肥要选择在阴雨天气进行。此外，在有条件的地方，用硼、锰、锌、钼、铜等微量元素肥料作根外追肥，也有增产效果。

4. 合理密植

密度对株粒数和粒重影响较大，通过合理密植等栽培措施，协调各产量因素之间关系，对提高产量有显著效果。

（1）播种量。在一般情况下，甜荞播种量为 37.5～45kg/公顷，苦荞播种量为 22.5～30kg/公顷。

（2）土壤肥力。一般参照中肥地密度指标，在肥地适当减低密度，瘦地适当加大密度。

（3）播种期。同一品种的生育日数因播种期而有很大的差异，其营养体和主要经济性状也随着生育日数而变化，同一地区春荞营养体较夏荞大，春荞留苗密度应小于夏荞。

（4）品种。一般生育期长的晚熟品种营养体大、分枝能力强，留苗要稀；生育期短的早熟品种则营养体小，分枝能力弱，留苗要稠。

（5）播种方式。条播留苗密度相对较稀；点播相对留苗较多；撒播留苗密度大。

根据各地实验研究结果：在中等肥力土壤，条播种植甜荞适宜的留苗密度为 90 万株/公顷；苦荞为 112.5 万株/公顷。

5. 播种

荞麦是带子叶出土的，播种一般以 3～4cm 为宜，在沙质土和干旱区可以稍微深些，但不要超过 6cm。掌握播种深度，一要依土壤水分，土壤水分充足时要浅点，土壤水分欠缺时要深点；二要依播种季节，春荞宜深些，夏荞稍浅些；三要依土质，沙质土和旱地可适当深一些，黏土地则要稍浅些；四依播种地区，在干旱风多地区，要重视播后覆土，还要视墒情适当镇压，在土质黏重遇雨后易板结地区，播后遇雨，可用耙破板结；五依品种类型，不同品种的顶土能力各异，各地实验结果以4cm为宜，不得超过6cm。

（1）适时播种。适宜播期应根据品种的熟性（生育期）、当地的无霜期及>10℃的有效积温数，使荞麦的盛花期避开当地的高温（>26℃）期，同时保证霜前成熟为基本原则。高半山地区可在4月中旬到6月底播种；西南高寒山区，苦荞的适宜播种期为4月中下旬至5月上旬。

（2）种子处理。荞麦种子处理主要有晒种、选种、浸种和药剂拌种几种方法。

① 晒种。播种前7～10天的晴朗天气，将荞麦种子薄薄地摊在向阳干燥的地上或席上，晒种时间应根据气温的高低而定，气温较高时晒一天即可。

② 选种。荞麦选种方法有风选、水选、筛选、机选和粒选等。利用种子清选机同时清选几个品种时，一定要注意清理清选机，防止种子的机械混杂。

③ 温汤浸种。用35～40℃温水浸10～15分钟，用其他微量元素溶液：钼酸铵（0.005%）、高锰酸钾（0.1%）、硼砂（0.03%）、硫酸镁（0.05%）、溴化钾（3%）浸种也可促进荞麦幼苗的生长和产量的提高。

④ 药剂拌种。晒种和选种之后，用种子量0.5%～0.1%的五氯硝基苯酚拌种，防止疫病、凋萎病和灰腐病。也可用种子重量的0.3%～0.5%的20%甲基异柳磷乳油或0.5%甲拌磷乳油拌种，将种子拌匀后堆放3～4小时再摊开晾干，防治蝼蛄、蛴螬、金针虫等地下害虫。

（3）播种方法

① 条播。以167～200cm开厢，播幅13～17cm，空行17～20cm，以南北垄为好。

② 点播。以167～200cm开厢，行距27～30cm，窝距17～20cm，每窝下种8～10粒种子，待出苗后留苗5～7株。

③ 开厢匀播。厢宽150～200cm，厢沟深20cm，宽33cm，播种均匀，播饱满种子45kg/公顷。

④ 撒播。田间管理困难，一般产量较低。

6. 田间管理

（1）苗期管理。播种时遇干旱要及时镇压，播后遇雨或土壤含水量高时，可用耙破除板结，疏松地表。

（2）中耕除草。第一次中耕除草在幼苗高6～7cm时结合间苗疏苗进行。第二次中耕在荞麦封垄前，结合追肥培土进行，中耕深度3～5cm。

（3）灌溉浇水。荞麦抗旱能力较弱，需水较多，以开花灌浆期需水为最多。

（4）花期管理。甜荞是虫媒花作物，在荞麦田养蜂、放蜂，蜜蜂辅助授粉在荞麦盛花期进行，荞麦开花前2～3天，每亩荞麦田安放蜜蜂1～3箱。人工辅助授粉以牵绳赶花或长棒赶花为好，辅助授粉要避免损坏花器。在露水大、雨天或清晨雄蕊未开放前或傍晚时，都不宜进行人工辅助授粉。苦荞为自花授粉作物，花数可达1500～3000朵，结实率一般为40%～60%，在肥水条件好的地区，花期应采取限制其无限生长的措施，促进干物质积累，提高单株粒重，获得优质高产。

十、油菜

（一）油菜的生物学基础

油菜的土壤适应性较强，但在中性和微碱性土壤上，籽粒含油量较高；在酸性土壤上次之；在碱性土壤上含油量最低。

油菜的各生育阶段气象条件如下：

1. 发芽：下限温度 3～4℃，最适温度 25℃，上限温度 36℃，16～20℃的条件下 3～5 天可出苗。低于 3℃、高于 36℃都不利于发芽，土壤水分保持在田间持水量 60%～70%为宜。

2. 苗期（出苗至现蕾）：油菜苗期约占全生育期日数的一半。甘蓝型中熟品种苗期 120 天左右（由头年的 10 月到次年的 2 月），生育期长的品种此期更长。苗期分苗前期和苗后期，苗前期指出苗—花芽分化，苗后期指花芽分化—现蕾的一段时间，此期适宜温度 10～20℃，下限温度 0℃，苗期需充足的光照，适宜的土壤含水量，占田间持水量的 70%左右。

3. 现蕾：冬油菜一般在开春后气温稳定在 5℃以上开始现蕾。

4. 抽薹：现蕾后即可抽薹。日平均气温大于 10℃，可迅速抽薹（适宜的温度 10～20℃）。适宜的土壤水分应是田间持水量的 80%左右。

5. 现蕾抽薹：又称蕾薹期，此期营养生长与生殖生长同时进行，一般为 25～30 天，包括根叶的生长、分枝的生长、花芽分化、现蕾。主要是茎的生长和花芽分化。主茎各叶全部出完，单株叶面积扩大，蕾薹期是决定角果的每角粒数的重要时期。

6. 开花期：油菜开花期是营养生长与生殖生长都很旺盛的时期。花期为 25～30 天，盛花期叶面积达一生最大值，叶面积指数达 4～5，也是光合作用最旺盛时期。开花期是决定每角果籽粒数的关键时期。油菜开花的适宜温度范围为 12～20℃，10℃开花数少，36℃以上开花结实不良。油菜开花的下限温度为日平均气温≤5℃，多不开花。油菜开花的适宜温度为日平均气温 14～18℃，油菜开花的上限温度为日平均气温 22℃。

白菜型油菜要求温度较低，甘蓝型要求温度较高，早熟、早中熟和中熟品种开花期早，开花温度较低；中晚熟、晚熟品种开花迟，温度较高。

开花期土壤湿度以田间持水量的 70%～80%为宜，需要充足的日照。

7. 角果发育成熟期：油菜从终花到成熟，一般经历 25～30 天。主要是角果发育、种子形成和油分积累。此时根、茎、叶的生长逐渐停止，功能逐渐衰退。角果迅速伸长增粗，是争取籽粒饱满和提高含油量的关键时期。

角果发育成熟期适宜温度 15～20℃，以 18～20℃为最适宜。日平均气温大于 6℃，能正常结实壮籽。土壤水分以不低于田间持水量的 60%为宜。

8. 不同生育期对水分的要求（单位为立方米/公顷·天）：苗期为 12.75，蕾期为 20.55，花期为 28.35，角果期为 18.0。苔花期是油菜一生中的需水临界期，此时若缺水则分枝短、花序短、花脱落严重，产量降低。高产油菜一生需水量 3750～4500 立方米/公顷。

油菜生长发育的不利农业气象条件如下：

9. 低温冻害：苗期低温冻害，气温降至-3～-5℃状态，叶片开始受冻，-7～-8℃受害较重。冬性强的品种能抗-10℃以下的低温。冬季低温加上大风加重冻害。抽薹开花期对低温敏感。春季开花时气温骤降至 5℃将停止开花，若遇 0℃以下的低温或冰天雪地可受冻致死，甚至整个花序、花蕾枯萎脱落。气温低于 10℃或高于 22℃对开花不利，开花数显著减少。

10. 高温逼热：高温使花器官发育不正常，蕾荚脱落率增大。冬油菜灌浆成熟期日最高气温常常超过适宜温度，日最高气温大于 30℃，造成高温逼热以致减产。

11. 连阴雨：南方因雨水过多，特别是花期多雨，伴随着低温寡照常发生湿害，引起植株早衰，使角果数减少，每角粒数下降，千粒重降低造成减产。

12. 大风：大风引起倒伏、折枝断茎。

（二）油菜的分类

根据油菜的生物学特性春化阶段对温度的要求，将油菜分为冬油菜和春油菜两种类型。

冬油菜型因苗期对低温的要求不同又分为冬性、半冬性和春性。我国种植的油菜 90%属冬油菜，四川盆地种植的全部为冬油菜，春油菜仅在阿坝、甘孜等海拔较高的地区有所种植。

1. 冬性油菜：苗期需 0～5℃的低温，经 20～40 天才能通过春化阶段进行花芽分化。秋播油菜的中晚熟种和晚熟种属于这一类。冬性强的品种能适应–15℃的冬季低温，抗寒性、耐旱性均较强。

2. 半冬性油菜：苗期对低温的要求不太严格，介于冬春性之间，一般需 5～15℃的温度经过 20～30 天即可进行花芽分化。冬季能耐–10℃的低温。

3. 春性油菜：苗期需 10～20℃的温度，经过 15～20 天即可。

根据油菜的形态特征、农艺性状可将其分为白菜型、芥菜型、甘蓝型。

1. 白菜型。生育期短，为 150～200 天，千粒重为 3g 左右，产量低，含油量为 35%～40%，抗病性差。

2. 芥菜型。生育期中等，为 160～210 天，千粒重为 1～2g，产量不高，种子含油量为 30%～35%，抗旱、抗寒、耐瘠。

3. 甘蓝型。生育期为 170～230 天，千粒重为 3～4g，产量较高，含油量为 35%～45%，抗病、抗寒、适应性强，增产潜力大。

（三）“双低”油菜育苗移栽技术

1. 选用双低优质品种

要求其水分含量 9.0%以下，油品中芥酸含量 3%以下，饼粕中硫甙含量 30 微摩尔/克以下。目前，四川省油菜生产上推广应用的“双低”油菜品种主要有川油系列、蓉油系列、绵油系列、德油系列等系列品种，各地可因地制宜选用。

2. 提高播栽质量

① 选好、留足苗床。苗床地要背风向阳，地势较平坦，离水源近，离移栽大田近，离房屋远。要求土质肥沃疏松，保水保肥力好，最好是砂壤土或壤土；前作未种过油菜和蔬菜的土壤，特别忌种过十字花科蔬菜；留足苗床地的面积，苗床面积和大田比应为 1：（5～6）。

② 精细整地，施足底肥。苗床地必须精细整地，整地时结合施好底肥，以有机肥为主，并增施磷肥。

③ 适时播种，提高播种质量。油菜种子萌发的最低温度为 3～4℃，最适温度为 25℃，最高温度为 36～37℃。四川省油菜播期一般是：中熟品种 9 月中旬，晚熟品种 9 月上中旬，早熟品种 9 月下旬；低海拔地区宜迟，高海拔地区宜早。采取分厢定量的办法，种子掺和一定量的细堆渣肥或颗粒状复合肥均匀撒在厢面上，用细堆渣灰肥或掺和细沙土进行盖种，

以刚好把种子盖着为宜，不可盖厚而影响出苗。

3. 加强苗床管理

（1）早匀苗。第一次匀苗在幼苗长出 1～2 片真叶时进行，苗距 4～5cm；第二次定苗在 2～3 片真叶时进行，苗距 8～10cm。间苗定苗应做到去密集的苗子，留稀疏的苗子；去杂苗子，留纯正的苗子；去病苗、弱小苗，留健壮苗子。

（2）早追肥。到三叶期时及时追肥，可施人畜粪肥水 11 250～15 000kg/公顷，再根据苗情适当增施少量氮素化肥。在移栽前 1 周施一次“送嫁肥”（或称为“起身肥”），用氮素化肥 75～120kg/公顷兑水，并加入适量粪肥水，促进多发新根，快返青。

（3）及时防治病虫害。油菜苗期容易发生蚜虫、菜青虫、病毒病、霜霉病、猝倒病等，应注意及早防治，有效减轻病虫为害。

4. 中苗早栽

目前甘蓝型油菜苗龄以 25～30 天为宜，早熟种偏早，晚熟种偏迟。栽植密度晚熟种偏稀，一般 90 000～120 000 株/公顷，迟栽的早熟种偏密，一般 15 0000～18 000 株/公顷。移栽苗尽量带土而不伤根；移栽前苗床打一次农药，带药移栽，把病虫消灭在移栽前。另外移栽时一定要把幼苗的根栽直栽稳。

（四）油菜免耕直播

1. 低留稻桩，深沟高厢。开好围边沟和中沟，湿害严重的田块，应按 3～4m 幅宽开好厢沟，沟深应达到 20cm 以上。

2. 化学除草，施足底肥，覆盖稻草。播种前 3～5 天进行化学除草，可用 20%克芜踪 3000mL/公顷兑清水 750～900kg 均匀喷雾。每公顷用油菜专用复合肥 450～600kg 或尿素 225kg、600kg 磷肥、150kg 钾肥、硼砂 7.5～15kg 混合均匀撒施于田间作底肥。如遇秋季土壤干旱严重，可在施肥前灌一次“跑马水”，待水未干时立即施肥。施肥后，随即用干稻草（用量 5250～6000kg/公顷）均匀覆盖田面，尽量减少肥料损失。

3. 适时播种，匀密补稀。免耕直播油菜的适宜播期为：中迟熟品种 9 月上中旬播种为宜；早熟品种 9 月下旬至 10 月上旬播种为宜。播种量 2.25～3.0kg/公顷，将种子与炒死的商品油菜子 30～37.5kg 或颗粒状尿素 75kg 混合均匀后，分成四等份，全田来回重复四次均匀撒播。三叶期匀“堆堆苗”，五叶期匀密补稀。

（五）加强油菜大田田间管理

1. 油菜大田苗期田间管理

油菜从移栽到现蕾这段时间称为苗期，管理重点有：

（1）早施提苗肥，重施开盘肥。苗期追肥，一般应追施 2 次。第一次约在移栽后 7～10 天，以速效肥为主，施粪肥水 15 000～22 500kg/公顷加速效氮素 75kg 左右。第二次追肥在移栽后 20～30 天，用肥量与第一次相同。有机肥和无机肥配合，施肥量一般占总肥量的 40%左右，可施发酵油饼 300kg/公顷左右或复合肥 300kg/公顷，粪肥水 225～300 担或化肥 105～150kg。

（2）清沟排水、中耕、化学除草。清沟排水，化学除草或结合中耕进行除草。

（3）中耕培土保温防冻。在苗后期结合施用开盘肥（腊肥）进行一次中耕除草和培土。

（4）增施硼肥。对缺硼的土壤，应在苗期和薹期增施硼肥。

（5）化学调控。对于播种早、施肥足、气温高导致的徒长旺苗，可采用多效唑等调控药物进行化学调控。

2. 油菜蕾薹期田间管理

油菜蕾薹期是从油菜现蕾开始（肉眼可见植株心叶部位的幼小花蕾）到初花（25%植株开始开花）为止所经历的一段时间。管理重点有：

（1）因地制宜看苗施好蕾薹肥。现蕾时植株长势差的宜早施重施，如前期施肥足、植株长势旺的应少施和不施。前期没有施用硼肥的要补施硼肥。

（2）预防春寒冻害。油菜在0℃以上的温度和较长日照条件下开始现蕾抽薹，此时遇到低温易造成冻害。预防冻害主要措施是合理施肥，增施磷钾肥，防止施氮肥过多而形成徒长旺苗，提高植株抗寒能力。蕾薹受冻后可以用刀割除冻薹，追施速效肥，促进分枝生长，降低冻害损失。

（3）化学调控。对徒长旺苗可采用多效唑等调控药物进行化学调控。

3. 油菜花果期的田间管理

油菜花果期是指油菜始花至成熟所经历的一段时期，包括开花期和角果发育期两个生育时期，是产量形成的关键时期。这一时期的管理重点有：

（1）防治菌核病。菌核病的防治重点在初花期。

（2）巧施花果肥。对后期出现早衰现象的油菜田，应在初花期或终花期增施叶面肥，以速效氮磷肥为主，同时也可结合防治菌核病一并进行叶面喷施。

（六）适期收获

适宜的收获期为油菜终花后25～30天左右，全田有2/3的角果呈黄绿色，主轴中部角果呈枇杷色，全株仍有1/3角果显绿色时收获为宜。我省油菜收获期一般在4月底至5月上中旬收获。一般采用人工收获方式为主。

十一、花生

（一）花生的生物学基础

花生属豆科，蝶形花亚科，花生属。花生属中的栽培种只有一个，即花生。花生是一年生草本植物。花生的果实为荚果，通常分为大、中、小三种，形状有蚕茧形、串珠形和曲棍形。果壳的颜色多为黄白色，也有黄褐色、褐色或黄色的，这与花生的品种及土质有关。花生果壳内的种子通称为花生米或花生仁，由种皮、子叶和胚三部分组成。种皮的颜色为淡褐色或浅红色。种皮内为两片子叶，呈乳白色或象牙色。按种子的大小可分为大粒种（百仁重80g以上）、中粒种（百仁重50～80g）、小粒种（百仁重50g以下）。

2. 花生的生育特性

花生生长发育过程大致可分为出苗期、幼苗期、开花下针期、结荚期和饱果期（饱果成熟期）等5个时期。

（1）出苗期

从播种到50%的幼苗出土并展开第一片真叶为出苗期，一般为10～15天。花生种子吸收相当于本身重量的50%左右的水分时开始萌动，发芽的最适温度为25～35℃，当低于12～15℃、高于40℃以上时对出苗不利；发芽时最适宜土壤水分约为土壤田间持水量的50%～60%，同时还须土壤氧气充足。此外，还要注意种子的休眠性，而种子产生休眠的主要原因是种皮过厚（透气性差）、种子后熟作用、种子内含有抑制发芽的物质脱落酸（ABA）和羟基脯氨酸等。花生种子萌发为子叶半出土。花生若播种过深、种子倒放或土壤板结，均影响胚轴的伸长及第一对侧枝的生长。

（2）幼苗期

从出苗到全田 50%的植株开始开花为幼苗期。南方春播花生的苗期约 30～40 天。此期是侧枝分生、根系生长、根瘤形成、花芽分化的主要时期，生理活动比较活跃，氮代谢占优势。因此，苗期施用速效氮肥，可以满足幼苗生长及根瘤菌的需要，对于促壮苗有一定的作用。

（3）开花下针期

从始花至盛花（50%的植株出现鸡头状幼果）为开花下针期（又称为花针期）。南方春播花生的开花下针期为 22～25 天。此期是花生植株大量开花、下针、营养体迅速生长时期。所谓下针就是开花受精后 3～5 天、子房基部的分生组织进行细胞分裂形成子房柄、把子房向外推出、然后再把子房送入土中结果的过程。由子房柄和先端的子房构成的针状物称之为果针；果针伸长和入土是结荚的前提，即不形成果针的花和不伸长入土的果针都不能形成荚果；此外果针还像根系一样具有吸收水分和养分的功能，供荚果发育需要。

花生的开花顺序为自下而上，由内向外依次开放。特点是花期长，花量大，不孕花多，有效花少。不孕花一般占总花量的 30%左右，其中生理不孕占 25%（主要由低温、干旱、缺乏营养等生理因素引起）；形态不孕占 5%左右（主要是由花器发育不健全而引起的不孕）。如珍珠豆型品种，从始花到终花需 60 天，单株花量 50～100 朵，多的可达 200 朵以上；普通型品种，花期达 100～120 天，单株花量 100～200 朵，多的可达 1000 朵以上。

花针约占开花总数的 50%～70%，果针仅占 15%～20%，其中饱果率仅占 10%～15%。这就是所谓“花多果少，秕多实少”现象。一般而言，盛花期以前开的花多数能成为有效花，以后开的花多数为无效花。

（4）结荚期

从盛花到 50%以上植株出现饱果为结荚期。南方春花生的结荚期约 20～25 天；结荚期是花生一生中生长最旺盛时期，此期所形成的果数占最后总果数的 60%～70%，高的可达 90%以上。

结荚与结荚的条件。结荚就是果针入土、子房膨大发育成为荚果的过程。花生结荚有明显的不一致性。对整株花生来说，早入土的果针早结荚，迟入土的迟结荚，从而导致收获时，成熟果与非成熟果共存，成熟度不一致，有饱果、秕果、幼果，有双仁果、单仁果、多仁果，有大果、中果、小果，可见果与果之间的含油率、蛋白质含量、果重等有很大差异。因此克服结荚的不一致性、提高成熟整齐度，是花生高产、稳产、优质的重要研究方向。一个荚果从开始发育到完全成熟约需 60 天左右。影响结荚的条件有以下几个方面：

① 黑暗条件。在大田条件下，果针入土或遮光处理，才能膨大发育成为荚果。悬空的果针不能成为荚果。

② 机械刺激条件。试验指出，将荚果伸入一暗室，并定时喷洒水分和营养液，子房能膨大但发育不正常。

③ 水分条件。荚果发育需要吸收充足的水分，结荚期荚果区干燥则荚果发育受阻，果小或出现畸形。

④ 氧气条件。荚果发育需要氧气充足，如果土壤水分过多，发育就缓慢，甚至出现烂

果烂柄；土壤过于板结，也不利于荚果发育。结荚期当土壤田间持水量为60%～70%时有利于结荚。

⑤ 温度条件。25～30℃的温度有利于荚果发育，低于 20℃则发育缓慢，低于 15℃则发育停止。

⑥ 营养条件。果针和荚果具有吸收矿质营养的能力，因此结荚区土壤矿质养分良好有利于荚果发育。当缺钙或其他营养元素时，秕果增加，甚至产生空荚。据广东省农业科学院试验，在结荚期人工剪叶，剪叶 1/2 时，减产 42%；剪叶 3/4 时减产 65%；全部剪叶，减产 73%。

（5）饱果期

从 50%的植株出现饱果到荚果饱满成熟收获为饱果成熟期。就一个荚果而言，果针入土 55～60 天后，脂肪、蛋白质积累达到最高峰。可见，饱果成熟期是花生生殖器官大量增重时期。此期所增加的果重一般占总果重的 50%～70%，是花生产量形成的主要时期。饱果成熟期在南方一般持续 30 天左右。

（二）花生高产栽培技术

1. 垄作栽培技术

宽窄行垄作栽培，可以防止土壤板结，保持土壤疏松，增强抗旱排渍能力，协调群体与个体的矛盾，保持田间通风透光良好，为植株正常生长、荚果发育充实创造良好条件。

技术规格：垄距（包沟）80～83cm，垄沟宽 20cm，垄背高 10cm，垄背上播种两行花生，窝心距垄边 12cm。窝距 17～20cm，漕坝地每公顷播种 120 000～150 000 窝，坡台地每公顷 135 000～180 000 窝，每窝播种两粒，单株栽培每公顷 180000 窝以上。

2. 麦套花生栽培技术

（1）宽行麦套花生。80cm 开厢，其中 18cm 开沟播种小麦，空行种植蔬菜或饲料，次年 4 月中旬收完蔬菜、饲料后，播种一垄两行花生。

（2）宽幅麦套花生。160cm 开厢，其中 20cm 开沟播种小麦，空幅作成两垄种植蔬菜、饲料，次年 4 月上、中旬收获蔬菜、饲料后播种两垄四行花生。

3. 地膜花生栽培技术

（1）施肥、作垄。垄距 80～83cm，在正中开沟（深 10cm）施肥，按氮、磷、钾纯量计算，农家肥比例应占 50%以上，在施肥沟两边（侧）开沟盖肥作垄，垄沟宽 16～18cm、深 10cm，垄背整细整平（或微拱）。

（2）盖膜。选用厚度为 0.004～0.007mm、幅宽为 80～85cm 的地膜，每公顷用量 45～90kg，喷除草剂后，将垄的两边铲下一薄层土，盖上地膜，拉伸拉平、同时覆土压实膜边，随即铲下一垄的垄边。

（3）播种。地膜花生的播种期可在 2 月底到 5 月上旬，主要根据前作确定。盖膜后，待膜下布满水珠后即可打孔播种。窝心距垄边 10～12cm，窝距 16～18cm，每公顷播种 138 000～150 000 窝，播种孔宽 3cm、深 4cm，用打孔器打孔，每孔播种两粒，用细土盖种高出膜面 3～5cm，形成一个个小土堆以利于幼苗顶土出膜。

（4）出苗期及苗期管理。一是检土揭盖，将压苗的土壳揭开盖上细土。二是引苗出膜，将压在膜下的茎枝引出播种孔。三是清棵蹲苗。

4. 花生浸种催芽和清棵蹲苗技术

催芽播种和清棵蹲苗是确保花生出苗快、出苗齐、苗子壮、分枝早的增产技术措施。

（1）浸种催芽。用“两冷一开”（40℃左右）温水浸种 3～4 小时（或用冷水泡一昼夜），起水后放入催芽草窝，用热水充分淋湿，保持 25～30℃，催芽 18～20 小时，“粉嘴”后立即播种。

（2）清棵蹲苗。花生幼苗出土后，及时刨开苗子基部的泥土，晾出两瓣子叶，促使根系生长、侧枝早发、苗子矮壮。

5. 花生配方施肥技术

花生需肥量较大，据南充市农业科学研究所和四川省农业厅土肥生态处研究，每生产 100kg 花生，需要吸收氮素（N）5.73kg、磷素（P_2O_5）1.38kg、钾素（K_2O）2.86kg。因花生根瘤菌固氮自给能力很强，可达 50%～80%，所以生产上一般误认为花生需要施磷钾肥，不需要施氮肥。实际上，氮磷钾肥都是花生高产的重要因素，经济合理施用氮磷钾“三要素”，是实现花生高产高效的核心技术。

（1）因土施肥

据研究，在四川丘陵区几类主要土壤上，花生氮磷钾的合理施肥模式为：

中等紫色土：漕坝地、一台地，每公顷施氮 75kg、磷 90kg、钾 105kg。

瘦薄紫色土：二台地以上，每公顷施氮 90kg、磷 75kg、钾 60kg。

酸性黄沙土：包括沙溪庙组、自流井组、须家河组等黄色砂岩形成的土壤，每公顷施氮 90kg、磷 75kg、钾 75kg。

老冲积黄泥土：江河沿岸坡台地的卵石黄泥土、黄沙泥土，每公顷施氮 105kg、磷 75kg、钾 90kg。

在以上施肥量中，农家肥（有机肥）比例应占 50%以上。播种前开沟施肥，要做到肥料、种子隔离。

（2）增施微肥

酸性土施钼：酸性黄泥土、酸性红沙土、酸性黄沙土都严重缺钼，常常造成植株矮化、黄化，应在幼苗期及时施钼，每公顷用钼酸铵 225～300g，加少量白酒或碳铵作助溶剂，兑水 750kg 喷洒叶片。

碱性土施铁：遂宁组、蓬莱镇组和城墙岩群的坡台地，一般 pH 在 7.5 以上，花生常发生缺铁性黄叶，植株矮化、幼叶（心叶）呈黄白色，应从幼苗期开始直到开花期以后，喷施铁素 2～3 次，每次每公顷用硫酸亚铁 2.25～3.0kg、食粗醋 3750mL 兑水 750kg 喷洒叶片。

6. 花生病虫草害防治技术

（1）虫害防治。为害花生的虫害主要有小地老虎（土蚕）、种蝇、蛴螬（老母虫）、金针虫等，主要为害春播（早播）花生。播种时用药剂撒窝、喷窝，严重时灌窝防治。

（2）病害防治。为害花生的病害主要有枯萎病、叶斑病、纹枯病、锈病、青枯病等，可在苗期或田间发病期进行化学药剂防治。青枯病的防治措施最好是选用高抗青枯病花生品种。

（3）草害防治。一般分布在芽前（即在盖种后到顶土出苗前）、生长期采用化学除草剂防治 2 次。

7. 花生徒长控制技术

花生发生徒长的标志是“茎叶嫩绿节间稀、植株高大叶柄长、雨过天晴萎搭搭、六月底前早封行”。徒长花生的养分分配失调，茎叶生长过旺，向荚果中输送的养分少；植株倒伏严重，过早黄叶掉叶，下部严重郁闭，结果层昼夜温差很小，影响荚果发育，导致严重减产。

发现徒长先兆，立即喷施多效唑加以控制，一般 5 天左右茎叶变绿变硬，徒长就得到控制，但切记喷施多效唑不可过量。

第二节 蔬菜生产

一、露地蔬菜生产

（一）蔬菜分类

1. 根菜类

根菜类主要包括萝卜、胡萝卜、牛蒡、辣根、芜青甘蓝、根用芥菜等蔬菜。

2. 白菜类

白菜类主要包括白菜、芥菜、甘蓝、花椰菜等十字花科蔬菜。

3. 茄果类

茄果类主要包括茄子、辣椒、番茄等茄科蔬菜。

4. 瓜类

瓜类主要包括黄瓜、西瓜、甜瓜、冬瓜、南瓜、丝瓜、苦瓜、蛇瓜等葫芦科蔬菜。

5. 豆类

豆类主要包括菜豆、豇豆、豌豆、扁豆、蚕豆等豆科蔬菜。

6. 葱蒜类

葱蒜类主要包括洋葱、大葱、分葱、大蒜、韭菜等百合科蔬菜。

7. 薯芋类

薯芋类主要包括马铃薯、山药、姜、芋等蔬菜。

8. 绿叶菜类

此类主要包括芹菜、莴苣、菠菜、筒篙、蕹菜（空心菜）、苋菜等蔬菜。

9. 水生蔬菜

此类主要包括莲藕、茭白、芡实、水芹、豆瓣菜等蔬菜。

10. 多年生蔬菜

此类主要包括金针菜、芦笋、香椿、百合等蔬菜。

11. 野生蔬菜类

此类马齿苋、菊花脑、马兰、富贵菜、紫背天葵、蕺菜、人参菜、荠菜等。

（二）四川地区主要栽培的蔬菜品种

1. 优势品种。① 大白菜、甘蓝、菠菜、芹菜、莴笋等叶菜类；② 萝卜等根茎菜类；

2. 攀西地区、川南地区以黄瓜、冬瓜、辣椒、西红柿、茄子、豇豆、四季豆等茄果、瓜、豆菜类；

3. 以大葱、蒜头、韭黄等葱蒜菜类；

4. 普遍种植泡菜原料以青菜、榨菜、儿菜等芥菜类；

5. 莲藕、蕹菜等水生菜类

其他蔬菜类：川中丘陵、盆地山区还种植磨芋、山药、生姜。

（三）蔬菜种子

1. 常见蔬菜种子的千粒重（见表 2-2）

表 2-2　常见蔬菜种子的播种量参考表

蔬菜种类	种子千粒重（g）	用种量（kg/hm^2）	蔬菜种类	种子千粒重（g）	用种量（kg/hm^2）
大白菜	0.8～3.2	1.875～2.25（直播）	大葱	3～3.5	4.5（育苗）
小白菜	1.5～1.8	3.75（育苗）	洋葱	2.8～3.7	3.75～5.25（育苗）
小白菜	1.5～1.8	22.5（直播）	韭菜	2.8～3.9	75（育苗）
结球甘蓝	3.0～4.3	0.375～0.75（育苗）	茄子	4～5	0.75（育苗）
花椰菜	2.5～3.3	0.375～0.75（育苗）	辣椒	5～6	2.25（育苗）
球茎甘蓝	2.5～3.3	0.375～0.75（育苗）	番茄	2.8～3.3	0.6～0.75（育苗）
大萝卜	7～8	3.～3.75（直播）	黄瓜	25～31	1.875～2.25（育苗）
小萝卜	8～10	22.5～37.5（直播）	冬瓜	42～59	2.25（育苗）
胡萝卜	1～1.1	22.5～30（直播）	南瓜	140～350	2.25～3（直播）
芹菜	0.5～0.6	15（直播）	西葫芦	140～200	3～3.75（直播）
芫荽	6.85	37.5～45（直播）	西瓜	60～140	1.5～2.25（直播）
菠菜	8～11	45～75（直播）	甜瓜	30～55	1.5（直播）
茼蒿	2.1	22.5～30（直播）	菜豆（矮）	500	90～120（直播）
莴苣	0.8～1.2	0.3～0.375（育苗）	菜豆（蔓）	180	22.5～30（直播）
结球莴苣	0.8～1.0	0.3～0.375（育苗）	豇豆	81～122	15～22.5（直播）

2. 蔬菜种子质量的确定

种子质量的优劣最后表现在播种后的出苗速度、整齐度、秧苗纯度和健壮度等方面，应在播种前确定。主要鉴定内容有纯度、饱满度、发芽率、发芽势、生活力。

（1）纯度。指样本中属于本品种种子的重量百分数，其他品种或种类的种子、泥沙、花器残体及其他残屑等都属杂质。种子纯度的计算公式是：

$$种子纯度（\%）=\frac{供试品总量-（杂种子重+杂质量）}{供试样品总量}\times 100$$

蔬菜种子的纯度要求达到98%以上。

（2）饱满度。通常用“千粒重”（即 1000 粒种子的重量，用克表示）度量蔬菜种子的饱满程度。同一品种的种子，千粒重越大，种子越饱满充实，播种质量越高。

（3）发芽率。指在规定的实验条件下，样本种子中发芽种子的百分数。计算公式如下：

$$种子发芽率（\%）=\frac{发芽种子粒数}{供试总子粒数}\times 100$$

测定发芽率通常在垫纸的培养皿中进行，也可在沙盘或苗钵中进行。蔬菜种子的发芽率分甲、乙二级，甲级蔬菜种子的发芽率应达到90%～98%，乙级蔬菜种子的发芽率应达到85%左右。

（4）发芽势。指种子的发芽速度和发芽整齐度，表示种子生活力的强弱程度。用规定天数内的种子发芽百分率来表示，如豆类、瓜类、白菜类、莴苣、根菜类为 3～4d；韭、葱、菠菜、胡萝卜、茄果类、芹菜等为 6～7d。计算公式为：

$$种子芽势（\%）=\frac{规定天数内的发芽种子粒数}{供试种子粒数}\times 100$$

3. 种子发芽对环境条件的要求

（1）水分。水分是种子发芽的必需条件，只有吸收充足的水分，使种子自由含水量增加，贮藏干物质向溶胶转变，代谢活动加强，才能促使种子发芽。

（2）温度。温度是影响种子发芽的重要环境因素之一。不同蔬菜种子对温度要求不同，都有其最适温度、最高温度和最低温度。最适温度条件下种子萌发最快，常见蔬菜种子发芽的适宜温度见表 2-3。有的蔬菜种子如芹菜，进行昼夜温度周期交替的变温处理，可以促进萌发。

表 2-3　常见蔬菜种子发芽的适宜温度表（℃）

蔬菜种类	温度	蔬菜种类	温度
芹菜	20	胡萝卜	27
菠菜	21	黄瓜	30
莴苣	22	茄果类	30
葱、韭	24	南瓜、丝瓜、冬瓜	32
萝卜	25	菜豆、豇豆	32
白菜类	25	西瓜	35

（3）气体。种子在发芽过程中要进行呼吸作用，需要吸收大量的氧气，同时释放 CO_2，一般来说，氧气浓度增高可促进种子发芽，CO_2 浓度增高则抑制发芽。种子萌发初期需氧量

较少，萌动后需氧量增加，若缺氧种子不萌发，持续时间过长还会导致“烂种”。

（4）光照。种子都能在黑暗条件下发芽，但不同种类的蔬菜种子发芽时对光照的反应有差异。根据发芽时对光照条件的要求，可将蔬菜种子分为需光型、嫌光型、中光型三种。需光型种子在有光条件下发芽好于黑暗条件下，如十字花科芸薹属、莴苣、牛蒡、茼蒿、胡萝卜、芹菜、紫苏等；嫌光型种子在黑暗条件下发芽良好，如茄子、番茄、辣椒、葫芦科、葱、韭菜、韭葱等；中光型种子发芽对光反应不敏感，如萝卜、菠菜、豆类等。

（四）浸种催芽

1. 种子处理

蔬菜种子播前处理可以促进出苗，保证出苗整齐，增强幼苗抗性，达到培育壮苗及增产的目的。

（1）低温处理。某些耐寒或半耐寒蔬菜在炎热的夏季播种时，可于播前进行低温处理，解决出芽不齐问题。将浸种后的种子在冰箱内或其他低温条件下，冷冻数小时或十余小时后，再放置冷凉处（如地窖、水井内）催芽，使其发芽整齐一致。

（2）浸种。浸种就是在适宜水温和充足水量条件下，促使种子在短时间内吸足从种子萌动到出苗所需的全部水量。有时候浸种还在一定程度上起到消毒灭菌的作用。浸种的水温和浸泡时间是重要条件，根据浸泡的水温不同，可将浸种分为一般浸种、温汤浸种和热水烫种三种方法。

① 一般浸种也叫温水浸种，用温度与种子发芽适温相同的水浸泡种子，一般为 25～30℃。只对种子起供水作用，无种子灭菌作用，适用于种皮薄、吸水快的种子。

② 温汤浸种。先用 55～60℃的温汤浸种 10～15min，期间不断搅拌，之后加入凉水，降低温度转入一般浸种。由于 55℃是大多数病菌的致死温度，10min 是在致死温度下的致死时间，因此，温汤浸种对种子具有灭菌作用，同时还有增加种皮透性和加速种子吸胀的作用。

③ 药剂浸种是指用一定浓度的药剂浸泡种子进行消毒。常用药剂有多菌灵、福尔马林、高锰酸钾、磷酸三钠等。浸泡后，用清水将种子上的残留药液清洗干净，再行催芽或播种。如用 100 倍（40%甲醛）浸种 15～20min，然后捞出种子密闭熏蒸 2～3h，最后用清水冲洗；用 10%磷酸三钠或 2%氢氧化钠的水溶液浸种 15min，捞出洗净，可钝化番茄花叶病毒。

2. 蔬菜催芽

催芽是将浸泡过的种子，放在黑暗的弱光环境里，并给予适宜的温度、湿度和氧气条件，促其迅速发芽。催芽是以浸种为基础，但浸种后也可以不催芽而直接播种。催芽的一般方法是：先将浸种后的种子甩去多余水分，包裹于多层潮湿纱布、麻袋片或毛巾中，然后在适宜的恒温条件下催芽。当大部分种子露白时，停止催芽。催芽期间，一般每 4～5h 松动包内种子 1 次，每天用清水淘洗 1～2 次。主要蔬菜浸种催芽的适宜温度与时间如表 2-4 所示。

（五）育苗

1. 冷床育苗

（1）苗床准备。苗床地要求有机质丰富，疏松透气，具有良好的保水、保肥性能，浇水时不板结，干时不开裂。做畦宽 1.2m 左右，沟宽 0.3m 左右；畦面施入腐熟的有机肥，也可适量加入优质复合肥、磷肥和钾肥等，用量应小，用代森锌或多菌灵 200～400 倍液和

50%锌硫磷 1000 倍液喷洒于营养土上并充分拌匀消毒；浇足低水，将畦面耙细整平，准备播种。有时，为了提高幼苗质量也可配制育苗土育苗，一般主要是菜园田土和有机肥，按照菜园土 6 份、腐熟有机肥 4 份进行配制，也可就地取材加入腐熟的食用菌菌渣、秸秆、草炭等有机质；菜园土和有机肥配好后过筛，撒入苗床上，消毒。育苗。

表 2-4 主要蔬菜浸种催芽的适宜温度与时间

蔬菜种类	浸种		催芽		蔬菜种类	浸种		催芽	
	水温（℃）	时间（h）	温度（℃）	天数（d）		水温（℃）	时间（h）	温度（℃）	天数（d）
黄瓜	25～30	4～6	25～30	1.5～2	番茄	25～30	6～8	25～27	2～4
南瓜	25～30	6	25～30	2～3	甘蓝	20	2～4	18～20	1.5
冬瓜	25～30	24	28～30	6～8	白菜	20	2～4	20	1.5
丝瓜	25～30	24	25～30	4～5	花椰菜	20	3～4	18～20	1.5
苦瓜	25～30	24	30	6～8	芹菜	20	24	20～22	2～3
辣椒	25～30	12～24	25～30	5～6	菠菜	20	24	15～20	2～3
茄子	30	24～36	30	6～7	菜豆	25～30	2～4	20～25	2～3

（2）播种。将蔬菜种子用沙或细土混匀，均匀地撒在苗床上，小粒种子一般覆土 0.5～1cm，中粒种子 1～3cm，大粒种子 3cm 左右。覆盖地膜保水保温。

（3）苗期管理。当 70%以上幼苗出土后，撤除薄膜，适当降温，把白天和夜间的温度分别降低 3～5℃，防止幼苗的下胚轴旺长，形成高脚苗。定植前对秧苗进行适度的低温、控水处理，增强秧苗对不良环境的适应能力，并促进瓜果类蔬菜花芽分化。一般定植前 7～10d，通过降温控水，加强通风和光照，进行炼苗。

苗期病虫害防治：蔬菜育苗期间经常发生的病害有猝倒病和立枯病。

猝倒病：在幼苗未出土到真叶尚未完全展开前这段时间发生较多，病苗主要表现为茎基部呈水浸状浅黄绿色，很快变为黄褐色并缢缩呈线状，病苗很快倒伏死亡。病害严重时可造成烂种、烂芽。病苗先从苗床一点发生逐步向外扩张出现成片死亡。

立枯病：多发生在育苗中后期，病苗基部产生圆形暗色病斑，早期白天幼苗表现为叶片萎蔫，夜间恢复，一旦病斑扩大绕幼苗一圈时，病部干缩，幼苗叶片萎蔫、夜间恢复，一旦病斑扩大绕幼苗一圈时，病部干缩，幼苗叶片萎蔫死亡，但仍呈直立不倒伏。

防治方法：苗床消毒旧苗床土一定要用药剂进行土壤消毒，常用的方法是每平方米苗床施用 50%多菌灵或 50%甲基托布津可湿性粉剂 5g，混细土 5kg 拌匀，施药前苗床先浇底水，一次性浇透，水渗下后，取 1/3 充分拌匀的药土撒于畦面，播种后将其余 2/3 药土盖在种子上面，种子夹在药土中间，防效明显且药效时间长。发病初期用恶霉灵或 40%达科灵或甲基托布津或 60%多菌灵，在晴天上午喷雾对猝倒病和炭疽病都有较好的防治效果。

2. 温床育苗

温床育苗是在小拱棚、大棚及温室中的栽培床上，做成育苗用的低畦，然后在育苗床内铺设电加温线，再在电加温线上铺设泥土进行育苗的方式。

温床育苗用的电热线分为土壤加温线（地热线）和空气加温线两种，均采用合金材料作为电热丝，最好不要混用。地热线绝缘层采用耐高温聚氯乙烯或聚乙烯注塑，厚度为 0.7～0.95mm，比普通导线厚 2～3 倍。常用的电热线一般为长 100m、功率为 800W（黄色）和长 120m、功率为 1000W（绿色）的电热线。

挖宽 1.2m、深 18～20cm 的一床坑（长度根据苗床长度确定），铺上稻草、麦秸、木屑等，厚度在 5cm 左右，整平踏实，作为隔热层。然后在上面再铺一层厚约 1cm 的细沙或营养土，用木板刮平即可布线。先按 10cm 间距在苗床两端距东西两侧床边 15cm 处各插一排粗 1cm、长 10cm 的短棍，然后将电热线贴地面沙层绕好，并使电热线两端导线部分从床内同侧伸出，以便连接电源。布好的电热线不能交叉和重叠，防止两线交叉受热时漆皮脱落，造成短路。布线完毕用少量细沙把电热线盖严，然后铺床土，苗床土的厚度为，直播厚 5～10cm，育苗盘播种厚 0.5cm。电热温床如图 2-1 所示。

图 2-1　电热温床

3. 护根育苗

护根育苗又称为容器育苗。采用护根育苗可缩短蔬菜幼苗移栽的缓苗期，提高成活率，也便于秧苗管理和运输，实现蔬菜秧苗的批量化、商品化生产。

（1）育苗容器。蔬菜育苗容器主要有塑料钵、穴盘等。目前生产上常用塑料钵和育苗盘，可根据蔬菜的种类、成苗大小选择相应规格。塑料营养体和穴盘分别如图 2-2 和图 2-3 所示。

目前使用的穴盘多为 54.4cm×27.9cm，每个苗盘有 50～648 个孔穴等多种类型，其中 50、72、128、288 孔穴盘最常用。番茄、茄子、黄瓜育苗多用 50 孔穴盘，辣椒、甘蓝、花椰菜等选用 72 孔穴盘，生菜、芹菜、芥菜等选用 128 孔穴盘。

（2）基质配制。育苗基质一般以草炭、蛭石和珍珠岩为主，此外还有菌渣、锯末等。草炭最好选用灰鲜草炭，pH 为 5.0～5.5，养分含量高，亲水性能好。目前国内绝大部分穴盘育苗采用草炭+蛭石+珍珠岩的复合基质，比例为 3∶1∶1 或 4∶1∶1。草炭、蛭石、珍珠岩本身营养元素很少，不能满足幼苗生长的需要，在配制基质时应加入一定量的化学肥料或有机肥。图 2-4 所示为草炭、珍珠岩、蛭石。

图 2-2 营养钵

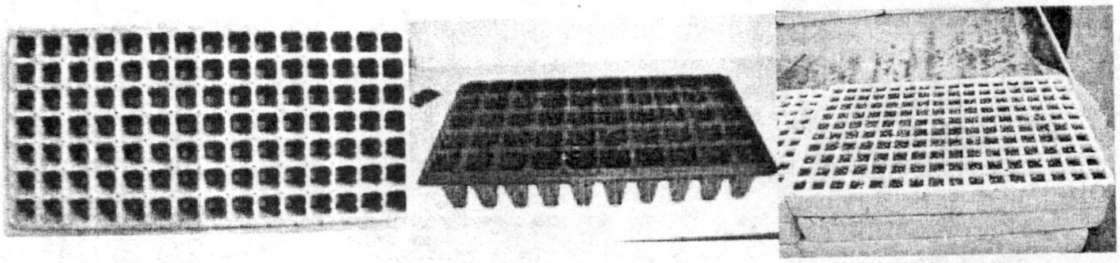

图 2-3 穴盘

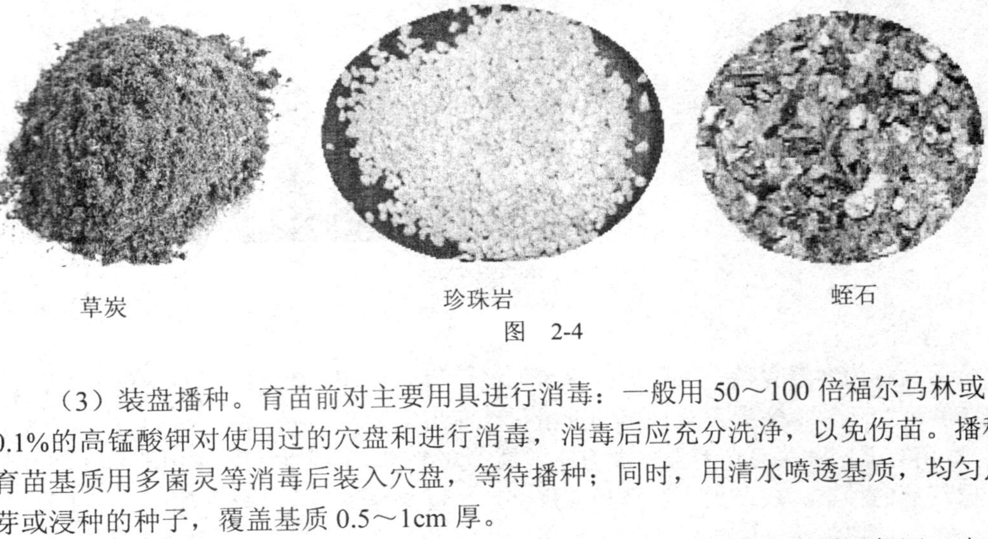

草炭 珍珠岩 蛭石

图 2-4

（3）装盘播种。育苗前对主要用具进行消毒：一般用 50～100 倍福尔马林或 0.05%～0.1%的高锰酸钾对使用过的穴盘和进行消毒，消毒后应充分洗净，以免伤苗。播种前，将育苗基质用多菌灵等消毒后装入穴盘，等待播种；同时，用清水喷透基质，均匀点播已催芽或浸种的种子，覆盖基质 0.5～1cm 厚。

（4）苗期管理。播种后应浇透水，冬季育苗应用薄膜覆盖苗盘增温保湿，出苗前可不浇水；夏季育苗出苗前要小水勤浇，保持上层基质湿润；出苗后至第一片真叶展出，要控水防止徒长，其后随植株生长，加大浇水量。苗期的营养供给可以通过定时浇灌营养液解决；若基质中已混入肥料，则只浇清水，缺肥时叶面喷施 0.2%的氮磷钾复合肥。

培育的壮苗标准应是：枝叶完整，无损伤，无病虫害，茎粗、节短、叶厚、叶柄短、色浓绿、根系粗壮、侧根发达。表 2-5 所示为常见蔬菜护根育苗的苗龄及育苗天数。

表 2-5 常见蔬菜护根育苗的苗龄及育苗天数（d）

蔬菜名称	育苗方式	生理苗龄	育苗天数（d）
番茄	大、中棚、日光温室	8～9 片叶、现大蕾	60～75
辣椒	大棚早熟栽培	12～14 片叶、现大蕾	80～90
茄子	日光温室早熟栽培	9～10 片叶、现大蕾	100～120
黄瓜	大棚早熟栽培	5 片叶，见雌花	40～50
西葫芦	小拱棚早熟栽培	5～6 片叶	40
花椰菜	大、中棚早熟栽培	6～8 片叶	60～70
甘蓝	大、中棚早熟栽培	6～8 片叶	60～70

4. 瓜类蔬菜双断根嫁接育苗技术

嫁接是提高瓜类抗逆性的有效措施。与传统的插接、劈接等嫁接方式相比，断根嫁接具有发根多、根系活力强、成活率高等突出优点，产量较自根苗提高 10%左右，春季提早上市 5～7 天。

（1）播种育苗。断根嫁接一般在砧木长到一叶一心，接穗子叶平展时进行，因此砧木一般比接穗早播 3 天左右。

砧木种子用 55～60℃的温水（其后不加热水）浸种 12 小时，沥干后放在 30℃的培养箱中催芽，每 8～12 小时冲洗 1 次。接穗种子用 55～60℃的温水浸种 6 小时，放在 30℃的培养箱中催芽。种子露白后即可播种。

基质要求疏松，透气性好。播前用 72.2%普力克水剂 500 倍液和农用链霉素 400 万单位进行基质消毒，浇透底水。

砧木种子平放，芽尖向下，播种后覆盖 1cm 左右厚的消毒基质，用 95%绿亨 1 号可湿性粉剂 3000～4000 倍液喷洒苗床。春季播种盖塑料膜保温，秋季播种用湿帘降温。出苗前白天温度控制在 28～30℃，夜间 20～22℃，50%～70%出苗时用 95%绿亨 1 号可湿性粉剂 3000～4000 倍液加 72.2%普力克水剂 600～800 倍液喷洒 1 次，齐苗后再喷洒 1 次并及时脱去种壳，加强通风透光。春季嫁接时，齐苗后白天温度控制在 20～25℃，夜间 12～15℃；秋季嫁接时，白天控制最高温在 30℃以下，晚上 25℃以内，以防下胚轴徒长。

当砧木 50%出苗时，接穗开始浸种，出苗前白天温度控制在 28～30℃，夜间 22～25℃；出苗后白天温度控制在 25～28℃，夜间 20～25℃，及时脱去种壳。

（2）嫁接。① 嫁接前的准备。嫁接一般在室内进行，适当遮光，温度控制在 20～25℃为宜。嫁接工具用 70%医用酒精消毒。嫁接前 1 天，用 72.2%普力克水剂 600～800 倍液加农用链霉素 400 万单位的混合液喷洒砧木和接穗，直到叶片滴水为止。② 嫁接方法。采用断根顶插接法，即先断砧木的根，然后采用顶插接法嫁接。嫁接时用刀片将砧木根切掉，生长点到断根处茎长留 4～4.5cm。去掉砧木生长点，用竹签紧贴子叶叶柄中脉基部向另一子叶柄基部成 30°～45°左右方向斜插，竹签稍穿透砧木表皮，露出竹签尖；然后在接穗苗子叶基部 0.5cm 处平行于子叶斜削一刀，再垂直于子叶将胚轴切成楔形，切面长 0.5～0.8cm；拔出竹签，将切好的接穗迅速准确地斜插入砧木切口内，尖端稍穿透砧木表皮，使接穗与砧木吻合，子叶交叉成“十”字形。嫁接后立即将断根嫁接苗插入盘内进行控温控湿育苗，插入基质深度为 1～2cm，地上部砧木高度 3cm 左右。

（3）嫁接苗的管理。① 嫁接后的管理。嫁接苗须遮光保湿，因此在嫁接前要预先搭建嫁接棚，规格可根据苗床和厢宽度而定。采用断根嫁接的嫁接苗对温度要求较高，嫁接后 1～3 天白天温度控制在 28～30℃，夜间 23～25℃，春季气温低时要进行加温，秋季气温高时要进行降温，促进发根和疮面愈合。为促进愈合应以保湿为主，湿度以接穗生长点不积水为宜。嫁接后只要棚内温度不超过 35℃，湿度达到 90%，接穗不萎蔫，就应该尽量增加光照。一般情况下嫁接后第 1 天就可以适当见光，但时间要短。嫁接后 4～6 天嫁接苗愈合，心叶萌动，白天温度控制在 26～28℃，夜间 20～25℃，适当通风透光，并逐渐延长光照时间，加大光照强度，以接穗不萎蔫为宜。当接穗开始萎蔫时，要保湿遮阴，待其恢复后再通风透光。嫁接 7 天后嫁接苗基本成活，砧木子叶节上如发生不定芽要及时摘除。此时一般不再遮阴，但要注意天气变化，特别是多云转晴后接穗易萎蔫，一定要及时遮阴。经过见光—遮阴—见光的炼苗过程后即可进入正常的苗床管理。② 病虫害防治。嫁接苗对土传病害有抗性，但在生长过程中地上部同样可能受病虫为害，应以预防为主，出现病虫后要及时防治。防治方法与普通育苗过程相同。③ 定植。当嫁接苗成活后，植株二叶一心时即可定植。

5. 育苗中常见问题及预防措施

在蔬菜育苗中，因天气及管理不当，秧苗常出现各种不正常生长现象，归纳如下。

（1）出苗不整齐。主要表现为出苗时间不一致或苗床内幼苗分布不均匀。前者主要由种子质量差，苗床环境不均匀，局部间差异过大或播种深浅不一所致；后者主要因播种不均匀、局部发生了烂种或伤种芽等造成。预防措施有：播种质量高的种子；精细整地，均匀播种，提高播种质量；保持苗床环境均匀一致；加强苗期病虫害防治等。

（2）戴帽苗。幼苗出土后，种皮不脱落而夹住子叶，俗称“戴帽”或“顶壳”，产生的主要原因有覆土过薄、盖土变干。预防措施：覆土厚度均匀适当；苗床底水要足，出苗前，床面覆盖地膜保湿；瓜菜播种时，种子要平放。

（3）沤根。幼苗根部发锈，严重时表皮腐烂，不长新根，幼苗变黄萎蔫，主要由苗床湿度大、温度低引起。预防措施：选择透气良好的土壤作苗床，提高地温；控制浇水，避免土壤湿度长时间过高；发生沤根后及时通风排湿，或撒施细干土或草木灰吸湿。

（4）烧根。幼苗根尖发黄，不发新根，但根不烂，地上部生长缓慢，矮小发硬，不发棵，形成小老苗。主要由施药量或施肥量过大、浓度过高或苗床过旱所致。预防措施：配制育苗土时不使用未腐熟的有机肥，化肥不过量使用并与床土搅拌均匀；科学合理用药，用药前苗床保持湿润；若产生药害，及时喷清水。

（5）徒长苗（高脚苗）。产生的主要原因是光照不足，夜间温度过高，氮肥和水分过多，苗床过密等。预防措施：增加光照，保持适当的昼夜温差；播种量不过大并及时间苗、分苗，避免幼苗拥挤；控制浇水，不偏施氮肥。

（6）老化苗。老化苗又称为老僵苗、小老苗，定植后发棵慢，易早衰，产量低。主要由于苗床水分长时间不足和温度长时间过低及蹲苗时间过长引起的。预防措施：严格掌握好苗龄，蹲苗时间长短要适度；蹲苗时低温时间不宜过长，防止长时间干旱造成幼苗老化。蹲苗时控温不控水。

（7）冻害苗。冻害苗主要由苗床温度过低引起。预防措施：改进育苗手段，采用人工控温育苗，如电热温床育苗等；通过加厚草苫、覆盖纸被、加盖小拱棚等措施加强夜间保温；适当控制浇水，合理增施磷肥，提高秧苗抗寒能力。

（六）定植

1. 整地做畦

（1）整地。即平整土地，同时施入充足的底肥。蔬菜施肥应坚持“有机肥为主，化肥为辅；基肥为主，追肥为辅；多元复合肥为主，单元素肥料为辅”的原则，注意有机肥与化肥的配合，并根据不同作物合理配比氮、磷、钾及微肥。如叶菜类以氮肥为主，适当配合一些磷钾肥；花菜、果菜类在整个生长过程中氮、磷、钾的配合使用一定要适当，按照其生长发育规律进行肥水管理。肥料以农家肥、有机肥为佳，严格控制单纯含氮化肥的施用量，实行不同作物配方施肥，注意配合使用硼、镁、钼肥。

（2）做畦。成都平原地区多采用深沟宽高畦，一般畦面宽 1.2～1.5m，沟深 15～20cm、宽约 30cm。高畦的主要优点在于：一是加厚耕层；二是排水良好，土壤透气性好，有利于根系发育；三是灌水不超过畦面，可减轻通过流水传播的病害蔓延；四是提高地温，有利于早春蔬菜及茄果类、瓜类、豆类等喜温蔬菜生产；五是南方夏季采用深沟高畦，沟内存水可降低地温。畦的走向直接影响植株的受光、光在冠层内的分布、通风情况、热量、地表水分等，栽培应采用东西走向，植株受光较好，有利于植株生长。

为解决覆盖地膜后灌药的不便，应在做好畦后，在畦面撒上杀虫剂（辛硫磷、敌百虫）和杀菌剂（多菌灵），如是透明地膜，还应喷芽前除草剂（乙草胺）。为了保证幼苗能充分的吸收水肥，在土壤消毒后应浇足底水整平耙细，铺上地膜准备定植。图 2-5 所示为深沟宽高畦。

图 2-5 深沟宽高畦

（3）定植

喜温性蔬菜如茄果类、瓜类、豆类（豌豆、蚕豆除外）等冬季不能栽植，应在春季地上断霜、地温稳定在 10～15℃时定植；耐寒或半耐寒蔬菜，如豌豆、蚕豆、甘蓝、菠菜、芥菜等在长江以南地区多进行秋冬季栽培，以幼苗越冬；北方地区冬季不能露地越冬，多在春季土壤解冻、地温达 5～10℃时及早定植。定植密度因蔬菜的株型、开展度以及栽培管理水平、环境条件等的不同而异。合理密植就是在保证蔬菜正常生长发育前提下，尽量增加定植密度。

（七）田间管理

1. 植株调整

植株调整的作用主要是：平衡营养生长与生殖生长、地下部与地上部生长；促进产品器官形成与膨大；改善通风透光，提高光能利用率；减少病虫害和机械损伤。主要包括整枝、摘心、打杈、摘叶、束叶、疏花疏果与保花保果、压蔓、落蔓、搭架、绑蔓等。

（1）整枝、摘心、打杈。对分枝性强的茄果类、瓜类蔬菜，为控制其生长，促进果实发育，人为地使每一植株形成最适的果枝数目的措施称为整枝。除去顶芽，控制茎蔓生长称为“摘心”（或闷尖、打顶）；除去多余的侧枝或腋芽称为“打杈”（或抹芽）。多在晴天上午露水干后进行整枝，以利整枝后伤口愈合，防止感染病害。整枝时应避免植株过多受伤，病株则暂时不整，以免病害传播。

整枝应以蔬菜的生长、结果习性为依据。一般以主蔓结果为主的蔬菜（如早熟黄瓜、西葫芦等），应保护主蔓，去除侧蔓；以侧蔓结果为主的蔬菜（如甜瓜、瓠瓜等），则应及早摘心，促发侧蔓，提早结果；主侧蔓均能正常结果的蔬菜（如冬瓜、西瓜、丝瓜、南瓜等），大果型品种应留主蔓去侧蔓，小果型品种则留主蔓并适当选留强壮侧蔓结果。整枝还应考虑栽培目的，如西瓜早熟栽培应进行单蔓或双蔓整枝，增加种植密度，而高产栽培则应进行三蔓或四蔓整枝，增加单株的叶面积。

（2）摘叶、束叶。摘叶是指在蔬菜生长期间及时摘除病叶及下部老叶，以免不必要的营养消耗，利于维持适宜的群体结构，改善通风、透光条件。摘叶多选择晴天上午进行。摘叶不可过重，对同化功能还较为旺盛的叶片不宜摘除。

束叶是将靠近产品器官周围的叶片尖端聚集在一起。多用于花球类和叶球类蔬菜，可保护花球洁白柔嫩，叶球软化，提高产品商品性，此外还有一定防寒和防止病害的作用。束叶不宜过早，应在光合同化功能已很微弱时进行，以免影响产量，或严重时造成叶球、花球腐烂。一般在生长后期，叶球已充分灌心，花球充分膨大后或温度降低时束叶。

（3）疏花疏果与保花保果。以营养器官为产品的蔬菜，疏花疏果有利于产品器官的形成，如马铃薯、莲藕、百合等摘除花蕾有利于地下器官的膨大。对于西瓜、番茄等果菜类蔬菜，疏花疏果则可提高单果重和果实品质。畸形果、病果、机械损伤的果实也应及早摘除。

植株营养不足、逆境影响（如干旱、低温或高温等）都可能造成花或果实自行脱落，应及时采取措施保花保果，如加强肥水管理，及时采摘成熟果实，整枝打杈等。此外，可以通过施用植物生长调节剂改善植株自身营养状况来保花保果。

（4）压蔓、落蔓。蔓性蔬菜如南瓜、西瓜、冬瓜等爬地栽培时，通过压蔓，可使植株排列整齐，受光良好，管理方便，促进果实发育，增进品质，同时可促生不定根，有防风和增加营养吸收的作用。

搭架栽培的蔓生或半蔓生蔬菜，生长后期基部叶落造成空间过疏，顶部空间不足，或设施栽培的番茄、黄瓜等蔬菜生育期长达 9 个月，导致茎蔓过长。为保证茎蔓有充分的生长空间，有效调节群内通风透光，可于生长期内进行多次落蔓。一般在茎蔓生长到架顶时开始落蔓，落蔓前先摘除下部老叶、黄叶、病叶，将基部茎蔓在地上盘绕。

（5）搭架、绑蔓。搭架。蔓生蔬菜不能直立生长，常进行搭架栽培。搭架的主要作用是使植株充分利用空间，改善田间的通风、透光条件，达到减少病虫害、增加产量、改善品质的目的。常用的架型如下。

① 单柱架。在每一植株旁插一架竿，架竿间不连接，架形简单，适用于分枝性弱、植株较小的豆类蔬菜。

② 人字架。在相对应的两行植株旁相向各斜插一架竿，上端分组捆紧再横向连贯固定，呈“人”字形。此架牢固程度高，承受重量大，较抗风吹，适用于菜豆、豇豆、黄瓜、番茄等植株较大的蔬菜。

③ 棚架。在植株旁或畦两侧插对称架竿，并在架竿上扎横杆，再用绳、杆编成网格状。棚架有高、低棚两种，适用于生长期长、枝叶繁茂、瓜体较长的冬瓜、长丝瓜、长苦瓜等。搭架必须及时，宜在倒蔓前或初花期进行。

④ 绑蔓。对搭架栽培的蔬菜，需要进行人工引蔓和绑扎，固定在架上。绑蔓松紧要适度，不使茎蔓受伤或出现缢痕，又不能使茎蔓在架上随风摇摆磨伤。露地栽培蔬菜应采用“8”字扣绑蔓，使茎蔓不与架竿发生摩擦。绑蔓材料常用麻绳、稻草、塑料绳等。

2. 生长调节剂的种类及应用

蔬菜在不适宜生长的条件下，用植物生长调节剂来协调蔬菜的生长发育，使蔬菜的生长和发育有利于生产。目前，生长调节剂在蔬菜生产应用上主要有以下几个方面。

（1）促进插条生根。吲哚乙酸（IAA）、吲哚丁酸（IBA）、萘乙酸（NAA）等生长素类植物生长调节剂，可以促进插条生根，提高成活率。如用1000～2000mg/L萘乙酸或吲哚丁酸处理黄瓜侧蔓茎段，用50 mg/L萘乙酸或100 mg/L吲哚丁酸浸湿番茄插条基部，均可促进植株发根。

（2）调控休眠与萌发。一是利用生长素抑制发芽延长休眠，如利用萘乙酸甲酯（MENA）、吲哚丁酸、2，4-D的甲酯处理，可抑制马铃薯的块茎以及甜菜、胡萝卜、芜菁的肉质根在贮藏期中的发芽。二是应用赤霉素（GA）打破休眠，促进发芽，如夏季收获的马铃薯要经过一个休眠期才能萌发，用0.5～1 mg/L的赤霉素处理切块可打破休眠提早发芽，当年秋季作为种薯时，生长期延长，产量增加；利用乙烯利可促进生姜萌芽和分株。

（3）控制生长及器官的发育。① 控制徒长用植物生长抑制剂矮壮素（CCC）、多效唑（PP333）等可以控制果菜类蔬菜徒长。如用250～500 mg/L的矮壮素对徒长的番茄进行土壤浇灌，每株100～200mL，可以减缓茎的生长，使植株矮化，减缓作用可持续20～30d；在马铃薯块茎形成时用3000mg/L的B-9进行叶面喷洒，则能抑制地上部分生长，使大部分花蕾和花脱落，增加产量，用50～100mg/L的多效唑在现蕾期喷洒叶面，也可控制茎叶徒长，促进块茎增大。② 控制抽薹开花。应用赤霉素可以促进抽薹开花，而各种抑制剂如矮壮素、比久等则抑制抽薹开花。对于产品器官为叶球、肉质根、鳞茎的蔬菜，要抑制抽薹开花对产品器官的形成，而作为采种栽培或产品器官为菜薹的则要促进抽薹开花。③ 促进生长。赤霉素有促进绿叶菜生长的作用，如芹菜、菠菜、苋菜、莴苣等在采收前10～20d喷洒20～25 mg/L的赤霉素可以增加产量。④ 催进果实成熟。乙烯利可以促进各种果实成熟，如用300～500 mg/L的乙烯利在西瓜果实已充分长大而未熟前喷果实，可提早5～

7d 成熟。

（4）防止器官脱落。干旱、营养不良、机械损伤、病虫害、低温、高温、高湿及乙烯的存在等不良环境条件都可能引起蔬菜器官的脱落。生产上多应用防落素（PCPA）、赤霉素、生长素（萘乙酸、2，4-D）等防止茄果类、瓜类、豆类蔬菜的落花落果及落叶，效果显著，如用 10～20 ㎎/L 的 2，4-D 在番茄开花时蘸花（切忌蘸到叶片和幼芽上，以免产生药害）可以防止番茄落花，用 25 ㎎/L 的防落素喷花也有此效果。

（5）调节花的性别分化。植物生长调节剂可以控制某些蔬菜的花芽分化和性别形成。如用 100～200 ㎎/L 的乙烯利喷洒黄瓜、南瓜、西葫芦等瓜类蔬菜的幼苗叶片，可促进雌花形成，减少雄花数量；喷洒 50～100 ㎎/L 的赤霉素则促进雄花分化，减少雌花数量。

3. 常见蔬菜的肥水管理

（1）追肥。追肥是基肥的补充，应根据蔬菜不同生育时期的需要，适时适量地分期追肥，多为速效性的氮、钾肥和少量磷肥。施用时应“少施、勤施”，每次施用量不宜过多，一般在蔬菜产量形成期多次追肥，以补充基肥的不足。

（2）根外追肥。根外追肥又称为叶面喷肥，是将化学肥料配成一定浓度的溶液，喷施于叶片上，具有操作简便、用肥经济、作物吸收快等优点。根外追肥的浓度应根据肥料和蔬菜的种类而定，不宜过高，以免造成叶片烧伤；宜选无风的晴天，在傍晚或早晨露水刚干时进行，避免高温干燥天气造成叶片伤害或喷后遇雨将肥料冲掉。

（3）水肥一体化技术。水肥一体化技术是将灌溉与施肥融为一体的农业新技术。水肥一体化是借助压力灌溉系统，将可溶性固体肥料或液体肥料配兑而成的肥液与灌溉水一起，均匀、准确地输送到作物根部土壤。压力灌溉有喷灌和微灌等形式，目前常用形式是微灌与施肥的结合，且以滴灌、微喷与施肥的结合居多。微灌施肥系统由水源、首部枢纽、输配水管道、灌水器四部分组成。水源有：河流、水库、机井、池塘等；首部枢纽包括电机、水泵、过滤器、施肥器、控制和量测设备、保护装置；输配水管道包括主、干、支、毛管道及管道控制阀门；灌水器包括滴头或喷头、滴灌带。

① 微喷。利用专门设备把有压水流喷射到空中并散成水滴落下，习惯称为“人工降雨”，世界各国普遍应用。喷灌系统形式有移动式、固定式和半固定式三种。喷灌易于控制灌溉量，且均匀度高，比畦灌、沟灌节水 30%～50%；可以改善田间小气候，调节土壤水、肥、气、热状况，不破坏土壤的团粒结构，能冲掉茎叶上尘土，有利于光能利用，增产效果明显；节省劳力，灌水效率高，易实现自动化；土壤利用率高，可增加耕地 7%～10%。但设备投资较大，能耗大。

② 滴灌。利用低压管道系统把水或溶有化肥的溶液均匀而缓慢地滴入蔬菜根部附近的土壤。滴灌完全避免输水损失和深层渗漏损失，特别在炎热干旱季节及透水性强的地区，省水效果尤为显著；适应各种地形条件，能实现灌溉自动控制，节省劳力；省地省肥。滴灌设备投资较高，一般多在设施栽培或经济价值较高的蔬菜上应用。

③ 微灌施肥系统的选择。根据水源、地形、种植面积、作物种类，选择不同的微灌施肥系统。保护地栽培、露地瓜菜种植一般选择滴灌施肥系统，施肥装置保护地一般选择文丘里施肥器、压差式施肥罐或注肥泵。

④ 微灌制度的确定。根据种植作物的需水量和作物生育期的降水量确定灌水定额。露地微灌施肥的灌溉定额应比大水漫灌减少 50%，保护地滴灌施肥的灌水定额应比大棚畦灌

减少 30%～40%。灌溉定额确定后，依据作物的需水规律、降水情况及土壤墒情确定灌水时期、次数和每次的灌水量。以褐土区重壤土设施栽培番茄为例，微灌制度见表 2-6。

表 2-6 褐土区重壤土设施栽培番茄微灌灌溉制度

生育期	灌水次数	水量（mm）	耗水强度（mm/d）
苗 期	1	20.3	0.82
花 期	1	17.1	0.11
结果期	12	251.4	1.46

⑤ 施肥制度的确定。微灌施肥技术和传统施肥技术存在显著的差别。合理的微灌施肥制度，应首先根据种植作物的需肥规律、地块的肥力水平及目标产量确定总施肥量、氮磷钾比例及底、追肥的比例。作底肥的肥料在整地前施入，追肥则按照不同作物生长期的需肥特性，确定其次数和数量。实施微灌施肥技术可使肥料利用率提高 40%～50%，故微灌施肥的用肥量为常规施肥的 50%～60%。仍以设施栽培番茄为例，目标产量为 10 000kg/亩，每生产 1000kg 番茄吸收氮 3.18kg、磷 0.74kg、钾 4.83kg，养分总需求量是氮 31.8kg、磷 7.4kg、钾 48.3kg；设施栽培条件下当季氮肥利用率 57%～65%，磷肥为 35%～42%，钾肥为 70%～80%；实现上述产量应亩施氮 53.12kg、磷 18.5kg、钾 60.38kg，合计 132kg（未计算土壤养分含量）。再以番茄营养特点为依据，拟定番茄各生育期施肥方案。

⑥ 肥料的选择。微灌施肥系统施用底肥可包括多种有机肥和多种化肥。但微灌追肥的肥料品种必须是可溶性肥料。符合国家标准或行业标准的尿素、碳酸氢铵、氯化铵、硫酸铵、硫酸钾、氯化钾等肥料，纯度较高，杂质较少，溶于水后不会产生沉淀，均可用作追肥。补充磷素一般采用磷酸二氢钾等可溶性肥料作追肥。追肥补充微量元素肥料，一般不能与磷素追肥同时使用，以免形成不溶性磷酸盐沉淀，堵塞滴头或喷头。

⑦ 配套技术。实施水肥一体化技术要配套应用作物良种、病虫害防治和田间管理技术，还可因作物制宜，采用地膜覆盖技术，形成膜下滴灌等形式，充分发挥节水节肥优势，达到提高作物产量、改善作物品质、增加效益的目的。

4. 常见蔬菜的病虫害绿色防控技术

蔬菜的品种繁多，复种指数高，常年种植给病虫害的繁殖和传播提供了良好的寄主，因此蔬菜病虫害较多，生产中应贯彻“预防为主、综合防治”的植保方针，突出“以防为主，防治结合”的原则，以农业防治和生物防治为主，结合物理和化学防治。

（1）农业防治。通过耕作栽培措施或利用选育抗病、抗虫作物品种防治有害生物的方法。其特点是：无需为防治有害生物而增加额外成本；无杀伤自然天敌、造成有害生物产生抗药性以及污染环境等不良副作用；一般具有预防作用；但应用上常受地区、劳动力和季节的限制，效果不如药剂防治明显。

① 及时清园。建立良好的耕作制度。蔬菜收获后要及时清除留在菜地的残枝败叶，铲除田边、沟边、路边的杂草，清理出来的残枝败叶及杂草要集中烧毁处理。

蔬菜的连作会导致同种病菌或害虫逐年增多，发病早而重，轮作换茬、水旱轮作对恶化病虫害生存环境，预防病虫发生，减轻损失有显著效果，尤其对土传病害效果更佳。生产上提倡十字花科蔬菜与豆类、瓜类轮作，茄果类与葱蒜类、薯芋类轮作，或者前茬种水稻后茬种蔬菜，以减少同类病害的发生。不同蔬菜的合理间套种也可有效防止土传病害。南方地区春、夏季雨水多，实行深沟高畦种植有利于大雨过后的排水，减少病菌侵染机会。

② 选用抗病、虫的优良品种。针对当地蔬菜生产中的主要病虫害，选择抗病、耐病的优良品种，利用品种的自身抗性抵御病虫为害。多年来，我国各地的科研育种单位选育、推广了各种蔬菜的抗病品种，例如现在普遍种植的津春系列黄瓜品种、秦白系列大白菜品种，都表现出了很好的抗病、虫能力。

③ 进行种子及土壤消毒。有些病害和虫害可通过种子带菌或蛀入种子内传播，因此要选择颗粒饱满无虫口的种子进行播种育苗。带病菌的种子可通过种子消毒杀死附在种皮上的病菌，有虫口的种子可通过人工选种及温烫、药物浸种来消灭害虫。种苗的消毒处理也很重要，在幼苗出圃前 1 周内连续喷施 2 次防病虫的药液可减少幼苗种入大田后的发病率。播种种植前将土地暴晒，前茬根系及土传病害严重的要进行药剂消毒，减少病虫危害。

④ 应用嫁接育苗技术。将品质优、价值高的蔬菜品种嫁接到抗病力强，适应性广的作物上能大大提高蔬菜的抗病力。例如把黄瓜幼苗嫁接到抗性强的黑籽南瓜苗上，可减轻黄瓜枯萎病、青枯病的发生。目前黄瓜、甜瓜、西瓜、番茄、辣椒、茄子等土壤传播病害发生较严重的蔬菜利用嫁接防止病害发生的技术应用越来越广泛。

⑤ 实行科学的田间管理。通过科学的田间管理，如控制温度、湿度条件，合理安排播种期，改善田间小气候，合理的植株调整，科学的施肥技术，地膜覆盖，土壤管理等措施。一是创造有利于蔬菜生长发育的环境，保持蔬菜较强的生长势，增强抗性；二是控制环境中的温度、水分、光照等因素，创造不利于病虫害发生和蔓延的条件。

（2）生物防治。利用生物或其代谢产物控制有害物种群的发生、繁殖或减轻其为害的方法。一般指利用有害生物的寄生性、捕食性和病原性天敌来消灭有害生物。生物防治具有不污染环境、对人和其他生物安全、防治作用比较持久、易于同其他植物保护措施协调配合并能节约能源等优点，已成为植物病虫害和杂草综合治理中的一项重要措施。常用的生物防治方法：一是利用害虫的天敌防治，如用丽蚜小蜂防治温室白粉虱；二是利用生物制剂防治，如印楝素、苦参碱、细菌农药 Bt 制剂、抗病毒制剂等防治某些病虫害；三是利用农用抗生素防治，如虫满克乳油、农用链霉素、新植霉素等。

（3）物理防治。物理防治是利用简单工具和各种物理因素，如光、热、电、温度、湿度和放射能、声波等防治病虫害的措施。常见的有人工摘除、种子热力消毒、防虫网覆盖、黄板诱蚜、灯光诱杀某些成虫等，近年频振式光波杀虫灯、黑光灯和高压电网灭虫器应用广泛。

（4）化学防治。即利用化学农药进行病虫害防治。目前化学农药在蔬菜产品上的残留以及环境污染问题日益受到关注。为保证蔬菜的无公害生产，在进行化学防治病虫害时，应注意以下几点：一是严格控制农药品种。严禁在蔬菜上使用高毒、高残留农药；选用对栽培环境无污染或污染小的药剂类型。二是适时防治。根据蔬菜病虫害的发生规律，在关键时期、关键部位喷药，减少用药量，注意农药安全间隔期。三是合理用药。掌握合理的施药技术，严格控制施药次数、浓度和量，避免无效用药或者产生抗药性。

（八）蔬菜的商品化处理

商品化处理技术主要包括蔬菜产品的整理、预冷、分级包装等，可保持或改进品质，提高商品价值，减少浪费，增加效益，提高市场竞争力。

1. 整理

剔除残叶、败叶、泥土及有机械伤、病虫危害、外观畸形等不符合商品要求的产品，剔除受病虫害浸染和受机械损伤的产品。

2. 清洗消毒

采用浸泡、冲洗、喷淋等方式水洗或用干毛刷等清除果蔬表面污物，减少病菌和农药残留，使之清洁，达到商品要求和卫生标准，提高商品价值。洗涤水要干净卫生。

3. 预冷

在蔬菜采收之后，运输或贮藏之前，将其带有的大量田间热尽快除去，使产品的体温冷却至较为有利于贮藏、运输的温度。预冷的目的是：有助于减少产品腐烂、最大限度地保持产品的新鲜度和品质。国际上通常采用的预冷方法有自然对流冷却、强制冷风预冷、真空预冷、水预冷和接触冰预冷等。自然对流冷却：阴凉通风处自然散热，操作简单易行，成本低廉，适用于大多数果蔬，但冷却速度较慢，效果较差；强制冷风预冷：利用冷风机强制冷空气在果蔬包装箱之间循环流动，从而使产品温度快速降下来，冷却速度稍快，但需要增加机械设备，果蔬水分蒸发量较大；真空预冷：是将果蔬放在真空室内，迅速抽出室内气体至一定真空度，利用果蔬中的水在减压条件下的快速蒸发带走果蔬组织中的热量使产品迅速降温的预冷方式，冷却速度快，效率高，不受包装限制，但需要设备，成本高，局限于适用的品种，一般以经济价值较高的产品为宜；水预冷：以冷水为介质的一种冷却方式，将果蔬浸在冷水中或者用冷水冲淋（0～1℃），达到降温的目的，操作简单，成本较低，适用于表面积小的产品，但病菌容易通过水进行传播；冰预冷：将碎冰放在包装里面或外面，使产品降温的冷却方法，冷却速度较快，但需冷库采冰或制冰机制冰，碎冰易使产品表面受伤，耐水性差的产品不宜使用。

4. 分级

上市前，蔬菜产品一般在产地进行分级。主要是根据产品的品质、色泽、大小、成熟度、清洁度和损伤程度来进行分级。目前，蔬菜的分级全国尚未有统一的标准，都是根据不同的消费习惯和市场需要来决定。

5. 包装

包装按在流通领域中的作用来分，有运输包装（为满足商品的运输要求而进行的商品包装），包括外包装，如：竹筐、荆条筐、麻袋、木箱、瓦楞纸箱、塑料箱、泡沫箱、托盘等；销售包装（直接盛装一定数量零售商品的包装，它与商品配装成一个整体，随同商品一起出售），包括内包装，如：塑料薄膜袋、网袋、小纸箱。

（九）露地蔬菜的茬口安排

露地蔬菜为周年生产模式，由于没有使用蔬菜生产保护设施，完全依靠自然气候条件进行蔬菜种植生长，因此选择适当的蔬菜种类和品种进行茬口衔接，显得十分重要，而且仍然是蔬菜周年化生产的重要基础。在露地进行春马铃薯-胡萝卜-夏大白菜、菠菜或洋葱-黄瓜-胡萝卜、番茄-青蒜-茼蒿-甜瓜等周年化模式的蔬菜生产可取得良好的经济效益和社会效益。

二、设施蔬菜生产

（一）地膜

地膜指由工业部门生产的专用于农作物地面覆盖栽培的塑料薄膜。其主要特点是：质地很薄（0.005～0.015mm），韧性强、透光性好。地膜的原材料为聚氯乙烯或聚乙烯。由于地膜覆盖有以下作用：① 提高膜下土壤温度；② 保持土壤湿度；③ 改良土壤性状；④ 防止地表盐分聚集；⑤ 增强作物的光能利用率；⑥ 提高肥料利用率；⑦ 降低空气相对湿度。因此在农业生产中被广泛应用。

1. 地膜的种类及特点

（1）无色透明地膜。它是我国目前应用的最广泛的一种地膜，厚度为 0.005～0.015mm，幅宽为 80～300cm 不等，其透光率可达 80%～90%，还有一定的反光作用，可增加植物下部叶片的受光。

优点：膜透光性好，土壤增温效果明显，早春可使耕层土壤增温 2～4℃，高温时期膜下地表温度可达 60℃以上，适用于低温、寒冷的干旱与半干旱地区。

缺点：透明地膜因为透光性好，覆盖下面易生杂草，所以在铺膜前最好喷洒除草剂。

应用：一般应用于春秋季节保温栽培。

（2）黑色地膜。在聚乙烯树脂中加入 2%～3%的炭黑制成，厚度为 0.01～0.03mm，其透光率仅为 10%。

优点：膜的透光率很低，阳光大部分被膜吸收，膜下杂草因缺光黄化而死，具有较好的灭草作用，夏季在设施中使用可降低空气湿度，降低土壤温度。

缺点：对土壤的增温效果不如透明膜，一般可使土温升高 1℃左右。而且自身较易因高温而老化。

应用：适用于夏季高温季节覆盖栽培。

（3）银灰色地膜。在聚乙烯树脂中加入含铝的银灰色母料制成，透光率在 30%左右，能够反射紫外线。

优点：具有驱避蚜虫、黄条跳甲、象甲和黄守瓜等害虫和减轻作物病毒病的作用，可以抑制杂草和增加近地面光照，有利于果实着色。

缺点：对土壤的增温效果不明显。

应用：适用于春季、夏秋季的防病抗热栽培。

（4）黑白双面膜。两层复合地膜，一层为乳白色，另一层为黑色，厚度约为 0.025～0.04mm，用量大，成本高。

优点：具有反光，降温，除草的作用。

缺点：对土壤的增温效果不明显。

应用：适用于夏秋季节蔬菜的抗热降温栽培。使用时乳白色一面朝上，能将透过作物间隙照射到地面的光反射到作物中，改善作物中下部的受光条件，而且能降低地面温度 1～2 度；黑色一面朝下，能抑制杂草生长。

（5）银黑双面膜。一层为银灰色，另一层为黑色，厚度为 0.02～0.025mm。

优点：这种膜比黑白双面地膜具有更强的反光作用和降低地温的功能，同时能驱避蚜虫，减轻病毒病的发生，能抑制植物的徒长。

缺点：对土壤的增温效果不明显，用量大，成本比较高。

应用：适用于夏秋季节蔬菜的抗热降温防虫栽培，使用时银灰色朝上，黑色贴地面，

2. 地膜的使用方法

铺膜时，膜的边缘在畦的 1/2～2/3 处，以利于水分渗入畦中，薄膜一定要紧贴地面，表面要平整，薄膜四周应用细土压紧。有条件的可采用机械化操作。定植时，可用打孔器按一定的株行距在薄膜上打上孔，也可用手开孔，但一定不要把薄膜弄坏了，定植后应用细土将定植孔四周盖住。

（二）大棚

1. 大棚的种类及特点

常用的大棚类型有镀锌薄壁钢管组装式大棚、竹木结构、钢竹混合结构、混凝土竹架结构、钢筋混凝土结构。根据大棚连接的方式又可分为单栋大棚、联栋大棚。

（1）竹架大棚。竹木大棚的跨度一般为 4～6m，高 2～2.6m，两侧肩高 1.1～1.3m，长 20～40m，单栋生产面积 200m^2 左右；四川地区的竹架大棚一般设一排立柱或不设立柱，便于操作。

特点：成本低，建造灵活方便，是农村地区普遍采用的一类大棚，透光率低，通风不便，棚内湿度较高。

（2）镀锌薄壁钢管组装式大棚。一个标准的钢架大棚为宽 8m，长 30m，钢架大棚的长、宽、高可根据当地的气候条件、土地的大小和形状做适当的调整，一般宽度分为 6m、7m、8m、9m 4 种，长度 20～40m，顶高 2.6～3.5m，侧高 1.2～1.8m。

特点：耐腐蚀性强，设计使用寿命可达 10～15 年，棚架各部件之间均用专用卡件连接，装配拆卸方便，坚固，架材轻巧，一个标准大棚全重约 500kg，搬运方便，通风换气方便。价格比较高。

2. 大棚所需材料及建造的成本

（1）镀锌薄壁钢管组装式大棚。镀锌薄壁钢管组装式大棚的拱杆采用 ø25×1.5mm 的镀锌薄壁钢管，拱杆间距 1m。棚顶配置 ø25×1.5mm 的镀锌薄壁钢管纵向管三道。大棚前后端部各配有 2000×2000 的钢制推门一套（滑动门）。棚四周配置双层镀锌卡槽为 0.6mm 厚的四道卡槽。配置压膜绳，间隔 3m 一组。棚膜有聚乙烯长寿无滴膜和乙烯-醋酸乙烯（EVA）膜，厚度为 3 丝～10 丝，一般常用 8 丝厚的国产无滴棚膜。一个标准大棚所需 8 丝厚的 EVA 棚膜 40kg，建一个标准的镀锌薄壁钢管组装式大棚约需 6000～7000 元左右。

（2）竹架大棚。竹架大棚采用的拱杆为直径 2cm 左右、长度 2m 以上的无虫蛀青竹，拱杆距离 0.5m 左右中间设一排立柱，立柱距离 2m 左右，棚顶拉 3 道拉杆，一个标准竹架大棚建造成本 2000 元左右。

3. 大棚内气候特点及调控

（1）光照。光照强度弱，在距离地面 1m 高处，大棚内光照只有露地 70%。单栋大棚比连栋大棚的透光率高，竹木结构的大棚比钢架结构的透光率低。大棚内同一位点，上面强，下面弱，棚架越高，近地面的光照强度越弱。大棚由于采用覆盖保温材料，光照时间比露地少很多。光照时间缩短，不仅影响光合作用，还影响花芽分化的早晚或雌雄花的发生规律。改善大棚的透光能力，减少棚膜的水分和灰尘可增强大棚的自然光照强度，夏季可采用覆盖遮阳网降低大棚内的光照强调。图 2-6 所示为竹架大棚图。

图 2-6 竹架大棚

（2）温度。大棚内温度的来源主要靠太阳的直接辐射和散射辐射。南方地区，大棚覆盖保温的时间大致在 10 月到第二年的 6 月，这段时间内，大棚随外界气温的降低而降低，在 1～2 月达到最低，随后逐渐升高。一天中，日出前大棚内气温最低，棚内最高气温出现在 13 点前后。在冬季一般采用多层覆盖保温，在夏季一般采用通风降温和遮阳网覆盖降温。

（3）湿度。晚上空气湿度大，棚内的相对湿度达到 90%以上，甚至达饱和状态；白天，相对湿度在 80%～90%。季节性变化明显，冬季，平均相对湿度在 90%以上，比露地高 20%左右；春季，棚内相对湿度一般在 80%左右，比露地高 10%。随天气状况发生变化，晴天，大棚内空气湿度相对低为 70%～80%；阴雨天气，大棚内的空气湿度较高，一般可达 80～100%。通风换气是降低大棚湿度最有效的也最常用的方法。

4. 大棚蔬菜的种植模式

（1）春提早栽培。品种有：茄子（六叶茄、红山叶、早冠 8 号）、番茄（合作 903、中杂 9 号、以色列 144 及樱桃番茄）、辣椒（福椒 4 号、中椒 10 号、湘研 12～15 号）、黄瓜（津优 2 号、长春密刺、津春 3 号及水果黄瓜）。

播种：10 月上旬～来年 2 月中旬播种，浸种催芽。

定植：2 月上旬～3 月下旬定植，采用地膜加小拱棚或加二道膜覆盖保温。

管理：大棚内温度不低于 10 度时，可在中午前后解开小拱棚的两侧，通风降湿。

采收：4 月上、中旬开始采收，6～7 月采收完成。

（2）秋延后栽培。品种有：秋辣椒（中椒 10 号、湘研 12～15 号、二荆条）、秋番茄（美国大红、合作 905、佳粉 17）、秋黄瓜、秋茄子、芹菜（二黄芹、日本芹、荷兰芹）、莴笋（青挂丝、春秋大白皮、竹筒青）。

播种：7 月中旬，浸种催芽，播种后遮阳网覆盖，出苗后，小拱棚加遮阳网。

定植：8 月定植，秋季雨水多，须做深沟高畦。

管理：扣膜保温，10 月开始覆盖棚膜，覆盖初期晴天应通风降温。

采收：9 月开始采收，2 月采收完成。

7. 四川地区大棚蔬菜生产的茬口安排

（1）育苗—栽培型

冬季育苗：采用电热温床，12 月上旬播种，3 月上旬定植，可育番茄、茄子、辣椒。

春季栽培：3 月上中旬定植，6 月下旬采收完成（100 天），可种植番茄、茄子、黄瓜、辣椒。

夏季育苗：采用遮阳网，6 月下旬播种，8 月中旬定植，苗期 45 天，可育甘蓝、花椰菜、番茄、辣椒等。

秋冬栽培：8 月中下旬定植，11 月下旬采收完成，可种植秋番茄、秋辣椒、秋黄瓜、葱蒜、芹菜、莴笋、甘蓝等。

（2）栽培—栽培型

春季栽培：2 月中旬定植，4 月采收，可采收到 6 月中旬，种植的蔬菜有茄果类和瓜类。

夏季栽培：采用遮阳网，6 月上中旬定植，8 月中旬采收完。可种植小白菜、莴笋、芹菜。

秋季栽培：采用遮阳网，8 月中旬定植，11 月上旬采收完成，可种甘蓝、花椰菜、番茄、辣椒等。

冬季栽培：11 月上旬定植，2 月上旬采收完成，可种植芹菜、菠菜、葱蒜等。

（3）套作型

① 空心菜套种生姜—秋莴笋—菠菜

空心菜育生姜套种：2 月上旬至 7 月中下旬。秋莴笋：8 月上旬至 9 月下旬。越冬菠菜：9 月下旬至来年 2 月。

② 春提早辣椒（番茄、茄子）—秋延后苦瓜

辣椒 9 月下旬播种 2 月上旬定植，4 月上旬采收，7 月中旬采收完成；苦瓜一般采用台湾农友的嫁接苦瓜，在 4～5 月定植到大棚的两侧，株距为 1m，6 月开始采收，可采收到 11 月。

③ 速生菠菜—萝卜—夏季豇—早秋莴笋

菠菜 9 月下旬播种，12 月陆续采收，来年 2 月采收完成；3 月上旬播种萝卜，4 月下旬陆续采收，5 月采收完成；豇豆 5 月播种，7 月采收完；莴笋 6 月育苗，苗龄 20～30 天，7 月定植，8 月采收，9 月采收完。

④ 速生绿叶菜—豇豆—蒜苗

速生绿叶菜以菠菜、油麦菜、小白菜等为主，2 月上旬播种，4 月采收；豇豆 5 月直播，7 月采收，8 月采收完；蒜苗 9 月播种，越冬前 5～6 片叶。

第三节 果树生产

一、果树育苗

果树育苗主要有种子育苗和营养繁殖育苗。种子育苗主要用于砧木的培育；营养繁殖

育苗方法有嫁接、扦插、压条、分株等，目前生产上常采用嫁接苗。

（一）容器育苗（基质育苗）

容器育苗是用特定容器培育果树幼苗的育苗方式，与常规育苗不同的是需要配制基质和准备容器，又称为基质育苗。其特点是便于集中管理，苗木生长快而整齐，质量好，定植时间灵活，移栽成活率高，节省土地，育苗效率高和便于运输。

1. 容器种类

包括各种育苗钵、营养杯、容器袋等，有泥质、纸质、塑胶和塑料薄膜袋等。

2. 育苗基质的配制

常用的基质原料有：田园土、腐殖土、塘泥、泥炭土、河沙、蛭石、珍珠岩、发酵后的木屑和其他农作物残留物等。根据果树种类及当地具体情况选择适合的基质配方进行配制。以下基质配方可供参考：

（1）腐叶土∶园土∶河沙为3∶5∶2。

（2）泥炭土、烧土、黄心土各等份。

（3）塘泥、粗砂、腐叶、猪粪各等份。

对拌料场地进行整理消毒，将足够的育苗基质倒在消了毒的场地上，搅拌均匀，再淋水搅拌，直到手轻握成团手指间有滴水，然后充分混匀备用。配制时适当加入化学肥料和农药，肥料可以加硝酸钙、硝酸镁、磷酸二氢钾等；农药可加入10%吡虫啉或1.8%阿维菌素等杀虫剂，75%百菌清、70%代森锰锌或速克灵等杀菌剂；配制过程中要注意猪粪、木屑、作物秸秆等一定要充分腐熟才能使用。

3. 育苗过程

将配制好的育苗基质装入育苗容器，注意不能堵塞排水孔，将处理好的种子2～3粒播入容器中，覆土，浇透水；若采用扦插繁殖则将插条插入容器中。然后可用稻草或地膜覆盖以保持湿度，待幼苗出土后及时揭去。

（二）嫁接育苗

1. 嫁接时期

嫁接时间主要有春季和秋季。春季一般在砧木芽萌动前或开始萌动而未展叶时进行。过早，伤口愈合慢且易遭不良气候或病虫损害，过晚易引起树势衰弱，甚至到冬季死亡。实践中，春季嫁接在萌芽前10天到萌芽期最为适宜；秋季主要在9～11月。

2. 接穗的采集

秋季嫁接可随采随用。选品种优良纯正、生长健壮、经济价值高、无病虫害的成年树作为采穗母树。一般选择树冠外围中、上部，生长充实、芽体饱满的新梢或1年生粗壮枝条。

夏季采集穗应立即去掉叶片（只保留叶柄）和生长不充实的梢部，并及时用湿布包裹，以减少水分蒸发。取回的接穗不能及时使用的，可将枝条下部浸入水中，放在阴凉处，每天换水1～2次，可短期保存4～5天。落叶树春季嫁接，穗条的采集一般结合冬剪进行；采集的枝条放在室内或窖内沙藏，若能用冰箱或冷库在5℃左右的低温下贮藏则更好。

3. 接穗的处理

（1）常规贮藏（沙藏法）。用沟藏法埋于湿沙中贮存。穗条采回整理后，打成捆，及时放在低温处保湿贮藏，温度要求低于4℃，湿度达90%以上；在窖内贮藏时，应将穗条下半部埋在湿沙中，上半截露在外面，捆与捆之间用湿沙隔离；窖口要盖严，保持窖内冷凉。这样可贮藏至 5 月下旬到 6 月上旬。在贮藏期间要经常检查沙子的温度和窖内的湿度，防止穗条发热霉烂或失水风干。

（2）蜡封接穗。穗条采回整理后，封蜡。封蜡时先将工业石蜡放在较深的容器内加热融化，待蜡温 95～102℃时，将剪好的接穗枝段一头迅速在蜡液中蘸一下（时间在 1 秒以内，一般为 0.1 秒），再换另一头速蘸。要求接穗上不留未蘸蜡的空间，中间部位的蜡层可稍有重叠。注意：蜡温不要过低或过高，过低则蜡层厚，易脱落；过高则易烫伤接穗。蜡封接穗要完全凉透后再收集贮存，可放在地窖、山洞中，要保持窖内温度及湿度。

（3）冰箱贮存。整理好的穗条放入塑料袋中，填入少量锯末、河沙等保湿物，扎紧袋口，置于冰箱（冷库）中贮藏，温度保持 3～5℃。

4．砧木的选择

（1）砧木种类选择。砧木与接穗要有良好的亲和性，不同树种、品种，所用砧木不同。

（2）砧木部位选择。不同的嫁接时间、方法，所选的部位不同。小苗培育所选砧木应生长健壮、主干直立，根系发达，高 40cm 以上，根颈部直径 0.5cm 以上。

5．主要嫁接方法

嫁接方法有很多，因时、因地、因植物种类、因砧穗情况而定。一般常用的方法有枝接、芽接等。

（1）枝接是指用一段完整的枝作接穗，嫁接于带有根的砧木茎上的方法。常用的方法有：切接、劈接等。一般在春季进行。

① 切接。适于较细的砧木，一般在春季 2～4 月进行。

A. 切砧木：选定砧木，离地面 10～12cm 处将砧木剪断并削平，选择树皮较平滑的一侧，稍带木质部垂直下切，切口深 2～3cm。

B. 削接穗：左手倒握接穗，右手握刀，在接穗基部稍带木质部削长为 2～3cm 的长削面，然后将长削面背面切成 45°、长约 1cm 的斜短削面，两刀相交处成一线，倒转接穗，留 1～2 个芽眼削断。接穗削成楔形，长约 3～4cm。注意：接穗不是先剪成一段一段的再削，而是先在基部削好削面后再行剪断。

C. 插穗，绑扎：接穗的长削面紧贴砧木的切面，插入砧木的切口之中，保证接穗与砧木至少有一侧的形成层对齐、密切紧贴，插穗深度以微露削面为宜。插穗插入后，马上将砧木切开的部分包被在接穗外面，用塑料薄膜带绑扎固定，同时封闭砧木切口和接穗顶端，防止水分蒸发。绑扎时应绑紧，不要使接合处有丝毫移动。切接法如图 2-7 所示。

② 劈接。常用于较大砧木或高接换种。根据砧木的大小，可从距地面 5～6cm 高处剪断或锯断砧木，并把切口削成光滑平面以利愈合，用劈接刀轻轻从砧木剪断面中心处垂直劈下，劈口长 3cm 左右。劈接法如图 2-8 所示。

（2）芽接。芽接与枝接的区别为芽接的接穗较小，通常是带一芽的茎片，或仅为一片不带木质部的树皮，或带有部分木质部，常用在较细的砧木上，具有接穗用量省、操作快速简便、嫁接适期长、可补接、接合口牢固等优点。应用广泛，一般在夏季和早秋进行。下面主要介绍 T 形芽接和嵌芽接。

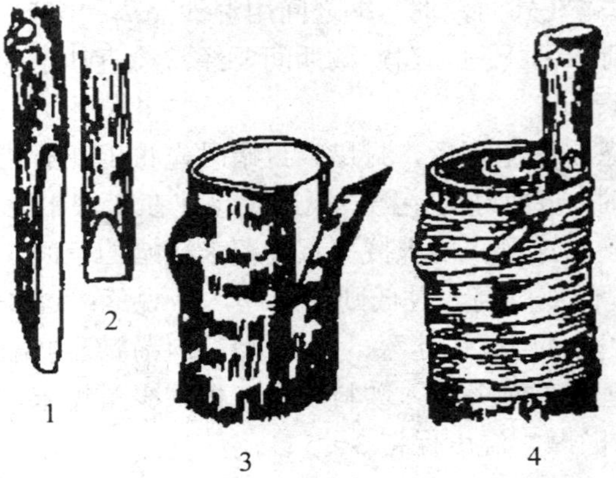

1.、2. 削接穗；3. 切砧木；4. 插接穗绑缚

图 2-7 切接法

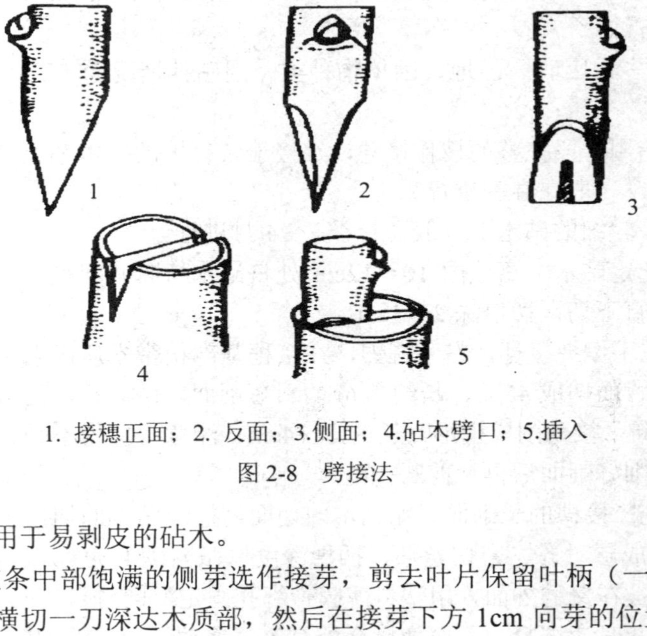

1. 接穗正面；2. 反面；3.侧面；4.砧木劈口；5.插入

图 2-8 劈接法

① T 形芽接适用于易剥皮的砧木。

A. 取芽。将枝条中部饱满的侧芽选作接芽，剪去叶片保留叶柄（一般长 1cm），在接芽上方 5～7mm 处横切一刀深达木质部，然后在接芽下方 1cm 向芽的位置削去芽片，芽片呈盾形，连同叶柄一起取下。B. 切砧木。在砧木离地 4～5cm 处的一侧横切一刀，深达木质部，再从切口中间向下纵切一刀长 3cm，使其成“T”字形，用芽接刀轻轻把皮剥开。图 2-9 所示为“T”形芽接法。

C. 嵌芽绑扎。将盾形芽片插入“T”字口内，紧贴形成层，用剥开的皮层合拢包住芽片，用塑料膜带扎紧，露出芽及叶柄。7～10 天左右，若叶柄一触即落，说明成活。

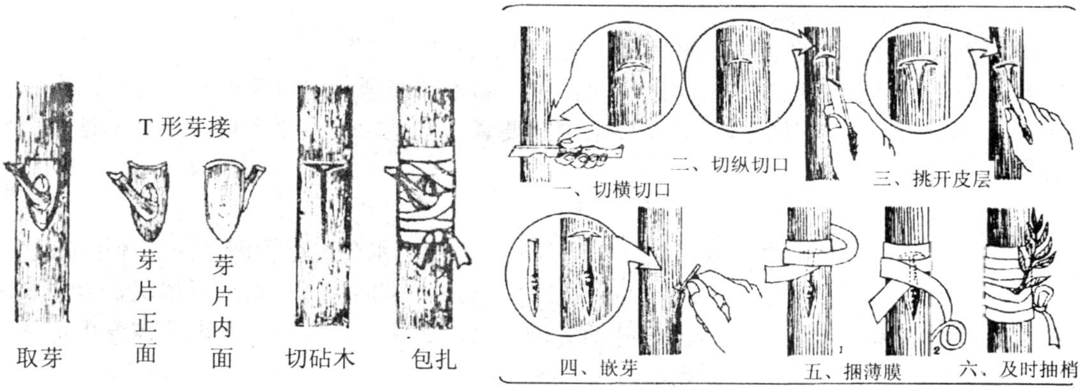

图 2-9 T 形芽接法

② 嵌芽接。在砧木不易离皮时用此方法。

A. 取芽。在芽的上方 0.5～1cm 处斜切一刀，稍带部分木质部，长约 1.5cm，再在芽下方 0.5～0.8cm 处斜切一刀取下芽片。

如果当年不萌发，也可发把芽片连芽全部包扎起来。

B. 切砧木。在砧木适当部位切与芽片大小相应的切口。

C. 嵌芽绑扎。将芽片插入切口对齐形成层，(形成层至少一边要对齐)，芽片上端露出一点砧木皮层，用塑料膜带扎紧，捆绑时如果要求芽接后即萌发，芽必须露出来。嵌芽接法如图 2-10 所示。

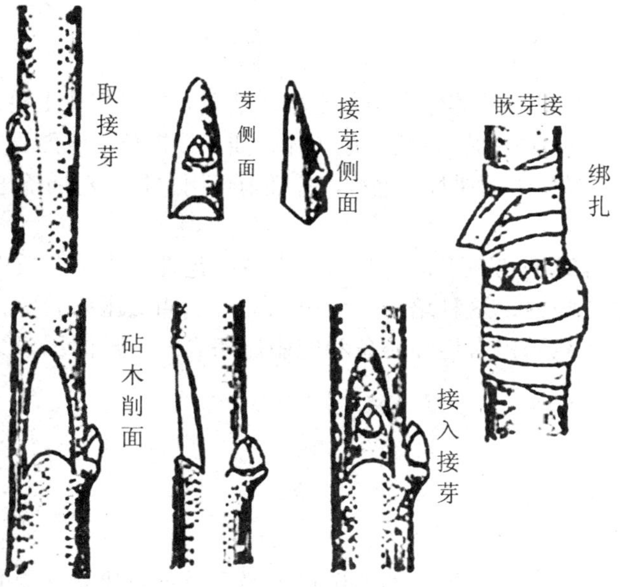

图 2-10 嵌芽接法

6. 嫁接操作技术要点

嫁接操作过程要求做到快、平、准、紧、严、净“六字”。

快是要求嫁接刀要锋利，嫁接速度快；平是砧木和接穗的切口要平滑；准是砧木和接穗的形成层至少有一侧要对准；紧是要求绑缚要紧；严是嫁接口要密封；净是砧穗切口要干净无污染。

7. 嫁接后的管理

各种嫁接方法嫁接后都要对温度、空气湿度、光照、水分进行管理，保证嫁接成活率。

（1）检查成活与补接。芽接后1周左右，有的2～3周即可检查成活情况，以便及时补接。凡芽体和芽片叶呈新鲜状态，叶柄一碰即落，表示已经成活。发现芽体变黑，芽片萎缩，叶柄触之不易脱落时，则表示嫁接未成活。

（2）解除绑缚物。对嫁接已成活，愈合已很牢固的苗木，要及时解除绑缚物。春季芽接，一般20天左右可以解除绑缚；秋季芽接，当年不能发芽，为防受冻和干缩，不要过早去掉绑缚物。枝接宜在新梢长到20～30cm，接合部已生长牢固时，再除去绑缚。

（3）剪砧。春季芽接和枝接，应在嫁接时剪去接合部以上的砧木部分；秋季芽接则应在第二年春季萌芽之前剪砧。

（4）设立支柱。在春季风大的地区，防止接穗新梢风折和接口劈裂，当新梢高达20～30cm时，应靠砧设立支柱，绑缚新梢，以减轻风摇和损伤。待风季过后，再剪去砧条。

（5）除萌蘖。嫁接后，特别是剪干嫁接，往往会在砧木接口以下或根部发出许多萌条和根蘖，消耗水分和营养，应随即将其抹除。当嫁接未成活时，则应从萌条中选留一枝直立、健壮的枝条，加强管理，以备补接时应用。

（三）其他育苗方法

1. 扦插育苗

扦插育苗是指将果树部分营养器官插入土壤（基质）中，使其生根、萌芽、抽枝，成为新植株育苗的方法。可分为根插、枝插和芽（叶）插，根据枝条成熟程度，枝插分为硬枝扦插和绿枝扦插。对于不易生根的树种、品种，扦插前可用生根剂对插条进行处理，促进生根。

2. 压条繁殖

在枝条与母株不分离的状态下，将其压入土中或包埋于生根介质中，使其生根后与母株剪断脱离，成为独立植株，这种培养成新植株的方法叫做压条繁殖。压条繁殖多用于扦插生根困难的树种。压条繁殖有地面压条和空中压条之分，地面压条又分直立压条、水平压条和曲枝压条等。

二、建园

（一）园地和树种品种选择

1. 园地选择

确定经营思路，合理选择园地。园地选择主要看经营者建立果园的目的，是以生产为主还是以观光农业为主，是就近销售还是异地销售，是鲜食还是加工等。先确定果园的生产规模和地理位置，然后根据所栽植果树对当地自然环境条件（包括土壤、气候、水源等）的适应性来确定园地位置。如猕猴桃不耐贮藏应选择交通便利、土壤肥沃的平地、山地或丘陵，核桃、板栗等坚果耐贮藏可在交通不便的山地发展，同时还应考虑所栽植果树对土壤、气候等自然条件的需求。

2. 树种品种选择

根据当地自然环境条件和果园经营思路，选择适宜树种、品种，适当考虑与成熟期配套。目前，四川地区不同生态区有相应的主栽果树种类及品种，如甘孜、阿坝地区重点发展甜樱桃等适合高原冷凉气候的果树，攀西高原热量充沛主要发展芒果等热带水果，成都平原地区重点发展桃、早熟梨、枇杷、猕猴桃、杏、葡萄等特色水果以及核桃等坚果类果树，川东地区发展柠檬、甜橙、宽皮柑橘等柑橘。四川地区主要果树的主栽品种及新品种见表 2-7。

表 2-7　四川地区主要果树的主栽品种及新品种

果树种类	主栽品种及新品种
柑橘	塔罗科血橙、纽荷尔脐橙、新世纪脐橙、新生系 3 号椪柑、中岩早椪柑、尤力克柠檬、里斯本柠檬、杂柑（不知火、清见、天草）等
桃	早熟皮球桃、极早红、苹果桃、美脆桃、油桃（中油 4 号、5 号）等
李	布朗李、脆红李、青脆李、秋红李等
猕猴桃	海沃德、红阳、晚红、金艳等
枇杷	大五星、解放钟、早钟 6 号等
核桃	漾濞核桃、香玲、8518 等
葡萄	红地球、瑞必尔、玫瑰香、美人指、藤稔、巨峰、无核白等

（二）果园规划与实施

根据经营思路和果园功能，合理规划设计果园。果园用地包括种植用地和辅助用地，在果树定植前应先建设辅助用地。

1. 辅助用地规划与建设

辅助用地包括道路系统、排灌系统、防护林及管理区建筑用地等，属于非生产用地。设计时既要满足生产需要，又要尽量少占土地。对于观光果园还要规划停车场、凉亭、水池等休闲设施。

（1）道路系统。主干道要能贯通全园的每个小区，支干道必须四通八达，人行道要顺利到达每个地块。一般主干道宽 4～6m 左右（能通大汽车），支干道宽 3～4m（能通小汽车和拖拉机），人行道 1～1.5m。

（2）排灌系统。分别修建拦洪沟、排水沟、排灌沟渠、提灌站和大、中、小水池，应尽量利用自然集水面，着重以蓄为主，以提为辅，蓄引结合。排水沟分明沟和暗沟两种，目前，多采用明沟排水。大排水沟：深 0.5～1m，顶宽 1～1.5m；中小排水沟：深 0.3～0.5m，顶宽 0.5～1m。有些果园为防止外水进入，排除内水，在果园四周设宽而深的排水沟，效果较好。稻田或潮湿的田地等地下水位较高，容易雨季积水，应采用深沟高厢，提高畦面高度，以防积水伤根。

修建蓄水池存水，充分利用降水资源，尽量做到降雨蓄水，一般每15～20亩地修建30～50m^{3}的蓄水池一个。提水设备，一般用高于5kW的高压潜水泵提水。

（3）防护林和绿篱的设置。在迎风口选择生长快的高大树种作为防护林，绿篱一般用有刺的植物比较好。

2. 果园种植用地规划

百亩以上的大果园必须划分成若干小区，每小区的地形气候要相近，面积在30～100亩左右；几十亩的小果园规划较为简单，只须根据园地情况和所选择品种确定种植行向和株行距即可。平地种植区应南北行向为宜，坡地应与等高线平行，坡度在6～25°的山地、丘陵地，建园时宜修筑水平梯地。

3. 配置授粉树

合理配植授粉树，提高果园产量。自花不实或自花结实率低的树种品种必须配植授粉树，如梨、苹果的绝大多数品种、核果类的部分品种、柑橘中的部分品种（如柚类）均应配置授粉树。即便一些自花结实的落叶果树品种，配植适当的授粉树，也可提高产量和品质。

授粉品种必须选择品质好、花粉多、丰产、有经济效益的品种，同时注意与主栽品种的亲和性以及花期是否相符等。

（三）果园改土

在土壤条件不佳的园地建园应进行改土，要求重施基肥、根据树种品种要求调节土壤酸碱度。改土最好在栽苗前一个月完成。果园改土应根据园地情况和资金情况来进行，如时间来不及或资金不充足，亦可不经改土，先将苗木按规划点挖长、宽、高各30～60cm的小穴定植，然后逐年向外扩穴深翻。目前多采用壕沟或定植穴改土。

1. 壕沟改土方法为按确定的株行距顺行挖定植沟，沟宽60～100cm，沟深60～80cm，长度不限，以整块地挖通为宜，定植沟最好按南北方向开挖（坡地和丘陵则按等高线挖沟改土）。挖沟时将心土与表土分开堆放，将作物秸秆、杂草、绿肥、迟效磷肥、石灰（每100kg绿肥1kg石灰）等混合，表土分层压入，心土盖于最表层，但栽植苗木处须用表土。底肥的最上层至沟表面至少保持30cm以上土层，沟表面可高于周围地面10～20cm。

2.定植穴改土是按确定的株行距挖坑穴，长、宽、深各60～80cm，按壕沟改土方法进行改土。

三、定植

1. 定植时期

根据建园准备情况，确定栽苗时间。一般常绿果树以每年9～11月和次年2～3月为最佳；落叶果树从落叶后至次年3月均可定植，但越早越好。

2. 定植密度

根据果园功能、树种品种和栽培管理水平，确定定植密度。矮化密植是目前果树建园的趋势，便于管理，但是应在保证果品品质和产量的基础上合理密植。

3. 苗木准备

起苗前应将苗床浇透水，苗木带土球，长距离运输应将土球用稻草、薄膜等包裹。

4. 定植方式

果树定植方式有长方形、正方形、三角形、带状、等高、篱壁式栽植等多种方式，应根据当地情况具体确定，行向在平地应南北行向为宜，坡地应与等高线平行。

5. 果苗定植技术

在定植点上挖直径为 30cm 的方坑，将坑内及四周泥土碎细，将果苗破损的根系剪掉，将根系在坑内分布均匀，理直、理顺，分层压入细泥土（泥土必须要细，这是保证成活的关键），以泥土刚盖住根颈为宜（保持果苗原土高度）；浇透水也是提高苗木成活率的关键；待水渗透入土壤后，再盖上一层细土，最后用杂草或薄膜覆盖直径为 1m^2 左右的树盘（以保持土壤湿度和温度）。苗木定植后，若遇长期干旱应继续灌水。常绿果树定植后应剪去一部分枝叶，特别是嫩叶，以保证成活率。

四、果园田间管理

（一）土壤管理

果树土壤管理包括果树树盘管理和行间管理。果树树盘管理时，一般用清耕或覆盖（稻草、秸秆或地膜等）；果园行间管理时，行间间作矮小植物，如豆科作物、绿肥、蔬菜等。

果园土壤管理方法常用清耕法、生草法、覆盖法、免耕法、间作等。

（1）清耕法又称为耕后休闲法，即园内不种其他作物，经常耕作，使土壤保持疏松和无杂草状态。优点是短期休闲能改善土壤中的水分、空气和营养状况，便于果园管理和病虫防治。缺点是长期采用清耕法会使土壤结构遭到破坏，有机质减少，并在耕作层之下形成紧实的心土层，坡地清耕还易造成水土流失。

（2）生草法一般是指利用多年生牧草或自然产生的草类覆盖果园土壤的管理方法。优点是能改善土壤结构，增加土壤有机质，在山坡地防止水土流失也很有效；缺点是春季与果树争水争肥，水少，水的矛盾大；水多，肥的矛盾大，并易使果树根系分布靠近地表。这种方法只有在有灌溉条件及肥多的果园进行。

（3）覆盖法即果园覆以杂草、稻草、地膜等，是在树冠下或稍远处覆盖。覆草厚度一般为 20～30cm，覆后逐年腐烂减少，再不断补充新草。覆草有防止土壤表面侵蚀，抑制杂草，还能增加钾肥供应和有机质含量，秋冬季覆草能减少蒸发，防干旱；缺点是易招致虫害和鼠害，长期使用导致植物根系上浮。土壤水分急剧减少时，易引起干旱；采用塑料地膜覆盖，投资较大；土壤肥力下降较快，需大量施肥，且对自然降雨利用率低。现在有专用的地膜，如 LS 地布。

（4）免耕法又叫最少耕作法。主要利用除草剂防除杂草，没有杂草也不耕作。此法具有保持土壤自然结构、节省劳力、降低成本等优点。只适宜在土层深厚、土质较好、有机质含量丰富的果园或封行的果园使用。目前，果园中常用的除草剂有草甘膦、百草枯等。

（5）果园间作：种植一、二年生作物，要求作物矮小，如蔬菜、豆类、药材、薯芋类等；禁止间作高大的作物。目的：充分利用光热资源、改良土壤、增加收入。

（二）果园水分管理

果园水分管理主要根据果园情况、果树树种品种、一年中各生长时期、栽培措施等因素进行排灌水。四川地区主要注意春季干旱时及时灌水，雨季时注意排水。

（三）果园施肥

1. 施肥种类

（1）基肥。以有机肥为主，配合施用钙磷等复合肥，具有长效、缓释性，可长期供给果树多种养分。一般在秋季采果后结合果园深翻施肥，应重施。有机肥应充分腐熟以免烧根。

（2）追肥。追肥用各种化肥或农家肥浸出液等速效肥。生长期要根据果树生长情况施用。可土壤追肥，也可叶面追肥。此外，套餐输液技术通过树干钻孔将肥液、激素等直接输入树体，近年也有应用。

2. 施肥方法

施肥方法多种多样，且方法不同效果也不一样，应根据果园具体情况，酌情采用。有撒施、穴施、沟施等方法。

（1）撒施。将肥料均匀撒到全园，再翻入土中（生草条件下，把肥撒在草上即可），结合灌溉进行，效率高。这种方法施肥面积大，利于根系吸收，适于成年树、密植园。

（2）穴施。在树冠滴水线下面挖施肥穴（坑穴呈圆形围绕着树干）；依树冠大小确定穴数量，然后将肥料施入穴中并覆土。图 2-11 所示为穴施法。

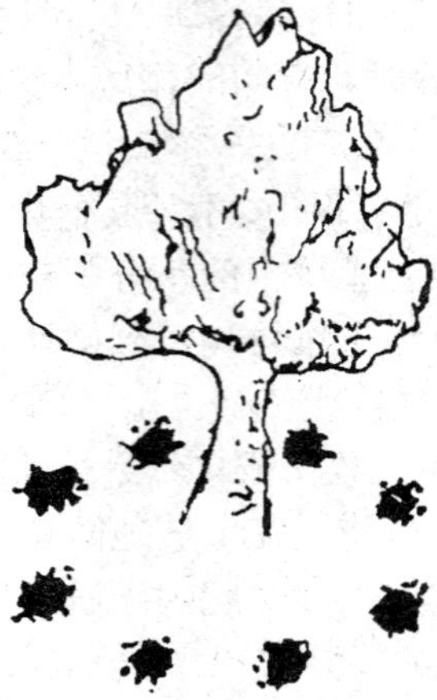

图 2-11　穴施法

（3）沟施。包括环状、放射状、条沟施肥。图 2-12 所示为沟施法。

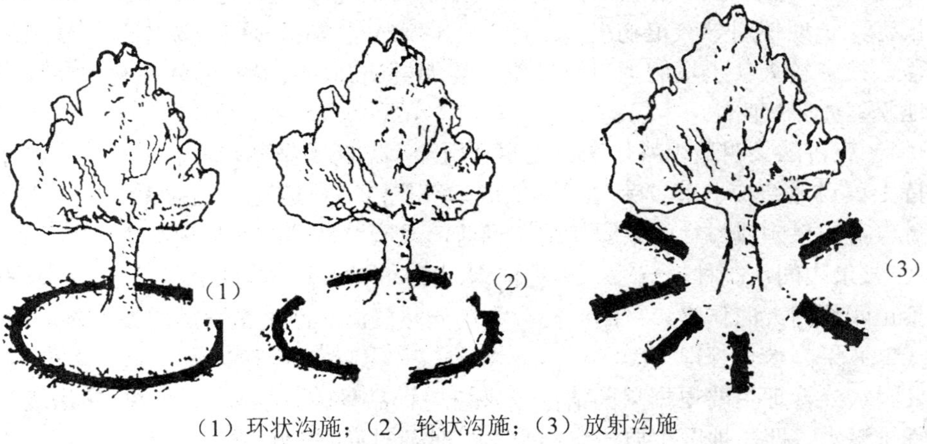

（1）环状沟施；（2）轮状沟施；（3）放射沟施

图 2-12　沟施法

① 环状（轮状）施肥。环状沟应开于树冠滴水线下，施肥量大时沟可挖宽挖深一些。施肥后及时覆土。适于幼树和初结果树，密植园不宜用。

② 放射沟（辐射状）施肥。树冠滴水线下由内向外开沟，外面一端延伸到树冠外缘投影以外。开沟4～6条，宽与深由肥料多少而定。施肥后覆土。这种施肥方法伤根少，能促进根系吸收，适于成年树，太密植的树也不宜用。第二年施肥时，沟的位置应错开。

③ 条沟施肥。在果树行间、株间开沟，可结合深翻进行。此法便于机械或畜力作业。图2-13所示为条沟施。

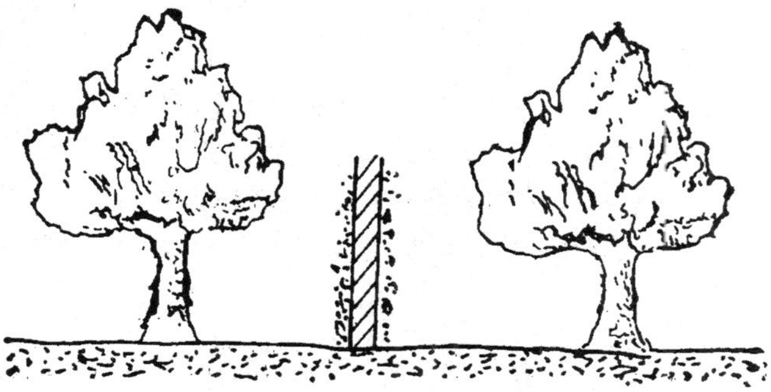

图2-13 条沟施

（4）灌溉式施肥。与喷灌、滴灌结合得较多。灌溉式施肥对树冠相接的成年树和密植果园更为合适。

3．施肥时期

（1）幼年树施肥。幼年树以培育树势、促进早结果为主要目的。施肥原则：基肥施足，生长期薄施勤施，以氮肥为主，促进枝叶生长。

（2）成年果树施肥。成年树以保持树体养分，保证果树丰产、稳产为目的。一年中春季以氮肥为主促枝叶生长；夏末秋初增施磷钾，促花芽分化；秋末冬初以农家肥为主。成年树施肥以秋施基肥为重点，以有机肥为主，肥量要足，同时适量加入磷肥。施用追肥应注意几个关键施肥期：

① 花前肥。又称为萌芽肥，果树萌芽前后到开花以前进行第一次追肥，此期以氮肥为主，配合施用硼肥。这次追肥能保证果树萌芽和花期一致，促进果树枝叶的生长。

② 稳果肥。即花后追肥，果树落花后进行第二次追肥，仍应以氮肥为主，配合适量的磷肥和钾肥，如需要时还可配合施用铁、钙、锌或稀土微肥。这次追肥可减少果树的生理落果，促进坐果，减少落果，促进花芽分化。

③ 壮果肥及花芽分化肥。果实迅速膨大及花芽分化期追肥。第二次追肥后1个月进行第三次追肥，应氮、磷、钾肥配合施用。幼树未停止生长时，应控制氮肥的月量。这次追肥可加速果实膨大，促进种子发育，增加产量；同时能促进果树的光合作用，改善果实品质。

④ 采果肥。采收前后施，第三次追肥后1个月进行第四次追肥。仍以氮、磷、钾肥配合施用。这次追肥可以加速果实膨大，增加果实内的含糖量，提高果品产量和品质。促进花芽分化，恢复树势，保证果树枝条成熟。有利于恢复树势，促秋梢萌发。

（四）果树整形修剪

1. 整形修剪的原则

整形修剪是果树栽培综合管理的一个重要环节，整形是目的，修剪是手段。在整形修剪时，既要重视良好的树体结构的培养，又不能死搬树形。做到有形不死，无形不乱，因地制宜，因树修剪，随枝作形，顺其自然，加以控制，便于管理。“统筹兼顾，长短结合”，“以轻为主，轻重结合”。达到早果、高产、稳产、优质、高效、长寿的栽培目的。

2. 果树整形

果树整形也叫果树整枝，是通过修剪枝条，使果树树冠形成一定的排列形式和合理的树体结构，把树冠的外形剪成一定形状轮廓的过程。整形的过程实际上是修剪技术实施的过程，目的是承担高额产量。

（1）果树树体结构（见图 2-14）。果树树体结构包括地下部（根系）、根颈和地上部，地上部分包括主干（树干）和树冠两部分，其中从根颈到第一主枝或第一个分枝的部分为主干（树干），主干以上的部分为树冠。主干的延长部分为中心干。骨干枝：构成树冠骨架的永久性大枝，包括中心干、主枝等。结果枝组是生长结果的基本单位，指着生在骨干枝的非永久性枝。

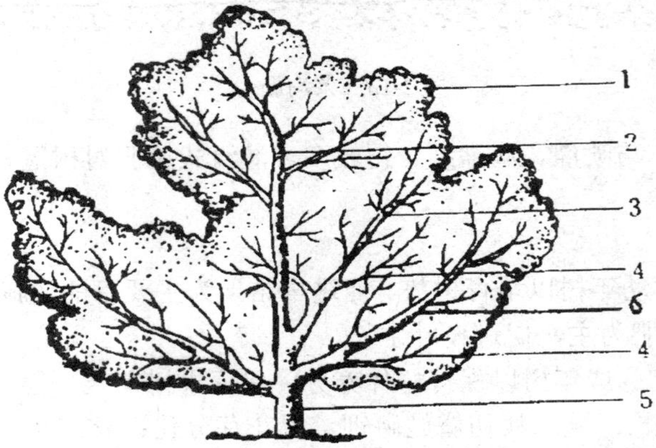

1. 树冠；2. 中心干；3. 主枝；4. 侧枝（副主枝）；5. 主干；6.枝组

图 2-14　果树树体结构

（2）果树常见树形（见图 2-15）。果树常见树形有中心干形（包括疏散分层形、十字形、变则主干形、延迟开心形、纺锤形和圆柱形等）、无主干形（丛状形）、无中心主干形（包括杯状形、自然开心形、Y 字形）、扁形（树篱形和扇形）、篱壁形和棚架形等。

（3）整形方法

① 定干高。干高指地面起到第一主枝的高度。低干树生长较旺，进入结果期早，丰产，树干不易得日烧病，抗风，树体管理方便。因其优点多，生产中多提倡采用矮干。

② 定树冠。根据不同树种品种的不同树形，合理确定树冠大小。中、小树骨架有利于密植，早结果，早丰产，且因构成骨架所需营养少，用于果实的比例增大，有利于提高单位面积产量和克服大小年。

③ 定骨干。骨干枝是构成树冠的基本枝，其本身是非生产性枝，应本着合理而充分利用空间、数目适当的原则配备，达到既构成牢固骨架，又有足够空间着生结果枝为宜。

④ 定分枝。指定主枝与中心干间的角度，是整形中十分重要的问题。分枝角过小，负载量稍高则易劈裂，且生长易偏旺，出现上强下弱，花芽形成少，早期产量低；分枝角过

大，生长势较弱，光照条件好，易形成花芽，结果早而丰产，但易下垂早衰。所以分枝角度应适当，一般基角以 40° ～45° 较好。

⑤ 主侧枝的配备。不论何种树形应注意主枝的配置，理想的主枝着生位置是向四方均匀交错排列，上方主枝位于下方两主枝间的空间内，以减少相互影响。侧枝着生在各主枝上的位置要一致，防止交叉。

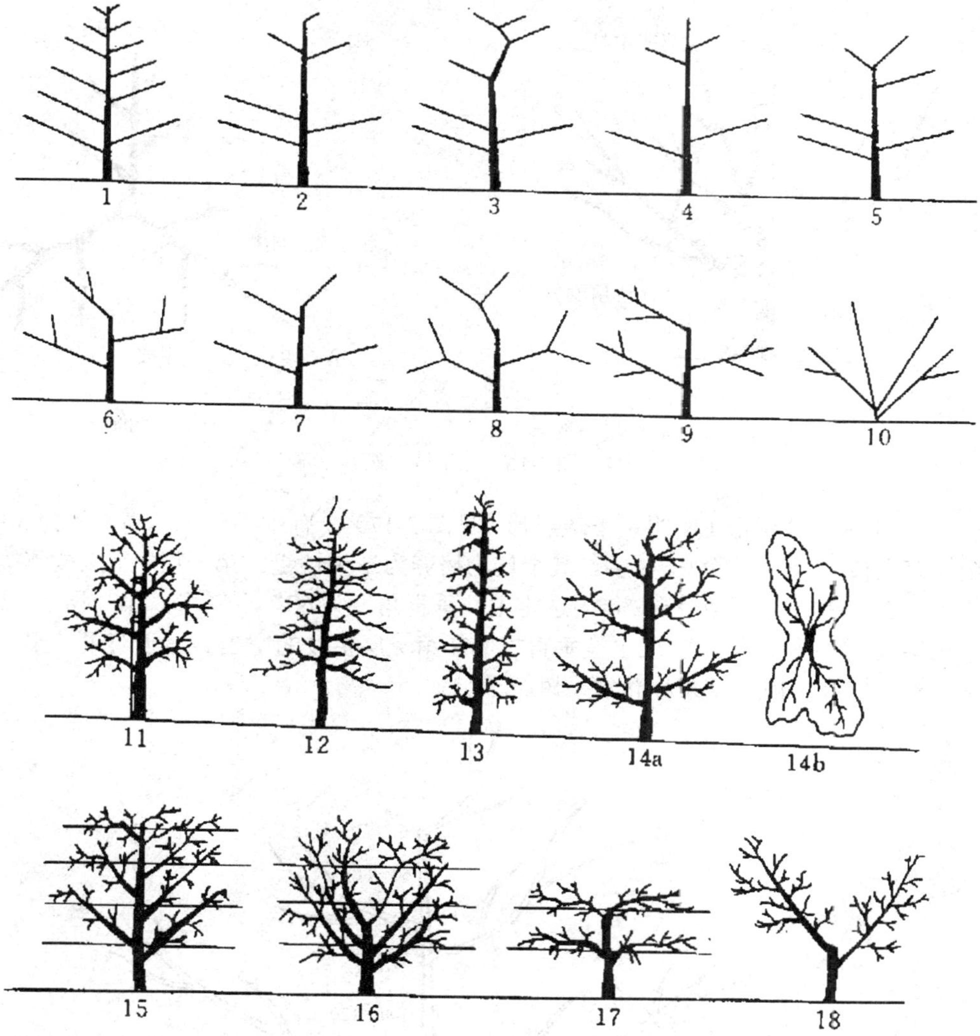

1. 主干形；2. 疏散分层形；3. 其部三主枝小谱曲半圆形；4. 十字形；5. 自然圆头形；6. 主枝开心圆头；7. 多主枝自然形；8. 自然杯状形；9. 自然开心形；10. 丛状形；11. 纺锤形；12. 细纺锤；13. 圆柱形；14. 自然扇形：a. 侧视图，b. 顶视图；15. 斜脉形；16. 棕榈叶形；17. 双层栅篱形；18. Y 型

图 2-15 果树常见树形

（4）常见树形整形方法

（1）三主枝开心形。定植后于 30～50cm 左右截头后留 3 个分布在 3 个方向的主枝，最好是北、西南、东南各 1 主枝，基角保持在 60° ～70° ，每个主枝上配 4～7 个侧枝，结果枝和结果枝组均匀地分布在主侧枝双侧。这种树形光照较充足，树冠也大，能高产。适于桃、梨、枣、核桃、山楂等果树。图 2-16 所示为三主枝开心形。

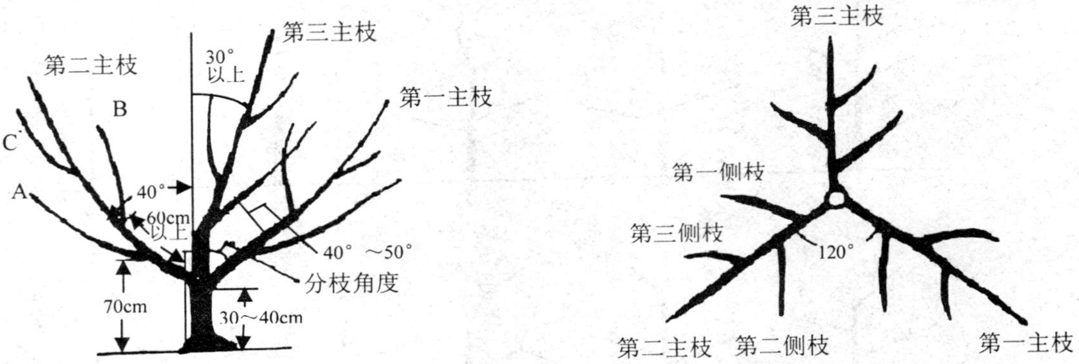

立侧图　　平面图

图 2-16　三主枝自然开心形

（2）疏散分层形（又叫主干疏层形，见图 2-17）。有中心干，干高一般为 50～70cm。全树有主枝 5～6 个，分 2～3 层。其余枝均培养为结果枝组。第一层 3 个主枝邻接或邻近，相距在 20～30cm，并在 1～2 年内选定主枝垂直角度为 60° ～70° ；第二层 1～2 个主枝；第三层 1 个主枝，第二三层主枝垂直投影在第一层主枝的空当。适于苹果、梨、桃、杏、李、枣、核桃、柿、板栗等乔木果树。

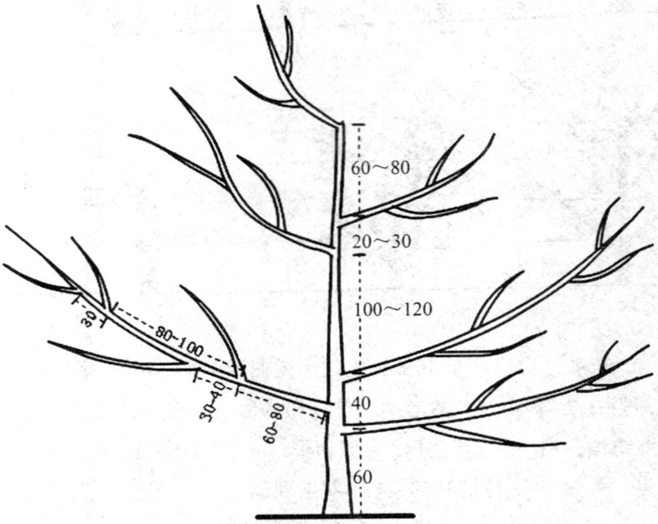

图 2-17　疏散分层形

（3）架式。适于葡萄、猕猴桃等藤本果树，搭架方式有柱式、T 形架、棚架等。

①“T”形架。高 1.6～1.8m（以方便人的工作为准），宽 2～3m，桩间距约 5m，横梁上拉 3～5 道铁丝。一个主干，高 1.6～1.8m（从地面到铁丝）；在主干顶端分生两条主蔓，分别向两边牵引，主蔓长度为株距的一半；在主蔓的两侧着生枝组（结果母蔓）相距 40～50cm，每个主蔓上着生 6～10 个，全树约 12～20 个，注意分布均匀。

② 棚架。棚架至少两排桩，高约 2m，在桩的顶端拉上铁丝（10 号铁丝），铁丝间隔 60cm，形成 60cm×60cm 的网格。棚架宽度在 6m 以下的，是小棚架；宽度在 6m 以上的，是大棚架。猕猴桃一般用小棚架。在整形上，宽度在 3m 以内，和“T”形架完全一样；如果宽度在 3m 以上，则培养 4 条主蔓，一边两条，平行、均匀，其余一样。

3. 果树修剪

即对果树的枝条进行剪截或处理的方法，目的是促进或抑制某些枝条的生长发育，改善树体通风透光性能，调节生长和结果的关系。

（1）修剪时期。

休眠期修剪又称为冬季修剪、冬剪：从冬季落叶到第二年春季萌芽前进行，但应注意如葡萄等有伤流现象的果树必须在伤流期之前完成修剪，常绿果树一般在春梢抽生前进行；塑造树形的修剪一般在休眠期进行，修剪量较大。更新修剪也多在这一时期完成。

生长期修剪又称为夏季修剪、夏剪：在果树生长期间进行的修剪，主要以调整枝梢生长、促进开花坐果、改善树体通风透光条件为主，修剪量宜小。

（2）修剪方法及作用。果树修剪的基本方法有短截、疏枝、回缩、缓放、除萌、摘心、弯枝、扭梢、拿枝软化、环刻、环剥等。

① 短截是剪去一年生枝条的一部分。短截可分为轻（剪去部分枝长小于 1/3）、中（枝长 1/3～1/2）、重（枝长 1/2～2/3）和极重（大于枝长 2/3 至基部只留 1～3 芽）短截。短截作用以剪口下第一芽受刺激作用最大，其新梢生长势最强；离剪口越远刺激作用依次减弱，随着短截加重，其萌芽力提高，成枝力增强，但绝对萌芽数降低，成枝数一般以中截最多。对母枝则有削弱作用，即短截越重，母枝增粗越少。短截主要有以下作用：

A. 抑制强壮营养枝或徒长枝，让它萌发侧枝形成发育枝或结果枝；

B. 刺激较弱的枝条抽生强壮的新梢或抽生中庸的结果枝；

C. 短剪结果枝，减少花量，合理分配树体营养，克服大小年结果现象。

② 疏剪是将一年生枝梢或多年生枝从基部疏除。主要疏除过密枝、交叉枝、重叠枝、细弱枝、背上枝和着生位置不当的枝条，使主侧枝配合匀称，通风透光，合理利用树体营养。具体作用表现在：

A. 疏去干枯枝、病虫枝、减少病虫危害；

B. 疏去树冠外围的密生枝、细弱结果枝，使树冠内部通风透光，提高内膛枝条坐果率。

C. 疏剪对剪口上部枝梢有削弱作用，上部枝成枝力和生长势受到削弱；对下部枝芽有促进作用，距伤口越近，作用越明显；疏剪有减少分枝作用，能显著改善树冠内光照条件，缓和生长势，因而有利于促进结果和生产优质果品。

利用疏剪对母枝有较强削弱的特点，可用于调节主从关系和均衡树势上，对强枝多疏粗壮枝，弱的则少疏或不疏。在现代矮化密植栽培中，不论是幼树和盛果期树，都常用疏剪。

③ 回缩是对多年生枝条的短截。回缩多年生下垂枝、弱枝，能改善树体光照和营养条件，提高果实质量，防止结果部位外移；重短剪衰老的主、侧枝，生发健旺的新梢，更新树冠，复壮树势。

④ 曲枝主要是加大枝条水平伸展角度，削弱顶端优势，提高萌芽力，促进花芽形成。在幼树和初结果树上，开张角度是促进幼树早果丰产的常用方法。

⑤ 刻伤是指在芽、枝的上方或下方用刀横切皮层达木质部。春季发芽前后在芽、枝上方刻伤，可促进切口下的芽、枝萌发和生长。单芽刻伤应用较多，以弥补缺枝一方发出长枝；而多芽刻伤主要用于轻剪、长放的辅养枝上，能缓和枝势、增加枝量。

⑥ 长放是指一年生长枝不剪，修剪中不是任何长枝都可长放，一般中庸枝、斜生枝和水平枝长放。由于顶端优势弱，留芽数量多，易发生较多中、短枝，有利养分积累和促进花芽形成；强壮枝、直立枝、竞争枝易扰乱树形，不宜长放，如要长放，必须配合曲枝、夏剪等措施控制生长势。

⑦ 扭梢是在新梢基部处于半木质化时，将新梢基部扭转 180°，使木质部和韧皮部受伤而不折断，新梢呈扭曲状态，能使新梢先端停长，有利养分积累和促进花芽分化。

⑧ 多道环刻是指在枝条上每隔 10cm 左右，用刀或剪环切皮层达木质部，能显著提高萌芽力。多道环刻主要用于轻剪、长放在辅养枝上，能缓和枝势、增加枝量。多道环刻在萌芽力低的幼树上应用较多。

⑨ 抹芽、除萌和疏梢：将一年生枝上芽在萌动后抹除称为抹芽，多年生枝上为除萌，疏除新梢为疏梢。萌芽力强、一节能发数芽的桃、葡萄等树种，需要抹芽、除萌和疏梢。就是一般树种枝杈间、剪锯口或骨干枝背上冒的萌蘖也需要抹除。其主要作用是选优去劣，除密留稀，节约养分，提高留用枝梢的质量。

⑩ 摘心和剪（抹）梢：摘心是摘除幼嫩的梢尖，剪梢还包括剪除部分成叶在内。摘心和剪梢可削弱顶端优势，暂抑制新梢生长，促进其下侧芽萌发生长，增加分枝。一般在新梢迅速生长期反应强烈，修剪程度适中刺激发梢较好。

4. 果树根系修剪

（1）修剪时期。通常在春季和秋季进行。春季进行根系修剪利于促发旺根，对提高果树长势有利；秋季则易于促发细根，利于缓和树势，实现丰产。生产上多结合秋施基肥进行根系修剪。

（2）根系修剪的方法。果树根系修剪方法主要包括疏根和短截两种；通过疏根可使果树新根分布均匀，而对须根少的部位进行短截，使新根发生部位集中，增加须根数量，对地上部树体营养生长和扩大冠径有促进作用。

（五）疏花疏果

1. 疏花疏果的原则

按树定产，按枝定量，按量留花，花多多疏，花少少疏或不疏，使留花留果尽量合理；弱树多疏，壮树少疏，花芽少的旺树不疏，以调节树势、稳定产量；弱枝多疏，强枝少疏，因枝定量，合理负担，以抑强扶弱；幼壮枝组和健壮果台少疏，老弱枝组和老弱果台多疏，并留适量空台，借以调节生长，使之年年有花、年年有果、年年有枝。

疏除方法一般用人工疏除，也可用化学疏除（适当浓度的化学药剂，如用果宝喷洒果树）。

2. 疏花

（1）疏花时间。最好在蕾期，以花蕾明显露出较为适宜。

（2）疏花方法。花量大要多疏，花量少时要少疏、晚疏或者不疏；弱树早蔬少留、强树迟疏多留；

3. 疏果

（1）疏果时期。一般花后约两周进行。

（2）疏果方法。根据“留优去劣”的原则进行疏果，按树冠上部、冠内、树冠外围的顺序疏除小果、病虫果、畸形果，再根据负载量合理留果，留多叶果，疏少叶果；留侧生、下位果，疏朝上果；留壮枝果，疏弱枝果。疏果次序应由内到外、从上到下，按枝条顺序逐枝进行，防止漏疏或损伤果实。做到“看树定产，分枝负担，均匀留果”。

（六）保花保果及果实套袋技术

1. 保花保果

（1）保花保果的措施

①多留花芽。对花芽少的“小年树”和强旺树，要尽量保留花芽、花朵和幼果，必要时“见花芽就留”，使其多结果、坐稳果、结大果，以提高产量。因此在修剪时不要过分强调树形而剪除过多的花芽。

② 花期喷硼。硼是果树不可缺少的微量元素，它能促进花粉发芽、花粉管生长、子房发育、提高坐果率、防治缩果病和增进果实品质。因此，在盛花期细致地对花朵喷一次300～350 倍硼砂加蜂蜜或红糖水，除可满足果树所需要的硼素外，还可诱导蜜蜂前来采粉，并增加柱头黏液，使花粉粒吸收更多的水分和养分，从而提高受精率和坐果率。但硼砂不溶于冷水而溶于开水，所以硼砂在喷前要先用开水溶化后，再兑水喷施。板栗喷硼能显著减少空蓬。

③ 果园放蜂。梨、桃、李、柑橘等果树，都是虫媒花，且多数品种自花授粉不实，因此除在定植时配置适宜的授粉时外，还应在果园养蜂或花期放蜂，增加授粉昆虫，以提高授粉率。据调查，每 15～20 亩果园有一群兴旺蜜蜂，比没养蜂的果园增产 5%～10%，有的甚至高达 15%～20%。

④ 人工授粉。未配置授粉树或配置不当及授粉昆虫少的果园，必要时应进行人工授粉。猕猴桃是雌雄异株，人工授粉能显著提高坐果率。

⑤ 防寒防冻。很多果树的花果和幼果难耐 0℃的低温。在有“倒春寒”和晚霜冻害的地区，在花期和幼果期要注意天气变化，如遇倒春寒和晚霜，要在园中及时燃生烟堆或赤磷，用烟雾来提高园中温度，以减轻灾害。

2. 果实套袋技术

（1）套袋技术要点

① 果袋要求。果实套袋应选用透气性、透光性和抗湿性好、质地均匀的专用果袋，不宜用旧报纸、废书做纸袋，因为旧报废书有油墨和铅，容易对果实产生污染，并影响果实表面美观。

A. 果袋构造。果袋一般由袋口、袋切口、捆扎丝、丝口、袋体、袋底、通气放水口等七部分构成。

B. 果袋纸质量要求。果袋在用纸和纸张抗张度、纸张撕裂度、规定时间浸水后抗张度应分别符合国家GB/453-1989、GB/T455-1989、GB/T465-1989测定法标准。

C. 果袋类别。按果袋层数分为单层、双层两种；按果袋大小有大袋和小袋之分。

D. 果袋规格。不同树种品种对果袋大小要求不同，应选择正确的果袋。

② 套袋时间。套袋应在定果后，病虫害发生前完成，一般在生理落果后进行。套袋前要均匀喷布一次杀菌杀虫剂，药水干后及时套袋。套袋时间应在晴天上午9时和下午4～6时进行。应先中熟后晚熟品种，着果率高的品种先套，着果率低的品种后套。

③ 套袋方法。套袋前3～5天将整捆纸袋用单层报纸包好埋入湿土中湿润袋体，也可喷少许水于袋口处，湿润袋口，以利套袋操作和扎严袋口。取一叠果袋，袋口朝向手臂一端，有袋切口的一面朝向左手掌，用无名指和小指按住，使拇指、食指和中指能够自由活动。用右手拇指和食指捏住袋口一端，横向取下一枚果袋，捻开袋口，一手托袋底，另一只手伸进袋内撑开袋体，捏一下袋底两角，使两底角的通气放水口张开，并使整个袋体鼓起。一手执果柄，一手执果袋，从下往上把果实套入袋内，果柄置于袋口中间切口处，使果实位于袋体中部。从袋口中间果柄处向两侧纵向挤折，把袋口叠折到果柄处，于丝口上方撕开将捆扎丝反转90°，沿袋口旋转一周于果柄上方2/3处扎紧袋口。最后托打一下袋底中部，使袋底两通气放水口张开，果袋处于直立下垂状态。

④ 套袋注意事项

A. 套袋不要碰触幼果，造成人为虎皮果，不要用力过大，防止折伤果柄、拉伤果柄基部或捆扎丝扎得太紧影响果实生长或过松导致风刮落果实。

B. 袋口不要扎成喇叭口形状，以防积存雨水，要扎严扎紧，以不损伤果柄为度，防止雨水、药液流入袋内或病虫进入袋内。

C. 套袋时尽量使果实在树体内分布均匀，一枝不可套袋过多使果袋相互邻接。一个花序最好留单果，一个果袋只套一果。

D. 因果袋涂有杀虫、杀菌剂，套袋结束时应洗手，以防中毒。

E. 套袋最好在一天中的9时～11时和15时至日落前，避免在风雨天气操作。

F. 就1个果园或1株树而言，要套就全套，不能半套半留。

⑤ 摘袋。一般果实采收前15天左右摘袋。

（2）主要水果的套袋技术

① 桃

A. 套袋时间。应在定果后（谢花后7周）立即进行，有桃蛀螟为害的果园要在桃蛀螟产卵前进行。套袋过早易折伤果柄或因袋重致使果柄弯曲，引起落果；如套袋过迟，果实外观品质得不到有效改善。

B. 套袋时先撑开袋口，托起袋底，让袋底通气排水口张开，然后将幼果套入袋内，袋口紧缚在结果枝上。注意：一定要把袋口封严，但不要过分用力，以防果柄损伤，影响幼果生长。套完袋后，用手往上轻轻托一下袋底中部，使果袋膨起来，两底角的通气排水孔张开，让幼果在果袋中悬空，不与袋壁贴附。将袋口连着枝条用铅丝紧紧缚上，专用果袋在制作时已将3cm左右的铅丝嵌入袋上。须扎在结果枝上，桃果实的果柄较短，扎在果柄处易造成压伤落果。套袋顺序为先上后下、先内后外，上下左右内外均匀分布。

C. 摘袋时间。摘袋不宜过早或过晚，以不套袋果开始着色时进行为宜；双层袋采前15～20天除外层袋，单层袋撕开袋体，采前7～10天全部除袋。一天中适宜除袋时间为上午 9 时至 11 时，下午 3 时至 5 时进行，避开露水及中午高温。

② 梨

梨果套袋最好全园、全树套袋，便于套袋后的集中统一管理。

A. 套袋时间。一般从落花后 25～30 天开始套袋。梨果袋按果袋大小有大袋和小袋之分。大袋套袋后一直到果实采收；小袋亦称为防锈袋，套袋时期北大袋早，坐果后即可套袋。生产中小袋与大袋结合使用时，先套一次小袋，后再套大袋至果实采收。进行二次套袋的，第一次的小蜡袋不必脱除，随幼果的生长发育，幼果膨大就会自然将小蜡袋撑开，留在大袋内对果实外观和品质均不影响。小袋在落花后 1 周进行，落花后 15 天内必须套完。

B. 摘袋。对于在果实成熟期需要着色的品种（如红皮梨及褐皮梨），应在采收前 20～30 天摘袋，其余品种可在采收前 15～20 天摘袋，有些品种可带袋采收。

C. 摘袋方法。摘除双层袋时，为防止日烧，可先去外袋，将外层袋连同捆扎丝一并摘除，靠果实的支撑保留内层袋，待 3～5 个晴天后再去掉。摘袋的时间应选晴天，一般从上午 10 时到下午 4 时，午后 2 时～4 时摘袋发生日烧病最少。

③ 葡萄

A. 整穗疏果。疏花疏果后留下的果穗要在花前整穗，保证穗形整齐，分布合理，外形美观。每个果穗按从上到下的顺序每隔两个分枝疏去一个分枝，一穗果留 10～15 个分枝。在套袋前要进行果穗整理，疏去果穗上的小粒、病粒、畸形粒和向内、向外突出的果粒等，经疏果整穗后方可套袋，这样有利于生产出优质果。

B. 适时套袋。一般为落花后 10～15 天，或果粒长到黄豆粒大时开始套袋。套袋作业最好在 7～10 天内完成。

C. 套袋方法。用右手撑开袋口，使果袋整个鼓起来，用左手托住袋的底部，使袋底部两侧的通气排水口张开，袋体膨起，将袋从下向上拉起，果柄放在袋上方的切口处，使果穗位于袋的中央。然后将袋口用铁丝绑紧，避免雨水流入。注意不要用手抓果穗、颗粒，使果穗自然居于袋中央，套袋后轻轻地将果袋放在叶片下，用叶片遮盖，以防日灼。

D. 摘袋。对青色葡萄可以不除袋。红色、紫黑色、黑色品种要在采收前 10～15 天除袋。对纸袋质量好、透光度强、浆果在袋中着色很好的果穗，在采收时除袋即可。为防止鸟、虫为害和空气污染，可不将果袋一次性摘除。先将底部打开，撑起，呈伞状；待采收时，再全部除去，或带袋销售。

④ 柑橘

一般品质较差或管理差、郁闭的柑橘园不适应套袋，否则易出现套袋柑橘好看不好吃的情况。

A. 套袋时间。一般在生理落果停止后进行，大约在 6 月下旬至 7 月中旬。

B. 套袋方法。疏果后、套袋前全园喷防治病虫害的农药，药干后马上套袋。具体操作方法是撑开袋口托起袋底→通气孔张开，袋体膨起→果实在袋内悬空→扎紧袋口。套袋时注意三点：第一，必须单果套袋；第二，必须将袋口扎紧；第三，必须将通气孔张开。

C. 摘袋。根据品种要求，确定摘袋时间，摘袋时先松袋放风 2～4 天再摘除。脐橙和柚子一般提前 20 天摘袋。

⑤ 猕猴桃

A. 选择生长健壮、坐果均匀及果个大小均匀的猕猴桃园。

B. 套袋时间。7 月上旬左右。

C. 摘袋。采前 3 天解除。

（七）果实采收及商品化处理

1. 果实采收

果实采收是果树生产的最后一个环节。采收的时期和方法不但关系到果实产量和品质，而且还影响果品的商品价值和贮藏。因此只有适时、合理采收，才能获得优质耐贮藏的果品，提高果实的商品价值。

（1）采收期。采收期取决于果实的成熟度与果实采收后的用途。若过早采收，不但果实的大小、重量达不到最大程度，而且果实内部营养成分达不到要求，色、香、味均欠佳，达不到本品种固有的优良性状和品质；采收过迟，果实已经完全成熟，接近衰老，失去商品价值。果实成熟度划分为：

① 可采成熟度。该时期果实基本成熟，达到本品种的要求，但不等于鲜食，需经过一定时期的贮藏，完成其后熟过程。此时期采收的果实适于长途运输和贮藏。

② 食用成熟度。此时果实充分表现出本品种特有的外形色泽、风味，可溶性固形物高，质地好，风味浓。此时采收的果实适于食用和就地销售加工，但不适于长途运输和长期贮藏。

③ 生理成熟度。果实此时在生理上已达到充分成熟。种子充分成熟，果肉变软，失去食用价值。采集种子或以种子供食用的板栗、核桃等干果，需在生理成熟时采收。

（2）果实采收标准。根据树种品种特性、用途确定采收标准。

① 产地鲜销的成熟度要求达到该品种（品系）的固有色泽、风味、香气、可溶性固形物、固酸比的标准。

② 不耐贮运的早熟品种或有后熟过程的品种及运往外地的鲜销果实，应比产地鲜销的果实提前采收，采收时间可根据运输的时间推算。出口外销的鲜果应根据进口国和地区的要求确定。

③ 采后贮藏的果实可在果面着色 2/3、果实未变软、接近成熟时采收。留树贮藏的果实须根据市场需要，随采随销。

（3）采收方法

① 人工采收。采摘人员应剪平指甲，戴上手套。采收时遵照从下到上、由外向内的采收原则，严格采用“一果二剪”法：一手托果，一手持剪，第一剪离果蒂 1～2cm 处剪下，再齐果蒂复剪一刀，剪平果蒂，保持萼片完整；采下的果实不可随地堆放，避免日晒雨淋。采收时不可拉枝拉果，注意轻拿轻放，减少人为操作和机械划伤；果枝等杂物不要混在果筐中。

② 机械采收。不同的树种有不同的采收机械。

（4）采收的外部条件

采收时应注意天气条件，阴雨、露水未干或浓雾时勿采收，此时采收易造成机械损伤，并且果实表面潮湿，易感染病害。晴天的中午或先午后采果，果实体温过高，不易散发，容易造成烂果。采收最好在晨露消退，天气晴朗的午前进行。还应注意采前禁止灌水，并准备好采果需要的果箱、果袋、果剪及运输工具等。

2. 果品商品化处理

果品商品化处理包括预冷、清洗、选果、防腐保鲜、分级、包装和商标打印。

（1）初选。宜在果园进行，主要是剔除畸形果、病虫果和新伤果。

（2）预冷。果实采后应尽快预冷，以消除果实的田间热量。预冷方法可根据各地实际情况，因地制宜。一般预冷方法有阴凉通风处预冷、强制通风预冷、冰水预冷和真空预冷。

（3）清洗。清洗时禁止用污水清洗。

（4）防腐保鲜。

（5）分级。分级是根据果品的大小、重量、色泽、形状、成熟度、新鲜度和病虫害、机械伤等商品性状，按照一定的标准进行严格挑选、划分等级，除去不满意的部分。

① 分级方法

A. 人工方法：将果实散布在席子或选果桌子上进行人工选剔；

B. 机械方法：在包装室中用电子操纵传送带进行选果、打蜡、包装。

我国出口的果品，先按规格要求进行人工挑选分级，再用分级板按果实横径分级；机械分级都是根据果实果径的大小进行形状选果或根据果实的重量进行重量选果。

② 分级机械

A. 果实大小分级机。果实依大小分等级的机械。首先分出小果径果，最后把最大的果实分出来；有构造简单，提高效率等优点，但对于果皮不太耐磨的果实容易产生机械伤。

B. 果实重量分级机。按其衡重原理分为摆杆秤式及弹簧秤式两种。一般运用于果形不正的果品上。

C. 光电分级机。它是目前最先进的分级设备。

（6）包装。包装应科学、经济、美观、牢固、方便、适销，有利于长途运输，使果品在运输、贮藏和销售过程中减少因相互摩擦、碰撞和挤压等造成的损失，还可减少水分蒸发和病害蔓延，使产品新鲜饱满，延长贮藏时间；还能提高产品的商品价值，增强其竞争力。

（7）贮运。一般采用常温贮运和低温贮运两种。常温贮运一般只适用于短途、短时间运输，如从果园或收购点运到加工厂，或者是运到临近的市场，时间不超过 1 天；低温贮运即利用有制冷能力的冷藏车（包括机械列车、冷藏汽车）、船、冷藏集装箱来运输。

3. 果树留树保鲜技术

果树留树保鲜技术又称为延迟采收贮藏，是将果实留在树上保鲜，以延期采收的贮藏方法。一般在晚熟品种或二次果上施用植物生长调节剂、避雨设施、薄膜覆盖、简易大棚等来防止果实脱落、延缓果实着色和衰老。目前在柑橘上应用较多，在葡萄、龙眼、梨、苹果等果树上也有应用。

（1）园地和植株选择。选择背风的南坡果园，洼地、北坡及坡顶的果园易受冻害，不适宜。一般选择管理水平较高、树势强健、结果 4～5 年以上的成年果园，选果形正、无机械损伤、无病虫害、果个中等的树冠中下部和内膛果实进行留树保鲜。

（2）加强果园管理。留树保鲜的果实继续生长，树体消耗养分较多，如果营养跟不上，就会影响第二年产量。因此，必须加强肥水管理，如柑橘园改采后施用基肥。为秋季提早施肥，可提早到 10 月上、中旬施肥。结合修剪做好果园清园，减少病虫害，提高稳果率。

（3）保果与树冠覆盖。①生长调节剂保果：10 月下旬至 11 月上中旬结合病虫害药剂防治，加 20～30mg/kg 的 2，4-D 喷雾减少落果。②覆膜与套袋：在冬季霜雾和低温来临前，完成树冠覆膜或树冠覆膜结合果实套袋；也可只进行果实套袋，防止冬季霜冻。覆膜可采用单行、单株或双行。

第四节　茶 叶 生 产

一、育苗

茶树的繁育方法有两种，即有性繁殖和无性繁殖。有性繁殖即用茶树的种子进行繁殖，也称为种子繁殖。无性繁殖即用茶树的营养体（根、茎、叶）进行繁殖，也称为营养繁殖。近年来推广的良种茶树大多为无性系品种。

（一）有性繁殖

有性繁殖的优点是环境适应能力强，抗旱、抗寒能力强，方法简便，成本较低，贮藏、运输方便等；缺点是经济性状杂，生长差异大，生育期不一致，鲜叶质量较差，不适合机采等。

1. 留种园的选择

我国目前尚无专门的留种茶园，而是根据留种要求，选择现有良种采叶茶园进行留种。对留种茶园的要求有：

（1）品种性状一致

留种茶园的茶树，应该能再现该良种的典型性和一致性。对于混杂的植株，要进行除杂去劣。对混杂植株可采取重剪、重采或挖去等措施。

（2）母树生长健壮

树龄老、生长衰弱的母树，可行合刈更新，待树势复壮后，再作为留种园。

（3）茶园土壤深厚、肥沃。

（4）茶园地势平缓开阔，通风透光。

（5）无严重病虫害。

2. 留种园的培育

（1）增施磷钾肥

目前的留种茶园是采茶、采种兼用的，除了合理施肥，保证茶树正常生长发育外，还要增施磷钾肥，这既可以促使茶树多开花结果，又能防止落花落果，获得饱满的茶籽。据试验，增施磷钾肥比普通施肥的茶籽产量增加 40%。

（2）改进采摘方法

一般认为，春茶分批留叶采、夏茶留养或夏、秋茶留养能够增加茶籽的产量。

（3）修剪疏枝

按照茶树生长状况，采取相应的修剪措施以培养树冠和树势，并疏剪枯枝、老枝、细弱枝、病虫枝以及部分徒长枝。

（4）抗旱、防冻和防治病虫害

夏、秋季节干旱，不但影响茶树花芽分化，而且容易造成幼果脱落，最好进行铺草防旱和灌溉，冬季也要注意防冻。茶籽象虫对茶子的危害、影响很大，要及时防治。

3. 茶籽的采收

茶果采收应按成熟标志及时采收。茶果成熟的标志是：果壳呈绿色，微现裂缝；种壳硬脆，呈棕褐色；剥开种子，籽肉饱满，呈乳白色。一般茶区以霜降前后采收茶果较为适宜。

采收茶果要及时、分批进行，做到行熟先收，尽熟迟收，以保证茶籽质量。虫蛀的茶果，不要采收。不同品种的茶果要分别采收。

采回的茶果应摊放在干燥和阴凉通风的地方，避免日光曝晒和雨淋。摊放厚度不宜超过 10cm，每天翻动 1～2 次。3～5 天后，茶果开始裂开，可轻轻揉压，使果壳与种子脱离，然后用筛子筛出茶籽。将脱壳的茶籽适当摊晾，使茶籽含水量降至 30%左右。脱壳摊晾的茶籽，去掉夹杂物及虫蛀、劣变者，然后过筛（筛孔直径为 12mm）分级，即可播种。

4. 茶籽的贮藏

茶籽采收后，当年如不播种，必须进行贮藏。贮藏过程中，应保持低温干燥，适当通气。要求温度为 5～7℃，相对温度为 60%～65%，茶籽含水量 30%左右。茶籽贮藏方法很多，常用的有室内沙藏、室外沟藏和畦藏。

（2）室内分层沙藏

选择朝北或朝西北的荫凉房间，先在地面铺一层干草，再铺炭沙混合物（用 3 份细沙、2 份炭屑组成）或干净细沙，厚 5～6cm，上面铺茶子，厚 10cm 左右，再撒一层炭沙混合物或细沙，以茶籽不露出为度，如此相间铺茶籽 5～6 层，最后在上面覆盖一层干草。贮藏数量多的，可安置若干个通气筒。

（2）室外沟藏

适合贮藏大量茶籽。选地势高燥、排水良好、朝北的地方，挖掘贮藏沟。沟深 25～30cm，沟宽 100cm，沟长依茶籽多少而定。然后将沟底、沟壁敲实，并薄薄地铺一层稻草，再倒入茶籽，厚约 10cm，上面再铺一层干草或细沙，以茶籽不露出为度。如此相间铺茶籽 2～3 层，最后铺盖一层稻草，上面再用泥土紧封成屋脊形。贮藏沟中部，每隔 2m 安置一通气筒。贮藏沟周围还应开设排水沟，以防贮藏沟中积水。

（3）室外畦藏

此为简便的室外贮藏法。选地势高畦，畦面宽 100cm 左右，畦长视茶籽贮藏量而定。畦面上先铺一层细沙，再铺一层茶籽，厚 4～5cm。如此相间铺茶籽 2～3 层，在最上层的细沙上再盖土紧封，土上再盖以稻草。

不论采取哪种贮藏方法，在贮藏期间，定期抽样检查一次，如发现茶籽霉变，应及时清除。

（二）无性繁殖

无性繁殖是目前茶树良种繁育中最常用的方法，方法很多，有扦插、压条、嫁接、组织培养等。目前生产上普遍采用的是短穗扦插。短穗扦插能保持良种的特征特性，后代性状一致；插穗短，材料省，繁殖系数高，土地利用经济，成龄茶树枝条和幼龄茶树的修剪枝条均可利用；扦插后有发根快、成活率高、根群发达、移栽成活率高等优点。扦插育苗应做好采穗母树培育、苗圃选择与整理、剪穗与扦插、苗圃地的遮阴和肥水管理等工作。

1. 采穗母株培育

采穗母株的选择首先要选用良种，应选能够代表该品种集型性状和特性的植株作为采穗母株，以保持品种的纯度。其次选择生长健壮、无病虫害的植株作为采穗母株。采穗母株枝干要健壮，叶片大，节间长，腋芽饱满。以青、壮龄或更新复壮不久的母树为好。

采穗母株的培育有两种情况：一种是在原有采叶茶园的基础上改造成采穗母本园。对这类母本园的培育措施主要有：去杂除劣，即对混入的杂种劣株挖除换种或实行强采不养蓬；改造树冠，可根据原有茶树的树龄和生长情况，进行相应的修剪或台刈，以更新树冠、扩大绿色面、增强育芽抽梢能力；改良土壤，对原有土壤流失严重的茶园，应修梯护坎，或清理排水系统，防止土壤流失。对原有土壤瘠薄或板结的母本园，应深翻或加土，增施有机质肥料，以改善土壤环境，提高土壤肥力。

另一种是新建养穗母本园，其主要措施是选择土层深厚、土质肥沃、地势平缓、阳光充足、交通方便的地段，采取良种（当地拟推广的优良品种）壮苗，合理种植。母本园的行株间隔可比一般采叶茶园适当放大。不论哪一类母木园，都要加强施肥管理，特别要增加有机质肥料，多施氮肥，以促进茶树营养生长，抑制开花结果。同时，要根据自然灾害和病虫为害情况，及时防治病虫害和喷灌抗旱。

2. 苗圃地的选择与整理

扦插苗圃要求地势平坦，土质疏松，水源充分，受光良好，不受风害，交通方便，土壤方便。土质要求疏松、微酸性的沙质或轻黏质壤土，保水力强。前作为烟、麻、蔬菜的园地，不宜作苗圃地。

3. 扦插技术

（1）插穗的剪取

当养穗母本园留养的新梢中下部呈红棕色，组织开始木质化，顶芽停止生长，腋芽膨大或萌芽，叶片成熟时，即可截取插条剪穗扦插。

从插条上剪取下来的带有一个腋芽、一张叶片的短茎，称为插穗。通常一个节间可剪取一个插穗，长 3cm 左右。插条上下两端节间较短，可将两节剪成一个插穗，剪去下端的叶片，保留上端的叶片。

插条最好及时剪穗扦插，如不及时扦插，亦可短期贮存，但要保持新鲜状况，防止凋萎、发热和压碎叶片。远途运输插条，要妥善包装，适时喷水，防止干枯和闷热，避免日光照射。

（2）扦插时期

茶树扦插没有固定的时期，主要根据插穗的剪取时期而定。在茶树生长季节，均可进行扦插，一般茶区，3～10 月为扦插季节。可分为春插、夏插、秋插，南方茶区还可以进行冬插；夏插发根快，成活率高；秋插只要季节抓得紧，成活率亦高，育苗效果较其他季节好。

（3）扦插方法

临扦插前，先检查已划行的苗床表土湿度，如干燥，须洒水，使表土充分湿润，待稍干不粘手时即可扦插。

扦插时，用拇指和食指夹住插穗上端的腋芽和叶柄处，按划好的行株距痕迹，垂直插入苗床土中，一般将插穗短茎的2/3插入土中，茶芽和叶柄露出土面，待一行插好后，用食指或中指，沿着插穗行，将插穗附近的泥土稍事揿压，使插穗和泥土紧贴并固定于苗床。揿压后的插穗与床面微成倾斜，插穗上的叶片稍翘起，勿使叶片贴土。

为避免插穗被风刮起，插穗上叶片应顺风排列，使叶面朝着常年最多的风向。扦插时，还要注意边扦插、边浇水、边遮阴。

通常插穗不经任何处理即行扦插，育苗效果亦很好。据试验，应用适宜药剂和适宜剂量的植物激素处理插条或养穗母树上未离体的插条，能够促进发根、长苗，提高成活率。适宜药剂有：2，4-D、萘乙酸、增产灵、赤霉素等。

4. 苗圃管理

苗圃管理很重要，老百姓的经验“三分插，七分管理”。扦插苗圃管理工作包括：遮阴、灌溉、施肥、松土、除草、摘除花蕾、防治病虫害和自然灾害等，其中遮阴、灌溉和施肥是苗圃管理工作中的主要环节。

遮阴在扦插育苗中是一项极重要的管理措施。遮阴程度的控制，应根据季节和气候变化以及茶苗生长情况加以调节。春、秋季节阳光不强烈，遮阴可稀疏一些。梅雨季节甚至可以不遮阴。夏季烈日，则要遮得密一些。通常遮光度为60%～70%。当插穗全部发根成苗后，就可逐渐稀疏阴帘，使茶苗受光度逐步增加。秋分以后，茶苗枝叶木质化，根系开始健全，可选择阴天逐步揭除遮阴帘。

刚插入土中的插穗，上下端均受创伤，入土部分又浅，故保持经常湿润极为重要。特别是刚插下的40～50天，尤其要注意。但是，土壤水分过多，影响土壤通气性，也不利于发根长苗。浇水的次数和数量应根据季节、气候、地势、土质、茶苗生长情况而定。通常，春、秋季的晴天，每天或隔天浇水一次；夏季晴天，早晚浇水一次。如土壤湿润，不必天天浇水，可灵活掌握。当插穗发根并长出枝叶成苗时，浇水次数和浇水量相应减少。此时有条件的苗圃，可行沟灌。沟灌不要将苗床全部淹没，浸水时间勿超过4小时。

扦插苗初步形成根系后，开始追肥。通常，春插3个月后，夏插2个月后，秋插到翌年四、五月，开始第一次追肥。初期肥要淡，以后随苗木长大，逐渐加浓。化肥掺水浇施，肥料浓度掌握在0.5%～1%。秋季茶苗长成，可于阴天直接撒施尿素（每亩每次用肥量3kg）。撒施后，适当喷水，将苗土积肥冲洗掉。

二、建园

（一）茶园环境

新建茶园必须符合生态环境质量，要求远离城市、工业区以及村庄与公路，以防止城乡垃圾、灰尘、废水、废气及过多人为活动给茶叶带来污染。茶地周围林木繁茂，具有生物多样性；空气清新，水质纯净；土壤未受污染，土质肥沃。

（二）茶园规划设计

既要考虑茶树对自然环境条件的基本要求，又要研究农业生产的整体布局。在规划中须按照实际情况，对区块的划分、道路网、排灌系统、行道树、防风林等的设置进行全面考虑。详细调查种茶地段每个山头的土壤、地势、地形、水源和林木分布情况，绘制草图制订好综合治理规划。力求把茶、林、渠、道有机结合起来，做到既与整个农田基本建设规划相联系，又能适应机械化，便于茶园管理，提高土地的利用率。

（三）茶园开垦

1. 清理场地

清理各种障碍物，如乱石、树木等。

2. 全垦或半垦

较旱地或坡度＜15°的缓坡茶园采用机械全垦方式。要求全翻表土层，深耕 25cm；机开深沟 35～40cm；下基肥，盖土；坡度较大或缺乏机具地区用半垦法，要求在山坡上按等高线挖茶沟，一般由下到上挖，上一条沟的表土应填放于下一条深沟中，做到表土回沟，心土筑堤壁。

3. 梯级茶园的开垦步骤

定出等高线和基线，划出纵向步道；划出等高线梯田基线，大弯随势，小弯拉直；开出等高梯级，挖内填外，梯级反倾斜。单行植挖沟规格：深×宽=50cm×50cm；双行植规格：深×宽=50cm×60cm。

（四）茶树种植

1. 良种选择。茶园种植的品种应适合当地的环境条件，并根据生产需要考虑品种搭配，如四川常用的品种有名山 131、名山 213、名山 311、福鼎大白茶、福选 9 号、乌牛早、早白尖、平阳特早、中茶 302、中茶 108 等。引进的茶苗、种子应严格按国家标准检疫。

2. 种植方式。以单行条栽或双行条栽为宜。单行条栽规格：150cm×33cm，每丛定植 2～3 株，约 60000 株/公顷；双行条款规格：150cm×40cm×33cm，每丛定植 2～3 株，约 75000 株/公顷。

3. 种植时期。以秋季和早春为好，即霜降前后或惊蛰至春分。

4. 下足基肥。种植前必须下足基肥，种植后要加强营养追肥，一般底肥施用有机肥 1500～30000kg/公顷，磷 750～800kg/公顷。

5. 移栽技术。采用沟植法，开栽植沟，深度以茶根能充分舒展为宜。茶苗种植深度要适当，一般以保持茶苗原来位置为原则；为防止沉降，盖土稍高。定植后禁用化肥和农药，肥料以有机肥为主，病虫害防治以生物防治为主。

三、茶园管理

（一）茶园施肥

茶树施肥因树龄、树势、土壤、茶类等不同而有区别。茶树幼年期施肥应掌握水肥结合，少量多次，先稀后浓，多施磷、钾为原则。第一年氮、磷、钾一般比例为 1∶1∶1 或 1∶2∶2，第二年为 4∶3∶2 或 4∶3∶3，以后用氮量逐年增大。成年茶园的施肥量以每年采收的芽叶数量所消耗的养分为参考。

1. 重施基肥

基肥应以有机肥为主，它既可以缓慢地为茶树提供养分，又可改善土壤，也可增加土温起到防冻、抗寒的作用。可作基肥施用的有机肥的种类很多，如各种饼肥、各种牲畜的厩肥和家畜粪肥等。此外，一些绿肥、堆肥、各种土杂肥等也可以作基肥。但必须高度重视肥料的清洁度，需进行充分腐熟，防止“病从根入”。

（1）施肥时期与数量

① 施肥时期

茶园基肥应在当年茶树停止采摘后、茶树地上部生长即将停止时立即施用，宜早不宜迟。由于基肥的主要作用在于提供足够的养分，供茶树对基肥的吸收和利用，因此在施用上要适当早施，以利于增加茶树对基肥的吸收时间，充分发挥基肥的肥效。根据茶树生物学特性，当气温下降到 10℃后，茶树地上部逐步停止生长进入休眠期。由于地上部与地下部生长具有交替性，因此，这时根系便会出现生长高峰，以后随着低温下降，根系生长逐步减缓，根系生长高峰期也是吸肥能力最强期，所以，基肥要早施。还要考虑当地的气温变化和雨水条件。许多茶区有秋季干旱，一般在严重干旱季节不宜施肥。特别要避免在严冬季节施基肥，因施肥要开深沟会伤至茶树根，在严冬季节根系伤口难以愈合，会造成根系冻害，有损茶树生长，并且这时施的有机肥不易腐解，根系吸收能力低，施肥效果较差。

② 肥料用量

基肥要注意有机肥与有机肥、有机肥与无机肥以及无机肥与无机肥之间的搭配，取长补短，长短相济。幼龄茶园每年平均亩施有机肥 500kg 以上或 50～100kg 饼肥，可配施 25kg 过磷酸钙或 15kg 硫酸钾。壮龄茶园每年平均亩（每 667m^2）施有机肥 1～1.5t 或 100～150kg 饼肥，可配施过磷酸钙 25～50kg 或硫酸钾 15～25kg。

（2）施肥方法

基肥一般与秋冬深耕结合，采取深沟条施法，施肥沟的位置及深度要按树龄及地形条件而定。对于幼龄茶园来说，施肥的目的之一是培养茶树形成庞大的根系，以诱发新根向更深更广生长，基肥要施到根系密集层稍远的地方，这样既可防止施肥引起的伤根，又可诱发根系向深广方向生长。因此，1～2 年生茶苗要离茶苗根 10～15cm 处（茶苗大的可适当远一点，茶苗小的可适当近一点）开沟，深沟 15～20cm（茶苗小的可浅一点），沟宽 15cm，将沟底土壤疏松后施入基肥，覆土后轻轻将土踩实耙平。3～4 年生茶树，要离茶树根 30～40cm 处沿茶行开沟，沟宽 20cm，沟深 25～30cm，施肥方法同上。5 年生以上茶树因树冠已基本成形，根系也有一定的分布范围和吸收面，要按投产采摘茶园施肥，即沿树冠边缘垂直下方开沟，沟深 25～30cm，沟宽 30cm，如果树冠很宽，茶树已基本封行，可直接在两行茶树中间开沟，沟深 25～30cm，沟宽适当放宽。

同时，还依据茶园地貌运用不同的施肥方法。对平地茶园，因茶树两侧的根系生长较为均匀，幼龄茶树要在茶树两侧开沟，成龄茶树可以在一侧开沟，翌年轮换施另一侧。坡地茶园的施肥则需在茶树的上方开沟施；梯田茶园的施肥沟宜开在茶树里侧，以防养分流失。对于密植免耕茶园，因树冠郁闭，根系密布、开沟作业无论对地上部或对根系都会造成机械损伤，不宜开沟施肥，要撒施或用专用工具进行。

2. 择时追肥

追肥是在茶树地上部生长期间施用速效性肥料的统称。茶园追肥的作用主要是不断补充茶树营养，促进当季新梢生长，提高茶树鲜叶产量和品质。

（1）追肥质量的控制

追肥以选用速效性的氮肥为主，可适当配施一些速效性的磷、钾肥。氮肥中尿素、碳酸氢铵、硝酸铵等都是茶树的好追肥，可用作各种茶园的追肥。腐熟的人尿粪，沤肥的沤水，沼气中的肥水也可以作追肥。复合肥也是茶树较好的追肥，但在选用时要注意复合肥中的三要素及含氯量，最好选用含氮而不含氯的复合肥，否则容易引起茶树花果增加和氯危害。

（2）施肥时期与数量

为适应各季节茶树对养分的要求，茶园追肥须按不同时期和比例，分批及时施入。

第一次追肥是春茶前施。基肥虽是春季新梢形成和萌发生长的物质基础，但只靠越冬的基础物质，难以维持春茶迅猛生长。因此，进行追肥以满足茶树此时吸收养分速度快、需求量大的生育规律。四川茶区约在 3 月上旬左右，即在茶园正式开采前 15～20 天施的效果最好。

第二次追肥是在春茶结束后或春稍生长基本停止时进行，以补充春茶的大量消耗和确保夏、秋茶的正常生育，持续高产优质。四川茶区，一般在 4 月下旬追施。

第三次追肥是在夏季采摘后或夏梢基本停止生长后进行，一般依当地气候和土壤墒情而定。对于气温高、雨水充沛、生长期长、萌芽轮次多的茶区和高产茶园，需进行第四次甚至更多次的追肥。每轮新梢生长间隙期间都是追肥的适宜时间。

茶园追肥中氮的用量及其分配需要考虑茶叶的产量、土壤肥力等因素。中国农业科学院茶叶研究所根据各地的施肥经验，提出了不同年龄茶树追施氮肥的用量。以每亩施纯氮计，第一年 2～3kg，第二、三年 4～5kg，第四、五年 6～8kg。成龄茶园，每亩产干茶 100kg，在长江中下游地区，全年需施纯氮 10～12.5kg 并配以磷、钾肥，氮磷、钾肥按 4∶1∶1 或 4∶2∶2 的比例来换算。用 60∶25∶25 或 60∶20∶20 的分配比例，分 3 次施；只采春、夏茶的茶园，追肥比例以 70∶30 或 60∶40 为宜。

（3）施肥方法

幼龄茶园用穴施或浅沟施；成龄茶园沿树冠边缘垂直下方开条形沟，沟深 10～15cm，如用碳酸铵、复合肥应适当深施，施后盖土。尿素、硫酸铵等可浅施，在阴雨天气条件下可撒施。

3. 巧施叶面肥

叶面肥是指茶树各种营养成分溶解后喷于叶面上的肥料。茶树叶面肥具有利用率好、见效快、成本低、功效高、操作简便，不受茶园种植密度和种植当时的限制，以及能促进茶树根系的生长和吸收等诸多优点，深受茶农欢迎，在茶叶生产上广泛应用。各地茶园实验结果表明，叶面施肥首先是根据茶树生长情况，在茶树地上部处于生长期内，尤其是在根部养分吸收受到障碍时效果更好。在早春施叶面肥有显著催芽作用，秋后在叶面追施磷钾肥，有利于体内碳水化合物和含氮物质的转化、转移，可增强茶树的抗旱能力。其次是叶面施肥应根据土壤肥力，如在鲜叶采摘前 15～30 天喷施某些微量元素，如含有微量元素锌、硼、钼、锰、铜的叶面肥，能显著提高茶叶产量，改善茶叶的品质。

（1）叶面肥质量的控制

市面上茶树叶面肥的种类很多，质量良莠不齐，因此，认识叶面肥质量显得很重要。简易的识别法是“四看”：一看包装和说明书。正规的符合国家质量要求的叶面肥品种应标明以下几个方面：产品名称、生产企业名称和地址、农用登记证号、产品标准号、有效成分名称和含量、净重、生产日期等，即是否是农业部门登记的产品；如果没有肥料全部登记证号，则属非法生产、销售的产品，不能推广使用。二是看产品使用的作物、使用区域、使用方法和应该注意的事项。三看外观颜色，若颜色不符，即是假冒品。四看溶解情况。可把一袋叶面肥和 1kg 左右的水混合，看其溶解的情况，有无明显沉淀。若全部溶解没有沉淀，说明该产品的质量好，有效养分的含量高而且易于被作物吸收；若不能完全溶解，水底有沉淀，说明该产品质量不过关，在喷施时易堵塞喷雾器喷头且作物对养分吸收率不高。

目前，市面上有固体和液体叶面肥两种类型。一般来说固体的优于液体的。固体叶面肥又分为颗粒状和粉粒状两种，颗粒状的优于粉状。因为颗粒状的是经特殊工艺加工而成的，具有施用方便、干燥程度高和易于保存等优点。

（2）叶面肥的喷施方法

叶面肥喷施首先应选择适宜的时间。在四川茶区以夏、秋茶叶面施肥效果好；早春喷施叶面肥催芽作用显著，但要注意的是：喷施叶面肥的茶树新梢容易受倒春寒的伤寒，应防止早生芽受冻。就新梢发育而言，新梢长出一芽一叶时喷施叶面肥效果好，但最后一次距采茶时间不能少于 20 天；适宜在阴天或晴天的下午 16 时以后或傍晚喷施，并以傍晚喷施效果最好。其喷施方法是：按说明书上的稀释比例，将肥料用清洁的溪水、河水、湖水及塘水等兑水稀释，不能用开水和浑浊的水。把溶液充分喷施到树冠绿叶层，叶片正、背面都要喷到、喷匀。由于叶片背面的吸收能力比正面强 5～6 倍，因此，特别要注意叶片背面的喷施，以提高肥效。

（二）茶树修剪

茶树修剪是培育丰产型和塑造优化型的树冠结构，最大限度地延长茶树高产、稳产、优质的经济年限的重要方式。通过修剪，能达到解除顶芽及主枝的顶端优势，促进腋芽萌发和侧枝生长；改变茶树碳氮化，加强营养生长；调节地上部和地下部的生育平衡，促进新梢或根系生长；利用枝条的异质性，达到更新复壮树冠的目的。

1. 幼龄茶树定型修剪

幼年期的树冠培养十分重要，通过定高、定剪，结合打顶，培养健壮的骨干枝，是促进茶树持续高产的关键。

（1）定型修剪的主要作用

定型修剪的主要作用是促进树冠营养生长，加强骨干枝的培育，增强有效分枝数，培养广阔的树冠和强壮的树势。

（2）定型修剪的时期与方法

定型修剪一般进行 3 次才能完成，通常一年一次，不宜多次，时间掌握春前、夏后、秋后进行，以春芽萌发前为佳。第一次定型修剪掌握在茎秆粗达 0.3cm 以上，树高在 30cm 以上，呈木质化程度，用剪枝剪离地 15cm 处剪去主枝，留 2～3 个较强侧枝；第二次和第三次定型修剪分别在前次剪口的基础上提高 10～15cm。对半乔木型茶树，定型修剪高度应适当提高，高度离地 20～25cm，第二次，第三次分别提高 20cm 左右。修剪时尽量选择剪口下的侧芽向外的部位下剪，使侧枝向外扩张，呈扩张树型。

（3）定型修剪时要注意的事项

① 定剪时间应在越冬芽未萌动时进行。

② 高度不足时不能剪，否则会影响骨干枝的健壮度。

③ 剪口的位置应在侧芽向外的部位处下剪，使侧枝向外扩展，留下的小桩也不宜过长。

④ 不能以采代剪，否则会形成过密而不壮的分枝层。

2. 投产茶树轻修剪和深修剪

（1）轻修剪的作用与方法

轻修剪的主要作用是刺激茶芽萌发，解除顶芽对侧芽的抑制作用，在定型修剪的基础上使树冠面整齐，控制茶树树高和培养树冠及采摘面，便于采摘与管理。

修剪方法：剪去树冠表面枝叶 3～5cm，结合剪去因旱、冻而枯黄的叶层和突出枝。修剪深度每年一次在原有修剪面上提高 3～5cm，逐步控制茶树高度为 60～90cm。轻修剪时间一般在晚秋和早春（11 月上中旬或翌年 3 月上中旬）为宜，此时茶树体内有大量养分，而芽叶生长停止。轻修剪可每年或隔年一次。

（2）深修剪的作用与方法

经过多年的采摘和轻修剪，树高增加，树冠面上发生许多浓密而细小的分枝，应进行深修剪。其主要作用是除去鸡爪枝、打破结节的阻碍，使之重新形成新的树冠，恢复并提高产量。

深修剪一般以每隔 4～5 年进行一次，深度以剪去结节枝层为度，一般为 10～15cm。修剪时期可选择在春茶前后。在修剪程度的掌握上，剪去树冠上绿叶层的 1/2（10～15cm），以剪尽结节为原则。深修剪对当年的产量有影响，如果茶叶产量连续下降，树冠明显处于衰退状态应考虑深修剪。深修剪时间最好在早春进行。

此外，对茶树树冠比较郁闭，行间狭窄的投产茶园，还要结合辅助性的修剪，如清兜亮脚或边缘修剪，以利茶园创造良好微域气候。所谓清兜亮脚，就是采用修枝剪剪去郁闭树冠内和下部的枯老枝、细长的徒长枝，疏去密集的丛生枝，一年四季均可进行。所谓边缘修剪，就是剪除茶树封行后形成的通道的两茶行间交叉或过密的枝条，保持茶行间有 20～30cm 的通风道，这项工作宜在立春前后或春芽后进行。

3. 衰老茶树的重修剪和台刈

重修剪和台刈是一种改造和更新树冠的手段，能使衰老的树冠重新恢复生机长成旺盛的树冠。

（1）重修剪的对象和方法

① 重修剪对象

其对象是那些树势趋向衰老或未老先衰，出现枯枝多，主干枝退化呈灰白色，分枝稀疏，枝条细弱，新梢萌发细小的对夹叶，但骨干枝及有效分枝仍有较强活力，树冠上有一定的绿叶层，采取深修剪已不能恢复生长势的茶树。

② 重修剪方法

一般宜在立春前进行。为考虑当年产量，其修剪时间最好放在春茶后进行，这样春茶可以重采，提早结束春茶，但不宜在高温季节进行。重修剪的深度为：剪去原树高的 1/2 或 2/3，即留下离地面 30～40cm 主枝分枝高度，重新培养主干，重组新一轮树冠。在其他季节进行时，须加强肥水管理和保护。

③ 重修剪后的管理措施

当年以养为主，以采为辅，对长势强的突出新枝梢可适度打顶。秋茶打顶采摘。翌年立春前后进行一次定型修剪，尔后采用定高平面采摘法逐步投采。

（2）台刈的对象与方法

台刈是一种彻底改造树冠的办法。

① 台刈对象

树势严重衰老，枯枝、细弱枝、白化枝多，披生地衣和苔藓，芽叶稀少细弱，产量严重下降，采用重修剪却不能恢复树势的茶树。由于台刈后会影响一、二年产量，树势不是十分衰老不宜采用。

② 台刈方法

时间以春芽前为好，其次是春芽后，离地 5～10cm 剪去地上部全部枝叶，台刈留桩过高会严重影响树势的恢复，更新后生长不旺盛。台刈时，枝干粗的采用锯除，要求切口平滑倾斜，工具要锋利，避免树桩撕裂，否则会滞留雨水，使树桩枯死影响发芽。根颈部有更新枝的，应留 2～3 支枝梢，以利水分和养分的输导。

③ 台刈后的管理措施

当年一律留养，在翌年早春离地 25～30cm 处进行一次定型修剪，第二、第三年各提高 10cm 修剪，以培养树冠。

（三）茶园机械化作业

1. 茶园耕作机械化

开发机械化茶园，要求选择平地或缓坡、集中连片、有规则的茶园，坡度一般不超过 15º，土层深厚，地块宽度为 30～50 行，茶树行距为 1.5～1.8m，长度为 50～100m；田头宽度不少于 2～3m，田间路做到块块相连，路路相通，适合机械通行。茶园应留好排蓄水设施，布局一致。

2. 茶园修剪机械化

根据茶园生产情况，茶树机械化修剪有定型修剪、轻修剪、深修剪、重修剪和台刈 5 种。具体修剪方法如前所述。

3. 机械化采茶

机械化采摘分两次进行，茶片采摘有单人和双人采摘机。春茶第一轮，已达一芽二叶时进行；10 天后一芽三叶期时进行第二轮。单人机日采茶工效相当于人工的 18 倍，但重切碎叶和老梗老叶较多。双人机正副手配合，每人每台采茶工作量可达 1650kg。应采蓬面 15～20cm 处的茶叶，切割过高或过低都影响茶叶质量。成熟茶园分两次采摘，来回一次完成。

投产茶园采茶季节结束后，要求茶蓬面留叶指数应在 3 叶以上，或蓬面厚度在 10cm 以上。用割灌机操作可提高劳动率 2.5～4 倍，作业成本降低 30%。

（四）茶园主要病虫害防治

1. 农业防治技术

农业防治是指在茶树栽培过程中，利用一系列栽培管理技术，根据茶园环境与害虫、病菌间的关系，有目的地改变某些因子，控制害虫、病菌的危害，以达到保护茶树、防治病虫害的目的。农业防治是茶园病虫害防治的最基本方法，在病虫害防治中占有重要的地位。因此，我们应该对农业防治予以高度重视。提倡在茶园病虫害的防治中以农业防治为基础。茶园农业防治的常用措施有合理种植，适时中耕除草，适时深耕培土，及时采摘和清洁茶园等。

2. 物理防治技术

物理防治是指从生理学或生态学角度，利用光、热、颜色、温度、声波、放射线等各种物理因子防治害虫的技术。通常用于茶园病虫害的物理方法有人工捕杀或摘除、灯光诱杀、食饵诱杀、色板诱杀、异性诱杀等。

3. 化学防治技术

化学农药具有速效、高效、使用方便等显著优点，因此被广泛应用。但随着化学农药在茶园中的长期大量使用，导致了茶树害虫的抗药性普遍偏强，茶园用药次数和用药量不断增加、农药残留量增加，严重地影响到茶叶品质的安全性。因此，正确地看待化学防治是很重要的，一方面要反对单纯依赖化学防治，滥用农药的错误做法；另一方面应纠正片面夸大化学防治的缺点、完全不使用化学农药的错误思想。应该使化学防治与其他防治方法相互协调，配合使用。在病虫害发生程度严重到采用其他防治手段不能控制时，可采用化学防治方法。

（1）化学农药的质量控制

第一，必须是高效、低毒、低残留、低水溶性的化学农药，以确保对作物及人、畜、天敌的安全。对环境不产生污染，严禁在茶园中使用高毒、高残留化学农药。目前，被禁止在茶园内使用的高毒、高残留化学农药有滴滴涕、六六六、对硫磷（1605）、甲基对硫磷（甲基 1605）、甲胺磷、乙酰甲胺磷、氧化乐果、五氯酚钠、杀虫脒、克百威、三氯杀螨醇、水胺硫磷、氰戊菊酯、来福灵及其混剂等。适宜防治茶园主要叶部害虫的农药种类见表 2-8

表 2-8 适宜防治茶园主要叶部害虫的农药种类

害虫名称	适宜防治茶园主要叶部害虫的农药种类
茶尺蠖	2.5%联苯菊酯乳油、30%氯氢菊酯乳油、3.5%赛丹乳油、2.5%溴氰菊酯乳油、20%除虫除虫脲悬浮剂、2.5%鱼藤酮乳油、0.36%苦参碱乳油等
茶黑毒蛾	0.36%苦参碱乳油、2.5%溴氰菊酯乳油、20%除虫除虫脲悬浮剂、2.5%联苯菊酯乳油、80%敌敌畏乳油等
假眼小绿叶蝉	2.5%鱼藤酮乳油、35%赛丹乳油、2.5%联苯菊酯乳油、30%氯氰菊酯乳油、2.5%三氟氯氰菊酯乳油、10%吡虫啉可湿性粉剂等
茶橙瘿螨	20%四螨嗪悬浮剂、15%速螨酮乳油等
茶毛虫	2.5%溴氰菊酯乳油、30%氯氰菊酯乳油、80%敌敌畏乳油、20%除虫鸟悬浮剂等
黑刺粉虱	50%辛硫磷乳油、10%吡虫啉可湿性粉剂等
茶蚜	50%辛硫磷乳油、10%吡虫啉可湿性粉剂、2.5%溴氰菊酯乳油等
茶小卷叶蛾	80%敌敌畏乳油、2.5%溴氰菊酯乳油、30%氯氰菊酯乳油、2.5%三氟氯氰菊酯乳油等
茶刺蛾	参照茶尺蠖用药

第二，明确防治目标害虫、病菌的种类。在上述原则的前提下，选择对目标害虫、病菌较为敏感，同时又可兼治其他害虫、病菌的广谱性农药。如防治小绿叶蝉可以选用聚酯类农药，它们对茶蚜、粉虱类害虫也有较好的防治效果。

第三，同一茶园在不同茶季合理地轮用或混用农药，其作用在于控制害虫、病菌产生抗性。混合用药除了有利于防治产生抗性外，还有利于防治同一时期内发生的几种病虫害，提高药效，减少农药的副作用。

（2）防治技术的控制与防治适期的选择

正确掌握茶树病虫害的防治指标是进行化学防治的前提。茶园病虫害防治的目的是控制病虫害，将有害生物控制在允许的经济阈值下，并非彻底消灭某种有害生物的种群。因此，要纠正以往的“见虫就治”、“无虫先防”和“治虫不计成本”的错误做法，生产单位应根据各种有害生物的防治指标，适时进行田间实地调查，对照指标确定实际需要化学防治的面积。自20世纪80年代，国家有关部门先后拟定了茶尺蠖、假眼小绿叶蝉等15种病虫害的防治指标，详见表2-9。

表2-9 茶园主要病虫害的防治指标

病虫害名称	防治指标
茶尺蠖	成龄投产茶园：幼虫量每平方米7只以上
茶黑毒蛾	第一代幼虫量每平方米4只以上，第二代幼虫量每平方米7只以上
假眼小绿叶蝉	第一峰百叶虫量超过6只或每平方米虫量超过15只，第二峰百叶虫量超过2只或每平方米虫量超过27只
茶橙瘿螨	每平方厘米超过3～4只，或指数值为6～8
茶丽纹象甲	成龄投产茶园每平方米虫量在15只以上
茶毛虫	百丛卵块在5个以上
黑刺粉虱	小叶种2～3头/叶，大叶种4～7头/叶
茶蚜	有蚜芽梢率为4%～5%，芽下二叶有蚜叶上平均虫口20头
茶小卷叶蛾	1、2代，采摘前，每平方米的幼虫数8只以上；3～4代每平方米幼虫量在15只以上
茶细蛾	百芽梢有虫7头以上
茶刺蛾	每平方米幼虫数：幼龄茶园10头、成龄茶园15头
茶芽枯病	叶患病率为4%～5%
茶白星病	叶患病率为6%
茶饼病	芽梢患病率为35%
茶云纹叶枯病	叶患病率为44%，成叶、老叶患病率为10%～15%

正确掌握茶树病虫害的防治适期是有效进行化学防治的关键。茶树病虫在其发育生长过程中有一个阶断往往对化学农药最为敏感，抓住该时机施药防治，就可以收到事半功倍的效果。因此，必须做好对害虫的预报预测工作，以抓住最适时机进行防治，这是提高防治效果的关键。如防治蚧类须在其盾壳、蜡壳、蜡丝形成之前，即在各代若虫的孵化盛行末期进行；防治食叶类害虫必须在幼虫 3 龄以前进行。茶园中常见的 15 种主要病虫害的防治适期如表 2-10 所示。

表 2-10　茶园主要病虫害的防治适期

病虫害名称	防治适期
茶尺蠖	喷施化学农药或植物源农药在 3 龄前幼虫期
茶黑毒蛾	3 龄幼虫期
假眼小绿叶蝉	施药适期掌握在入峰后，若虫总量的 80%以上
茶橙瘿螨	发生高峰期以前，一般为 5 月中旬至 6 月上旬，8 月下旬至 9 月上旬
茶丽纹象甲	成虫出土盛行末期
茶毛虫	3 龄前幼虫期
黑刺粉虱	潜叶、卷边期（1～3 龄幼虫期）
茶蚜	发生高峰期，一般为 5 月上中旬和 9 月下旬至 10 月中旬
茶小卷叶蛾	1、2 龄幼虫期
茶细蛾	潜叶、卷边期
茶刺蛾	2、3 龄幼虫
茶芽枯病	春茶初期，老叶发病率为 4%～6%时
茶白星病	春茶期，气温在 16～24℃，相对湿度 80%以上或老叶发病率为 6%
茶饼病	春秋发病期，5 天中有 3 天上午日照＜3h，或降雨量＞2.5～5.0mm；芽梢发病率＞35%
茶云纹叶枯病	6 月、8 月至 9 月发生盛期，气温＞28℃，相对湿度＞80%或叶发病率为 10%～15%

（3）掌握正确的喷施方法

正确的施药方法包括合理确定计量及稀释的倍数、选用合适的器械及操作方法和安全间隔期的掌握等。

① 合理确定剂量及稀释的倍数

茶园常发生的主要害虫种类，因不同的茶区而有所差异。对于茶园常发生的主要害虫有假眼小绿叶蝉、叶螨类、黑刺粉虱、茶尺蠖等。各种农药的使用剂量及稀释的倍数如表

2-11 所示。

表 2-11 适宜防治茶园叶部害虫所用农药的使用剂量及稀释倍数

农药品种	使用剂量 g（mL）/亩	稀释倍数
80%敌敌畏乳油	75～100	800～1000
40%乐果乳油	50～75	1000～1500
50%辛硫磷乳油	50～75	1000～1500
2.5%三氟氯氰菊酯乳油	12.5～20.0	4000～6000
2.5%联苯菊酯乳油	12.5～25.0	3000～6000
10%氯氰菊酯乳油	12.5～20.0	4000～6000
2.5%溴氰菊酯乳油	12.5～20.0	4000～6000
10%吡虫啉可湿性粉剂	20～30	3000～4000
15%速螨酮乳油	20～25	3000～4000
20%四螨嗪悬浮剂	50～70	1000
0.36%苦参碱	75	1000
0.25%鱼藤酮乳油	150～250	300～500
20%除虫脲悬浮剂	20	2000
石灰半量式波尔多液	7500	
70%甲基托布津可湿性粉剂等	50～75	800～1000

② 选用合适的器械及操作方法

根据不同种类病虫的分布规律、不同地形、不同茶园类型和集约化程度，选用不同的施药器械和施药方法，提高化学农药对病虫的“中靶”率。如在大面积封行平地茶园中防治分布在茶蓬上层的假眼小绿叶蝉、茶橙瘿螨等，宜采用机动弥雾机低容量双向交叉喷雾法；防治茶毛虫采用侧向喷雾法；防治黑刺粉虱采用孔喷片丛内中下部仰喷法等。此外，还要做到在喷药时注意风向，不逆风喷施，尽量避开大风天和雨天喷药，喷药后遇上大雨时应视情况及时补喷等。

③ 严格执行安全间隔期

安全间隔期是指化学喷施到茶树上与茶叶采摘时必须间隔的天数。严格执行安全间隔期，可以避免或减少采下鲜叶的农药残留量，确保茶叶的卫生与安全。在茶园里可使用的农药，其安全间隔期如表 2-12 所示。

表 2-12 茶园可使用的化学农药安全间隔期

农药品种	安全间隔期（天）	农药品种	安全间隔期（天）
80%敌敌畏乳油	6	15%速螨酮乳油	7
35%赛丹乳油	7	20%四螨嗪悬浮剂	10
40%乐果乳油	10	0.36%苦参碱乳油	7
50%辛硫磷乳油	3～5	2.5%鱼藤酮乳油	7
2.5%三氟氯氰菊酯乳油	5	20%除虫脲悬浮剂	7～10
2.5%联苯菊酯乳油	6	41%草甘膦水剂	15
10%氯氰菊酯乳油	7	45%晶体石硫合剂	采摘季节不宜使用
2.5%溴氰菊酯乳油	5	石灰半量式波尔多液（0.6%）	采摘季节不宜使用
10%吡虫啉可湿性粉剂	7～10	75%百菌清可湿性粉剂	10
98%巴丹可湿性粉剂	7	70%甲基托布津可湿性粉剂	10

4. 生物防治技术

生物防治害虫是茶树病虫害综合防治的重要内容之一。它具有控制病虫害效果好、不污染环境、降低防治成本等多项优点，因而具有广阔的应用前景。生物防治方法分为传统的生物防治和广义的生物防治，传统生物防治是指利用害虫的天敌（捕食或寄生于害虫，致使害虫死亡的生物）来防治害虫，即利用捕食性生物、寄生性生物和病原微生物来防治害虫；广义的生物防治是建立在生物学基础上的任何非机械防治。目前，在茶园上所应用的生物防治方法仍属于传统生物防治。

（1）以虫治虫

具有较高应用价值的天敌是食虫昆虫、鸟类、两栖类、捕食螨、蜘蛛等。

（2）使用生物农药防治

生物农药对茶园品质和环境不会构成污染，对人、畜的毒性也低，因而是生产优质茶叶的适用农药。目前，在茶叶生产中应用生物农药的种类有微生物农药、植物源农药和核型多角体病毒等。

① 微生物农药是指来源于微生物或微生物代谢产物的农药。在茶园中可使用的微生物农药有：苏云金杆菌、白僵菌、粉虱真菌制剂、核型多角体病毒、多抗霉素等。

② 植物源农药。植物源农药是指来源于植物的农药，如鱼藤酮、印楝素、苦参碱等。它们既可直接使用或稀释后使用，又可制成混合剂使用。这些植物源农药防治对人、畜毒性低，可在虫害大量发生时使用，但要掌握施药时期，通常在抗药性弱的1～2龄幼虫期喷施。

（五）冻害防治技术

茶树冻害是指由于气温下降到茶树不能使用的限度，以致茶树遭受伤害或死亡。冻害程度会因地形、地貌和栽培管理水平的不同而有差异，高山地和北向阴坡茶园遭受冷空气下沉或回风的影响，受冻也较重。

1．冻害的预防方法

茶树冻害分为越冬期和晚霜冻害。茶树在越冬期遭受冻害后，受害轻的叶片边缘变成褐色，叶片呈紫黑色；冻害严重的茶树，整株脱脂或枯死。

（1）大力推广抗寒性强的无性系茶树良种。要立足本地品种繁育无性系良种，应为本地品种经过多年的种植，其适应性强，抗旱性强，可以从中筛选发芽早，抗逆性强的植株进行繁育和推广。

（2）加强肥配管理，增强树势。提高茶树抗旱能力，充分认识有机肥的重要性，掌握早施重施的原则，在秋末冬初结合深耕松田施足有机肥。

（3）选择合适的修剪时间，掌握好留叶量。轻修剪是宁欠勿深。减去细弱的枝和秋梢嫩叶，留阳春小梢，同时配合疏花果。这样既留足了茶树绿叶层，有利于光合作用的进行，增强树体抵抗力，保证茶树安全越冬，提高次年春茶产量，又可使春茶提早萌发，提高名茶效益。

（4）建立防护林带。茶园建立防护林能降低区域内风速及温度，提高湿度，减少蒸发量，能明显地改善茶园的小气候；山茶园在迎风口种植防护林带，可有效抵御寒潮袭击。

（5）晚霜冻的预防。晚霜冻对优质茶生产影响大，积极做好晚霜冻的预防十分重要。晚霜冻的预防除采取越冬期冻害的预防措施外，还可以采取以下措施。

① 熏烟驱霜：熏烟作用是在茶园空间形成烟雾，防止热量的辐射扩散，利用“温室效应”预防晚霜冻效果明显。方法：当冻害来临之前，根据风向、地势、面积来设堆，气温降至2度左右时点火熏烟。

② 喷水洗霜：有水源及喷灌设施的茶园，当冻害危害时进行喷水，把附在茶树芽叶上的霜洗去。

③ 覆盖防霜：在低温寒潮来临之前，用稻草、杂草、遮阳网等覆盖蓬面，以保护茶树、抵御霜冻。

④ 田间装设风扇送风防霜：在茶园内架设特殊的大功率风扇，以达到防止霜害的目的。

2．冻害后的救护

茶树遭受冻害后，应及早采取补救措施，以减少冻害造成的损失，尽快恢复茶树生机。

（1）整枝修剪。根据冻害情况，采用在芽梢萌发前适当修剪。对冻害程度较轻和原来有良好的采摘面的茶园，采用轻修剪，修剪程度宁轻勿深，尽量保持采摘面，一般在枯死部位的水平线下2～3cm处下剪；对于遭受“倒春寒”冻伤的芽梢，应及时剪除以免消耗过多养分，妨碍新梢萌发；对冻害严重的，应进行深修剪或重修剪乃至台刈。

（2）浅耕施肥。越冬期冻害发生后，要重视春芽催肥，施肥量应比原来增加两成左右，同时配施一定量的磷、钾肥；茶树在萌芽期受冻害后，可在春芽鱼叶至第一叶展开时，喷施叶面肥，对恢复茶树生机和茶芽萌发及新梢生长有促进作用。

（3）培养树冠。茶树受冻害后，经过轻修剪的茶树春芽采摘时应该留一片大叶，夏秋茶则按常规采摘。经过重修剪或台刈的受冻茶树，则应以养为主。

四、茶叶采摘

茶叶采摘的好坏不但关系到茶叶质量、产量和经济效益，而且还关系到茶树的生长发育和经济寿命的长短，所以，在茶叶生产过程中，茶叶采摘具有特别重要的意义。

（一）采摘方法

茶叶采摘的方法主要有两种，即手工采茶和机械采茶。

1. 手工采茶

这是传统的茶树采摘方法。采茶时，要实行提手采、分朵采，切忌一把捋。这种采摘方法的最大优点是标准划一，容易掌握。缺点是费工、成本高，难以做到及时采摘。但目前细嫩名优茶的采摘，由于采摘标准要求高，还不能实行机械采茶，仍用手工采茶。

2. 机械采茶

目前多采用双人抬往返切割式采茶机采茶。如果操作熟练，肥水管理跟上，机械采茶对茶树生长发育和茶叶产量、质量并无影响，并且还能减少采茶劳动力，降低生产成本，提高经济效益。因此，近年来，机械采茶愈来愈受到茶农的青睐，机采茶园的面积逐年扩大。

（二）采摘标准

茶叶采摘标准主要是根据茶类对新梢嫩度与品质的要求和产量因素而确定的，最终是力求取得最高的经济效益。中国茶类丰富多彩，品质特征各具一格。因此，对茶叶采摘标准的要求差异很大，归纳起来，大致可分为四种情况。

1. 细嫩采

用这种采摘标准采制的茶叶，主要用来制作高级名茶。如高级西湖龙井、洞庭碧螺春、君山银针、黄山毛峰、庐山云雾等，对鲜叶嫩度要求很高，一般是采摘茶芽和一芽一叶，以及一芽二叶初展的新梢。这种采摘标准，花工夫，产量不多，季节性强，大多在春茶前期采摘。

2. 适中采

用这种采摘标准采制的茶叶，主要用来制作大宗茶类。如内销和外销的眉茶、珠茶、工夫红茶、红碎茶等，要求鲜叶嫩度适中，一般以采一芽二叶为主，兼采一芽三叶和幼嫩的对夹叶。这种采摘标准的茶叶品质较好，产量也较高，经济效益也不差，是我国目前采用最普遍的采摘标准。

3. 成熟采

用这种采摘标准采制的茶叶，主要用来制作边销茶。它是为了适应边疆兄弟民族的特殊需要，茯砖茶原料采摘标准需等到新梢快顶芽停止生长，下部基本成熟时，采去一芽四、五叶和对夹三、四叶。南路边茶为适应藏族同胞熬煮掺和酥油的特殊饮茶习惯，要求滋味醇和，回味甘润，所以，采摘标准需待新梢成熟，下部老化时才用刀割去新枝基部一、二片成叶以上全部枝梢。这种采摘方法，采摘批次少，花工并不多。茶树投产后，前期产量较高，但由于对茶树生长有较大影响，容易衰老，经济有效年限不是很长。

4. 特种采

用这种采摘标准采制的茶叶，主要是制造一些传统的特种茶。如乌龙茶，它要求有独特的滋味和香气。采摘标准是待新梢长到顶芽停止生长，顶叶尚未“开面”时采下三、四叶比较适宜，俗称“开面采”或“三叶半采”。如采摘鲜叶太嫩，制成的乌龙茶，色泽红褐灰暗，香低味涩；采摘鲜叶太老，外形显得粗大，色泽干枯，滋味淡薄。据鲜叶内含成分分析表明，采摘三叶中开面梢最适宜制乌龙茶。该标准全年采摘批次不多，产量一般。

（三）采摘技术

1. 留叶数量

茶树叶片的主要生理作用是进行光合作用和水分蒸腾。茶叶采摘是目的，但留叶是为了更多的采摘，决不可偏废。若采得过多，留得太少，减少了茶树的叶面积，使光合效率降低，影响了有机物质的积累，继而影响茶叶产量和品质；反之，采得过少，留得过多，不仅消耗水分和养料，而且叶面积过大，树冠郁闭，分枝少，发芽密度稀，同样产量不高，经济效益低下，达不到种茶目的。但茶树留叶数量应以茶树不同的生育年龄而异。一般说来，幼年期茶树，以培养树冠为目的，应以养为主，以采为辅，采必须服从养；而当茶树进入成年期后，即进入投产后的茶树，应以采为主，适度留养。留叶数量以能增强或维持茶树正常的旺盛生长，能获得最高的产量和最优的品质，又能延长茶树的经济年限为最理想。留叶多少一般以叶面积指数来衡量，它是指茶树叶片总面积与土地面积之比。高产、高效、优质茶园的叶面积指数通常为3～4。在生产实践中，留叶数量一般以“不露骨”为宜，即以树冠叶片互相密接，看不到枝干为适宜。如实行机械采茶，就可根据当年茶树留叶数量，实行提早封园，采取在秋季集中留养一批不采，以加强茶树生长势。

2. 留叶方法

茶树年龄不同，采摘时留叶的方法也不同。

幼年茶树主干明显，分枝稀疏，树冠尚未定型。所以，采摘目的是促进分枝和培养树冠。一般可在第二次定型修剪后，春茶实行季末打顶采，夏、秋茶实行各留二叶采。第三次定型修剪后，骨干枝已基本形成，可实行春、夏茶各留二叶采，秋茶留一叶采。以后，再花一年时间，实行春茶留二叶、夏茶留一叶、秋茶留鱼叶采。以后，茶树广阔的树冠已经形成，即可进入成年茶树的投产采摘了。

成年茶树树冠已基本定型，茶叶产量高，品质优，能相对稳定25年左右。在这一时期内，应尽可能地多采质量好的芽叶，延长高产、稳产时期。因此，应以留鱼叶采为主，在适当季节（如夏、秋茶时）辅以留一叶或二叶采摘法，也有采用在茶季结束前留一批叶片在茶树上的。

衰老茶树生机开始衰退，育芽能力减弱，骨干枝出现衰亡并出现自然更新现象。对这类茶树，应灵活掌握。在衰老前期，可采用春、夏茶留鱼叶采，秋茶酌情集中留养。衰老中期以后，则须进行程度不同的改造，诸如深修剪、重修剪、台刈等。对这种茶树，在改造期间应参照幼年茶树采摘，养好茶蓬，待树冠形成后，再过渡到成年茶树的采摘与留叶方式进行。

3. 采摘周期

适时采摘对增加产量、提高品质、保养树势乃至提高经济效益，都有着十分重要的意义。“早采三天是个宝，迟采三天是根草”，说的就是这个意思。

在人工手采的情况下，一般春茶蓬面有10%～15%新梢达到采摘标准时，就可开采。夏、秋茶由于新梢萌发不很整齐，茶季较长，一般有 10%左右新梢达到采摘标准就可开采。茶树经开采后，春茶应每隔 3～5 天采摘一次，夏、秋茶 5～8 天采摘一次。在四川茶区，一般到 10 月上旬开始，就应封园停采。

在实行机械采摘时，当春茶有 80%，夏茶有 60%，秋茶有 40%的新梢符合采摘标准时，就要进行机采。为提高机采茶园经济效益，特别是春茶前期，在机采前先进行人工采茶，以便制作名优茶。这样，机采批次中春茶为 1 次，夏茶 1～2 次，秋茶为 2～3 次。为促进机采茶树的旺盛生长势，对机采茶园应比人工手采茶园提前 20 天左右停采封园。

4. 集叶贮运

不论是手工采摘，还是机械采摘，对采下的鲜叶，必须及时集中，装入通透性好的竹筐或编织袋，并防止挤压，尽快送入茶厂付制。

集叶贮运时，应做到机采叶和手采叶分开，不同茶树品种的原料分开，晴天叶和雨天叶分开，正常叶和劣变叶分开，成年茶树叶和衰老茶树叶分开，上午采的叶和下午采的叶分开。这样有利于茶叶制作和提高茶叶品质。

五、茶叶加工

（一）绿茶加工技术

绿茶为不发酵茶。因其干茶色泽和冲泡后的茶汤、叶底以绿色为主调，故而得名。绿茶可分为炒青、烘青、晒青和蒸青四大类，加工方法各不相同，但其基本工序相同，即杀青、揉捻、干燥三个过程。现以我国产量最多的炒青绿茶为例介绍绿茶的加工工艺。

1. 杀青

杀青即通过高温破坏鲜叶的组织，使鲜叶内含物迅速转化。杀青是绿茶初制的第一道工序，是绿茶达到清汤绿叶品质的关键。杀青的技术因素包括锅温、投叶量、时间和方法等。这些因素相互制约、相互促进、共同影响杀青的质量。

（1）锅温。一般要求杀青锅温为 260～320℃，才能达到钝化酶活性的目的。锅温太高，杀青叶失水过快，易产生焦叶焦边，产生烟焦味。锅温太低，易产生红梗红叶，影响成品的品质。

（2）投叶量。因杀青设备、杀青老嫩、锅温不同而异。在同一锅温条件下，采用机械转动的锅式杀青，其投叶量经验公式为：

$$投叶量=(150\sim5K)\cdot R^3\ \mathrm{kg/锅}。$$

式中，K 为鲜叶老嫩级别；R 为杀青锅半径。

（3）杀青时间。一般锅式杀青时间为 5～10 分钟。时间长短与锅温和投叶量有关。杀青时间过长，杀青叶失水过多，不利于做形；杀青时间过短，鲜叶的茶多酚、蛋白质等成分水解转化不充分，成品青涩味重。一般宜掌握“嫩叶老杀，老叶嫩杀”的原则。

（4）方法。锅式杀青应掌握“抖闷结合，多抖少闷”的原则。抖杀就是将叶子扬高，以有利于水分的散失，青草气挥发，使清香透发，防止叶色黄变。闷杀是加盖不扬叶，使热蒸气在叶内作短时间的停留，迅速提高叶温，彻底破坏酶的活性，促进有关物质的水解和转化，使芽叶杀匀杀透，避免产生红梗红叶。实验证明，茶叶中酶的活性，当温度高到 40～50℃时最强烈，如温度继续升高，酶的活性开始钝化，当叶温升到 70℃，酶的活性便遭到破坏。因此，在杀青前期若能使叶温迅速升高到 70℃以上，便能有效制止红梗红叶。但如闷的时间过长，芽叶易黄熟并伴有水闷气，同样不符合茶叶品质要求。

鲜叶在锅内转动，待到由鲜绿转为翠绿，叶面失去光泽，手握成团，稍有弹性，叶质较柔软，折梗不断，闻之带有清香感，则要起锅进行摊晾，转入揉捻。

目前，生产上除锅式杀青外，推广较多的是滚筒式杀青机。滚筒杀青机具有操作方便、劳动强度小、工效高、节省燃料、连续作业等优点。但由于在筒内滞留的时间过短，易生青涩味；同时，由于在筒内水蒸气散发不畅，极易在筒内和筒口粘结叶子而生成烟焦味。

2. 揉捻

揉捻是炒青绿茶成条的重要工序。揉捻是利用机械力使杀青叶在揉桶内受到推、压、扭和摩擦等多种力的相互作用形成紧结的条索。揉捻还使叶片细胞组织破碎，促使部分多酚类物质氧化，减少炒青绿茶的苦涩味，增加浓醇味。除少数手工揉捻外，都用机器揉捻。

机制绿茶的揉捻机种类很多，型号不一，性能各异。生产实践中制炒青绿茶不宜使用大桶揉机。大型机投叶量多，时间长，揉捻过程中叶温高，易产生黄熟现象。一般都选用桶径为 45cm 和 55cm 的揉捻机，生产量大时也可采用 65cm 的揉捻机。应根据制茶种类和叶质嫩度确定投叶量与加压大小及揉捻时间。掌握“嫩叶轻揉，老叶重揉”、“轻—重—轻”和“抖揉结合”的原则进行操作。绿茶多为一次揉捻，嫩叶一般要揉 20～25 分钟，老叶采用重压长揉，解块分筛，分次揉捻，但总时间一般不超过 50 分钟。

3. 干燥

干燥的目的是为了蒸发水分并整理外形，充分发挥茶香。干燥方法有烘干、炒干和晒干三种形式。根据干燥方式的不同，将绿茶分为烘青绿茶、炒青绿茶和晒青绿茶。烘青绿茶干燥的方式是全程烘干；现行的炒青绿茶干燥方式，大多是先经过初烘，然后再上炒干机进行炒干。这是因揉捻后的叶子含水量仍很高，如果将揉捻叶直接烘干，在炒干机的锅内就易形成小团块，且茶汁易粘结锅壁产生老火气甚至焦气等。

（二）红茶加工技术

红茶是全发酵的茶类。鲜叶经萎凋→揉捻（揉切）→发酵→干燥等工序加工而成的茶叶，汤色和叶底均为红色，故称为红茶。它是我国生产和出口的主要茶类之一。全国红茶生产占茶叶总产量的 1/4，出口量约占全国茶叶出口总量的半数以上。

1. 红茶分类

我国红茶有小种红茶、工夫红茶、红碎茶三种。目前以生产工夫红茶为主，小种红茶数量较少，红碎茶的产销量随我国对外贸易而不断发展。

（1）小种红茶。条索肥壮、紧结圆直；色泽褐红润泽；汤色深红（亮度不够）；香气高爽、有纯松烟香；滋味浓而爽口，活泼甘甜，似桂园汤味。

（2）工夫红茶。条索紧细匀直，色泽黑褐油润；汤色红艳明亮；香气高锐、持久、具有甜香；滋味醇厚甜爽。

（3）红碎茶。红碎茶花色很多，在我国不但有各适用于大叶种，中小种和产地不同，制法不同的四套标准样，而且每套标准样又分为碎茶、片茶、末茶和叶茶四种类型；各个类型规格清楚，分级明显；每种类型制成若干花色，也都具有一定的规格。

品质要求：碎茶颗粒紧细；片茶呈皱褐状；末茶呈砂粒状：叶茶条索紧卷。干色都要求乌润，香气清高忌甜香，汤色红艳滋味浓厚、鲜爽，刺激性强。也就是内质要求浓、强、鲜。

2. 红茶加工流程及原理

红茶的基本加工工序为：鲜叶采摘→萎凋→揉捻（揉切）→发酵→干燥等。

（1）鲜叶采摘。三种红茶品质不同，但对鲜叶质量都有相同的要求。① 鲜叶要求具有较高的持嫩度，一般是以一芽 2 叶为标准，但小种红茶对鲜叶要求是具有一定成熟度的半开面三、四叶，同时要求鲜叶新鲜，最好是现采现制。② 鲜叶要求多酚类化合物较高，叶绿素含量低，所以大叶种、夏季、黄绿色的鲜叶制红茶较为适宜，同时南方茶区制红茶较适宜；而中小种、春季，深绿色的鲜叶制红茶品质稍差，则宜制绿茶。

小种红茶制法：鲜叶→萎凋（室内加温萎凋、日光萎凋）→揉捻→转色（“发酵”）→过红锅→复揉→熏焙→复火。

工夫红茶制法：鲜叶→萎凋（室内自然萎凋、加温萎凋、日光萎凋、槽萎凋等）→揉捻→发酵→毛火→足火。

红碎茶制法：鲜叶→萎凋→揉捻或揉切→发酵→毛火→足火。

（2）萎凋。萎凋是制红、青、白茶的第一道工序。程序是白茶最重，其次是青茶。鲜叶在通常的气候条件下，薄摊一段时间，以水分蒸发为主，随着时间的延长，鲜叶水分散失到相当适度后，自体分解作用逐渐加强。水分散失，内质发生变化，叶片萎缩，叶质由硬变软，叶色由鲜绿转为暗绿，香味也发生改变，这个过程称为萎凋。

（3）揉捻。通过外界力的作用，将茶叶塑造成优美的外形，并使细胞破损以利于品质形成。

① 目的。卷紧茶条，缩小体积，形成美观的外形，便于运输；适度破坏细胞组织，使茶汁溢出黏附于叶表，加速多酚类化合物的酶促氧化，促进各种内含物的变化；有利于干燥，茶叶冲泡时茶汁易进入茶汤，增加滋味的浓度和茶叶香气、色泽的形成。

② 揉捻技术。加压原则：轻→重→轻。嫩叶轻压短揉；老叶重压长揉。红茶揉捻加压比绿茶重，时间一般为 95 分钟，要求揉捻较充分。

筛分复揉是红茶揉捻过程中重要的一环。筛分使揉捻程度基本上达到一致，分清松紧粗细、大小不一的叶子，解团散热。复揉是筛出面上头子茶，再进行揉捻。揉捻应采用多次、短时，筛分复揉。

（4）发酵。发酵是红茶制作的特殊工序。在酶促作用下，以多酚类化合物氧化为主体的一系列化学变化的过程。发酵时，叶色由绿中泛红到铜红色。

酶活化的最适温度为 40～50℃，此温度范围内，多酚类化合物迅速氧化缩合成茶红素，部分生成黑色素，部分与蛋白质沉淀，结果使茶汤滋味淡薄，水色浅，叶底红暗；在 20℃以下酶活性很弱，氧化反应速度缓慢，发酵难以进行。因此，要使发酵顺利地进行并减少有效成分的损失，室温应控制在 20～30℃，叶温 30℃为宜。发酵叶保持一定的含水量有利于发酵的进行，发酵室相对湿度在 95%以上较适宜。空气干燥，湿度太低，发酵叶水分蒸发快，易造成理化变化失调，出现乌条、花青等发酵不均匀的现象。

酶促和非酶促作用需在空气流动、供氧充足情况下才能正常进行。发酵环境须保持空气流动，清洁新鲜，供氧充足。老叶摊厚，嫩叶摊薄。

（5）烘干。烘干的目的在于利用高温破坏酶的活性，制止发酵，固定发酵过程中形成的色香味，并在干热作用下加以发展；蒸发水分和发展香气。

采取“高温烘干，先高后低”的原则进行多次干燥，干燥中适当摊晾，使叶内水分重新分布，以利于干燥均匀。高温烘干是在高温条件下，以最快速度达到破坏酶的活性。但温度不可过高，否则产生芳香物质挥发散失，咖啡因升华，以及外干内湿的现象。

烘干的适宜程度：含水量毛火为20%～25%，足火为4%～6%。经验判断：毛火达七、八成干，叶条基本干硬，嫩茎稍软；足火达到足干，茶梗一折即断，用手碾茶条即成细碎粉末，叶色乌黑油润。

第五节　中药材生产

一、丹参的栽培技术

丹参又名紫丹参、赤参、血丹参、红丹参，为唇形科多年生草本植物，株高30～100cm。丹参以干燥的根入药，为常用中药，具有活血化淤，消肿止疼，养血安神的功效，另外还有增强免疫力、保护肾脏等作用，近代医学临床用来治疗冠心病、心绞痛等有显著疗效，市场前景非常广阔。主产于四川、安徽、江苏等省，我国大部分省、自治区均有分布和栽培。

丹参根系发达，对土壤、气候适应性强，喜阳光充足、暖和湿润的环境，耐寒、耐旱、耐沙，怕高温。忌水涝，过沙过黏的低洼土壤不宜栽种。

（一）选地整地

丹参的栽培地应选择光照充足、排水良好、浇水方便、地下水位不高的地块，土壤要求土层深厚，质地疏松，pH为6～8的沙质壤土。

由于丹参的生长期长，在整地时，先在地上施好基肥，尽量多施迟效农家肥和磷肥作为基肥。一般亩施腐熟的农家肥5000kg，过磷酸钙50kg或磷酸二铵20kg，硫酸钾15kg，硫酸锌2kg，使有机肥和化肥充分混合，深翻30～40cm，耙细整平、作畦。一般畦连沟宽为2.5～3m，畦高为15～25cm。过长的畦，宜每隔20m距离挖一腰沟，以保持排水畅通。地块周围挖排水沟，使其旱能浇、涝能排。

（二）繁殖方法

以无性繁殖为主，种子繁殖法因其生长期长、产品质量差，故而少用。

1. 分根繁殖

秋季收获时留出部分地块不挖，到第二年2～3月间起挖，选择直径为0.7～1cm，健壮、无病虫害、皮色红的根作种根，取根条中、上段萌发能力强的部分和新生根条，剪成5cm左右的节段，按株行距25cm×30cm开穴，穴深5～7cm，每穴放入1～2段，斜放，使上端保持向上，注意应随挖随剪随栽，栽后覆土约3cm，每亩用种根50～60kg。

2. 扦插繁殖

于 4～5 月生长旺期，取丹参地上茎，剪成 10cm 左右的小段，剪除下部叶片，上部叶片剪去一半，然后在做好的苗床上按株行距 6cm×10cm，斜插入土 1/2～1/3，使芽略露出土面，将土压实，立即浇水。做到随剪随插，插后早、晚用喷雾器喷水，保持畦面湿润。待根长至 3cm 左右时即可移栽大田，此法一般较少用。

（三）田间管理

1. 中耕除草

丹参前期生长较慢，应及时中耕除草，一般从移栽到封行前要中耕除草 2～3 次。宜浅松土，以防伤根。4 月上旬齐苗后，进行第 1 次中耕除草；第 2 次于 5 月上旬至 6 月上旬进行；第 3 次于 6 月下旬至 7 月中下旬进行，封垄后停止中耕。

2. 追肥

结合中耕除草追肥 2～3 次。第一次追施稀薄人、畜粪水，每亩 1500kg；第二次追施腐熟人粪尿，每亩 2000kg，加饼肥 50kg；第三次重施腐熟、稍浓的粪肥，每亩 3000kg，加过磷酸钙 25kg、饼肥 50kg，以促进根部生长。

3. 除花蕾

丹参自 4 月中旬至 5 月将陆续抽薹开花，为使养分集中于根部生长，除留种地外，一律剪除花蕾。花蕾要早摘、勤摘，最好每隔 10 天摘（或剪）一次，连续进行几次。

4. 排灌水

丹参最忌积水，在雨季要及时清沟排水；遇干旱天气，要及时进行沟灌或浇水，多余的积水应及时排除，以免烂根。

（四）病虫害防治

1. 病害

（1）根腐病：5～11 月发生，6～7 月为害严重。开始根系中个别根条或地下茎一部分受害，继而扩展到整个下部。后期根部腐烂，植株地上部萎蔫枯死，最后整个植株死亡。

防治方法：实行水旱轮作或用生物农药抗 120 的 200 倍稀释液灌根；加强管理，增施磷、钾肥，疏松土壤，促进植株生长，提高抗病力；发病初期喷 70%甲基托布津 800～1000 倍液。

（2）菌核病：5 月上旬开始发病，6～7 月尤为严重。病菌首先侵害茎基部、芽头及根茎部，使这些部位逐渐腐烂，变成褐色；常在病部表面、附近土面以及茎秆基部的内部，发生灰黑色的鼠粪状菌核和白色的菌丝体。与此同时，病株上部茎叶逐渐发黄，最后植株死亡。

防治方法：保持土壤干燥，及时排除积水；发病初期用井冈霉素、多菌灵合剂喷雾；也可用 50%利克菌或 50%速克灵的 1000 倍稀释液喷雾或浇灌；发病期用 50%氯硝铵 0.5kg 加石灰 10kg 拌成灭菌药，撒在病株茎的基部及附近土壤，以防止病害蔓延。

（3）叶斑病：5 月初开始发生，可延续到秋末。病株叶片上病斑深褐色，近圆形或不规则形，严重时病斑密布、汇合，叶片枯死。

防治方法：注意开沟排水，降低田间湿度；剥除茎部发病的老叶，以利通风，减少病源；发病前后喷 1∶1∶150 波尔多液。

（4）叶枯病：5 月初发生，一直延续到秋末，6～7 月份最严重。植株下部叶片开始发病，逐渐向上蔓延。发病初期叶面产生褐色、圆形小斑，病斑不断扩大，中心部呈灰褐色，最后叶片焦枯，植株死亡。

防治方法：加强田间管理，实行轮作；增施磷钾肥或于叶面上喷施0.3%磷酸二氢钾，以提高植株的抗病能力；发病初期喷50%多菌灵500～1000倍液或70%甲基托布津800倍液，7～10天喷1次，连续2～3次。

（5）根结线虫病：它是一种寄生虫病。根结线虫侵入根部后，刺激寄主细胞加快分裂，使根系受害部形成瘤状肿块。细根和粗根各个部位的肿块大小不一，形状各异。瘤状体初为黄白色，外表光滑，以后变成褐色，最后破碎腐烂。线虫寄生后，植株根系功能受到破坏，影响养分吸收，致使植株地上部枯死。

防治方法：水旱轮作，有利淹死线虫，减轻危害；选择肥沃的土壤，避免沙性过重的地块种植，减轻线虫病发生；用80%二溴氯丙烷2～3kg，兑水100kg，在栽种前15天均施入土中并覆土。

2. 虫害

（1）小地老虎：春季危害幼苗。

防治方法：可用90%敌百虫100g拌入炒香的茶籽饼5kg作毒饵，撒入田间诱杀。

（2）银纹夜蛾：5～10月为害，尤以5～6月为害严重。该虫将丹参叶子咬成孔洞或缺刻，严重时叶片被吃光，是丹参的主要虫害。

防治方法：可用90%晶体敌百虫1000稀释倍液，40%氧化乐果1500倍液，或25%杀虫脒水剂300～350倍稀释液喷雾。

（3）棉铃虫：幼虫钻食蕾、花、果，影响种子产量。

防治方法：现蕾期开始喷洒25%的灭幼脲1000倍液或2.5%的三氟氯氰菊酯1000倍液进行防治，隔7天喷1次，连喷2～3次；也可用杨树枝诱杀；释放赤眼蜂、草青蛉等天敌防治。

（五）采收加工

1. 种子采收加工

丹参越年开花结实，栽植后的第二年，种子从5月底开始陆续成熟。在花序上，开花和结籽的顺序是由下而上，下面的种子先成熟。种子要及时采收，否则会自然散落地面。采收时，如留种面积很小，可分期分批采收，先将花序下部几节果萼连同成熟的种子一起捋下，然后将上部未成熟的各节留到以后再采收。如果留种面积很大，可在花序上有2/3的果萼已经褪绿变黄但未完全干枯时将整个花序剪下，再剪掉顶端幼嫩部分，保留中下部的成熟种子，在晴天太阳下曝晒3天，脱粒，扬净，晒干，装袋，放在凉爽通风干燥处保存备用。

2. 根的采收加工

无性繁殖丹参当年秋天下霜后或第2年春天萌发前收刨。种子繁殖的第2年秋后或第3年春季萌发前收刨，产量高，质量好。丹参根系入土较深，质脆易断，应选晴天土壤半干时挖取。从垄的一端挖深沟，深度由根长而定，当根全部露出后，顺垄逐株小心取出全部根系，在田间曝晒，去掉泥土运回加工，忌用水洗。

运回的丹参，剪掉枝叶，摊在太阳下暴晒至五六成干，用手将一株一株的根捏拢，再晒至八九成干又捏一次，把须根全部捏断，晒至足干。商品以足干，呈圆柱形、条短粗、有分枝、多扭曲；表面红棕色或深浅不一的红黄色，皮粗糙多鳞片、易剥落，体轻而质脆；断面红色、黄色或棕色，疏松有裂隙，显筋脉白点；气微，味甘微苦；无芦头、无杂质、无霉变者为佳。

二、麦冬的栽培技术

麦冬别名麦门冬、寸冬、书带草、沿阶草，为百合科多年生常绿草本植物，株高 14～30cm。以地下根茎入药，为常用川产地道中药材，具有滋阴生津、润肺止咳、清心除烦之功效。主治热病伤津、肺热燥咳、肺结核咯血等症。主产四川、浙江、福建、江苏、安徽等省。

麦冬喜温暖湿润、较荫蔽的环境。耐寒、耐湿、耐肥、怕旱（无浇灌条件的田块不宜种植）、忌强光和高温。土质以疏松、肥沃、排水良好的沙质壤土较好，过沙、过黏或酸性土壤生长不良。

（一）选地整地

应选择地势高，肥沃、疏松、土层深厚、排水良好的中性或微碱性沙质壤土种植。

结合整地，每亩施农家肥 4000kg，配施 100kg 过磷酸钙和 100kg 腐熟的饼肥作基肥，深耕 25cm，整细耙平，耙匀起畦，畦宽 1～1.2m，高约 20kg。

（二）繁殖方法

采用分株繁殖，每一母株可分种苗 1～4 株。四川地区 4 月中下旬至 5 月上旬栽种为宜。选生长旺盛、无病虫害的高壮苗，剪去块根和须根，以及叶尖和老根茎，拍松茎基部，使其分成单株，剪出残留的老茎节，以基部断面出现白色放射状花心（俗称菊花心）、叶片不开散为度。先按行距 10～13cm 开沟，深 5～6cm，在沟内每隔 6～8cm，放种苗 2～4 株，垂直放于沟中，然后将土填满浅沟，用扁锄推压或用脚踩，将种苗两侧的覆土压紧。栽后立即灌透水一次，每亩需种苗 60kg 左右。

（三）田间管理

1. 中耕除草

麦冬植株矮小，如不经常除草，则滋生杂草妨碍其生长。栽后半月就应除草一次，5～10 月杂草容易滋生，每月需除草 1～2 次；入冬以后，杂草少，可减少除草次数；除草时结合进行锄松表土，防止土壤板结。

2. 追肥

麦冬的生长期较长，需肥较多，除施足基肥外，还应及时追肥。栽后 1 个月苗已返青，应结合浇水每亩追施鲜人粪尿 750kg，以提苗促壮；7～8 月追施 100kg 腐熟饼肥和适量草木灰，以利块根迅速膨大；第三次 11 月份，每亩撒于根际 2000～2500kg 牛马粪和 100～150kg 草木灰，增强麦冬的抗寒性，促进冬季块根的生长。

3. 排灌

栽种后，经常保持土壤湿润，以利出苗。7～8 月，可用灌水降温保根，但不宜积水，故灌水和雨后应及时排水。如遇冬春干旱，则应在 2 月上旬前灌水 1～2 次，以促进根块生长。

4. 摘花葶

为减少养分消耗，7～8 月出现花葶时，应及时摘去。

（三）病虫害防治

1. 病害

（1）黑斑病：多发生于夏季，初期叶尖变黄，并逐渐向叶基部蔓延，出现青、白不同颜色的水浸状病斑，后期叶片全部变黄枯死。

防治方法：发病时剪去病叶，采用 1∶1∶100 波尔多液或 65%代森锌 400 倍液喷雾防治，7～10 天喷 1 次，连喷 3～4 次；严防雨季地中积水。

（2）根结线虫病：为害根部，造成瘿瘤，降低产量与质量。

防治方法：与禾本科植物轮作；剪净老根，选健壮种苗。

2. 虫害

主要有蝼蛄、地老虎、蛴螬等。可用敌百虫等毒饵诱杀。

（四）采收与加工

栽后 2～3 年收获，收获期 4 月中旬至 5 月上旬。选晴天先将全株刨出，抖去泥土，摘下所带块根，并将土中的麦冬拣净，然后从地一头挖深 30cm、宽 50cm 的沟，将土一层层劈在沟内耧碎，拣出块根后，把土翻向后边，依此顺序前刨，直到刨完。剪下块根和须根，洗净泥土即进行加工。

将洗净的块根放在晒席上或晒场上曝晒，晒干水气后，用双手搓（不要搓破皮）后再晒，晒后再搓，反复 5～6 次，直到去尽须根为主，等干燥后即成麦冬商品。以块根肥大、两端修净、无杂质和须根、无破坏和虫蛀、黄白色、质柔韧、嚼之发黏者为佳。

三、泽泻的栽培技术

泽泻别名水泽、天鹅蛋、一枝花、如意花，为泽泻科多年生沼泽草本植物，株高 50～100cm。以块茎入药，有清热、渗湿、利尿、降血脂之功效。主治冠心病、心血管病和肾脏疾病。主产福建、江西、四川等省，广东、广西、云南、贵州、安徽等省区也有栽培。

泽泻苗期喜荫蔽，成株喜阳光，喜生长在温暖地区，耐高温，怕寒冷。土壤以肥沃而稍黏的土质为宜，通常栽培在水田或烂泥田里。

（一）选地整地

育苗地宜选择阳光充足、土层深厚、土壤肥沃而稍带黏性、水源充足、排灌方便的早稻田。于播前 3 天，排除过多的田水，每亩施腐熟堆肥或人粪水 200～300kg，然后进行深犁细耙，把肥料翻入土中。然后把泥土耙烂耙平，做成宽 100～120cm，高 10～13cm 的东西朝向的苗床。苗床一般要呈瓦背形，以利排灌水。

移栽地宜选土壤肥沃、土层深厚、前茬为早稻或莲子等的水田。要施足基肥，每亩施腐熟的畜粪或土杂肥 3000～4000kg，磷肥 30～50kg，然后进行深耕、细耙、整平。以待播种。

（二）繁殖方法

采用种子繁殖，育苗移栽。育苗：6～7 月播种，每亩苗床用种量为 1.5～2kg。播前将选好的种子用纱布包好，放入流动清水中冲洗 1～2 天，取出后晾干表面水分，拌 15 倍种子量的细沙撒于苗床上，播后用扫帚拍打畦面，使种子入土，以防被水冲走，约 3 天后幼芽出土。苗期须经常湿润畦面，可采用晚灌早排法，水以淹没畦面为宜，苗高 2cm 左右时，浸 1～2 小时后即要排水，随着秧苗的生长，水深可逐渐增加，但不得淹没苗尖。经过 30～

40 天的育苗后便可移植。

移栽：于 8 月下旬早稻收后移栽，于阴雨天带泥挖起健壮幼苗，去掉脚叶、病叶、枯叶。一般按行株距 30cm×25cm，每穴栽苗 1 株，苗要浅栽入泥 2～3cm，栽直、栽稳，定植后田间保持浅水勤灌。

（三）田间管理

1. 苗期管理

泽泻苗期需遮阴，可在苗床上搭棚或插杉树条遮阴，郁闭度控制在 60%左右。1 个月后可逐步拆除荫棚。当苗高 3～4cm 时，即可进行间苗，拔除稠密的弱苗，保持株距 2～3cm。结合间苗进行除草和追肥 2 次，第一次每亩施稀薄人畜粪 1000kg 或硫酸铵 5kg 兑水 1000kg 浇苗床，浇时勿浇在苗叶上，第二次可在 20 天后再追施 1 次，追肥前排尽田水，肥液下渗后再灌浅水。

补苗：泽泻移栽后的 1～2 天内，要仔细检查田里的苗情，发现有未栽好或被风吹倒或缺株的，应立即扶正和补齐，以保证全苗。

2. 定植后管理

（1）中耕施肥：泽泻中耕主要是耘田除草，并结合施肥，一般进行 3 次左右。通常先追肥后耘田，拔除杂草连同剥掉黄枯叶踏入泥中。第 1 次中耕追肥于移植 15 天左右进行；第 2 次追肥耘田在第 1 次追肥后 20 天进行。以上 2 次每亩施粪水 1000～1500kg；第 2 次适当增施磷肥和饼肥 50kg；第 3 次在封行前进行，亩施人畜粪水 1000kg，磷肥和饼肥 60kg，草木灰 100kg，施后耘田。

（2）灌溉排水：泽泻在整个生长期须保持田内有水，灌水的深浅要根据泽泻的不同生长期进行，在插秧后至返青前宜浅灌，水深为 3cm，以后逐渐加深，经常保持 3～5cm 的深水。采收前的 1 个月内，可视泽泻生长发育情况进行排水、晒田，以利球茎生长和采收。

（3）摘薹除芽：泽泻的侧芽和抽薹要消耗大量养分，影响块根生长，在植株周围长出侧芽时要及时摘除。一些早薹的植株和非留种田应及早将其花薹打掉，打薹时应摘至薹基部，免得以后又发侧芽。

（四）病虫害防治

1. 病害

（1）白斑病：为害叶、叶柄，产生红褐色病斑，一般多在高温多湿条件下发病，8～9 月发病严重。

防治方法：播前用 40%的福尔马林 80 倍液浸种 5 分钟，洗净晾干待播；发病期用 50%的托布津或代森铵可湿性粉剂 500～600 倍液喷洒；每隔 7～10 天喷 1 次，连续 2～3 次；发现病叶立即摘除，用 1∶1∶100 波尔多液进行喷雾保护。

（2）猝倒病：苗期易发病害，发病时在幼苗茎基腐烂，幼苗猝倒，致使植株枯死。

防治方法：发病后用 1∶1∶200 的波尔多液喷洒；肥料要充分腐熟；灌溉水深要适度。

2. 虫害

（1）银纹夜蛾：幼虫咬食泽泻叶片、7～8 月危害秧田，9 月上旬危害本田。

防治方法：利用幼虫的假死性进行人工捕捉；也可用 80%敌百虫 1000～1500 倍液，或杀虫脒 1000～1500 倍液喷雾防治，每 7 天喷 1 次，连喷 2～3 次。

（2）蚜虫：7～8 月多发，为害叶柄和嫩茎。

防治方法：在田间可用 40%乐果 1000～15000 倍液喷杀。

（3）泽泻缢管蚜：无翅成虫群集于叶背和嫩茎上吸吮汁液，导致叶片枯黄，影响块茎生长和开花结果。9～11 月危害严重。

防治方法：育苗期可喷 40%乐果乳油 2000 倍液，每隔 7 天 1 次，连续 3～4 次；成株期用 40%乐果乳油 1500 倍液或 50%的拉松乳油 1000 倍液喷洒，每隔 5～7 天 1 次，连续 3～4 次。

（五）采收与加工

移植后 120～140 天即可采收，秋种泽泻可于当年 12 月下旬采收；冬种泽泻在次年 2 月份未抽薹前采收。采收时将全株挖起，剥除叶片，留下 3cm 长的顶芽，避免烘晒时流出汁液，然后洗去须根上的附泥。

可先晒 1～2 天，然后用火烘焙。第一天火力要大，第二天火力可稍小，每隔 1 天翻动 1 次，第三天取出放在撞笼内撞去须根及表皮，然后用炭火焙，炼后再撞，直到须根、表皮去净及相撞时发出清脆声即可。以个大、色黄白、光滑粉性足者为佳。

四、川芎栽培技术

川芎别名抚芎、小叶川芎，为伞形科藁本属多年生草本植物，株高 20～60cm。川芎以干燥的根茎入药，是常用的中药材之一。有活血行气、祛风止痛、疏肝解郁的功能，主治头痛、胸肋痛、痛经、风湿痛、跌打损伤等症。四川省川西平原的都江堰市、崇州、新都等地是川芎的主产区，栽培历史悠久，药材质量最佳，驰名中外。近年来，陕西、江西、云南、贵州、湖北等省均有引种栽培，但川产川芎占全国总产量的 90%以上，都江堰市占全国的 65%以上，并且个大、饱满、坚实、断面色黄白、油性足、香气浓郁，质量最佳。

川芎喜温和湿润的气候，幼苗期忌强光和高温，土壤要求疏松肥沃、排水良好、富含腐殖质以及中性或微酸性的砂壤土，忌连作。

（一）繁育技术

川芎采用无性繁殖。川芎繁殖材料为地上茎节，俗称“苓子”或“芎苓子”。四川主产区多选择海拔 900～1500m 的山区专门培育“苓子”，供平地或丘陵地栽种。由于地区的不同，培育苓子的方法也各异。

1. 高山育苓

一般四川主产区采用山区（海拔 1000～1500m）育苓，拱坝区（海拔 500～1000m）栽种。12 月底至 1 月中旬，最晚不应迟于 2 月上旬，将平坝地区的川芎挖出，除去茎叶和须根，称为“抚芎”，运到山区栽种育苓。栽植距离分大、中、小 3 级，株行距分别为 30cm×20cm、25cm×15cm、20cm×10cm。在整平耙细的畦面上按 20～30cm 开穴，穴深 6～7cm；每穴栽“抚芎”1 块，小的可栽 2 个，芽向上放好；穴内施堆肥或人畜粪水，再盖土整平。每亩用“抚芎”量 150～250kg。3 月上旬出苗，3 月底至 4 月初苗高 10～12cm 时进行晾蔸疏苗（把蔸土扒开，露出根茎顶端，选留粗细均匀、生长健壮的地上茎 8～12 个，把其余的地上茎从基部割除）。疏苗后和 4 月下旬各中耕除草 1 次，同时进行追肥，每次每亩施用人畜粪水 500～1000kg，第 2 次再加施腐熟饼肥 50kg。

7 月中、下旬茎节显著膨大，略带紫褐色时为收获适期。应选阴天或晴天露水干后，将全株挖出，去掉病虫株，留下健株，再摘去叶片，割下根茎（干后供药用）。把茎秆捆成小束，运至阴凉的山洞或室内，地上铺一层茅草，把茎秆逐层堆放，高约 2m 上用茅草等盖好。1 周以后上、下翻动 1 次，以后经常检查，如堆内温度升高到 30℃以上，应立即翻堆检查，防止发热腐烂。8 月上旬取出茎秆运到山下供作种用。切成长为 3～4cm、中间有一节盘的短节，即为繁殖用的“苓子”。一般茎秆上端的苓子较纤细，营养不良，最好不用。

2. 坝地育苓

坝区栽种川芎也可就地育苓，一般在 3 月取“抚芎”，就地栽种，管理与高山育苓相同。7 月上旬收苓秆，选节盘突出的苓秆，摘除叶子和嫩苓，理成小捆，放在低温、干燥处窖藏 20～30 天后栽植。

3. 本田育苓

在海拔 1000m 左右的山区或邻近没有山的新产区栽培川芎，多利用本田的苓子来繁殖。即育苓与本田栽培相结合，直接用收获川芎时的地上茎节作苓子繁殖。选留作种的本田繁殖苓子，早春也要晾蔸疏苗，收获期要延迟至 6 月底或 7 月上、中旬，茎秆需贮藏 1～2 个月，如贮藏得当，也能收到较好的苓子。但连续多年使用的本田苓子作种会产生退化现象。

（二）选地整地

栽培川芎宜选地势向阳、土层深厚、排水良好、肥力较高、中性或微酸性的土壤。过沙的冷沙土或过剩的黄泥、白鳝泥、下湿田等，不宜栽种。栽前除净杂草，烧炭作肥，翻地后耙细整平，根据地势和排水条件，作成宽 1.6～1.8m 的畦。

（三）栽苓

一般种川芎常与水稻轮作，当早稻灌浆后，将田水放干，以便早稻收获后及时整地。作畦宽 1.6m、沟宽 30cm、沟深 25cm，并施基肥于畦面，每亩可施厩肥或堆肥 2000～3000kg，然后挖松畦面土，使土与肥料混合均匀，将畦面作成瓦背形。若用旱地栽种，可在栽前半个月将地整好。

栽种期以 8 月上、中旬为宜，最迟不得超过 8 月下旬。栽种时应仔细挑选苓子，将有病虫、无芽或芽已萌发的去除。在畦上开横沟，行距 30cm，深 2～3cm。每行栽 8 个苓子，行间两端各栽 2 个苓子，每隔 6～10 行的行间密栽 1 行，以备补苗。苓子须浅栽，平放于沟内，芽向上按入土中，栽后用筛过的堆肥或土粪覆盖苓子，必须把节盘盖住，然后再在畦面上盖一层稻草，以减少强光照射或暴雨冲刷的影响。

（四）田间管理

1. 中耕除草

栽后半个月左右幼苗出齐，揭去盖草，随即中耕除草 1 次，以后每隔 20 天再中耕除草 1 次。中耕时浅松表土，以免伤根。前 2 次中耕时，发现缺苗应挖取密栽于行间的幼苗，带土移栽，栽后浇水，保证全苗。入冬时割去枯黄的茎叶，再中耕除草 1 次，在根茎周围培土，保护地下部根茎越冬。

2. 追肥

栽后 2 个月内集中追肥 3 次，每隔 20 天 1 次，最后 1 次要求在霜降前施用。每亩施肥量为农家肥 1200kg、油饼 30kg、草木灰 100kg、硫酸铵 25kg、过磷酸钙 40kg、硫酸钾 10kg，混合穴施，施于植株基部，再用土盖好。第 2 年春季茎叶迅速生长时再追肥 1 次，用量同前。

（五）病虫害防治

1. 病害

（1）根腐病：该病属土传性病害，是川芎生产的主要病害，在生长期和收获期均可发生。造成川芎根茎内部腐烂变成黄褐色的水漩状，很稀很软，并发出特有的臭味；地上部分叶片逐渐变黄凋萎，病株往往东一株、西一株，不成片发生。

防治方法：发病初期可用50%的退菌特可湿性粉剂1000～1500倍液喷雾防治，或用50%的甲基托布津800～1000倍液浇灌；抚芎上山时，用50%多菌灵可湿性粉剂800倍液浸泡20分钟。苓种下山前一个月，用50%多菌灵可湿性粉剂800倍液喷洒1次；苓种下山时，用50%多菌灵和乐果800倍液，浸种20分钟。

（2）白粉病：该病在夏秋季（7～10月）高温多雨季节发病严重。叶背及叶柄布满白粉，使叶变黄枯死。

防治方法：收获后清园，消灭病残体；发病后用波美0.3度石硫合剂，每10天喷洒1次，连喷3～4次；或选用75%代森锌可湿性粉剂500～700倍液，每7～10天喷1次，连喷2～3次。

若该病在5月上旬发生，则主要危害川芎叶片。

防治方法：收获后清园，残株病叶集中烧毁；发病初期用1∶1∶100的波尔多液或65%代森锌500倍液，每10天喷洒1次，连喷3～4次。

（3）叶枯病：发生在5～7月。叶上产生褐色的不规则的斑点，致使叶片焦枯。

防治方法：用1∶1∶100的波尔多液或65%代森锌可湿性粉剂500倍液喷雾防治，每隔10天喷1次，连喷2～3次。

2. 虫害

（1）川芎茎节蛾：以幼虫危害川芎茎秆，一般一年4代，幼虫从心叶或叶鞘处蛀入茎秆，咬食节盘，造成“通秆”，在山区培育苓种阶段最为严重。苓种损失率一般为23%左右，严重的达50%以上，最严重时甚至绝收。

防治方法：在山区育苓阶段，应随时掌握虫情，及时用40%乐果乳油1000倍液防治，喷药工作须细致，着重喷射叶心和叶鞘；或用80%敌百虫1000倍液，喷杀第一、二代的老熟幼虫。坝区栽种前，精选苓子，并用叶子烟骨头（筋）、麻柳叶（枫杨叶）5～6kg，加水100kg浸泡数日，再将苓子放入浸泡12～24小时，取出稍稍晾干即可栽种；或用40%乐果乳油1000倍液，浸种3小时后栽种。

（2）蛴螬：为金龟子幼虫，土名“老母虫”。在9～10月咬食川芎幼苗。发生不多，但有时危害相当严重。

防治方法：点灯诱杀成虫金龟子；用90%晶体敌百虫1000～1500倍液浇注根部周围土壤；将石蒜的鳞茎洗净捣碎，于追肥时每挑粪水中放入3.5～4kg石蒜浸出液进行浇治；少量发生时，可采取人工捕杀。

（3）根蛆：发生在3月初，造成川芎块茎霉烂。

防治方法：每亩可选用40%巨雷乳油250～300mL兑水200kg，沿川芎基部灌根。

（4）黑土蚕：咬食川芎幼苗，使之生长不好。

防治方法：栽种前用敌百虫0.5kg兑水25kg略浸苓子；如果发生虫害，可用25%滴滴涕乳剂300～500倍液浇灌根部。

（六）采收加工

1. 采收

以栽后第 2 年的 5 月下旬采挖为宜，以小满后 4～5 天收获最好。过早挖，地下根茎尚未充分成熟，产量低；过迟挖，根茎在地下已熟透易腐烂。采挖宜选晴天，用双齿耙将全株挖出，摘去茎叶，将根茎的泥土抖掉，在田间稍晒后再运回加工干燥。

2. 加工

川芎根茎应及时干燥，一般都采用火炕。在室内干燥处挖一土坑，方形或圆形，大小不一。小型炕自炕底到炕面高 60～80cm，炕前有火门，高 40～60cm，宽 30～40cm，炕上面四周筑一方形土墙长宽各 1～1.2m，厚 20cm 左右，高出地面约 80cm；炕中部置横木数根，上铺竹篾编成的笆。然后倒入鲜根茎，数量依炕大小而定。加火，使火焰由火门口缓缓进入，火力不宜过大，否则会将表面炕焦而内部还未干燥，每 100kg 干川芎需柴 200kg。上炕后，每天上下翻动 1 次，经 2～3 天后，根茎逐渐干燥变硬，散发出浓烈香气，便可取出，放入竹制撞篼中来回抖撞，除净泥沙和须根，即成干川芎。用火炕加工，比较费工，不够安全，如有条件，最好改为烤房烘拷。每 100kg 鲜川芎可得干川芎 30～35kg；每亩可产干川芎 150～200kg，最高可达 250～300kg，芎苓种 500kg 以上。

川芎以无苓珠、苓盘、杂质，无枯、焦、虫蛀、霉变为合格；以个大、饱满、坚实、断面色黄白、油性足、香气浓为佳。

五、川贝母栽培的关键技术

川贝母为百合科多年生宿根类草本植物，是一种喜湿润耐寒冷的植物，以鳞茎入药。有清热润肺、化痰止咳的功效。用于治疗肺热燥咳、干咳少痰、阴虚劳嗽、咳痰带血等症。川贝母分布于西藏、青海、四川、云南，主产于我国四川、陕西、湖北、甘肃、青海和西藏。

川贝母喜生长于冷凉湿润、土质疏松、排水良好、富含腐殖质的沙质壤土。具有耐寒、喜湿、怕高湿、喜荫蔽的特性。气温达到 30℃或地温超过 25℃时，植株就会枯萎；海拔低、气温高的地区不能生存。在完全无荫蔽条件下种植，幼苗易成片晒死；日照过强会促使植株水分蒸发和呼吸作用加强，易导致鳞茎干燥率低，贝母色稍黄，加工后易成“油子”、“黄子”或“软子”。

（一）选地、整地

选背风的半阴半阳的坡地为宜，并远离麦类作物，防止锈病感染；以疏松、富含腐殖质的壤土为好，黏土、沙土均不适宜。结冻前整地，清除地面杂草，深耕细耙，做 1.3m 宽的畦。每亩用厩肥 1500kg，过磷酸钙 50kg，油饼 100kg，堆沤腐熟后撒于畦面并浅翻；畦面作成弓形。

（二）鳞茎繁殖

7～9 月间收获时，选择无创伤病斑的鳞茎作种，用条栽法，按行距 20cm 开沟，株距 3～4cm，栽后覆土 5～6cm。或在栽时分瓣斜栽于穴内，栽后覆盖细土、灰肥 3～5cm 厚，压紧镇平。

（三）田间管理

1. 搭棚遮阴

川贝母生长期需适当遮阴。播种后，春季出苗前，揭去畦面覆盖物，分畦搭棚遮阴。搭高 15～20cm 的矮棚，第一年郁闭度 50%～70%，第二年降为 50%，第三年降为 30%；收获当年不再遮阴。搭高棚，高约 1m，郁闭度 50%。最好是晴天荫蔽，阴、雨天亮棚炼苗。

2. 除草

川贝母幼苗纤弱，应勤除杂草，不伤幼苗。除草时带出的小贝母随即栽入土中。每年春季出苗前，秋季倒苗后应用镇草宁除草 1 次。

3. 追肥

秋季倒苗后，每亩用腐殖土、农家肥，加 25kg 过磷酸钙混合后覆盖畦面 3cm 厚，然后用搭棚树枝、竹梢等覆盖畦面，保护贝母越冬。有条件的每年追肥 3 次。

4. 病虫害防治

（1）锈病：为川贝的主要病害，病源多来自麦类作物，多发生于 5～6 月。防治方法：选远离麦类作物的地种植；整地时清除病残组织，减少越冬病原；增施磷、钾肥，降低田间湿度；发病初期喷甲基托布津可湿性粉剂 800～1000 倍液或粉锈宁 1000 倍液，7～10 天喷 1 次，连喷 3～4 次。

（2）立枯病：为害幼苗，发生于夏季多雨季节。防治方法：注意排水、调节郁闭度，以及阴雨天揭棚盖；发病前后用 1∶1∶100 的波尔多液喷洒。

（3）虫害以金针虫和蛴螬为主，4～6 月为害植株。防治方法：每亩用 50%氯丹乳油 0.5～1kg，于整地时拌上或出苗后掺水 500kg 灌水防治。

（四）采收与加工

川贝母于 7 月中下旬地上部茎叶黄萎后，选晴天采挖。采挖时切勿碰伤鳞茎。将挖出的鳞茎用水清洗干净，然后摊开在竹篱或竹席上，连续暴晒。暴晒时不要翻动，直到贝母鳞片上发白上粉后再翻动。没晒干的贝母不能堆放，否则贝母泛油发黄，品质变劣。若遇阴雨天，可堆埋于含水较少的沙土中，待天晴后再晒干。也可置烘灶内，用 40℃左右的温度烘干。

六、三七栽培的关键技术

三七别名田七、金不换，为五加科多年生草本植物，以根、根状茎入药。是名贵的中药材，生用可止血化淤、消肿止痛，是云南白药的主要成分，也可当茶饮。三七主产于云南和广西。此外，四川、贵州、广东、湖南、福建、江西、湖北、浙江等省也有栽培。

目前以三七为主要原料开发出的产品有 6 大类、300 多种，涉及药品、保健品、药酒、饮品和化妆品等。我国有 300 多家企业生产三七制剂，其中 4 个产品（复方丹参片、三七片、三七伤药片、跌打丸）的三七用量占全国医药工业总用量的 70%。由此可见，三七在我国用途广泛，需求量大。现将三七栽培的技术要点归纳如下。

（一）选地整地

土壤一般以黑色沙质壤土或腐殖土为最好。土壤酸碱度 pH4.5～7 为宜。前茬作物为玉米、豆类、花生为好。8 月下旬至播种前耕地 3 次，第一次耕深 3cm，第二次耕深 4～5cm，耙一次。第三次耕深 5cm，将土耙细，随即做成高 25～30cm、宽 100～110cm 的畦，畦面做成梳背形，两畦间排水沟45～60cm，移栽地与播种地相同，然后在畦面上铺玉米秸或杂草5cm厚左右，烧成灰；每公顷再准备充分腐熟的粪肥：炕土52 500kg，厩肥22 500～30 000kg，饼肥375～750kg，总量75 000kg，待播种与定植时用。播种与定植时把肥料直接放到根土或种子上做覆土用，覆土深度为2cm。

（二）繁殖方法

1. 选留良种

作种用的三七种子应选三年生植株所结的种子，每年11月果实红熟时，随红随采，或者80%以上成熟时选晴天一次采下，去掉果皮，将成熟饱满、无病虫害的种子边采边播。如果来不及播种时，一定要将果实放筛内，厚约0.5～1cm，放阴凉通风处可保存10d左右。

2. 播种方法

主产区多采用冬播，北方也可采用点播法春播（化冻后），行距2cm，株距1.7～2cm。撒播种子分布不均匀，植株生长不一致。覆土（实际上就是盖肥料，按前述施底肥的方法做或盖过筛细土）2cm，盖没种子即可。上盖杂草，避免畦土板结。南方冬播约3个月出苗，4个月出齐。北方冬播，播后盖草，防止土壤冻结；若春播种子必须放湿沙贮藏，用裂口或萌发的种子播种，播后一个月出苗。

3. 定植方法

播后一年或二、三年定植，南方地区多在12月份定植，北方多在11月或者3月中旬至4月初（土壤化冻后），芽未萌动时定植。挖苗时不要伤根，选无病虫害健壮的三七根，按大小分级，分别定植。定植方法：① 在整好的畦上横向开槽（打塘），底平，深6cm左右，宽以能放入三七根即可，芽苞向坡下，尾根向坡上，行株距4～5cm。② 双株栽植：在畦面上横开小沟，深4～5cm，沟距5～6cm。然后将三七根芽对芽、尾对尾顺沟每隔6cm放入两棵，畦边的两棵，根向畦内，边栽边盖已准备好的肥料，厚约1cm，以不露出芽苞为宜，再盖草约1cm厚。

（三）田间管理

1. 追肥

肥料要腐熟，适量多次。秧苗期间多施熏土，展叶后施第一次，每亩150～200kg；半月后再施1次，5月后又追施猪、马、人粪和油饼混合肥，每亩2500kg，6月后每月追施清粪水2000kg，直到8月。定植后翌年4～5月施一次干肥。6～8月每月施清粪水一次，每亩1500～3000kg，以多次适量为原则。3年以上的三七，追肥时间和次数，比两年的提早和增加；展叶后开始，每月一次清粪水，每亩1500～2000kg，并加施草木灰于现蕾期和开花期施混合干肥，每亩3000kg；9～10月再施一次盖芽肥，以护芽促壮。

2. 排灌

三七的根系分布在土表层，抗旱能力很弱，在整个生长期，必须保持土壤湿润。若土壤干燥，三七根干了以后再行浇水容易导致烂根。定植和播种盖草后一般浇一次水，以后大约每隔10～15d浇水1次，雨季加强排涝，做到园内无积水，园外水畅通。

3. 病虫害防治

1. 病害

（1）立枯病：它主要危害三七的种子、种芽及幼苗。种子受害腐烂呈乳白色浆汁状，种芽受害呈黑褐色死亡；幼苗受害假茎（叶柄）基部呈暗褐色环状凹陷，幼苗折倒死亡。

防治方法：播种前用多菌灵或紫草液进行土壤消毒；发现病株及时拔除，在病株周围撒施石灰粉，并喷洒50%甲基托布津1000倍液或50%甲基立柏磷1000倍液。

（2）根腐病：主要危害三七的根部，受害根部黑褐色逐渐软腐呈灰白色浆汁状，有腥臭味。

防治方法：选排水良好的地块种植，雨季及时排水；移栽时选用健壮无病三七；及时拔除病株和用石灰消毒病穴；发病期用多菌灵100倍或50%甲基托布津1000倍液浇灌病区。

（3）疫病：主要危害三七的叶片，受害叶片呈暗绿色水渍状。6～8月高温多湿发病重。

防治方法：清洁田园，冬季拾净枯枝落叶，集中烧毁；发病前喷1∶1∶50的波尔多液，半月1次，连续2～3次；发病后喷65%代森锌500倍液，或50%退菌特1000倍液，或敌克松500倍液，每隔7d喷1次，连喷2～3次。

（4）炭疽病：主要危害三七的地上部，叶部病斑黄褐色，有明显的褐色边缘，后期病斑上有小黑点，易穿孔；叶柄和茎部病斑为中央下陷的黄褐色菱形斑；果实上病斑呈圆形微凹的褐色斑，高温多湿发病重。

防治方法：清洁田园，及时烧毁枯枝落叶；选用无病三七做种，移栽前用1∶1∶200波尔多液浸一下，晾干后移栽；种子用100～150倍的40%福尔马林浸10min后用清水洗净，晾干再播种；发病期喷65%代森锌500倍，或50%退菌特1000倍液，每隔7d喷1次，连喷2～3次。

（5）锈病：主要危害三七的叶片，叶上病处初呈针尖突起的小黄点，扩大呈圆形或放射状，边缘不整齐，病菌孢子堆破裂后散失黄粉。

防治方法：冬季剪除病株的茎叶，喷波美1～2度石硫合剂；发病期喷200～300倍二硝散或波美0.3度石硫合剂，或敌锈钢300倍液，每隔7d喷1次，连喷2～3次。

（6）白粉病：主要危害三七的叶片，病叶上布满灰白色粉末。

防治方法：冬季清园并剪除病株叶，喷波美1～2度石硫合剂；发病初期喷波美0.3度石硫合剂或50%甲基托布津1000倍液，每隔7d喷1次，连喷2～3次。

2. 虫害

（1）短须螨：成虫、若虫群集于叶背吸食汁液并拉丝结网，使叶变黄，最后脱落。花盘和红果受害后造成萎缩和干瘪。

防治方法：冬季清园，拾净枯枝落叶烧毁，清园后喷波美1度石硫合剂；4月开始喷波美0.2～0.3度石硫合剂，或用20%三氯杀螨醇可湿性粉1500～2000倍液，或25%杀虫脒水剂500～1000倍液喷雾，每周喷1次，连喷数次。

（2）蛞蝓：咬食种茎、茎叶成缺刻。晚间及清晨取食为害。

防治方法：冬季翻晒土壤；种前每亩用20～25kg茶籽饼作基肥；发生期于畦面撒施石灰粉或3%石灰水喷杀。

七、天麻栽培技术

天麻为兰科天麻属的多年寄生草本植物。天麻的干燥块茎，别名赤箭、明天麻、水洋芋、鬼麻、木浦等。该植物往往野生于气温较低，常年多雨、雾，湿度较大，海拔1200～3500m的山谷林下腐殖质较厚的黑沙土中。现在我国许多省份均有栽培，主产区为云南、贵州、四川。

栽培天麻的土壤应选择土质疏松、利水、透气性好的沙壤土或腐殖土，忌用黏土和黄泥土、土壤 pH 为 5.0～6.0 为最好。一般纯针叶地不宜栽培天麻。人工栽培杂交天麻海拔最好选择在 500m 以上，500m 以下必须在室内、地下室或防空洞内栽培。室外栽培天麻时，对海拔在 800m 以下的地区应选择温度较低，湿度较大的阴坡栽培；海拔在 1000m 左右的中山区宜选半阴半阳坡；海拔在 1300m 以上的高山区应选择阳坡栽培。

（一）繁殖方法

1. 无性繁殖

（1）菌材的培养

天麻无根无叶，不能自养，必须依靠密环菌与其共生。因此，栽培天麻首先要培养好长有密环菌的“菌材”。即在 5～8 月，选择无油脂、无芳香味等异味，材质致密、坚实的阔叶树木材，如：槲树、栓皮栎、毛栗、桦树等，用 6～18cm 粗细的树棒，锯成 50cm 长的段，并在树棒的皮部破好鱼鳞口。选择透气利水的阳坡或早晚阳坡沙壤地，挖深 50cm、长宽随菌材多少而定的坑，但坑的容量以每坑放置菌材量不超过 200 根为限。在坑底先铺一层新鲜木材段，再用湿沙土填好缝隙。湿沙土的含水量在 65%左右，即用手捏土可成团、掉在地上可散开。第 2 层铺放菌种，然后继续一层树棒、一层菌种，直至距坑口 10cm 为止。最后再用湿沙土覆盖与地面齐平。菌材经培养 50 天左右就可长好并投入使用。

（2）麻种栽植

天麻可春栽或冬栽。春栽在 3～4 月，冬栽在 11～12 月进行。栽植方法采用“菌材加新材法”，即：选择沙地或沙壤地，按行向挖深 30cm、宽 1m、长随行长而定的凹畦，在畦的下层两边各放 1 根菌材，中间菌材、新材间隔放，相邻两材间隔 2～3cm。

以白麻和麻米为麻种，在林间播种，每两林间播种麻种 3～4 个。播种麻种要靠近菌材平行摆放。栽完 1 层后，用湿沙土填充好空隙，再均匀铺盖 2cm 厚的湿沙土。第 1 层播种完毕，再按同样方法放第 2 层菌材、播种第 2 层天麻，并用湿润沙土填缝。每个坑只可播种 2 层。最后再盖 10cm 左右厚的湿润沙土封埋。

2. 有性繁殖

（1）杂交制种

冬、春季，选择新鲜、没有损伤、健壮的天麻，用菌材伴栽 1 层。栽植时把种麻平放，顶芽朝上，然后再盖腐殖土。春栽盖 3cm 厚的湿润腐殖土。冬栽先盖 16cm 左右厚的腐殖土，待春季再把土扒开。天麻出苗后，搭建遮阴棚遮阴，并绑架固定麻干，以防倒伏。干旱时适量浇水。天麻开花后，进行人工授粉，以提高坐果率。6～7 月待果序下部果实陆续向上成熟时，从下往上陆续采收。采果后，抖出种子，随即播种。

（2）培养菌床

3～4 月份，选择土层深厚、不易积水的沙土或沙壤土地块，整平后打成宽 1m、长 3～5m、深 30cm 的凹畦，畦埂宽 30～40cm，并整平畦底。选择质量好的菌材放在苗床的底层，两材间距离不大于 1.5cm，用湿润沙土填好缝隙。菌材上再放新材，在新材间填盖湿润沙土并使之与地平。

（3）播种方法

7～8 月份，当种子成熟时，将菌床上层已培养好的菌材揭去，扒开下层菌材缝隙的沙土，在缝隙间填入落叶、铺平菌床后，再将天麻种子均匀撒播在落叶上，并盖好原上层菌材，最后再盖 10～13cm 厚的湿润沙土。播种后第 2 年 11 月份可收获、移栽。

（二）栽后管理

杂交天麻栽后要加强温度、水分、土壤、病虫害 4 个方面的管理。

1. 温度

从防高温、防冻害两方面入手。夏季温度应控制在 30℃以内，采取搭棚、喷水、盖腐叶等措施降温。冬季来临前，用草及落叶或加厚盖土层进行防低温。海拔在 800m 以上的地区，冬季可覆盖地膜增温。

2. 湿度

从防干旱、防涝两方面入手。夏季高温干旱应经常浇水或加厚盖草落叶保湿。同时，理好排水沟，防止天麻被水浸、水冲。

3. 保土

栽后不动畦土，见草立即拔除。雨后立即盖土，生长期每隔 2 周松 1 次表面土。

4. 增产措施

为进一步提高杂交天麻栽培产量，在生长期每隔 15 天用 10%的土豆溶液或用 0.5%的多维葡萄糖溶液在晚上进行浇灌，可以增产 30%～40%。

（三）病虫害防治

1. 病害

（1）腐烂病：天麻腐烂病块茎皮部萎黄，中心腐烂，掰开块茎，内部有异臭；有的块茎组织内部充满了黄白色或棕红色的蜜环菌索；有的块茎会出现紫褐色病斑；有的块茎捏之渗出白色浆状浓液等。

防治方法：选地要适当，地势低洼，或土质黏重，通透性不良多发此病。加强窖场管理，做好防旱、防涝，保持窖内湿度稳定，提供蜜环菌生长的最佳条件，以抑制杂菌的生长。选择完整、无破伤、色鲜的白头麻或水麻做种源，采挖和运输时不要碰伤和被日晒，菌种量要充足，有杂菌的菌种不能使用。栽种天麻的培养料最好进行堆积、消毒、晾晒。选干净、无杂菌的腐殖质土、树叶、锯屑等疏松土作填充物，并填满空隙，不宜压实，也不要漏填，使天麻播后营养充足，生长良好。

（2）日灼病：天麻抽茎开花后，由于无搭阴棚，在向阳的一面茎秆受强光照射而变黑，在雨天，易受霉菌侵染而倒伏死亡。

防治方法：在抽茎前应搭好阴棚。

2. 虫害

（1）蛴螬：金龟子的幼虫。以幼虫嚼食天麻茎块，将茎块咬成空洞或将正在发育中的天麻顶芽破坏，一方面造成减产，另一方面降低产品品质。

防治方法：在整地和栽种、收获天麻时，将挖出来的蛴螬消灭；在播种或栽植前，用 50%辛硫磷乳油 30 倍溶液喷于窖内底部和四壁，再将此液拌混于填充土壤中。若在栽培后发现，可用此药 700～1000 倍液或 90%的敌百虫稀释成 800 倍的水溶液进行穴内浇灌；设置黑光灯诱杀成虫。

（2）介壳虫：危害天麻的介壳虫主要是粉蚧。冬季以若虫或成虫群集于天麻块茎或菌材上越冬，雌成虫大多数集中一处，分泌绒毛状卵囊，边分泌蜡丝边产卵，群体危害天麻，使天麻块茎颜色加深，并影响块茎生长，使块茎瘦弱。

防治方法：天麻采收时若发现块茎或菌材上有粉蚧，则应将该穴的天麻单独采收且不可用该穴的白麻、米麻做种，严重时可将菌棒放在原穴中加油焚烧，杜绝蔓延。

（3）蚜虫：危害天麻的蚜虫种类较多，其繁殖能力极强，每年至少发生 10～30 代；活在麦田、草地等处，5～6 月份以成虫和若虫群集于天麻花茎及花穗上，刺吸组织汁液；植株被害后，生长停滞、矮小、畸形，花穗弯曲，影响开花结实，导致果实瘦小。

防治方法：48%乐斯本乳油 1000 倍液喷雾，每 7 天喷 1 次，每季最多使用 4 次；或 20%灭扫利乳油 2000～3000 倍喷雾，每 7 天喷一次，每季最多使用 3 次。

（4）白蚁：危害天麻的白蚁种类以黑翅土白蚁最为凶狠，其危害速度快、程度深、范围广。

防治方法：利用其趋光性在白蚁纷飞的 4～7 月，每天早、晚在有白蚁的地方设置诱蛾灯，诱杀有翅白蚁成虫。

（5）蝼蛄：以成虫和若虫在天麻穴表土层下开掘隧道，嚼食天麻块茎，使天麻与蜜环菌断裂，破坏了天麻与蜜环菌之间的养分供应关系。

防治方法：将 5kg 秕谷子煮成半熟，或将 5kg 麦麸、饼、棉籽饼等炒香，后拌药（用 90%敌百虫 150g 兑水成 3 倍液）制成毒饵，选择无风闷热的晚上，将毒饵撒在蝼蛄活动的隧道处；利用蝼蛄趋光性强的特性，设置黑光灯诱杀成虫。

（四）采收加工

冬栽的天麻在第 2 年冬或第 2 年春可采收，春栽的天麻在当年冬或第 2 年春可采收。冬采的天麻质量最优。采收时，先轻去表土，再分层挖出天麻、取出菌材。按不同大小，选出天麻（商品麻）销售，白麻、麻米留种翻栽。取出的菌材，剔除杂菌感染和腐烂不能再用的，选择完好的以再利用。

鲜天麻采收后，堆放 3～5 天就开始腐烂。因此要及时加工。加工前应首先挑选分等级：鲜重在 80～100g 以上的大麻为一等；40～79g 为二等；40g 以下和碰伤挖断的为三等。分等洗净，当天加工，否则会影响加工与加工后的商品质量和药用价值。

洗净后的天麻分等放在沸水中煮，每 50kg 水放白矾 100g，要轻轻地翻动几次，使受热均匀。天麻大小不同，煮沸时间不同，一等大麻在下锅后水重新煮沸 5～8 分钟，后续逐次减少。检验是否煮好的方法是：将天麻捞起后体表水分能很快散失；对着阳光或灯光看，麻体内没有黑心，呈透明状；用细竹插能顺利进入麻体。达到上述程度应及时出锅，放入清水里浸后即捞出，防止过熟和互相粘缩而扯伤表皮。随即进入熏房，用硫黄熏 10～12 小时，使天麻外表鲜亮白净，并可以预防生虫霉变。

熏后及时进行干燥，晒干或烘干均可。烘干时应慢火干燥，初温掌握在 50℃左右，水汽敞干之后，可升温至 60～85℃慢慢干燥，防止因表皮水分散失过快而形成硬壳和中间髓心。当烘至七、八成干时，取出用手压扁整形，堆起来外用麻袋等物盖严，使之发汗 1～2 天，然后再放进烘房烘至全部干燥。相互敲击发出清脆声，表面无焦斑鼓泡现象，断面白色坚实者佳。

八、茯苓栽培的关键技术

茯苓又称为云苓、松苓、茯灵、茯蕶、茯菟、松木薯等。为寄生在松树根上的菌类低等植物，形似甘薯，外皮黑褐色，里为白色或粉红色。药用部分为干燥菌核体。性平，味甘、淡，无毒。具有渗湿、健脾、宁心安神等功效。主要用于治疗水肿、小便不利、心悸、眩晕等症。野生茯苓在我国大部分省区均有分布。南方各省均有人工栽培，湖北、安徽、浙江、湖南、四川、云南等地为主产地。

茯苓的生长发育可分为两个阶段：即菌丝（白色丝状物）阶段和菌核阶段。菌丝生长阶段，主要是菌丝从木材表面吸收水分和营养，同时分泌酶来分解和转化木材中的有机质纤维素，使菌丝蔓延在木材中旺盛生长。第二阶段是菌丝至中后期聚结成团，逐渐形成菌核。茯苓子实体常生于菌核表面，蜂窝状，大小不一，平卧，厚 0.3～2cm，初时白色，老后或干后变为淡黄白色。结苓大小与菌种的优劣、营养条件和温度、湿度等环境因子有密切关系。不同品种的菌种，结苓的时间长短也不同，有的品种栽后 3～4 个月开始结苓，有些则较慢，需 6～7 个月。早熟种栽后 9～10 个月即可收获，晚熟的品种则需 12～14 个月。现将茯苓的栽培技术归纳如下：

（一）备料

茯苓生长的营养主要靠菌丝在松树的根和树干中蔓延生长，并分解和吸收其中养分和水分之特点，选用松树作为茯苓的生活原料。为了充分发挥松树的利用效率，目前生产上主要采用段木栽培和树蔸栽培两种方法。

1. 段木备料

每年 10～12 月松树砍伐后，立即修去树枝及削皮留筋，具体留几条筋，要依树的大小而定，削皮要露出木质部，顺木将树皮相间纵削（不削不铲的一条称为筋），各宽 4～6cm，削皮留筋后全株放在山上干燥。经半个月以后，将木料锯成长约 80cm 的小段，然后就地在向阳处堆叠成“井”字形，待敲之发出清脆响声，两端无松脂分泌时即可供用。

2. 树蔸备料

利用伐木后留下的树蔸做材料。在秋、冬季节砍伐松树时，选择直径 12cm 以上的树桩，将周围地面杂草和灌木砍掉，深挖 40～50cm，让树桩和根部暴露在土外，然后在树桩上部分别铲皮 4～6 向，留下 4～6 条约 3～6cm 宽未铲皮的筋（也叫引线）。树桩下的粗大树根也可用来栽茯苓，每条树根铲皮 3 向，留 3 条引线。根留 1～1.5cm，过长即截断不要，使树蔸得到充分暴晒至干透。干后可用草将树蔸盖好，防止降雨淋湿。

（二）苓场的选择及整理

场地要求背西北朝南或背西北朝东南，通风向阳。土质要疏松透气。以含大海量达七成的粘壤为宜。地势以 20°～30° 利于排水的缓坡。春节前后进行挖场翻耕，一般要求不得浅于 50cm，除去杂草、石块、树根等杂物，然后曝晒，四周挖“人”字形排水沟。接种前 1 周将细沙拌 3%呋喃丹铺撒窖底及上面覆土层，以防治白蚁危害。

在挖好的茯苓场内顺坡挖窖，窖长 80cm，宽 30～45cm，深 30cm，窖底与坡面平行。窖间距离为 10～15cm。窖挖好后应立即进行接菌栽种，挖窖与栽种应同时进行，要边挖窖边接菌。

（三）接菌

春末夏初接菌为春栽（冬季备料后翌年4月下旬至5月中旬进行），秋季接菌为秋栽（夏季备料于8月末至9月初进行）。下窖时将两条或三条段木并排靠拢放入窖沟内，然后在削去树皮部位撒播并填满菌种，在菌种上再盖上一些树叶、木片、木屑等填充物，以保护菌种。最后覆盖约10～15cm厚，呈龟背形的疏松沙壤土。

（四）苓场管理

开好排水沟，雨后及时修沟排水。因雨水冲刷、沙土流失，如筒木外露，要及时培土。要彻底铲除苓场内及窖面周围的杂草、树根。头年9～10月和次年3～5月，因茯苓生长快，苓场常会出现龟裂，要少量多次培土，防止茯苓露出地面，避免日晒爆裂或遭雨淋腐烂。做好苓场防护工作，防止人畜践踏。

（五）采收

春栽茯苓要在10月下旬至12初进行采收，而夏栽茯苓要在翌年4月末至5月中、下旬采收。

采收时先将窖面沙土挖开，掀起段木，轻轻取出菌核。当菌核长在段木上时，可将段木放在窖边用工具轻轻敲打，使菌核完整振落下来。采收后的菌核要及时运至加工厂或阴凉处，以备加工。

九、金银花栽培的关键技术

金银花又名双花、忍冬花、二宝花等，属忍冬科忍冬属多年生、丛生落叶灌木。为常用中药，以未开放的花蕾和藤叶入药，具有清热解毒、散风消肿的功能，主治风热感冒、咽喉肿痛等症。

金银花具有生长快、寿命长、根系发达、耐干旱、耐瘠薄、抗寒能力强等特点，平原、山区均能栽培，对土壤要求不严。因此，金银花栽培分布范围较广，全国各地均有种植。主产于山东、河南、湖南等省，以山东产的品质为最佳。在山区瘠薄土地上发展金银花生产，不仅可以获得显著的经济效益，还可以起到控制水土流失的效果。

金银花广泛的药用价值和保健用途给生产者带来巨大的经济效益，也是目前农业产业发展中前景最为广阔的品种之一。金银花也可以不经过加工，烘晒成干品直接出口创汇，中国每年出口金银花创汇达数千万美元。

（一）繁育技术

首先要选择优良品种做母株，用播种、扦插、压条、分株繁殖均可，以扦插为主。

1. 播种育苗

金银花浆果8～10月成熟，11月采摘。采摘后将种子放在清水中揉搓，漂去果皮、秕粒及杂质，捞出沉入水底的饱满种子，晾干贮藏备用。种子贮藏方法有两种，分别是混沙贮藏和干藏。

（1）沙藏法。选择土质疏松、地势高燥的地方，挖深、宽各80cm，长度视种量而定的沟。沟底先铺一层10cm厚的湿沙，中间插一把秸秆通气，若种子多时，适宜多插几把。将种子和沙按1∶3的比例混合堆放在沟内，沙的湿度以手握成团不出水、松手一触即散为宜。距地面20cm左右再复一层细沙，后覆少许土，最后用木板、草席封盖沟面。种子不多时，可将种子混沙后装入木箱或竹筐内再埋在沟内，木箱四周要钻一些小孔，以利通气。贮藏期间要定时检查，以防种子霉烂，待种子露白时即可播种。

（2）干藏法。将晾好的种子用袋子装好放在低温、干燥的通风室内，第二年春播种前将种子放在30～50℃温水中浸泡24小时，捞出后混湿沙催芽，待1/3种子露白时即可播种。

播种采用条播或撒播。播种前整地施肥后做畦浇水，条播行距以15cm为宜，开沟播种，每亩用种量约1～1.5kg，播后盖3cm土或覆1.5cm厚的细沙或锯末，压实，约10～15天即可出苗。苗期要加强田间管理，当小苗长高至15cm时进行摘心，使其萌发侧枝，当年苗高可达40～60cm，第二年春夏或雨季即可起苗栽植。

2. 扦插育苗

在实际生产中多采用此法。金银花藤茎生长季节（春、夏、秋）均可进行扦插繁殖，以雨季最好。

（1）春季扦插：冬季选1～2年生粗壮枝条剪下做插穗，穗长12～15cm，有3对以上的腋芽，剪成插穗，每100～200枝为一捆，用湿沙窖藏（方法同种子贮藏法）至第二年3月下旬整地扦插，整地后做畦开沟，沟深15cm左右，行距15～20cm，将贮藏的插穗取出排放于沟内埋土蹲实、灌水，20天左右便可萌动出芽，出芽前要适当遮阴，出芽后应及时松土除草、追肥，根据旱情适当浇水。苗高15～20cm时摘心，当年苗高可达60～80cm。

（2）夏秋扦插。夏秋扦插是在第一茬花（6月份）或二茬花（7～8月份）采摘后，选取生长健壮的枝条，截成长10～15cm的插穗，去除下部枝叶，仅留上部一对叶，每100支插穗捆成一捆，放入干净流水中浸泡12小时，如无流水时可放清水中浸泡下半部，期间换水2～3次，浸泡后取出插到做好的苗床内，要遮阴50%，15天左右便可萌动。扦插育苗时当年冬季要注意防寒，第2年春季和雨季即可定植。

3. 压条育苗

压条育苗春、夏、秋三季均可进行。修剪时有意留下基部1年生枝条，在条下挖10cm深的坑，将枝条弯曲压入坑中，埋土踏实，枝条长可连续压埋，使枝条尖露出地面，待长出新根再将其分段截离母体进行移栽。

（二）田间管理

1. 中耕除草

栽植后的第一、二、三年，每年中耕除草3次，发出新叶时进行第一次，7～8月进行第二次，最后一次在秋末冬初霜冻前进行。从第三年起，只在早春和秋末冬初各进行一次除草工作，使花墩周围没有杂草，以利其生长。每年春季2～3月和秋后封冻前，要进行中耕松土、培土工作。中耕时，距离株丛远处稍深、近处宜浅，以免伤根，影响植株生长。

2. 追肥

每次中耕后，施肥一次，春夏季肥料以人畜粪水、油饼、氮素化肥为主，秋冬季以堆肥、过磷酸钙为主。在株丛周围开环形沟施，施后盖土。施肥的数量可根据花墩的大小而定。多年生的大花墩，每墩可施土杂肥5～6kg，化肥50～100g，小花墩可酌情少施些。每次采花后，最好追肥一次，以尿素为主，以增加采花次数。

3. 设立支架

对藤蔓细长的品种，可搭设1.7m高的篱状支架，让蔓茎缠绕架上，以便枝条分布均匀，生长良好。

4. 越冬保护

在北方寒冷地区种植金银花，要保护老枝条越冬。老枝条若被冻死，第二年重发的新枝开花少，产量降低。一般在土地封冻前，将老枝平卧于地上，上盖蒿草6～7cm，草上再覆盖泥土，这样就能安全越冬。第二年春天萌发前，去掉覆盖物。

（三）整枝修剪

修剪可以控制枝条过分生长，并促进萌发短花枝，提高产量，便于管理。若任其生长，由于枝叶繁茂，通风透光不好，以致叶子发黄脱落，开花部位大都只在株丛外，枝条虽多，着生花朵少，产量不高。修剪应于冬季或早春未发新叶前进行。

生长1～2年的金银花植株，藤茎生长不规则，杂乱无章，需要修枝整形，以利于树冠的生长和开花。具体整形修剪方法为：栽后1～2年内主要培育直立粗壮的主干。当主干高度在30～40cm时，剪去顶梢，促进侧芽萌发成枝。第二年春季萌发后，在主干上部选留粗壮枝条4～5个，作主枝，分两层着生，从主枝上长出的一级分枝中保留5～6对芽，剪去上部顶芽。以后从一级分枝上长出的二级分枝中保留6～7对芽，再从二级分枝上长出的花枝中摘去勾状形的嫩梢。通过这样整形修剪的金银花植株由原来的缠绕生长变成枝条分明、分布均匀、通风透光、主干粗壮直立的伞房形灌木状花墩，有利于花枝的形成，多长出花蕾。金银花的修枝整形对提高产量影响很大，一般可提高产量50%以上。

（四）病虫害防治

1. 病害

（1）褐斑病（也叫叶斑病）：5～7月发生。发病后，叶片上病斑呈圆形或椭圆形，初期水渍状，边缘紫褐色，中间黄褐色，潮湿时叶背面病斑中生有灰色霉状物，靠叶边、叶尖病斑较多。

防治方法：清除病枝落叶，减少病源；加强栽培管理，增施有机肥，增强抗病力；用1∶1∶200的波尔多液或65%代森锌可湿性粉剂400～500倍液，或5%菌毒清水剂1000倍液喷雾，每隔7～10天喷1次，连喷3～4次，有较好的防效。由于病害由下而上蔓延，所以第1、2次喷药要重点防治下部叶片。

（2）白粉病：主要危害叶片，有时也危害茎和花，叶病斑初为白色小点，后扩展为白色粉状斑，后期整叶布满白粉层，严重时发黄变形甚至落叶；茎部病斑不规则呈褐色，上生有白粉，花扭曲，严重时脱落。

防治方法：发病初期喷施粉锈宁1500倍液或50%甲基托布津1000倍液，每隔7～10天喷1次，连喷2～3次；合理密植，整形修剪，改善通风透光条件，增施有机肥，可增强抗病能力；选用枝粗节密短、叶片深绿而质厚、密生绒毛抗病力强的品种。

（3）根腐病：主要危害金银花输导组织，造成枝条、叶片枯萎死亡，最后导致整个植株枯黄死亡。病菌通过土壤和灌溉水传播，由地下害虫造成的伤口侵入植株根部，然后向地上部蔓延。一般6～7月份高温多雨发病严重。

防治方法：在发病初期，用50%多菌灵可湿性粉剂800～1000倍液，或50%甲基托布津1000倍液喷雾防治，每隔15天喷1次，连喷3～4次。

（4）炭疽病：苗期、成株期均可发病，苗期发病引起猝倒或顶枯。成株期发病主要危害叶、叶柄、茎及花果。叶片染病初生圆形或近圆形黄褐色病斑，边缘红褐色明显，后期病部易破裂穿孔。叶柄和茎染病生梭形黄褐色凹陷斑，造成叶柄盘曲或茎部扭曲，危害茎基导致成株倒伏或根茎腐烂。花梗、花盘染病，出现花干、籽干现象。果实染病也生近圆形黄色凹陷斑，造成果实变色腐烂。

防治方法：采用配方施肥技术，施足腐熟有机肥，增施磷钾肥，提高抗病性；种子处理时可用43%福尔马林150倍液浸泡种子10分钟，脱去软果皮后，用75%甲基托布津400倍液与45%代森锌可湿性粉剂200倍液按1∶1混合后浸种2小时，防效极优。

2. 虫害

（1）蚜虫：4～5月发生，可导致叶和花蕾卷缩，枝条停止发育，造成金银花严重减产。

防治方法：从发芽时开始喷40%乐果乳油800～1500倍或80%敌敌畏乳油2000倍液2～3次；虫害严重者，可适当增加喷药次数和连续喷药，但采花前15～20天应停止施药，以免影响花的质量。

（2）蛴螬：主要危害植株的根部，严重时将须根全部吃光。蛴螬通常在春季和夏末秋初危害，尤其小雨连绵的天气危害十分严重。

防治方法：用25%辛硫磷微胶囊200～300倍液或90%敌百虫800～1000倍液浇灌受害植株的根部。成虫的防治可喷80%敌敌畏乳油、50%马拉磷乳油、50%辛硫磷乳油1000～1500倍液。

（3）银花叶蜂：4～9月发生，咬食叶片呈缺刻，危害严重时，影响产量。

防治方法：用90%敌百虫1000倍液或25%速灭菊酯1000倍液喷杀，开花时禁用；发生数量较大时，可于冬、春季在树下挖虫茧，以减少越冬虫源。

（4）棉铃虫：主要危害嫩叶、花蕾，每年7～9月为害严重。

防治方法：在棉铃虫卵孵化高峰期喷施苏云金杆菌乳剂400～500倍液，每隔2天喷1次，连喷3次。

（5）红蜘蛛：该虫主要危害金银花叶片，使受害叶片失绿呈灰黄色斑点，造成叶片枯焦及提早落叶；被害嫩芽、花蕾发黄枯焦，不能展叶开花。6～7月份高温干旱时危害严重。

防治方法：在早春发芽前，用晶体石硫合剂50～100倍喷枝干，以消灭越冬螨；生长期药剂防治，在金银花第1茬花前、花后至麦收前后两个关键时期进行防治。药剂可选用：1.8%阿维菌乳油5000～8000倍液，15%扫螨净乳油1500～2000倍液，5%卡死克乳油1000倍液，或73%克螨特乳油200倍液。

（五）采收加工及贮藏

1. 采收

金银花的开放时间很集中，栽后第三年开始开花，必须及时采摘。一般每年开花两次，以第一次5～6月开花最多，第二次8～9月较少。适时采摘是提高金银花产量和质量的关键之一，采花时间最好选晴天从黎明至上午9时前。采摘时必须掌握每朵花的发育程度，在花蕾由绿变白，上白下绿，顶端膨胀，将开未开即“大白针，二白花”时最佳。如果在花蕾尚呈绿色或花已开放时采收，则干燥率低，干后花色不好，品质下降。

采摘金银花的盛器必须通风透气，一般使用竹篮或条筐，不能用书包、提包或塑料袋，以防采摘下来的花蕾蒸发的水分不易挥发再浸湿花蕾，水分不易散失而发热、发霉、变黑等。采收时只采成熟花蕾和接近成熟的花蕾，不带幼蕾，不带叶子，采摘的花蕾均轻轻放入盛具内，要做到“轻摘、轻握、轻放”。

适时采收的花，一般4kg可晒干花1kg。培植5～6年的植株，每年每株约可产干花

250～500g。

2. 加工

金银花采摘后需及时干燥，短时间堆放会引起变色或霉坏。合理加工是保证金银花产量和质量的重要措施。

（1）晒干：一般晒干，选择太阳照射时间最长的地方，将当天采摘的花蕾均匀地铺在竹席或石板上，薄薄地摊上一层，撒花的厚度视阳光的强弱而定，一般 4～5cm，晒到八成干时，才能翻动，争取当天晒干。晒时摊得过厚，干燥变慢，或过早翻动，都会引起花色变黑，降低其质量。如果当天未晒干，应连盛具移入室内，次日再晒，直到晒干为止。如遇连续阴雨天不能晾晒时，可将采下的花用硫黄熏蒸一下，5 天内再晒不会霉变。熏蒸方法如下，将鲜花置密闭的容器内，每 100kg 鲜花用硫黄 1kg，将硫黄放在容器内点燃 10～12 小时。

（2）烘干：在烘干房内进行。烘干房约 30m^2，房内修火道，房顶留烟囱和天窗，离地面 30cm 左右的墙上，留相对的通气孔 2～3 对，便于散发潮气，房内搭木架供盛花盘逐层放置。烘花前先将烘干房加温，然后把天窗和出气孔封死。鲜花放入烘干房，初烘时温度一般在 30～35℃，2 小时后提高到 40℃左右，当鲜花开始排水气时，可打开天窗和一部分排气孔，当房内温度保持 45～50℃潮汽增大时，再打开全部排气孔，使水汽迅速排出。如果温度不够，可将一部分气孔堵死，等房内潮汽大时再打开。10 小时后，鲜花水汽大部分蒸发，室内温度可提高到 55℃，使金银花迅速干燥。烘干时要注意：温度要适当，通风设备良好，不断检查调换花盘，以防烘干的干湿不匀，同晒干一样，花盘上的鲜花未干时不可翻动；否则会变黑，要有防火设备，确保安全。有条件的可用烘干机烘烤金银花，可提高产品质量和达到一等出花率。

金银花以身干，无枝秆、整叶，无虫，无霉变、焦煳，碎叶不超过 3%为合格；以花蕾多，色淡，气味清香者为佳。

3. 贮存

金银花应存放在干燥阴凉处（温度低于 30℃，相对湿度低于 70%最好），防潮、避光，防变色、防生虫、防生霉。如发现已吸潮生霉的，应及时进行干燥处理或吸潮养护。金银花存放一年以上就会变色。因此，要掌握先进先出的原则，包装如有破损应立即修补完整。

十、黄连栽培的关键技术

黄连又名鸡爪黄连、川黄连，为毛茛科黄连属多年生常绿草本植物，株高 20～30cm。黄连主要以根茎入药，具泻火解毒、清热燥湿等功效。主产四川省，湖北、湖南、陕西、甘肃等省也有栽培。

黄连喜高寒冷凉环境，喜阴湿、忌强光直射和高温干燥。栽培时宜选海拔 1400～1700m 的地区。植株正常生长的温度范围为 8～34℃，超过 38℃易受高温伤害，低于 5℃植株处于休眠状态。

（一）选地整地

黄连对土壤要求较严，以土层深厚、肥沃、疏松、排水良好、富含腐殖质的壤土和沙壤土为好，土壤 pH5.5～7 为宜。忌连作。早晚有斜射光照的半阴半阳的缓坡地最为适宜，但坡度不宜超过 30 度。

整地前进行熏土，具体方法是：选晴天将土表 7～10cm 的腐殖土翻起，拣净树根、石块，待腐殖土晒干后，收集枯枝落叶和杂草进行熏土。此法有利于提高土壤肥力，减少病虫害和杂草。熏土后，耕翻深 15cm，拣净树根等杂物，每亩施入农家肥 4000kg 左右作基肥，耙匀整平，做成宽 1.5m、高 30cm 的畦，畦沟宽 50cm，畦面略成弓形。

（二）繁殖方法

多采用种子繁殖，育苗移栽。

1. 育苗

于 10～11 月份用经贮藏的种子播种，因种子细小，可将种子与 20 倍的细土拌匀后撒播于畦面，播后不盖土，盖约 0.5～1cm 厚的干细腐熟牛马粪。冬季干旱时，还需盖一层草保湿。翌春及时将覆盖物去除，以利出苗。每亩用种量为 2～3kg。

2. 移栽

幼苗在播后第三年进行移栽。以 6 月移栽最好，但低海拔地区宜在 2～3 月或 9～10 月移栽为宜。移栽宜在阴天或雨后晴天进行，取生长健壮、具 4 片以上真叶的幼苗，连根挖起，剪去部分须根，留 2～3cm 长，按株行距各 10cm，正方形栽植；深度视移栽季节和苗的大小而定，春栽或苗小可栽浅些，秋栽或大苗可稍深些，一般为 3～5cm，地面留 3～4 片大叶即可。通常上午挖苗，下午栽种，如起挖的苗当天未栽完，应摊放在阴湿处，第二天栽前仍应浸湿再栽。

（三）田间管理

1. 苗期管理

播种后出苗前应及时除去覆盖物。当苗具 1～2 片真叶时，按株距 1cm 左右间苗。6～7 月可在畦面撒一层约 1cm 厚的细腐殖土，以稳苗根。荫棚应在出苗前搭好，一畦一棚，棚高 50～70cm，荫蔽度控制在 80%左右。

2. 补苗

黄连苗移栽后，常有死苗，死苗率达 10%～12%，应及时补苗。一般 6 月栽的秋季补苗，秋植者于翌春新叶萌发前补苗。采用同龄苗补栽，确保植株生长一致。

3. 中耕除草

育苗地杂草较多，每年至少除草 3～5 次，移栽后每年 2～3 次。如土壤板结，宜浅松表土。

4. 追肥培土

育苗地在间苗后，每亩施稀粪水 1400kg，8～9 月再撒施干牛粪 140kg，翌春再施入以上肥种，但量可适当增加。移栽后 2～3 月，施 1 次稀粪水，9～10 月和以后每年 3～4 月和 9～10 月，各施肥 1 次。春肥以速效肥为主，秋肥以农家肥为主，每次每亩施 2000kg 左右，施肥量可逐年增加。施肥后应及时用细腐殖土培土。

5. 调节荫蔽度

调节适宜的光照条件，以利黄连正常发育。一般移栽当年荫蔽度为 70%～80%为宜，以后每年减少 10%左右，至收获，可于 6 月拆去全部棚盖物，以增加光照，抑制地上部生长，增加根茎产量。

6. 摘花蕾

摘花蕾主要是为了提高产量。黄连在抽出花蕾后，除计划留种的以外，每年应将花蕾摘除，促进须根、叶子和根茎的生长，提高根茎产量（约30%左右）。

（四）病虫害防治

1. 病害

（1）白粉病：5月下旬始发，7～8月危害严重，为害叶部。

防治方法：适当增加光照并注意排水；发病初期，将病叶集中烧毁；用庆丰霉素80单位或70%甲基托布津500倍液在发生初期喷施1次，在盛期须每隔7～10天喷1次，连喷3次，效果较好。

（2）炭疽病：5月初始发，为害叶片，严重时致使全株枯死。

防治方法：冬季注意清洁田园；用1∶1∶100～150倍波尔多液，或用65%代森锰锌800～1000倍液喷雾，在发生初期至盛期连喷3次，时间间隔为7～10天。

（3）白绢病：6月始发，7～8月为害严重，为害全株。

防治方法：拔除烧毁病株并用石灰粉处理病穴；或用多菌灵800倍液淋灌。

2. 虫害

（1）蛞蝓：3～11月发生，咬食嫩叶，雨天为害严重。

防治方法：在发生期用鲜菜叶拌药诱杀；或用鲜苦葛根切碎捣烂后用温水（比例为1∶5）浸泡一昼夜，过滤后，取滤液稀释10倍喷杀。清晨撒石灰粉。

（2）地老虎：6～8月发生，主要为害黄连幼苗。

防治方法：用25%二二三乳剂300～400倍液或90%敌百虫液进行喷雾防治。

（五）采收加工及留种

1. 采收

黄连一般在移栽后第5年或第6年开始收获，宜在10月上旬采挖。采收时，选晴天，挖起全株，抖去泥土，剪下须根和叶片，即得鲜根茎，俗称为“毛团”。

2. 加工

鲜根茎不用水洗，应直接干燥，干燥方法多采用炕干（有条件的可将其放在烘箱中保持60℃烘干，筛去泥土即得商品黄连），注意火力不能过大，要勤翻动，干到易折断时，趁热放到槽笼里撞去泥沙、须根及残余叶柄，即得干燥根茎。以条粗壮、连珠形、质坚重、断面红黄色、有菊花心者为佳。须根、叶片经干燥去泥沙杂质后，也可入药。残留叶柄及细渣筛净后可作兽药。

3. 留种

黄连移栽后2年就可开花结实，但以栽后3～4年生的植株所结种子质量为好，数量也多。一般于5月中旬，当蓇葖果由绿变黄绿色，种子变为黄绿色时，应及时采收。采种宜选晴天或阴天无雨露时进行，将果穗从茎部摘下，盛入细密容器内，置室内或阴凉地方，经2～3天熟后，搓出种子。再用2倍于种子的腐殖细土或细沙与种子拌匀后层积保藏。

十一、川明参栽培的关键技术

川明参又名山萝卜、明党、明参等，为伞形科多年生草本植物。川明参是中药材、中药食两用的药材之一，川明参根供药用，可补气养阴、益胃生津、润肺止咳，具有良好的药用价值；由于营养丰富，在人民生活中常直接食用，其食用味道鲜美，具有质嫩、粉足、汤鲜等特点，具有极高的食用保健价值，很受消费者欢迎。由于川明参不仅药用价值高，并且食用价值也高，常年用量较大，因此种植川明参效益较高且稳定。四川省的青白江、苍溪县、巴中市、金堂县等地都是川明参的主产地，现将其高产栽培技术总结如下，以供种植者参考。

（一）选地整地

川明参主根入土较深，故应选择土层深厚疏松、肥沃的砂壤土。播种前应深翻 30～40cm，并施入基肥，每亩可施入腐熟的厩肥 2000kg，过磷酸钙 50kg 或饼肥 100kg。然后将土整平耙细作畦，畦宽 1.3m 左右、高 20～30cm，四周挖好排水沟。

（二）播种

1. 种子处理

川明参种子采收后，按 3∶1（沙土和种子的体积比）的比例加入沙土，拌匀后平摊于阴凉地面，厚 5～10cm，要经常翻动，以防止种子干燥、霉烂。最好在低温下（低于 20℃）贮藏。

2. 播种

播种分为直播和育苗两种方法。以直播为好，其根条直，不易分杈，品质好，但生长期长。

（1）直播法：于 8 月下旬至 9 月上旬播种。在整好的畦面上，按行距 30cm 开沟条播，沟深 3～5cm，将种子拌上草木灰，撒入沟中，覆土厚度为 1～2cm，以不见种子为度。然后轻轻镇压，上面再盖 3cm 厚的稻草，一般 15 天左右即可出苗。出苗后要逐渐去掉稻草。

（2）育苗法：也是 8 月下旬至 9 月上旬播种。在播种前，将畦面耙细整平，在畦面上泼洒腐熟的人粪尿水 1500kg 每亩，使土面湿润，待粪水下渗稍干时，把种子与细沙拌匀，进行撒播，上面盖一层薄薄的草木灰和 0.3cm 厚的过筛细土，以不见种子为度。最后畦面盖稻草，以保温保湿。一般 25～30 天出苗。出苗后揭草，方法同直播法。

第 2 年秋季可移栽，宜在 8 月下旬至 9 月上旬（幼芽萌动前）移栽，挖取一年生幼苗按等级大小分别进行栽种，挖取时一定不要伤根和断根。在做好的畦面上，按行距 25～30cm 开沟，沟的深度要根据种苗根的长度而定。先在沟内施入稀人粪尿水，待渗后稍干即可栽种，按株距 5～7cm 栽入种苗，栽时根条垂直不要弯曲。栽后覆土杂肥，再盖细土超过根头 3cm，并覆盖稻草或玉米秸秆等。每亩栽种 4000～5000 株。移栽时要注意，当天起苗，当天栽完，不能过夜，防止日晒失水。

（三）田间管理

1. 间苗、定苗

直播田第一年要进行间苗、定苗。当苗高 3cm 时，以株距 3cm 进行间苗，当植株长至 5cm 高时，按株距 6cm 进行定苗，保证每亩株数 4～5 万株。

2. 中耕除草

一般每年进行 2～3 次中耕除草，其中封行前的一次中耕除草要结合培土，以保证植株安全越冬。

3. 追肥

结合中耕除草进行追肥，每亩可追施腐熟的人粪尿水 2000～3000kg。移栽植株第 2～3 年生长速度最快，可适当增加一次追肥，并增施磷钾肥。

4. 遮阴

在幼苗生长期，川明参怕干旱和高温，因此夏季要盖草以防干旱。此外，可在行间种植高秆作物遮阴保苗，既可起到遮阴降温作用，又可增加经济效益。

5. 摘除花芽

川明参于3～4月开始抽薹开花，除留种田外要及时摘除花芽，抑制其生殖生长，促进养分向根部集中。

（四）病虫害防治

1. 病害

（1）根腐病：在晚春和夏天多雨季节容易发生。发病初期须根开始变褐并逐渐腐烂，以后向主根蔓延，使全部根腐烂，地上部分枯萎死亡。

防治方法：拔除发病植株并集中烧毁，在发病株的周围撒生石灰消毒，防止蔓延；发病初期每亩可用50%退菌特0.5kg、尿素0.5kg、石灰12kg兑水250kg，淋灌植物根际周围土壤。

（2）菌核病：一般在3月中、下旬发生，4月发病最严重。主要表现在茎秆基部，产生黄褐色病斑，如湿度较大，茎秆基部容易腐烂，植株倒伏。叶片受害后，初期呈椭圆形水渍状病斑，随后变为青褐色，严重时成片枯死。

防治方法：发病后要及时铲除病土，在病区撒上生石灰，控制蔓延；发病初期，可用5%的石灰水淋窝，也可撒施体积比为1∶3的生石灰、草木灰，或喷施65%的代森锌可湿性粉剂500倍液防治。

2. 虫害

（1）蚂蚁和蟋蟀：在播种后刚发芽出苗时，容易受蚂蚁和蟋蟀危害，造成出苗不齐。

防治方法：用50g甲基托布津加20mL敌敌畏，兑水25kg喷雾。

（2）蚜虫：一般在秋末、冬、春季节容易发生。发生时蚜虫聚生在叶片背面和嫩茎上吸食汁液。

防治方法：可用杀敌光30mL或15mL吡虫啉兑水15kg喷雾；也可用40%乐果800～1500倍液喷杀。

（3）凤蝶：一般在春、夏季节发生。主要是幼虫咬食叶片，严重时可把叶片吃光。

防治方法：由于凤蝶幼虫行动缓慢，体态明显，可进行人工捕杀；发生严重时，可喷90%的晶体敌百虫1000倍液防治。

（五）采收加工

3月底至4月（在抽薹前）为最适收获期，如过早采挖，根水分大，粉性差，折干率低；过晚采挖，粉性太足，见风易产生裂缝，难以加工，并且过早过晚采收均会影响其药性。选择晴朗天气，割去地上部分，挖取根部，去掉须根，洗净泥土，用小刀或竹板刮去外面一层粗皮和黄白色的皮，按大小分级，然后用沸水煮10分钟，捞起以手折能弯曲自如、根内无白心为宜，再用清水漂洗数次，将漂好的川明参用竹片穿挂进行曝晒或者烘干，待水分降到5%～8%时保存。注意：禁止用硫黄熏蒸。

十二、川白芷栽培的关键技术

白芷别名祁白芷、川白芷、杭白芷等，为伞形科当归属多年生草本植物，株高100～

250cm。白芷为常用中药，以根入药，有祛病除湿、排脓生肌、活血止痛等功能。主治风寒感冒、头痛、鼻炎、牙痛等症。也可作香料。白芷品种较多，有主产于河南、河北等省的兴安白芷（祁白芷）；主产于四川的库页白芷（川白芷）；主产于浙江、福建等省的香白芷（杭白芷）等。白芷适应性强，全国各地均可栽培。

白芷喜温和湿润气候和阳光充足的环境，在荫蔽的环境下生长不良。适宜生长温度15～28℃，在24～28℃条件下生长最快，不耐30℃以上高温。土壤过沙、过黏或浅薄，主根易分叉，产量低。可连作。

（一）选地整地

白芷主根深长，土壤要求耕作层深、土质疏松肥沃、排水良好的温暖向阳较湿润的砂质壤土。前茬作物收获后，深翻土壤30cm左右，精耕细耙，同时结合整地，每亩追施农家肥2000～2500kg作基肥；然后，整平耙细，做成1.3m宽、16～20cm高的高畦，四周开好较深的排水沟，畦沟宽26～33cm，将畦面搂成龟背形，以利于排水。地干时先浇水，待水渗下、表土稍疏松时播种。

（二）繁殖方法

白芷宜采用直播，若育苗移栽，则主根多分叉，且生长不良。白芷用当年所收的种子繁殖，隔年的种子发芽率低。一般采用秋播，日平均气温稳定通过15℃的日期为适宜播种期，于处暑至白露之间即8月上旬至9月初播种。宜直播，穴播和条播均可。播前畦内浇透水，待水渗下后，开始播种。

1．播前种子处理

选择成熟种子，先搓去种皮周围的翅，然后放到清水里浸泡6～8小时，捞出稍晾即可播种，每亩用种量1.5～2kg。

2．播种

（1）条播：行距30cm左右，沟宽10cm，深7～9cm，将种子拌灶灰或细砂土均匀地播入沟内。条播每亩需种量1kg左右。播种后随即浇1次稀薄人畜粪水，再盖上灶灰，以不见种子为度。然后，在畦面上盖草保湿和防治杂草丛生，如遇干旱天气需浇水1次保持土壤湿润，经15～20天即可发芽出苗。

（2）穴播：按行距30～35cm，株距20～25cm开穴，穴深8～10cm，播后用水浇。播后洒水或覆稻草的方法经常保持土壤湿润。

（三）田间管理

1．间苗定苗

白芷出苗后，苗高达5cm左右时，应开始间苗。第1次间苗：穴播的每穴留小苗5～6株；如条播的每隔3～5cm留小苗1株。当苗高达10cm左右时，须进行第2次间苗：穴播的每穴留小苗3～4株，条播的每隔7～9cm留小苗1株。第三次在翌年早春2月下旬最后一次间苗即定苗，穴播的每穴定苗3株；条播的每隔10～15cm定苗1株。应按“拔大留小”的原则定苗，避免白芷生长过旺早开花，严重影响其产量。

2．中耕除草

出苗后第1次只浅松表土，每次间苗时，均应中耕除草，保持地内无杂草，促使根系下扎；植株封垄后不再中耕除草。

3. 浇水

雨水充足的地方可不用浇水，但在干旱、半干旱地区，播后遇干旱、墒情不好，需浇水，约浇水 4 次即可发芽，以后经常保持土壤湿润，小雪前应浇饱水，防止白芷在冬天干死。第二年春天在清明前后浇水，以后每隔 10 天浇 1 次水，到了夏天应每隔 5 天浇水 1 次，在伏天更应保持水分充足。但雨水过多应及时排涝。

4. 追肥

科学施肥是提高白芷产量和质量的关键，施肥过多、生长过旺，易造成抽薹开花，降低产量；施肥不足，生长不良。全生育期追肥 4 次，第 1、2 次结合间苗进行，每次施稀薄人畜粪水 1500kg，第 3 次于定苗后，每亩施人畜粪水 2500kg，加过磷酸钙 30kg，第 4 次于根茎膨大期，每亩施人畜粪水 3000kg，再加灶灰 150kg，撒施于畦面，施后盖土。

5. 拔除抽薹苗

白芷播后翌年 5～6 月，有少数植株生长过旺，要抽薹开花，应及时拔除。因白芷一经开花即空心或烂根，不能供药用，所结的种子也不发芽，也不能做种用。

（四）病虫害防治

1. 病害

（1）斑枯病：由真菌引起的病害，发生时叶片出现暗绿色斑点，后形成大斑，叶片最终枯死。

防治方法：发现病株及时拔除，集中烧毁或深埋；发病初期用 1∶1∶100 的波尔多液或 65%代森锌 400～500 倍液喷洒叶面 1～2 次。

（2）紫纹羽病：发生时有白色物质缠绕在主根上，后期变成紫红色，最后根部腐烂。田间湿度大的雨季易发病。

防治方法：整地时用 70%敌克松可湿性粉剂 1000 倍液进行土壤消毒；发病初期用 25%多菌灵可湿性粉剂 1000 倍液喷雾防治；雨季及时疏沟排水，降低田间湿度。

2. 虫害

（1）蚜虫。以成虫、若虫为害白芷嫩叶及顶部。防治方法：冬季清园，将枯枝落叶深埋或烧毁；发生期喷 50%杀螟松 1000～2000 倍液，或 40%乐果乳油 1500～2000 倍液，或 90%晶体敌百虫 1000 倍液喷杀防治，每隔 7 天喷 1 次，连喷 3 次。

（2）红蜘蛛。冬季清园，拾净枯枝落叶烧毁，清园后喷波美 1 度石硫合剂；4 月开始喷波美 0.2～0.3 度石硫合剂或 25%杀虫脒水剂 500～1000 倍液喷雾，每周 1 次，连喷 3 次。

（3）黄凤蝶。人工捕杀幼虫和蛹；90%敌百虫 800 倍液喷雾，每隔 5～7 天喷 1 次，连喷 3 次；或用青虫菌 500 倍液喷雾防治。

（五）采收加工及留种

1. 采收

春播于当年，秋播于次年 7 月中旬至 8 月上旬，当茎叶开始枯黄时采收。过迟根部重新发芽，消耗养分，影响产量和质量。采收要选择连续晴天进行。先将地上茎割除，挖出根，去净叶枝、泥土和须根，按大、中、小分级，分别堆放暴晒，晒干即可。忌夜露雨淋，晚上一定要收回摊放，否则易霉烂。

2. 加工

白芷含淀粉较多，不易晒干，如遇阴雨，不能及时干燥，为防止霉烂，可采用硫黄熏蒸。晒中遇雨淋应立即熏蒸；大个白芷要蒸透后再晒。以体坚硬、具粉性、有香气、无黑心、无虫霉、外皮灰白色、断面白色干燥为佳。每亩可收干白芷250～350kg，高产田达500kg。

3. 留种

（1）原地留种：即在收获商品时，留部分植株不挖，待翌年即可抽薹开始结籽，待种子成熟时采收作种。

（2）选苗留种：即在收获药材时，选主根无分叉且如大拇指粗细无病虫害植株作种苗，另行种植。种苗选定后，放到地窖里用沙藏起来，待翌年早春再栽到地里，并及时进行中耕除草、施肥，才能使种子饱满。不挖起重栽的留种植株，在11月中旬及第二年3月初，分别追施人粪尿、饼肥或化肥；6月上旬抽薹开花，8月种子陆续成熟，及时分批采收。

第三章

植物保护岗位

第一节 主要农作物病虫草鼠害

农业有害生物主要指危害农业生产并造成显著经济损失的生物，包括植物病原微生物、寄生性植物、植物线虫、植食性昆虫、杂草、鼠类以及其他鸟、兽等。

一、农作物病虫害的基本知识

（一）植物病害基本知识

1. 侵染性病害的病原

植物病害根据病原的不同可分为非侵染性病害和侵染性病害。

非侵染性病害是指由不适宜的物理、化学等非生物环境因素直接或间接引起的植物病害，又称为生理性病害。因不能传染，也称为非传染性病害。如营养物质、温度、光照、有毒物质的污染和农药引起的药害等。

侵染性病害是指由微生物侵染而引起的病害。由于侵染源的不同，又可分为真菌性病害、细菌性病害、病毒性病害、线虫性病害、寄生性种子植物病害等多种类型。侵染性病害的病原主要有：

（1）真菌。植物病害中最重要的一类病原生物。真菌常在植物发病部位形成粉状物、霉状物、粒状物、絮状物等。

（2）细菌。细菌在高温潮湿的环境（26～30℃）容易生长繁殖，通常在病株上或随病株残体落在土中越冬，第二年从植物的自然孔口和伤口等处侵入危害，造成的症状多为腐烂、萎蔫、枯斑、畸形和肿瘤等，在潮湿情况下可形成脓状物。这类病害主要靠播种材料、苗木、流水、风雨等传播。

（3）病毒。病毒是一类体积极其微小，须在电子显微镜下放大几万倍到几十万倍才能看到。病毒主要通过蚜虫、飞虱、叶蝉等刺吸式口器昆虫传播，常见的症状为花叶坏死或畸形等。

（4）寄生性种子植物。对植物危害较大的主要有菟丝子、桑寄生和槲寄生等。菟丝子是一种攀绕生长的草本植物，叶子退化为鳞片，不能进行光合作用，必须寄生生活。

（5）线虫。大多数植物病原线虫体形细长，两端稍尖，形如线状，多为乳白色或无色透明，需要用显微镜观察。线虫体长为 0.3～lmm。多数线虫生活在植物根部，以头部的口针穿刺寄主植物细胞。常见症状有根结、坏死，茎和叶的皱缩和扭曲，叶部产生病斑和坏死，地上部萎蔫黄化等。

2. 病害的侵染循环。侵染循环是指病害从前一生长季节开始发病，到下一生长季节再度延续发病的过程，主要包括以下三个环节：

（1）初侵染和再侵染。由越冬或越夏后的病原物对植物引起的第 1 次侵染称为初侵染。

在初侵染的病部产生的病原体通过传播引起的侵染称为再侵染。有些病害，在一个生长季节里只有初侵染，没有再侵染，如小麦黑穗病、玉米丝黑穗病等；大多数的病害，在一个生长季节中除初侵染外还有再侵染过程，造成病害在田间的进一步蔓延和流行，如梨黑星病、各种白粉病和炭疽病等。

（2）病原物的越冬越夏。病原物在冬季的休眠称为越冬，在夏季的休眠称为越夏，越冬越夏的病原往往是病害的初次侵染来源。病原物主要的越冬越夏场所有田间病株、田间杂草、转主寄主、种子、苗木及其他繁殖材料、土壤及粪肥、病株残体、昆虫体内外等。

（3）病原物的传播。在植物体外越冬的病原物，必须传播到植物体上才能发生初侵染，在植株之间传播则能引起再侵染。传播方式主要有气流传播、雨水传播、昆虫或其他生物传播、人为传播。

3. 病害流行三要素。植物侵染性病害的流行是寄主与病原物在适宜的环境条件下相互作用的结果，因此，病害流行必须具备三个方面的因素。

（1）寄主方面。要求是大面积种植单一的感病品种。

（2）病原方面。要求是致病力强，对环境的适应性也强，病原菌数量大，繁殖速度快；

（3）环境方面。气象、土壤及农业栽培条件都必须有利于病原物的侵染、繁殖、传播，而且不利于寄主抗病性的发展。

在实际生产中，可尽量创造不适合病害流行的条件，以减轻病害对农作物造成的损失。还可以根据病害流行的条件对病害进行预测预报。

（二）害虫基本知识

1. 昆虫的变态

变态是昆虫生长发育过程中的一个重要现象。根据发育过程中是否有蛹期可以把绝大多数昆虫分为完全变态与不完全变态两大类。

完全变态的昆虫一生要经历卵、幼虫、蛹和成虫 4 个阶段。此类昆虫的幼虫与成虫在外观上有较大的差别，如毛毛虫与蝴蝶，蛴螬与甲虫。常见的昆虫中，蛾蝶类、甲虫类、蚊蝇类、蜂类、草蛉类等都属于完全变态。

不完全变态的昆虫一生经历卵、幼虫和成虫 3 个阶段。它们的幼虫在外观上与成虫差别一般不大，通常只是体型稍小，没有翅。不完全变态昆虫的幼虫生活在陆地上的又称为若虫，生活在水中的又称为稚虫。常见的昆虫中，蝗虫、蟋蟀、螳螂、蜻蜓、蝉、蟑螂、蚜虫等都属于不完全变态。

2. 昆虫发育的各个虫期及特点

（1）卵期。卵期是指卵从母体产下后到孵化出幼虫所经过时期。外观不食不动，内部不断发育。

（2）幼虫期。从卵孵化出来后到出现成虫特征（不完全变态类变成虫或完全变态化蛹）之前的整个发育阶段，称为幼虫期（或若虫期）。要脱皮长大，是为害植物的主要时期，也是药剂防治的重要阶段。

（2）蛹期。自末龄幼虫脱去表皮至变为成虫所经历的时间，称为蛹期。外观不食不动，内部发育，是农业防治的最佳时期。

（4）成虫期。成虫期雌雄性的区别已显示出来，有发达的复眼、触角和完整的翅，不同的昆虫，其触角、翅的形态各不相同，所以昆虫的分类以成虫为主要根据。成虫期本质上是昆虫的生殖期。

3. 昆虫的生活习性

不同的害虫有不同的习性，全面了解和掌握其习性，有利于进行调查、预测和防治。

（1）食性。按照昆虫取食食物的性质，可将昆虫分为：

A. 植食性。以生活的植物为食料，绝大多数花卉害虫都是植食性的。如蚜虫、钻心虫、地老虎等。

B. 腐食性。以腐败的动植物为食料的害虫，如一些蝇子及部分金龟子幼虫等。

C. 肉食性。以活的动物为食料的昆虫，所有天敌昆虫都是肉食性的，如瓢虫、草蛉、寄生蜂等。

（2）趋性。昆虫对外界的光、热、化学物质的刺激有趋向或背离的习性，叫做趋性。按照刺激物的种类及性质，趋向可分为：趋光性、趋化性、趋温性、趋水性、趋触性和趋声性。其中以趋光性和趋化性为最重要，在害虫防治中应充分加以利用。

① 趋光性。很多昆虫都有一定的趋光性，如许多蛾子、甲虫、蝼蛄等，都有趋向灯光的习性。不同种类的害虫对不同的光还有所偏好，玉米螟等趋向日光灯；蝼蛄、夜蛾等对黑光灯有强烈的趋向性。

② 趋化性。昆虫通过嗅觉器官（触角），对化学物质的刺激所引起的反应，谓之趋化性。利用昆虫这一特性可防治某些害虫，如用醋酸诱杀地老虎成虫，用炒香的糠麸诱杀蝼蛄，用糖醋液或杨树枝诱杀夜蛾类害虫等。

（3）假死性。一些害虫遇到外界惊扰就暂时停止活动或自动掉落下来，好像死去一样，叫做假死性。例如苹毛金龟子、铜绿金龟子、象鼻虫、小地老虎和粘虫的幼虫等，在受到突然振动时立即作强直性麻痹状昏迷，坠地装死。可以利用它们的假死性进行捕杀。

（4）群集性。有些害虫有群集性，特别是刚孵化后的低龄幼虫常常集聚在一起，如舟形毛虫幼龄的幼虫常群集一起为害；幼龄的天幕毛虫在树杈间结网，群集网内；玉米螟在玉米抽雄以前集中在心叶内为害；二十八星瓢虫集居在一起越冬等。

（三）杂草基本知识

1. 概念

杂草是指对栽培植物生长发育有干扰或抑制作用的其他草本植物，这些植物影响了栽培植物对水分、养分、光照和空气等条件的利用。

2. 种类

根据杂草的生长期可将其分为一年生杂草、越年或两年生杂草、多年生杂草。

（四）鼠害的基本知识

鼠类属哺乳纲啮齿目动物。鼠类有的专吃种子和青苗，如大家鼠、社鼠、黄毛鼠、小家鼠、黑线仓鼠和大仓鼠等；有的以植物的根、茎为食，如鼢鼠和鼹形田鼠等；有些鼠类喜食粮油作物种子，如小家鼠、黑线姬鼠和黄胸鼠等。

二、主要病虫害识别及防治技术

1. 水稻主要病虫害识别及防治技术

（1）稻瘟病。稻瘟病又叫稻热病，农民叫烂颈瘟、卡颈黄，是水稻三大病害之一，是四川稻区的主要病害。流行年份大面积一般亩平减产 1～3 成，严重的减产 5 成以上，甚至颗粒无收。水稻整个生育期都易受到稻瘟病侵害，由于病菌侵入的部位和时间不同，大致可分为苗叶瘟和穗颈瘟。发生在水稻三叶期以前的称为苗瘟。苗瘟无明显病斑，只在芽和芽鞘上出现水浸状病斑，以后变成黄褐色而枯死。三叶期以后发生在叶片上的稻瘟病称为叶瘟。其在叶片上形成灰绿色或褐色短纺锤形或梭形或不规则的病斑，天气潮湿时，病部产生灰绿色霉层。穗颈瘟发生在穗颈、穗轴、枝梗和谷粒上，病部初现淡褐色，边缘有水浸状退绿现象，最后呈黑褐色。发病早的形成白穗，发病迟的谷粒不饱满。此外，还有节稻瘟、叶枕瘟等。

防治方法：稻瘟病的防治要贯彻以选用抗病丰产良种为中心，压低菌源为前提，栽培防病为基础，药剂防治作保障的策略。① 选用抗病丰产良种。这是防治稻瘟病最经济有效的措施。品种抗病性随气候、栽培条件和病菌的变异而变化。要因地制宜地选用品种，要注意品种的合理搭配和布局，尽量避免品种的长期单一种植。②“把好两关”、压低菌源。一是把好带病稻草处理关。带病稻草应在春播前处理完，用不完的应搬进室内堆放。用病稻草做堆肥或垫圈的，要充分腐熟后使用。不能用病稻草盖房、覆盖催芽、捆秧把。二是把好种子消毒关。用25%咪鲜胺乳油3000倍液浸种24小时；或月300～400倍液强氯精药液浸种12小时（种子预先清水浸泡12小时），然后用清水洗净药液后催芽播种。③ 搞好健身栽培。培育无病壮秧，实行宽窄行栽培。提倡使用复合肥，增施农家肥，推广配方施肥，重施底肥、早施追肥，增施磷钾肥，补施硅肥等微肥，不偏施、迟施氮素化肥。实行浅水勤灌，避免长期深灌。④ 科学合理用药。一是推广带药移栽。在秧苗移栽时，用20%三环唑可湿性粉剂750倍液，或用75%三环唑可湿性粉剂2000倍液，将秧苗倒置于药液内浸1分钟后取出，堆闷半小时后移栽。也可在秧田喷雾：亩用75%三环唑20g兑水30kg于移栽前三天喷雾秧苗。二是挑治叶瘟。水稻移栽返青后，要加强田间病情检查，发现发病中心或有急性病斑的稻田，应及时施药防治。三是预防穗颈瘟。应在未见发病的孕穗末至破口初期预防穗颈瘟。预防的对象田块以常发病区、感病品种和发生过叶瘟的田块为重点。

防治叶瘟和穗颈瘟的药剂配方：① 每亩用20%三环唑可湿性粉剂100g；② 每亩用75%三环唑可湿性粉剂20～30g；③ 亩用40%稻瘟灵（富士一号）乳油100mL。以上药剂配方任选一种兑水30～50kg常量喷雾，或加水15kg低量弥雾。

（2）纹枯病。纹枯病又叫云纹病，俗名有眉目斑、花脚瘟和霉绿秆等，是水稻重要病害之一。病害从分蘖期开始发生，愈到后期发生愈重，主要危害靠近水面的叶鞘和叶片，严重时也危害上部的叶鞘和叶片。病斑初期为椭圆形，叶片中央为灰绿色，以后不断扩大成为纹状不规则病斑。病斑扩大后，叶鞘和叶片枯死，分蘖死亡，严重时稻株不能抽穗，或虽抽穗而不能结实，或引起早期倒伏，发病轻的增加空秕粒和粒重降低。

防治方法：① 加强栽培管理。浅水勤灌，适时晒田，看苗施肥，促使水稻健壮，提高抗病能力，同时降低稻田湿度，保持通风透光，抑制病菌的生长和传染。② 消灭菌核。结合秋冬深翻、深埋菌核。灌水整田并在插秧前，捞出藏有大量菌核的浮渣。③ 水稻分叶末期至抽穗期，病丛率达30%时应及时用药剂喷雾防治。药剂可选用20%井冈霉素水溶性粉剂，每亩25g；或30%苯甲·丙环唑（爱苗）乳油，每亩15mL；或2.5%纹曲宁水剂每亩250～300mL兑水30～50kg喷雾。

（3）稻曲病。稻曲病又叫青粉病，多发生于水稻收成好的年份，俗称为“丰收果”，近年来在四川部分稻区发生较重。水稻受稻曲病为害后空壳率增加，千粒重降低，碎米率增加。更重要的是，此病污染谷粒，影响稻谷品质。据测定，病穗最低减产3%，一般为6%～12%，高的达20%以上。稻曲病在水稻开花后至乳熟期发生，病菌侵入谷粒后形成菌丝块，逐渐增大，使内外颖张开，露出淡黄绿色的稻曲。以后渐膨大，包裹全粒，可比健粒大3～4倍，颜色变为黑绿色，最后龟裂，散出黑绿色粉末，即病菌的孢子。

防治方法：① 加强栽培管理。选用无病种子，播种前进行种子消毒处理（方法见稻瘟病）。适时深翻，减少菌源。合理施肥，不偏施，迟施氮肥，不灌深水，都可减轻发病。② 药剂防治。在水稻破口前一周左右施第一次药，重病田齐穗期补施1次。可选用以下药剂配方：2.5%纹曲宁水剂亩用250～300mL；或30%苯甲·丙环唑（爱苗）15mL；15%三唑酮可湿性粉剂亩用100g；或20%井冈霉素水溶性粉剂亩用25～50g。

（4）稻粒黑粉病。稻粒黑粉病又名墨黑穗病，俗称“乌米谷”，“黑粉谷”，主要侵染稻穗。近年来，杂交水稻植种田发生较重，一般田间病粒率10%～30%，高的在30%以上，病穗率可达50%以上，直接影响植种产量。同时，常使米粒污染为黑粉，影响米质。危害稻穗的部分谷粒，病粒一般在穗的下部为多。受害病粒，全部或部分米粒被破坏。受害病粒有不变色和变为暗绿色两种。病粒不变色的，内外颖裂开露出黑粉；病粒变为暗绿色的，不开裂，但不充实，与青粒相似，如用水浸沧，则谷粒变黑。

防治方法：① 种子处理。首先应选留无病种子。如所留种谷不能保证无病，可用10%盐水选种，除去病粒，还可参照稻瘟病的种子处理方法。② 加强栽培管理。收获后深耕，将病菌翻入土中，减少次年初次侵染源。合理施用氮肥，增施磷钾肥，防止倒伏。带菌禽畜肥，要充分腐熟后方可施用。③ 药剂防治。重点是杂交稻植种田和感病的杂交稻品种，掌握在始穗期和盛花期施药，如喷1次在盛花期为好。可选用15%三唑酮可湿性粉剂每亩100g，或40%灭病威胶悬剂每亩200g加水30～50kg喷雾，避开中午扬花时施药。

（5）白叶枯病。水稻白叶枯病又叫火烧苗，是一种传播很快的细菌病害。稻株感病后，在叶尖或叶缘发生绿色或暗绿色斑，病斑沿中脉或叶缘扩展，形成界限分明的病斑。病斑沿叶片枯死后呈灰白色。一般在水稻中下部叶片先发病，然后蔓延到上部叶片。这种病从苗期发生，在分蘖期普遍发展，到孕穗期或抽穗后达到高峰。如果发病早，叶片枯死，不能抽穗；如果发病较迟，影响扬花、灌浆，秕粒增加，病株茎秆软弱易倒伏。

防治方法：① 严格检疫，选用无病稻种。种子消毒，可用1%石灰水过滤浸种，在温度为25℃时，可浸种3～4天。所浸稻种经常保持在水面下10～12cm，水面不能搅动，以免弄破石灰水膜，降低消毒效果。② 选用抗白叶枯病的品种。③ 培育无病壮秧。④ 分蘖肥和穗肥不宜过多。浅水勤灌，适时晒田，促进水稻生长健壮，提高抗病能力。⑤ 药剂防治：注意对零星发病中心及时喷药以封锁发病中心扩展，对发病中心多的田块进行全田防治。用药次数根据病情发展情况和气候条件决定，一般间隔7～10天喷1次，发病早的喷2次，发病迟的喷1次。药剂种类有25%叶枯宁可湿性粉剂亩用200g；或2%宁南霉素水剂亩用250mL。

（6）水稻螟虫。水稻螟虫俗称钻心虫，是危害水稻的重要害虫。水稻遭受螟虫为害，一般减产5%～10%，严重的损失30%以上。四川省水稻螟虫主要有二化螟、三化螟和大螟，其中以二化螟发生最为普遍。以幼虫蛀食水稻茎部，为害分蘖期水稻，造成枯鞘和枯心苗；

为害孕穗、抽穗期水稻，造成枯孕穗和白穗；危害灌浆、乳熟期水稻，造成半枯穗和虫伤株。二化螟食性较杂，除危害水稻外，也可危害玉米、小麦、高粱、甘蔗等作物。三化螟只危害水稻，以幼虫在稻桩内越冬。三化螟的蛾子昼伏夜出，有强烈趋光性，喜在嫩绿茂密秧苗和正处于分蘖、孕穗的稻田内栖息产卵。秧田内卵块常产在秧叶正面的近端部，本田常产大稻叶中上部，一般每个卵块有30～100多粒卵。

防治方法：① 减少越冬虫源。在越冬螟虫快化蛹时，及时春耕灌水泡田灭蛹杀虫，在育秧前及时处理完头年稻草，减少二化螟的虫源基数。② 栽培治螟。一是在品种布局上，避免混栽，减少“桥梁田”；二是合理调节水稻生育期，使卵块孵化盛期错过分蘖、孕穗危险生育期，在有条件的地方提倡早播早栽，可有效地减轻螟害。③ 用性诱剂防治。根据田间防治对象选用二化螟性诱剂或三化螟性诱剂，按每亩安装1套诱杀害虫。④ 药剂防治。“两查两定”：应调查螟虫种类、发生量、发育进度和不同生育期，确定防治适期和防治对象田。防治适期：第一代以防治二化螟为主，狠抓秧田防治，掌握在产卵高峰后（始见蛾后1月左右）施药，在秧田治螟期间已移栽的稻田，则掌握在始见蛾后40天左右，或枯鞘株率3%～5%时施药。第二代在以三化螟为害为主的地区，应对在螟卵盛孵期内正处孕穗期的中稻，凡每亩有卵块60个以上的稻田均应防治；在以二化螟为害为主的地区，在第二代二化螟卵孵化高峰期内，重点挑治抽穗不到 80%的稻田。第三代主要治三化螟和大螟，凡螟卵孵期尚未齐穗的迟中稻田和再生稻田，应重点防治，一般掌握在破口5%～10%时用药。药剂配方：每亩用20%氯虫苯甲酰胺胶悬剂10mL或40%氯虫·噻虫嗪8～10g，兑水30～50kg喷雾。

（7）稻飞虱、叶蝉。为害特点：水稻孕穗至开花、灌浆期的主要害虫，以吸食水稻汁液造成危害，导致稻株枯死，倒伏落塘。它们都具有暴发性，还传播病毒病，是对水稻危害比较大的害虫。防治方法：可用40%毒死蜱乳油或10%吡虫啉可湿性粉剂或25%噻嗪酮可湿性粉剂。任选一种，兑水喷雾。目前，很多省份推广稻鸭共育防稻飞虱，也有较好的效果。

（8）稻纵卷叶螟。为害特点：初孵幼虫取食心叶，出现针头状小点，也有先在叶鞘内为害，随着虫龄增大，吐丝缀于稻叶两边叶缘，纵卷叶片成圆筒状虫苞，幼虫藏身其内啃食叶肉，留下表皮呈白色条斑。严重时“虫苞累累，白叶满田”。以孕、抽穗期受害损失最大。防治方法：① 合理施肥，加强田间管理促进水稻生长健壮，以减轻受害。② 喷洒杀螟杆菌、青虫菌、BT制剂。为了提高生物防治效果，可加入药液量为0.1%的优质洗衣粉作湿润剂。③ 掌握在幼虫2、3龄盛期或百丛有新束叶苞15个以上时用药，药剂可选用32%甲维·毒死蜱微乳剂、2%阿维菌素乳油、1%甲氨基阿维菌素苯甲酸盐（甲维盐）、20%氯虫苯甲酰胺等。

（9）稻苞虫。为害特点：稻苞虫俗称结苞虫，四川以直纹稻苞虫为主，全省稻区均有不同程度的发生，以盆周丘陵、山区和沿山稻区的迟熟中稻发生较重。稻苞虫以幼虫卷叶作苞，取食叶片呈缺刻，严重的叶片全被吃光或咬断稻穗。受稻苞虫为害，一般减产5%～10%，严重的损失30%以上。稻苞虫的猖獗危害与气候、天敌、水稻生育期等密切相关，一般冬春气温较低，6～8 月闷热多雨，水稻贪青晚熟，有利稻苞虫产卵繁殖。若这种气候条件，又适逢水稻分蘖，盛期至圆秆期，天敌数量又少，稻苞虫就可能大面积发生。

防治方法：① 农业防治。适时早栽，压缩迟熟、中稻面积，合理肥水管理，防止后期贪青晚熟，可减轻三代稻苞虫的危害。② 药剂防治。防治适期应掌握在幼虫三龄以前和小虫苞期。当发现三龄以下低龄幼虫占幼虫总数一半左右时，或每百丛水稻有小虫苞 10～15 个时，即可施药防治。可选用苏云金杆菌乳剂每亩 100～150mL 或 55%特杀螟可湿性粉剂每亩 50g 兑水喷雾。

2. 小麦主要病虫害识别及防治技术

（1）锈病。识别：小麦锈病俗称“黄疸病”、“黄锈病”，包括小麦条锈病、叶锈病和秆锈病。它们症状相同的地方是在叶、叶鞘等病部产生鲜黄色或橘红色或锈褐色粉状物（夏孢子堆），后期产生黑色粉苞。区别则是夏孢子堆的排列不同：条锈成行，叶锈乱，杆锈是个大红斑；条锈、叶锈病部表皮不开裂，杆锈则要开裂。小麦条锈病是我省小麦发生面广、为害最重的一类病害。小麦遭受条锈病为害后，一般减产 5%～10%，重的减产 20%～30%，最高的损失达 50%以上。

防治方法：① 推广种植抗锈良种，合理品种布局。利用抗锈良种是防治条锈病最经济、最有效的措施。要注意品种的合理布局和轮换使用，避免大面积使用单一品种，越夏区和越冬区之间种植不同抗原类型的品种，以切断锈病的周年循环，抑制新小种的产生、积累和扩散，延缓品种抗性退化，延长抗性品种使用年限。② 适期晚播，加强栽培管理。适期晚播对于控制秋苗菌源数量和春季流行程度效果显著。氮肥适当早施、匀施，增施磷钾肥，可使小麦生长健壮，减轻秋苗发病。避免过迟、过量施用氮肥，以防麦株贪青晚熟或局部苗旺。两季田、下湿田，要开沟排水，降低土壤含水量。③ 药剂防治。一是播前药剂拌种处理。用 15%三唑酮可湿性粉剂 50g 干拌麦种 25kg；或用 2%戊唑醇拌种剂，每 10～15g 拌麦种 10kg。二是大田喷药防治。抓住冬前和早春的苗期防治和成株期防治两个关键时期，以感病品种、早发病田和常发区域作为重点对象，采取带药侦查的方法，发现一点、控制一片。每亩可选用 15%三唑酮可湿性粉剂 100g；或 12.5%烯唑醇可湿性粉剂 22.5～25g 兑水 30～50kg 常量喷雾，或兑水 7.5～10kg 低量喷雾。

（2）赤霉病。赤霉病俗称烂麦头，是一种真菌性病害。主要为害穗子造成穗腐，前期在穗部缝穴处高湿时产生粉红色霉层，后期产生黑色粒状物。此病寄主范围广，主要为害小麦，也侵染大麦等作物。该病除引起严重产量损失外，致病镰刀菌还可产生多种毒素，危害人畜健康，严重影响粮食安全和食品安全。

防治方法：采取以农业防治为基础，选用抗病品种，关键时期进行药剂保护的综合防治策略。① 农业防治：选用抗病品种；深埋或拣净稻桩、玉米等作物残体，减少越冬病菌源；做好麦田排水降湿，施足底肥，增施磷钾肥。② 药剂防治：防治适期应掌握在齐穗至开花初期。一般根据天气预报，以开花灌浆期可能遇雨的麦田作为重点防治对象。亩用 70%甲基硫菌灵可湿性粉剂 75g；或 40%多菌灵胶悬剂 100～125g。

（3）白粉病。自幼苗到抽穗均可发病，主要为害小麦叶片，也为害茎和穗。在叶片上开始产生黄色小点，尔后扩大发展成圆形或椭圆形病斑，表面生有白色粉状霉层。严重影响光合作用，使正常新陈代谢受到干扰，造成早衰，产量受到损失。

防治方法：采取以推广种植抗病品种为主、药剂防治和栽培措施为辅的综合防控技术。① 种植抗病和慢病品种。② 合理密植，合理施肥。避免播种密度过大；在施用基肥时，注意氮、磷、钾肥的合理搭配，适当增加磷、钾肥，以增强植株的抗病能力。③ 药剂防治：秋苗发病重的地块，可药剂拌种（方法同锈病）；在秋季或春季，田间发病率为 3%～5%时

（成株期调查以旗叶到旗叶下 2 叶计算发病率），可用 20%粉锈宁乳油或 15%粉锈宁可湿性粉剂兑水喷雾或低容量喷雾。

（4）小麦蚜虫。为害特点：主要为害麦类和其他禾本科作物与杂草。若虫、成虫常大量群集在叶片、茎秆、穗部吸取汁液，被害处初呈黄色小斑，后为条斑，枯萎、整株变枯至死亡。麦蚜的发生与消长受温度、湿度、风、雨等气象因素的影响，同时还与寄主植物、栽培管理措施以及天敌等因素密切相关。

防治方法：① 农业防治：加强栽培管理是控制麦蚜发生危害的重要途径。清除田间杂草与自生麦苗，可减少麦蚜的适生地和越夏寄主。推广冬麦与胡豆、油菜、蔬菜等作物间作，对保护麦蚜天敌资源，控制蚜害有较好效果。冬麦适期晚播，有利减轻蚜害。选种抗耐蚜丰产品种。② 生物防治：保护和利用天敌昆虫，如瓢虫、食蚜蝇、草蛉、蜘蛛、蚜茧蜂等，必要时可人工繁殖、释放或助迁天敌，使其有效控制蚜虫。当天敌与麦蚜比大于 1∶120 时，天敌控制效果较好，不必进行化学防治。③ 物理防治：在麦蚜发生初期，每亩均匀插挂 15～30 块黄板，高度为高出小麦 20～30cm；当黄板上粘虫面积达到黄板表面积的 60%以上时更换；悬挂以东西方向为宜。④ 药剂防治：当达防治指标时，每亩可用 3%啶虫脒乳油 20～30mL，或 50%抗蚜威可湿性粉剂 10～15g，或 0.2%苦参碱水剂 150g 等任选一种加水喷雾。

（5）麦蜘蛛。为害特点：四川省主要以麦圆蜘蛛为主。以成、若螨吸食小麦汁液，麦叶受害后叶面干燥无光泽，逐渐变黄，严重时全叶枯黄，叶尖枯焦，植株生长矮小、干黄，甚至枯死。

防治方法：① 农业防治：在麦收后，及时深翻，将麦桩和落叶埋入土中或收集烧毁，消灭部分越夏卵。冬春麦蜘蛛盛发期，勤中耕，加强麦田管理，可减轻为害。② 药剂防治：每 0.5m 麦行有麦蜘蛛 300 头以上，大部叶片单叶有 10%面积有失绿斑点应施药防治。可选用阿维菌素类农药（如虫螨克、齐螨素等）或 20%哒螨灵可湿性粉剂兑水喷雾。

3. 玉米主要病虫害识别及防治技术

（1）大、小斑病。玉米大斑病、小斑病发生在感病杂交种上，俗称为火风病。大斑病病斑呈梭形，长 1cm 以上，一叶上的病斑数相对较少；小斑病的病斑呈椭圆形，病斑小于 1cm，一叶上的病斑数量多达几十个。

防治方法：选用抗病品种；药剂防治可选用 50%多菌灵可湿性粉剂或 90%代森锰锌等加水进行喷雾。

（2）纹枯病。玉米纹枯病俗名花脚杆。四川普遍发生，尤以川东北地区发生为重，发病重的田块减产 20%以上。主要危害叶鞘、叶片、果穗及苞叶，轻者叶片干枯，果穗变小，秃顶加重，粒重降低；重者除叶片早枯外，雌穗发生霉变，植株明显矮小。发病初期，在植株茎基部的叶鞘上产生水渍状灰绿色，边缘呈褐色晕纹的斑点。发病后期，常数个病斑愈合成云纹状的大病斑。病部先枯死呈灰白色，造成叶片或果穗早枯。潮湿时，病部表面有蛛网状菌丝，初为黄白色，逐渐变为褐色的菌核，成熟后脱落入土。

防治方法：① 加强栽培管理：合理密植，合理施肥，适当增施磷钾肥，使植株生长健壮。土壤潮湿的地块，应开沟排水，降低田间湿度，可减轻发病。发病初期，人工剥除植株下部的有病叶鞘，可减轻发病，也不影响产量。② 药剂防治：在发病初期，每亩用 20%井冈霉素可湿性粉剂 25g，加水 50kg 常规喷雾，或用布片蘸药水涂抹摘除病叶后的茎秆。

（3）玉米螟。为害特点：玉米螟是世界性的蛀食性大害虫。以幼虫为害心叶造成花叶排孔，还蛀食果穗天花茎秆。应主要抓紧防治第一代（即大田玉米长至 5 叶以后，当有虫株达 3%～5%时即进行防治）为宜。选择残效期长的药剂，亦可兼治第二代。

防治方法：① 生物防治：悬挂“生物导弹”（携带病毒的赤眼蜂）控制玉米螟。在一、二代玉米螟产卵高峰期，将“生物导弹”产品挂在玉米叶片的主脉上，或摘取木枝条（每枝挂一枚）插在玉米地，每亩按 15m 等距离（离田边 2m）施放 4～5 枚。② 药剂防治：在心叶末期花叶株率达 10%以上进行普治，5%～10%进行挑治，5%以下可以不施药。可选用 3.6%杀虫双大粒剂，亩用 1kg 点心撒施在叶鞘内或亩用 18%杀虫双水剂 10 倍液用手持式喷雾器点心（干旱区）；也可选用苏云金杆菌乳剂毒沙（药、水、干细砂比率为 0.4∶1∶10），亩用 5kg 进行防治；或每亩用 20g 白僵菌粉剂拌细沙 2kg 点心。

4. 马铃薯主要病虫害识别及防治技术

（1）晚疫病。病菌可侵染叶片、茎及薯块。多从叶片尖端或叶缘开始发病。病斑呈黑褐色，水渍状，边缘不明显；潮湿时，叶背病斑边缘上有一圈白霉；严重时，植株一片焦黑，发出特殊的腐霉臭味。基部受害形成褐色条斑，数块发病，病斑不规则，呈紫褐色，稍凹陷，组织变硬干腐；潮湿时变软腐烂，发出恶臭味。病菌可通过风、雨传播，在高温、高湿季节较易发病。

防治方法：选用抗病品种及无病种薯，种植前进行种薯消毒，用 0.5%硫酸铜溶液浸种 2 小时，取出后闷 6～8 小时再播种。及时拔除中心病株。在发病前可用 1∶1∶（120～150）的波尔多液预防，或用 80%代森锌、75%百菌清进行防治处理。田间发现发病病株或发病中心后，应立即割去发病的马铃薯秧子，轻轻地拿到田外进行深埋，并要对中心病株或发病中心的周围实行喷药封锁，重点消灭，全面防治。药剂防治可喷洒 85%瑞毒霉可湿性粉剂、40%乙膦铝可湿性粉剂、64%杀毒矾可湿性粉剂、69%安克锰锌可湿性粉剂、72.2%普力克水剂等。

（2）病毒病。识别：病毒病主要通过种薯传播，是马铃薯品种退化的主要原因。病毒危害主要症状有皱缩花叶和卷叶。高温时，病毒病发生情况较重。防治方法：选用抗病品种并进行脱毒处理，如果条件允许，尽量选用或购买无病毒品种。田间管理时，尽量减少人为传播。田间管理注意蚜虫防治。

（3）地老虎。为害特点：为害马铃薯的主要有小地老虎、黄地老虎、白边地老虎等；当幼苗长到 10cm 左右时，靠近地面的茎经常被幼虫咬断，造成缺苗断垄现象；结薯期又咬食块茎，不仅造成减产，还降低食用价值。防治方法：利用糖蜜诱杀器或灯光诱杀成虫；药剂防治可用 50%嘧啶氧磷乳油制成 5%的毒土，撒在幼苗基部或四周的土面上，或用 4%敌百虫粉剂 1～1.25kg 拌细土 15kg，撒在植株行间进行杀虫。堆草诱杀：傍晚用鲜草嫩茎叶 50kg，切碎后拌入敌百虫粉剂 0.5～1kg 撒在垄间，以达到防治杀虫的效果。

5. 油菜主要病虫害识别及防治技术

（1）菌核病。油菜菌核病是一种真菌性病害，病原菌以菌核在土壤、病株残体及种子中越冬、越夏，在开春后气温适宜条件下萌发，形成子囊盘、子囊和子囊孢子。子囊孢子首先侵入老黄脚叶和花瓣。油菜开花期和角果发育期降水量多、阴雨连绵、相对湿度在 80%以上有利于该病害的发生和流行，偏施氮肥、地势低洼、排水不良、植株过密的田块发病较严重。油菜始花期是菌核病感染流行的重要时机。

防治方法：除及时摘除病、老、黄叶等农业防治手段外，需及时用药剂防治，如 70%甲基托布津 600 倍液，或 80%多菌灵 600 倍液，或 40%菌核净 600 倍液等，喷施植株中下部。由于带菌（有病）的花瓣是引起叶片、茎秆发病的主要原因，因此，应掌握在油菜主茎盛花期至第一分枝盛花期（最佳防治适期）用药，每隔 7～10 天喷 1 次，连喷 2～3 次。

（2）霜霉病。识别：病菌以卵孢子随病残体在土壤中、粪肥里和种子内越夏，萌发后侵染幼苗，病斑上产生孢子囊进行再侵染。第二年春天气温升高，又产生孢子囊借风雨传播再次侵染叶、茎及角果，油菜进入成熟期，病部又产生卵孢子，可多次再侵染。该病主要为害叶、茎和角果。致受害处变黄，长有白色霉状物。花梗染病顶部肿大弯曲，呈“龙头拐”状，花瓣肥厚变绿，不结实，上生白色霜霉状物。

防治方法：摘除基部黄叶、病叶并带离田间深埋或集中烧毁，以增强田间通透性、降低和减少田间菌源基数外，还应适时进行恰当的药剂防治。当病株率达 20%以上时，可喷洒 40%霜疫灵可湿性粉剂 150～200 倍液，或 75%百菌清可湿性粉剂 500 倍液，或 64%杀毒矾可湿性粉剂 500 倍液。

（3）蚜虫：为害特点：在我省油菜产区，为害油菜的蚜虫主要有萝卜蚜（又称为菜缢管蚜）、桃蚜（又称为烟蚜）两种。寄主范围广，萝卜蚜除为害油菜外，还为害白菜、萝卜等十字花科蔬菜。带毒蚜虫还能传播病毒病。多密集在叶背、菜心、茎枝和花轴上刺吸汁液，使叶片卷曲萎缩，幼苗生长迟缓；嫩茎、花轴生长停滞，花、角果数减少，常致植株枯死。

防治方法：合理轮作，油菜避免与十字花科作物（如白菜、萝卜等）连作或邻作，以减少虫源；适期播种，避开蚜虫迁飞盛期，减轻危害；清洁田园，摘除并清理老叶、枯叶，减少虫源。苗期、结荚期亩用 10%吡虫啉可湿性粉剂 15～20g；或 50%抗蚜威可湿性粉剂 15～20g 兑水喷雾。

6. 甘薯主要病虫害识别及防治技术

（1）甘薯黑斑病。甘薯黑斑病又称为黑疤病，老百姓称为“黑膏药”，是甘薯的主要病害之一。黑斑病在整个甘薯生育期都可发生，但危害最重的是在薯块和薯苗上。薯块上的病斑呈圆形或不规则形，凹陷，黑褐色，病、健交界处明显，有的病斑连片可形成包围整个薯块的大斑。薯苗发病初在根茎的白嫩部分产生梭形的小病斑，凹陷，黑色，后期严重时整个根尖端腐烂，黑色，造成死苗。

防治方法：加强引种检疫；种薯应进行消毒处理，50%甲基托布津 1000 倍，浸种 10 分钟，或 50%多菌灵 800～1000 倍，浸种 5 分钟，或 80%乙蒜素 1500 倍，浸种 10 分钟；合理轮作，黑斑病菌寄主范围窄，只要轮作 2～3 年即可收到良好效果。

（2）甘薯叶甲。为害特点：成虫吃薯汁。喜食甘薯顶端嫩叶，常使薯苗顶端折断，幼苗枯死，造成缺苗现象。幼虫生活在土壤中，啃食薯块，造成薯块表面深浅不同的伤疤，影响薯块膨大。

防治方法：铲除杂草，清洁田园，杜绝成虫产卵寄主；利用成虫的假死性捕杀成虫，在清晨和黄昏时间集中力量捕杀聚集在幼茎叶上的害虫；在整地施基肥或施夹边肥时，每亩用 50%辛硫磷 150g 或敌百虫粉剂 750～1000g 与细土 20～25kg 搅拌均匀，撒于土中，可有效地杀死幼虫；药剂喷杀。当成虫盛发时，选用 40%乐果乳油，或 90%敌百虫，或敌敌畏乳油的1000倍液喷雾。

7. 蔬菜主要病虫害识别及防治技术

（1）害虫。① 小菜蛾。该虫以幼虫喜食花菜、包菜、白菜、萝卜等十字花科蔬菜，常在叶背面取食叶肉，留下表皮，在叶上形成一个个透明斑；② 菜青虫。幼虫体深绿色，体表密布细小的毛，主要危害白菜、萝卜、包菜等十字花科蔬菜。该幼虫直接取食叶子，危害重时对叶子形成千疮百孔，甚至形成光秆；③ 斜纹夜蛾。俗称花虫，以幼虫主要危害白菜、豆类、空心菜、包菜等蔬菜，危害的作物种类多，防治难度大，多在傍晚至夜晚出来为害；④ 红蜘蛛。体小，体长近半个毫米，椭圆形，锈红色或深红色，主要为害豆类、瓜类，常在叶背上为害，干旱年份易发生。⑤ 豆荚螟。俗称豆野螟，老熟幼虫体长约18mm，黄绿色，主要为害豆角、扁豆等豆类。⑥ 黄曲条跳甲。俗称黄跳蚤子、菜蚤子，善跳。每年的春季、秋季主要危害白菜、萝卜等十字花科蔬菜。⑦ 烟青虫。幼虫体青绿色，背面有深色纵纹，主要以幼虫蛀食辣椒果，受害果易大量落果，每年的6～8月份受害最重。

（2）病害。① 青枯病。主要为害茄科，苗期不发病，到挂果初期，病株开始出现萎蔫，一般中午明显，傍晚以后又能恢复正常，经2～3天，便全株凋萎，植株死后仍保持青绿色。为细菌性病害。② 炭疽病。主要危害茄科、十字花科等，在辣椒果实上病斑大，圆形或不规则形，黑褐色，稍凹陷，病斑上后期常有黑色点粒排成轮纹状，叶片上病斑近圆形，呈轮纹状，褐色，中间灰褐色，其上轮生小黑点。③ 白粉病。主要危害瓜类、西葫芦等，叶片正、背面生白色粉斑，重时叶片全是白粉，叶片褪绿枯死。④ 软腐病。细菌病害，主要危害辣椒、萝卜、白菜等。辣椒主要危害果实，果实呈水浸状褐色腐烂、发臭，发病后易脱落。白菜主要危害茎基部，呈水浸状褐色腐烂，有臭味，“脱帮”，每年6～9月份发病重。⑤ 灰霉病。主要危害辣椒、茄子、瓜类、豌豆等，早春低温阴雨天气易发此病，多从残花处开始发病，呈褐色，湿度大时有灰色霉层，受害残花、烂瓜掉落在叶片、茎蔓上，可引起叶片、茎蔓变褐腐烂。⑥ 菌核病。主要危害莴苣及十字花科蔬菜，从茎秆处开始发病，先呈水渍状病斑，后扩大呈淡褐色软腐，产生白色棉絮状菌丝，白色棉絮状菌丝逐渐变成黑色菌核。⑦ 病毒病。主要为害辣椒、番茄、瓜类、十字花科蔬菜，发病后植株叶片褪绿或呈斑驳花叶，叶片变小，皱缩，有时呈畸形。

（3）防治。蔬菜病虫害种类多，防治难度大，应优先采用绿色防控措施，实行综合防治。

① 农业措施。选用优良抗病品种；实行种子消毒处理：A. 药液浸种：用0.1%硫酸铜溶液浸种30分钟。B. 温汤浸种：50～55℃温水浸种15分钟。C. 药剂拌种：可用多菌灵、敌克松等用种子量的0.3%进行药剂拌种；培育壮苗，加强田间管理，及时清沟排水，增施磷、钾肥，增强抗病虫能力；及时摘除老叶、病残体、虫蛀果，减少病源基数；合理轮作。

② 物理防治。一是杀虫灯防治蔬菜害虫。在菜园安装频振杀虫灯或太阳能杀虫灯，可诱杀鳞翅目、鞘翅目、双翅目、同翅目等多种害虫。二是使用黄色粘虫板诱杀蚜虫、潜叶蝇等害虫。选购市场上销售的各种黄板，按要求插在菜田里，利用蚜虫、潜叶蝇等害虫对黄色的趋性，将蚜虫粘在诱杀板上，达到诱杀蚜虫的目的。也可选用长20cm、宽15cm的硬纸板或木板一块，上面贴上黄纸；然后在黄纸上涂一层黄油，制成诱杀板；将诱杀板插在田间，能够达到同样的效果。

③ 生物防治。一是应用性诱剂防治蔬菜害虫。昆虫性诱剂产品是仿生高科技产品，通

过诱芯释放人工合成的性信息素化合物，并缓释至田间，引诱雄蛾至诱捕器，并用物理法杀死雄蛾，从而破坏其交配，最终达到防治的目的。如甜菜夜蛾、斜纹夜蛾、小菜蛾等蔬菜害虫的化学信息素产品，引诱力强，在生产上防治效果明显，使用简便。二是推广生物制剂防治蔬菜病虫害。应用生物农药可以有效控制蔬菜病虫害，大大减少化学农药的使用，保护菜园生态环境，生产质量安全的蔬菜。如天然除虫菊制剂具有高效、低毒、易分解等特点，可用于防治菜蚜、小菜蛾等蔬菜害虫；Bt 制剂防治小菜蛾、菜青虫、豆野螟等鳞翅目害虫幼虫；浏阳霉素防治豆类、茄果类、瓜类红蜘蛛、茶黄螨；阿维菌素防治茄果类蔬菜叶螨、斑潜蝇初孵幼虫和小菜蛾、菜青虫低龄幼虫等；应用农抗 120 防治瓜类白粉病、炭疽病，番茄早、晚疫病等；农用链霉素防治多种蔬菜细菌性病害；宁南霉素防治辣椒、番茄病毒病，瓜类白粉病等都取得了很好的效果，值得大面积推广。

④ 化学防治。根据蔬菜病虫害的预测预报，在防治适期选用高效、低毒、低残留农药防治病虫害，提倡药剂轮换交替使用，采用适当的施用方式和高效器械进行防治。所用农药应符合有关规定和安全间隔期标准。

第二节　农作物病虫害预测预报

一、病虫害田间调查方法

病虫害密度调查是病虫测报工作的重要内容，病虫害数量在时间、空间上的变动事关病虫对农作物的危害大小。常见的有直接观察法、诱捕法、盘拍法、扫网法等。

（一）直接观察法

直接观察记载调查对象的数量或危害等。在调查时，先观察记载大型的、移动较快的种类或虫态，再调查移动慢的，最后调查位置固定的病虫害。

（二）盘拍法

拍打一定数量的植株，用接虫工具接住掉落的害虫，再计算接虫盘里的数量。如调查稻飞虱时，用涂有虫胶的白色瓷盘，先将盘边贴近稻丛基部，用手拍稻丛三下，目测瓷盘中不同生育期的稻飞虱的数量。

（三）诱捕法

先利用引诱工具或物质吸引捕获害虫，再计算每个诱捕器内害虫数量。应用最广泛的是灯诱和性诱。灯诱法是利用昆虫对一定光波有趋光性的原理来诱捕害虫。如利用黑光灯、自动虫情测报灯诱捕大田多种害虫，利用黄板诱捕蚜虫、蓟马和飞虱等。性诱法是利用性激素来诱捕昆虫，目前应用的大多为雌性激素，具有专一性强、在低密度下灵敏度高、设备简单、易于推广的特点。目前已经有许多成熟性诱剂产品。

（四）扫网法

在病虫调查时，用捕虫网扫一定次数后，计算网内害虫数量。应用于飞行害虫成虫的调查。

二、病虫害调查抽样技术

（一）五点取样

从田块四角的两条对角线的交点，及交点到四个角的中点选取 5 个点的方法，适用于密集或成行的植株、为随机分布的害虫，如稻纵卷叶螟卵量调查。

1. 对角线取样

在田块对角线上均匀布点取样，分单对角线取样法和双对角线取样法两种。

2. 棋盘式取样

将要调查的田块均匀地划分成许多小区，象棋盘方格一样，然后将取样点均匀分配在一定区块上。适合于分布均匀、随机或者聚集的害虫调查。

3. 平行线取样

多用于成行栽培的作物、害虫聚集分布调查。在调查的区域中，每隔数行取一行进行调查，调查结果的准确性较高。如水稻螟虫幼虫的调查。

4.“Z”字形取样

该法又称为蛇形取样。样点分布于田边多，中间少，适合于不均匀分布的病虫害调查，如螨等害虫的调查。

抽样调查要保证抽样的数量，否则数据没有统计意义，代表性不强。根据检测对象实况估计，病虫害密度大、取样点数少、样点大；密度小、点数多、样点小。具体病虫害的取样方法，请参阅有关技术资料。

三、病虫害测报常见概念

（一）发生面积

发生面积是指病虫害危害达到防治指标，需要防治的对象田面积。

（二）防治指标

防治指标是指病虫害的某一密度，在此密度以上时应采取控制措施，以防止害虫密度达到经济危害水平，引起经济损失。

（三）发生世代

1. 有明显始末期出现以实际始末期划分。

2. 两代间有低谷的以低谷划分（有较长低谷以中间点进行划分）。

3. 两代发生重叠时，参考历年发生情况，人为划分一条线。

其余虫态划分：不需再按以上原则划分，采用历期法划分：

一代成虫终见期=一代卵终见期-成虫产卵前期

一代幼虫终见期=一代卵终见期+一代卵历期+一代幼虫历期

（四）发生盛期

病虫害密度一般要经历由低到高再到低的过程，当病虫害密度为 16%的时期（始盛期）和 84%（盛末期）之间的时期，我们称之为发生期。

（五）病虫发生程度

农作物病虫害发生程度分为轻发生、偏轻发生、中等发生、偏重发生、大发生，分别数字化定为 1、2、3、4、5 个级别。

原则上以病虫害发生密度或危害率的加权平均值为划分依据。

轻发生：在允许发生密度或危害率以下。

偏轻发生：介于轻发生和中等发生之间。

中等发生：多年平均值。

偏重发生：介于大发生和中等发生之间。

大发生：显著偏高年份的值。

随着技术的进步，一些主要的病虫害有具体规定，详情可以查看具体的测报技术标准。

（六）系统调查

在害虫的发生期，每隔一定的时间，对设定的系统观测田做一次田间调查。调查反应的数据是病虫害的时间动态。

（七）大田普查

在作物对病虫害的敏感生育期或者防治的关键时期开展调查，以确定病虫害的发生面积和空间分布，及时指导防治。

（八）发病中心

一些病虫害在田间呈团状分布，出现发病中心说明病虫害进入快速发展中。

四、常见病虫害调查数据

（一）普遍率

普遍率指病虫害危害株率。

（二）严重度

很多病虫害发生后并不使作物完全丧失产量，如叶斑病在叶片上发生少数病斑与发生很多病斑致使叶片枯死，两者对作物的影响是不同的。这类病害应先分级后计数，病害分级标准要根据病害为害的性质来设计。

1. 小麦条锈病以严重度来衡量发病轻重：病叶上病斑面积占叶片总面积的百分率，用分级法表示，设为 8 级，分别用 1%、5%、10%、20%、40%、60%、80%、100%表示，对处于等级之间的病情则取其接近值，虽已发病但严重度低于 1%，按 1%记。

2. 稻瘟病分级标准

（1）大田叶瘟病情分级指标（以叶片为单位）

0 级，无病；

1 级，病斑少而小，病斑面积占叶面积 1%以下；

2 级，病斑小而多或大而少，病斑面积占叶片面积的 1%～5%；

3 级，病斑大而较多，病斑面积占叶片面积 5%～10%；

4 级，病斑大而多，病斑面积占叶片面积 10%～50%；

5 级，病斑面积占叶片面积 50%以上，全叶将枯死。

（2）穗瘟病情分级指标（以穗为单位）

0 级，无病；

1 级，每穗损失 5%以下，或个别枝梗发病；

2 级，每穗损失 5.1%～20%，或 1/3 左右枝梗发病；

3 级，每穗损失 20.1%～50%，或穗颈或主轴发病；

4 级，每穗损失 50.1%～70%，或穗颈发病，大部分是秕谷；

5 级，每穗损失 70%以上，或穗颈发病，造成白穗。

（3）稻纹枯病分级标准

0 级，全株无病；

1 级，基部叶片叶鞘发病；

2 级，倒数第三叶片以下各叶鞘或叶片发病；

3 级，倒数第二叶以下各叶鞘或叶片发病；

4 级，全株发病枯死。

3．病田率：发生病虫害的田块数占总调查田块数的百分比。

4．百株（叶、丛）虫（蚜、螨、卵）量：单位调查中的害虫数量。

5．益害比：天敌与害虫的比值。

6．性比：雌性与雄性的比值。

7．病情指数，其计算式为：

病情指数=（各级病叶（果）数×相应级数）/（调查总叶（果数）×最高级数值）×100

五、病虫害调查时间和内容

（一）越冬调查

冬前（11 月下旬）和翌年 3 月害虫开始活动前，于田间和害虫其他越冬场所调查，记载越冬虫态和数量，折算成密度。

（二）田间种群调查

病虫害发生期间，按上述田间调查取样方法进行，折算成一定单位内的虫量。

（三）病虫害残留基数调查

在采取防治措施后或者病虫害发生末期，调查残余病虫基数，以分析、掌握下一个为害高峰的发生趋势。

（四）为害和损失调查。

害虫的危害程度用作物的受害百分率表示。损失调查是在调查的基础上做出损失估计，基本公式是：

（未受害作物的产量－受害的产量）÷未受害作物的产量×100。

（五）防治效果调查

防治前进行一次虫口基数调查，防治后 1 天、3 天或一个时间段再进行几次调查，以了解防治效果或农药的残效期。

六、病虫害预测预报

（一）发生期预测

发生期预测是预测某种害虫的某种虫态出现期或危害期，从害虫的生活史、物候学的角度，预测其发生期，以此作为害虫管理的重要依据。其主要方法有：

1. 历期法

通过对前一虫期的田间发育进度，如化蛹率、羽化率、孵化率等的系统调查，当调查到其百分率达到始盛期、高峰期和盛末期时，分别加上当时气温下各虫态的历期，即可推以算后面某一虫期的发生时间。

2. 有效积温法

当测得某种害虫的发育起点温度和有效积温后，由于这两个参数基本不变，可以根据温度的变化，结合气象预报，利用积温公式从而推算出该虫期所需要的天数。

3. 物候法

病虫害的发生时期与植物物候有同步现象，以此作为预测病虫害发生时间。

（二）发生量预测

发生量预测是预测害虫发生的数量或虫口密度，以判断未来虫口密度是否达到防治指标，从而采取相应行动。其主要方法有：

1. 生命表预测

先调查到害虫的基数，再乘以产卵率、孵化率、各龄幼虫存活率、化蛹率、羽化率、雌性比、天敌致死率等，得到下一危害代的数量。

2. 经验预测

在掌握害虫的基数后，根据历史上相似年份的发生情况，做下一危害时间数量的预测。

3. 统计预测法

统计方法筛选出影响病虫害发生的环境因子，利用其相关性建立影响因子与害虫数量之间的线性或非线性模型，预测下一时期害虫的发生，如回归分析。

近年来，系统学、神经网络、小波分析等被陆续应用到病虫害预测预报中，极大地推动了测报技术的发展。

（三）危害程度的预测

在发生时间和发生量预测的基础上，进一步分析害虫对作物的破坏程度，特别是作物的敏感生育期是否与害虫的高峰期相遇，从而判断损失。

（四）分布预测

预测害虫分布或发生面积，以便根据害虫发生时间和密度，确定防治的田块和安排防治的先后顺序。

第三节　农业有害生物综合防治策略与技术

一、综合防治策略

（一）综合防治的概念

农业有害生物综合防治是指从农田生态系统的整体出发，以农业生态区为基础，根据作物—有害生物—天敌和环境之间的相互关系，充分发挥自然因素的调控作用，因地制宜地协调、应用必要的措施，将有害生物控制在经济损失允许水平以下，以获得最佳的经济、生态和社会效益。

（二）综合防治的策略

农业有害生物综合防治的策略应以农田生态系统为基础，从生态学、经济学、环境保护学的观点出发，全面考虑不同农田和农区特点，因地制宜制定适合不同农田和农区的综合防治措施，组建以农业防治为基础，积极保护利用自然天敌，科学合理使用农药的综合防治技术体系。

（三）综合防治的准则

1. 实施健身栽培，利用自然因素控制生物灾害，控害与丰产融为一体。
2. 保护利用自然天敌，积极推进生物防治。
3. 正确掌握有害生物发生动态，科学合理使用农药。
4. 开展宣传培训，落实综防措施。
5. 确保农业生产安全和农产品质量安全。

二、综合防治技术

有害生物的防治方法，按其作用原理和应用技术可分为以下四类：

（一）农业防治

农业防治亦称为栽培防治，是通过调整和改善作物的生长环境，增强作物对病、虫、草害的抵抗力，创造不利于病原物、害虫和杂草生长发育或传播的条件，以控制、避免或减轻病、虫、草的危害。主要措施有选用抗病虫品种、调整品种布局、选留健康种苗、轮作、深耕灭茬、调节播种期、合理施肥、及时灌溉排水、适度整枝打杈、搞好田园卫生和安全运输贮藏等。

（二）物理机械防治

物理机械防治是指利用物理因子或机械作用对有害生物生长、发育、繁殖等的干扰，以防治植物病虫害的方法。物理因子包括光、电、声、温度、放射能、激光、红外线辐射等，如黄板、黑光灯、性诱剂（器）等；机械作用包括人工捕杀、使用器具器械装置等。

（三）生物防治

生物防治包括以虫治虫、以菌治虫、以有益生物治虫、以菌治病等，即利用捕食性昆虫如瓢虫、草蛉、螳螂、食蚜蝇、食虫虻、猎蝽等防治害虫；利用寄生性昆虫如寄生蜂类、寄生蝇类等防治害虫；利用细菌等微生物防治害虫和病害；利用有益生物如蜘蛛、青蛙、益鸟等防治害虫。生物防治的最大优点是不污染环境且具有长期控制作用。

（四）化学防治

化学防治法是使用化学农药防治有害生物的方法。化学农药具有高效、速效、使用方便、经济效益高等优点，但使用不当可对植物产生药害，引起人畜中毒，杀伤有益微生物，导致病虫害产生抗药性，造成农药残留等问题。为了充分发挥化学防治的优点，减轻其不良作用，应恰当选择农药种类和剂型，采用适宜的施药方法和高效施药器械，合理施用农药。

三、农作物病虫害绿色防控

（一）农作物病虫害绿色防控的概念

农作物病虫害绿色防控是指采取生态调控、生物防治、物理防治和科学用药等环境友好型措施控制农作物病虫危害的植物保护措施。推进绿色防控是贯彻“预防为主、综合防治”植保方针，实施绿色植保战略的重要举措。

（二）农作物病虫害绿色防控主推技术

1. 生态调控技术

重点采取推广抗病虫品种、优化作物布局、培育健康种苗、改善水肥管理等健康栽培措施，并结合农田生态工程、果园生草覆盖、作物间套种、天敌诱集带等生物多样性调控与自然天敌保护利用等技术，改造病虫害发生源头及孳生环境，人为增强自然控害能力和作物抗病虫能力。

2. 生物防治技术

重点推广应用以虫治虫、以螨治螨、以菌治虫、以菌治菌等生物防治关键措施，加大赤眼蜂、捕食螨、绿僵菌、白僵菌、微孢子虫、苏云金杆菌（BT）、蜡质芽孢杆菌、枯草芽孢杆菌、核型多角体病毒（NPV）、牧鸡牧鸭、稻鸭共育等成熟产品和技术的示范推广力度，积极开发植物源农药、农用抗生素、植物诱抗剂等生物生化制剂应用技术。

3. 理化诱控技术

重点推广昆虫信息素（性引诱剂、聚集素等）、杀虫灯、诱虫板（黄板、蓝板）防治蔬菜、果树和茶树等农作物害虫，积极开发和推广应用植物诱控、食饵诱杀、防虫网阻隔和银灰膜驱避害虫等理化诱控技术。

4. 科学用药技术

推广高效、低毒、低残留、环境友好型农药，优化集成农药的轮换使用、交替使用、精准使用和安全使用等配套技术，加强农药抗药性监测与治理，普及规范使用农药的知识，严格遵守农药安全使用间隔期。通过合理使用农药，最大限度降低农药造成的负面影响。

第四节　农药基本知识及使用技术

一、农药基本知识

（一）农药的定义

根据《农药管理条例》规定，农药是指用于预防、消灭或者控制危害农业、林业的病、虫、草和其他有害生物以及有目的地调节植物、昆虫生长的化学合成或者来源于生物、其他天然物质的一种物质或者几种物质的混合物及其制剂。

（二）农药的分类

1. 按农药的成分和来源分类

（1）无机农药。大多数由矿物原料加工而成。如硫酸铜、硫黄等。

（2）有机农药。农药中的有效成分是有机化合物的种类。如有机磷、氨基甲酸酯类和拟除虫菊酯类等。

（3）生物农药。我国生物农药按照成分和来源可分为微生物活体农药、微生物代谢产物农药、植物源农药、动物源农药四个部分。如苏云金杆菌制剂（B.t制剂）、白僵菌制剂、井冈霉素和阿维菌素等。

① 植物源农药。有烟碱、印楝素、藜芦碱、鱼藤酮等。

② 微生物源农药：

A．农用抗生素。井冈霉素、春雷霉素、多抗霉素、土霉素、链霉素等。

B．活体微生物农药。应用最广泛的有真菌（白僵菌、绿僵菌、木霉菌），细菌（Bt、枯草芽孢杆菌）、病毒（棉铃虫核多角体病毒、颗粒体病毒等）。

C．动物源农药。由动物资源开发的农药，包括动物毒素、昆虫激素、昆虫信息素和天敌等。

2. 按农药的用途分类

（1）杀虫剂。用于防治害虫的农药，主要指能防治昆虫类的害虫，有些杀虫剂还具有杀螨或杀线虫的作用。按照作用方式的不同，可将杀虫剂分为以下几类：胃毒剂、触杀剂、内吸剂、熏蒸剂、引诱剂、拒食剂、昆虫生长调节剂。

（2）杀菌剂。能够直接杀灭或抑制植物病原菌生长和繁殖的农药，或能诱导植物产生抗病性能，抑制病害发展与危害的农药。按杀菌剂的作用方式可将其分为：保护性杀菌剂、治疗性杀菌剂、铲除性杀菌剂。

（3）杀螨剂。防治螨害的农药。此类药剂只能杀螨，不能杀虫，如噻螨酮、哒螨灵。

（4）杀鼠剂。专门杀灭鼠类等啮齿动物的农药。杀鼠剂大部分是胃毒剂，用以配制毒饵。如杀鼠灵、敌鼠、氟鼠灵、溴敌隆等。

（5）杀线虫剂。防治植物寄生性线虫的农药，如棉隆颗粒剂。

（6）杀软体动物剂。防治有害软体动物类的农药，如四聚乙醛。

（7）除草剂。能够杀灭农田杂草的农药。根据对植物作用的性质，可分为灭生性除草剂和选择性除草剂；根据除草剂的作用方式，可分为触杀性除草剂、内吸传导性除草剂、激素性除草剂。

（8）植物生长调节剂。控制、促进、调节植物生长发育，通过提高植物抗病、抗虫性，起到防治病虫害的目的，如萘乙酸、乙烯利、矮壮素、多效唑等。

（三）农药的剂型及特点

我国目前使用最多的剂型有乳油、悬浮剂、可湿性粉剂、粉剂、粒剂、水剂、毒饵、母液、母粉等十余种剂型。

1．粉剂

粉剂具有成本低，使用方便，撒布效率高，不需要水，节省劳力等特点，特别适宜于水源供应困难地区和爆发性病虫害的防治。其缺点是易产生飘移，污染环境或对周围敏感草坪产生药害，粉剂的药效一般也不如液体制剂（如乳油等）高。

2．可湿性粉剂

可湿性粉剂需加水喷雾使用。可湿性粉剂如果加工质量差、粒度粗、助剂性能不良，容易引起产品黏结，不易在水中分散悬浮或堵塞喷头，在喷雾器中造成沉淀等现象，形成喷洒不匀，易使植物局部产生药害。

3．可溶性粉剂或水溶性粉剂

可溶性粉剂是指在使用浓度下，有效成分能迅速分散而完全溶解于水中的一种新剂型。可溶性粉剂有效成分含量高，不能直接喷洒使用，需兑水喷雾。可溶性粉剂剂型加工过程中不需要有机溶剂，不会因溶剂而产生药害，减少了环境污染，在防治蔬菜、果园、花卉以及环境卫生方面的病、虫、草害颇受欢迎。

4．乳油

乳油由原药、有机溶剂、助溶剂和乳化剂等按一定比例互溶而成。使用时将乳油加水稀释成一定浓度的乳状液即可使用。乳油中含有乳化剂，有利于雾滴在农作物、虫体和病菌上黏附与展着。乳油除用喷雾器喷洒外，还可涂茎、灌心叶、拌种、浸种等。乳油中的有机溶剂有促进农药渗透植物表皮和动物皮肤的作用，要根据使用说明中规定的浓度施药。乳油的残留时间较长，在蔬菜和果树上要严格控制药量和安全间隔期，以免发生药害和中毒事故。

5．水剂

使用时兑水可供喷雾、泼浇或灌根等。水剂加工成本低并且对环境安全。水剂中农药有效成分易水解，并且湿润性不好，制备使用时还需加少量湿润剂，效果才更好。我国已应用的有5%井冈霉素水剂，5%菌毒清水剂等。

6．其他新剂型

目前市场上还有以下新剂型：超低容量剂、烟剂、悬浮剂、热雾剂、气雾剂、水分散粒剂、泡腾片剂等。

二、农药安全使用技术

（一）农药的选择

1. 依据国家的有关规定选择农药

农药使用不当会带来严重的负面影响，给农业生产和社会造成危害。为此，国际都非常重视农药使用的管理工作，我国农药管理和使用的相关部门也制定了一系列的法规来规范农药的使用。在选择农药品种时，必须遵守《农药安全使用规定》《农药合理使用准则》《农药安全使用规范——总则》《中华人民共和国农业部公告第199号》和《农药登记公告》。

2. 根据防治对象选择农药

农药品种很多，各种药剂的理化性质、生物活性、防治对象等各不相同，某种农药只对某些甚至某种防治对象有效。因此，施药前应调查病、虫、草和其他有害生物的发生情况，对不能识别和不能确定的，应查阅相关资料或咨询有关专家，明确防治对象并获得指导性防治意见后，根据防治对象选择合适的农药品种。

3. 根据农作物和生态环境安全要求选择农药

选择对处理作物、周边作物和后茬作物安全的农药品种，选择对天敌和其他有益生物安全的农药品种，选择对生态环境安全的农药品种。

（二）农药的购买

1. 仔细阅读农药标签

农药的标签是农药使用的说明书，是购买和使用农药的重要参考。通过对标签的阅读，可以了解农药的合法性和农药的使用方法、注意事项。阅读标签应注意以下几个方面的内容：产品的名称、含量及剂型；产品的批准证（号）；使用范围、剂量和使用方法；产品质量保证期；毒性标志；注意事项；贮存和运输方法；生产者的名称和地址；农药类别特征颜色标识带；象形图及其他内容等。

2. 辨识假劣农药

假劣农药的危害十分严重，避免购进假劣农药是保证农业生产顺利进行的前提之一。

假劣农药的辨识可以从以下几个方面进行：外观、标签、试验、化验等。

（三）农药的配制

除少数可以直接使用的农药制剂以外，一般农药在使用前都要经过配制才能施用。农药的配制就是把商品农药配制成可以施用的状态。农药配制一般要经过农药和配料取用量的计算、量取、混合几个步骤。

1. 计算农药的配料和取用量

农药制剂取用量要根据其制剂有效成分的百分含量、单位面积的有效成分用量和施药面积来计算。商品农药的标签和说明书中一般均标明了制剂的有效成分含量、单位面积上有效成分用量，有的还标明了制剂用量或稀释倍数。所以，要准确计算农药制剂和配料用量，就要仔细、认真阅读农药标签和说明书。

2. 安全、准确配制农药

计算出制剂取用量和配料量后，要严格按照计算的结果量取或称取。液体要用有刻度的量具，固体要用秤称取。量取好药和配料后，要在专用的容器里混匀。混匀时，要用工具搅拌。由于配制农药时接触的是农药制剂，有些制剂的有效成分相当高，引起中毒的危险性大，所以在配制时要注意安全。为了准确、安全地进行农药配制，应注意以下几点：① 不能用瓶盖倒药或用饮水桶配药；不能用盛水桶直接下沟、河取水。② 在开启农药包装、称量配制时，操作人员应戴用必要的防护器具。③ 配制人员必须经专业培训，掌握必要技术和熟悉所用农药的性能。④ 孕妇、哺乳期妇女不能参与配药。⑤ 农药称量、配制应根据药品性质和用量进行，防止溅洒、散落。⑥ 配制农药应在离住宅区、牲畜栏和水源远的地方进行，药剂随配随用，已配好的应尽可能采取密封措施，开装后余下的农药应密闭在原包装内，不得转移到其他包装中。⑦ 配药器械一般要求专用，每次用后要洗净，不得在河流、小溪、井边冲洗。⑧ 少数剩余和不要的农药应埋入地坑中。⑨ 处理粉剂和可湿性粉剂农药，应将口袋开口处尽量接近水面，站在上风口，让粉尘和飞扬物随风吹走。⑩ 喷雾器不要装得太满，以避免药液泄漏，当天配好的，当天用完。

（四）农药的施用方法

1. 喷雾法及其技术要求

将农药与水按一定要求的比例配成药液，通过喷雾机械雾化并均匀喷洒在植物上。配制的药液要均匀一致。高大果树通常使用高压机动喷雾机喷雾，矮小作物常用小型机动喷雾机或手压喷雾器喷雾。

喷雾施药有以下几点要求：① 喷药时必须尽量成雾状，叶面附药均匀，喷药范围应互相衔接，“上下内外要打到”，“喷得仔细，打得周到”，达到“枝枝有药，叶叶有药”，打一次药，有一次效果。② 使用高射程喷雾机喷药时，应随时摆动喷枪，尽一切可能击散水柱，使其成雾状，减少药液流失。③ 喷药前应作好虫情调查，做到“有的放矢，心中有数”；喷药后要做好防治效果检查，记好病虫防治日记。④ 配药浓度要准确，应按说明书的要求去做。严格遵守其中的“注意事项”，对于标签失落不明的农药勿用。不能发生药害。

2. 喷粉法及其技术要求

喷粉法是利用鼓风机所产生的气流把农药粉剂吹散后沉积到作物上的施药方法。粉剂只能用喷粉法，而不能加水稀释，适用于水源缺乏的地区。但粉剂漂移性强，环境污染严重；在作物上沉积量低；不耐雨水冲刷，目前已基本被淘汰。但有些塑料搭棚内、日光温室内可用粉尘剂来喷粉，不同的是药械的喷粉管很长，喷粉管插入塑料棚内，人在外面操作，这样可减少粉尘对人和环境的影响。

3. 种苗处理法

（1）拌种法。药剂（杀虫剂、杀菌剂）与作物种子拌均匀，使每粒种子的外围都附着一层药剂。拌杀菌剂可直接消灭侵入在种皮内或种皮周围的病原菌，拌杀虫剂可直接杀死取食种子的害虫或种皮周围的虫、卵，在一定时期内保护作物幼苗不受病虫危害。

（2）种苗浸沾法。用一定浓度的药液处理移栽的幼苗，浸苗的效果与药液的浓度、温度和浸苗的时间有关，一般药液的温度是15～25℃，浸苗10～30分钟，在此范围内温度和时间可做相应变动。

（3）种衣剂法。将杀虫剂、杀菌剂、复合肥、微量元素、植物生长调节剂、缓释剂和成膜剂等用先进工艺加工成种。

4. 土壤处理法

（1）撒施法。药剂＋细土（过10～20目筛）制成毒土，用手撒施。将药剂稀释4～5倍，喷在15～20kg细土上。防水稻螟虫、地下害虫及夜出性为害根部的害虫。

（2）泼浇法。用一定浓度药液均匀地泼浇在作物上，药液为每400～500kg/亩，多在南方稻田使用。

（3）根区深层施药和土壤施药。在作物根区的深层处，采用内吸性药剂通过作物根部吸收而控制地下害虫，残效期可达50天。

5. 毒饵法

以害虫或鼠类喜欢吃的食物作饵料（豆饼、花生饼、麦麸、蔬菜等）与具有胃毒作用的药剂拌和成毒饵，药剂的用量是饵料量的1%～3%，每亩用毒饵1.5～2kg，饵料用新鲜水果或野菜，药剂是饵料量的0.2%～0.3%，每亩用毒饵10～15kg，以傍晚或雨后投饵为宜。

6. 熏蒸法

在田间使用熏蒸剂或烟剂防治病虫害，一般适用在茂密的作物、森林和塑料搭棚内，如用50%异丙磷乳油配成毒土防高粱蚜，每隔2～3行高粱撒一行毒土，24小时后蚜虫死亡率达100%；百菌清烟剂用在塑料搭棚内。

（五）科学用药的措施

科学使用农药有以下几点重要意义：防治农药残留和农药污染危害；避免产生农作物药害；减轻对有益生物的伤害和害虫再猖獗；延缓和减轻有害生物抗药性的产生。科学用药主要有以下 8 点措施：

1. 对症下药

农药的品种很多，特点不同，应针对所防治的对象选择最适合的品种，防止误用，并尽可能选用对天敌杀伤作用小的品种。

2. 适时施药

各地已对许多重要病、虫、草、鼠害制定了防治标准，即常说的防治指标。根据调查结果，达到防治指标的田块应该施药防治，没达到防治指标的不必施药。施药时间一般根据有害生物的发育期、作物生长进度和农药品种而定，还应考虑田间天敌状况，尽可能躲开天敌对农药敏感期施用。即不能单纯强调“治早、治小”，也不能错过有利时期。特别是除草剂，施用时既要看草情还要看“苗”情。

3. 适量施药

任何种类的农药均须按照推荐用量使用，不能任意增减。为了做到准确，应将施用面积量准，药量和水量称准，不能草率估计，以防造成作物药害或影响防治效果。

4. 均匀施药

喷洒农药时必须使药剂均匀分布在作物或有害物表面，以保证取得好的防治效果。现在使用的大多数内吸性杀虫剂和杀菌剂，以向植株上部传导为主，称为“向顶性传导作用”，很少向下传导，因此要喷洒均匀。

5. 合理轮换用药

在一个地区长期连续使用单一品种农药，容易使有害生物产生抗药性，特别是一些菊酯类杀虫剂和内吸性杀菌剂，连续使用数年，防治效果大幅度降低。轮换使用作用机制不同的品种，是延缓有害生物产生抗药性的有效方法之一。

6. 合理混用

合理地混用农药可以提高防治效果，延缓有害生物产生抗药性或兼治不同种类的有害生物，节省人力。有些商品农药可以同时混合使用，有的在混合后要立即使用，有些则不可以混合使用或没有必要混合使用。在考虑混合使用时必须有目的，如为了提高药效，扩大杀虫、除草、防病或治病范围，同时防治虫害、病害或杂草，收到迅速消灭或抑制虫、草为害的效果，防治抗性病、虫和草害，或用混合使用法来解决农药不足的问题等。

7. 注意安全采收间隔期

各类农药在施用后分解速度不同，残留时间长的品种，不能在临近收获期使用。有关部门已经根据多种农药的残留试验结果，制定了《农药安全使用规范——总则》和《农药安全使用准则》。其中，规定了各种农药在不同作物上的“安全间隔期”，即在收获前多长时间停止使用某种农药。

8. 注意保护环境

施用农药须防止污染附近水源、土壤等，一旦造成污染，可能影响水产养殖或人、畜饮水等，并且难于治理。按照使用说明书正确施药，一般不会造成环境污染。

（六）禁止和限制使用的农药

农业部第 199 号公告和农业部第 322 号公告规定了禁止使用和限制使用的农药品种。

1. 国家明令禁止使用的农药（23 种）

六六六，滴滴涕，毒杀芬，二溴氯丙烷，杀虫脒，二溴乙烷，除草醚，艾氏剂，狄氏剂，汞制剂，砷、铅类，敌枯双，氟乙酰胺，甘氟，毒鼠强，氟乙酸钠，毒鼠硅，甲胺磷，甲基对硫磷，对硫磷，久效磷，磷胺。

2. 在蔬菜、果树、茶叶、中草药材上不得使用和限制使用的农药（19 种）

禁止氧化乐果在甘蓝上使用；禁止三氯杀螨醇和氰戊菊酯在茶树上使用；禁止丁酰肼（比久）在花生上使用；禁止特丁硫磷在甘蔗上使用；禁止甲拌磷，甲基异柳磷，特丁硫磷，甲基硫环磷，治螟磷，内吸磷，克百威，涕灭威，灭线磷，硫环磷，蝇毒磷，地虫硫磷，氯唑磷，苯线磷在蔬菜、果树、茶叶、中草药材上使用。

按照《农药管理条例》规定，任何农药产品都不得超出农药登记批准的使用范围。

3. 鉴于氟虫腈对甲壳类水生生物和蜜蜂具有高风险，在水和土壤中降解慢，按照《农药管理条例》的规定，根据我国农业生产实际，为保护农业生产安全、生态环境安全和农民利益，经全国农药登记评审委员会审议，现就加强氟虫腈管理的有关事项公告如下：

（1）自本公告发布之日起，除卫生用、玉米等部分旱田种子包衣剂和专供出口产品外，停止受理和批准用于其他方面含氟虫腈成分农药制剂的田间试验、农药登记（包括正式登记、临时登记、分装登记）和生产批准证书。

（2）自 2009 年 4 月 1 日起，除卫生用、玉米等部分旱田种子包衣剂和专供出口产品外，撤消已批准的用于其他方面含氟虫腈成分农药制剂的登记和（或）生产批准证书。同时，农药生产企业应当停止生产已撤销登记和生产批准证书的农药制剂。

（3）自 2009 年 10 月 1 日起，除卫生用、玉米等部分旱田种子包衣剂外，在我国境内停止销售和使用用于其他方面的含氟虫腈成分的农药制剂。农药生产企业和销售单位应当确保所销售的相关农药制剂使用安全，并妥善处置市场上剩余的相关农药制剂。

（4）专供出口含氟虫腈成分的农药制剂只能由氟虫腈原药生产企业生产。生产企业应当办理生产批准证书和专供出口的农药登记证或农药临时登记证。

（5）在我国境内生产氟虫腈原药的生产企业，其建设项目环境影响评价文件依法获得有审批权的环境保护行政主管部门同意后，方可申请办理农药登记和生产批准证书。已取得农药登记和生产批准证书的生产企业，要建立可追溯的氟虫腈生产、销售记录，不得将含有氟虫腈的产品销售给未在我国取得卫生用、玉米等部分旱田种子包衣剂农药登记和生产批准证书的生产企业。

第四章

农机岗位

第一节　农业机械分类及使用

一、农业机械的分类

农业机械是指用于农业生产及其产品初加工等相关农事活动的机械、设备。（中华人民共和国农业机械化促进法）

按《中华人民共和国农业行业标准》（NY/T 1640-2008 农业机械分类标准），农业机械可分为耕整地机械、种植施肥机械、田间管理机械、收获机械、农产品初加工机械、农用搬运机械、排灌机械、畜牧水产养殖机械、动力机械、农村可再生能源利用设备、农田基本建设机械、设施农业设备、其他机械等。

二、农业机械的使用

（一）农业机械的使用常识

1. 在使用农业机械之前必须认真阅读柴油机和农业机械使用说明书，牢记正确的操作程序和作业方法。

2. 充分理解警告标签，经常保持标签整洁，如有破损、遗失，必须重新订购并粘贴。

3. 拖拉机、联合收割机使用人员，必须经专门培训，取得驾驶操作证后，方可使用农业机械。

4. 严禁身体感觉不适、疲劳、睡眠不足、酒后、孕妇、色盲、精神不正常及未满 18 岁的人员操作机械。

5. 驾驶员、农机操作者应穿符合劳动保护要求的服装，禁止穿凉鞋、拖鞋，禁止穿宽松或袖口不能扣上的衣服，以免被旋转部件缠绕，造成伤害。

6. 农业机械除驾驶室、操作台外，其他任何部位不准乘坐人员。

7. 在作业、检查和维修时，不要让儿童靠近机器，以免造成危险。

8. 不得擅自改装农业机械，以免造成机器性能降低、机器损坏或人身伤害。

9. 不得随意调整液压系统安全阀的开启压力。

10. 农业机械不得超载、超负荷使用，以免机件过载造成损坏。

（二）农业机械运输作业常识

1. 非气刹机型严禁拖带挂车。

2. 挂车必须有独立的符合国家质量和安全要求的制动系统，否则不能拖挂。

3. 农业机械和挂车的制动系统必须灵活可靠，不能偏刹车。

4. 牵引重载挂车必须采用牵引钩，而不能用悬挂杆件；否则，农业机械会有颠覆危险。

5. 出车前应对农业机械及挂车的技术状态进行严格检查，特别是制动装置是否有异常现象，气压表读数是否达到0.7Mpa。如果发现问题，须妥善处理后方可行车。

6. 农业机械起步时要用低档，注意挂车前后之间是否有人、道路上有无障碍物，并给出起步信号。

7. 进行减速时，制动器不能踩得过猛。

8. 农业机械转弯时，要特别注意挂车能否安全通过，不要高速急转弯。

9. 农业机械上下坡要特别注意安全，不准空挡滑行或柴油机熄火滑行，要根据道路状况选择安全行驶速度，尽量避免坡道中途换挡。拖带挂车下坡时，可用间歇制动控制农业机械和挂车车速；否则，容易失去控制，在挂车的顶推下造成翻车事故。

10. 农业机械驾驶人员应严格遵守各项交通法规、条例。

（三）农业机械配套农机具及田间作业常识

1. 农机具功率应与农业机械相匹配，不能使农业机械超负荷工作。

2. 农业机械田间作业前，驾驶员应先了解作业区的地形、土质和田块大小，查明填平不用的肥料坑、老河道、水池、水沟等并做好标记，以防农业机械陷车。

3. 农业机械作业时操作人员不得离开机车，严禁其他人员靠近，女性操作人员工作时应戴安全帽。

4. 当农业机械倒车与农机具挂接时，农业机械和农机具之间严禁站人。

5. 农机具与农业机械动力输出轴连接时，应在传动轴处加防护罩。

6. 当动力输出轴转动时，农业机械不能急转弯，也不可将农机具提升过高。

7. 在犁、旋、耙、耕等作业中，对动力连接部位、传动装置、防护设施等应随时进行安全检查。

8. 农业机械配带悬挂农机具进行长距离行驶时，应使用锁紧手柄将农机具锁住，防止行驶中分配器的操纵手柄被碰动，导致农机具突然降落造成事故。

（四）农业机械保养的基本要求与做法

1. 农业机械的保养

农业机械的保养要按照“防重于治、养重于修”的原则，切实执行技术保养规程。动力机械要按主燃油消耗量确定保养周期，按时、按号、按项、按技术要求进行保养，达到技术保养标准，确保机具处于完好的技术状态。

农业机械的保养要严格按照使用说明书及当地农机管理部门规定的内容进行。机车的高级保养应在机务管理人员指导下，在室内进行。燃油动力机械要做到四小漏（小漏油、小漏水、小漏气、小漏电）、五净（油、水、气、机器、工具）、六封闭（柴油箱口、汽油箱口、机油加注口、机油检视口、汽化器、磁电机）、一完好（技术状态完好）；配套农具要实行常年修理，做到三灵活（操作灵活、转动灵活、升降灵活）、五不（不旷、不钝、不变形、不锈蚀、小不件）、一完好（技术状态完好）。

2. 农业机械的维修

农业机械维修是指使用工具、仪器、设备，对农业机械进行维护和修理，使其保持、恢复技术状态和工作能力的技术服务活动。

根据农业部国家工商行政管理总局《农业机械维修管理规定》，农业机械维修者和维修配件销售者应当依法经营、诚实守信、公平竞争、优质服务。县级以上人民政府农业机械化主管部门、工商行政管理部门按照各自的职责分工，负责本行政区域内的农业机械维修和维修配件经营的监督管理工作，保护农业机械消费者的合法权益。农业机械维修者，应当具备符合有关农业行业标准规定的设备、设施、人员、质量管理、安全生产及环境保护等条件，取得相应类别和等级的《农业机械维修技术合格证》，并持《农业机械维修技术合格证》到工商行政管理部门办理工商注册登记手续后，方可从事农业机械维修业务。

（1）从农业机械维修的技术方面看。无维修设计是其理想的目标，即使需要维修也是很简单的，基本上不产生时间费用。但现实情况不能兼备理想的设计制造工艺、理想的工作环境、理想的操作使用程序以及理想的使用者。因此无维修设计只能是在一定范围内的，这就对农业机械的故障诊断技术及维修技术提出了更深更广的要求。以前由于农业机械基本是由各级国营农机站掌握和使用的，维修体制基本沿袭前苏联计划维修体制，也就是预防维修制，即按一定的时间周期进行大修或更换部件，而维修周期都是基于过去的统计数据确定下来的，所以又叫做定期维修。

随着农业机械的发展，设备诊断技术也随之发展，且诊断的技术及设备日益全面和简便。如以前测试拖拉机功率用水力测功率，随后又发展到简易机械式测功仪再到便携式电子测功仪，使很多只能定性不能定量、定部位的故障得到了更明确的结论，减少了维修的盲目性和材料、人力的浪费。这种根据状态进行维修的方法叫做预知维修，它取代了过去的定期维修和事后维修，它与定期维修所不同的是：一个是以时间决定维修活动的维修，一个是以现状决定维修活动的维修。预知维修较预防维修有以下 4 个优点：一是减少了机械引起的灾害；二是增加了运转时间；三是减少了维修时间；四是提高了生产率。但是，如果缺乏用以确定缺陷的检修方法，或者设备诊断所需的费用大于设备诊断所得到的收益，则不宜采用预知维修的方法。

（2）从农业机械维修的经济方面看，即设备的使用、维修、更新只能以经济寿命为依据。经济寿命是指设备还具有一定的生产能力，但由于有形损耗和无形损耗，使设备的使用经济性下降，如果继续使用这种设备，将会造成经济损失。也就是设备运行到一定时间由于费用急剧上升，就必须进行修理，这样才能在合理费用支出下保证设备的正常运转。设备每进行一次这样的循环，费用就较前一次上升一些，运转周期就短一些。经过数次循环后，就必须考虑更新设备。

（3）从农业机械维修系统的经营管理方面看。经济效益是一切经营管理活动追求的目标，农业机械维修的经营管理同样是围绕着经济效益这一中心目标来开展活动的。这就需要用经济理论价值工程的原理和方法，研究维修技术政策方针措施的经济效益，建立评价经济效果的指标体系，预测设备的剩余寿命和确定其最佳使用寿命，进行设备一生寿命周期费用分析，对设备的修理、改造和更新进行分析评价，选择技术和经济相结合的最优方案，为维修决策提供依据。

当前，随着农机向着小型化方向发展以及农机保有量的迅速增加，农机维修市场也得到了快速的发展，但同时也出现了一些负面影响，维修过程中频繁出现质量纠纷和质量事故，侵害了农民的权益。为了避免和减少这种情况的发生，除了有关部门对农机维修市场加强管理外，农民在对农机进行维修时也要做到理性和理智，切实提高自我保护能力，增强维权意识。

第二节 农业机械化生产

一、农业机械化生产作业

（一）机耕、机播、机收作业

1．机耕作业

机耕作业是指耕作机械对农田土壤进行机械处理，使之适合于农作物生长的作业。耕作机械包括耕地机械和整地机械。前者用来耕翻土地，主要作业机具有铧式犁、圆盘犁等；后者用来碎土、平整土地或进行松土除草，主要作业机具有钉齿耙、圆盘耙、平地拖板、网状耙、镇压器、中耕机等。

为了提高作业效率，近年来复式作业和联合作业机具发展很快，应用较广的机具有旋耕机、耕耙犁、深松播种施肥联合作业机等。

（1）机耕作业农业技术要求

1）耕地作业

① 耕深。应随土壤、作物、地区、动力、肥源、气候和季节等不同而选择合理的耕深。耕作层通常在 16～20cm 之间。初改机耕地区的耕层要浅些，一般为 10～15cm。常年机耕地区的耕深较深。水田地区略浅，约为 12～20cm。一般说来，秋耕冬耕宜深，而春耕夏耕又宜浅。深耕作业水田为 20～27cm，旱地为 27～40cm。耕深要求均匀一致，沟底也应平整。

② 覆盖。良好的翻垡覆盖性能是铧式犁的主要作业指标之一，要求耕后植被不露头，回立垡少。对于水田旱耕，要求耕后土垡架空透气，便于晒垡，以利恢复和提高土壤肥力。

③ 碎土。犁耕作业还需兼顾碎土性能，耕后土垡松碎，田面平整。对于水稻土秋耕后，要求有良好的断条性能，通常以每米断条数目或垡条的平均长度来表示。一般说来，铧式犁的碎土质量往往难于满足苗床要求，还需进行整地作业。

2）整地作业

旱地与水田整地作业的农业技术要求差别很大，应据情况区别对待，基本的要求有：

① 耙深。旱地一般为 10～20cm；水田一般为 10～15cm。耙深要求均匀一致。

② 碎土。耙透、耙碎垡片和草层，耙后表土平整、细碎、松软，但又要有适当的紧密度，因此，有些地区还需进行镇压作业。

（2）耕作机具

为完成土壤耕作的各项作业，传统耕作法常用的机具如下：

播前耕作
- 耕地作业：铧式犁、圆盘犁。
- 整地作业：圆盘耙、钉齿耙、水田耙、镇压器、驱动耙、耢等。
- 耕耙联合作业：旋耕机、耕耙犁。

播后耕作 { 中耕培土作业：中耕机（水田旱地两类）、培土器。
施肥、开沟、筑埂等作业：中耕培土施肥机、筑埂机、开沟机等。

2．机播作业

种植机械主要由播种和移栽两大类机械组成。前者包括各种类型的撒播机、条播机和点播（穴播）机；后者主要是指旱地移栽机械。

随着科学技术的发展及栽培方法的不断变化，用新的工作原理设计成的播种机，如精量播种机也已广泛用于生产。

（1）播种方法

常用播种方法可分为撒播、条播、穴播及精密播种、铺膜播种、免耕播种几大类。

① 撒播。将种子撒于地面，再用其他工具覆土的播种方法称为撒播。撒播的种子分布不均匀、覆土深度不一致，播种质量较差。这种方法原来用于人工播种，在用机械播种后虽出现过一些撒播机，但现在已经很少采用。近年来，撒播法被用于航空播种。由于飞机播种速度快、撒种均匀，可以适时播种和改善播种质量，所以用飞机大面积撒播某些作物如水稻、牧草等，已成为当前播种技术的发展方向之一。

② 条播。将种子成行播入土中的方法称为条播。条播时覆土深度一致，出苗整齐均匀，播种质量较好。条播法应用很广，可用于播多种作物，相应的播种机则称为条播机。

③ 穴播（也称为点播）。在播种行内使几粒种子集中于一穴称为穴播。穴播法适于播种中耕作物，可保证行距及穴距准确，较条播法节省种子并减少间苗工作量。播棉花时还可提高棉籽的出苗能力。

控制种穴位置，使种穴纵向与横向均能成行，则称为方形穴播。方形穴播可纵向及横向中耕，提高中耕除草的机械化程度。方形穴播法一度在国外发展较快，但随着化学除莠剂的发展，目前已趋于淘汰。

④ 精密播种。精密播种的特点是播种量精确、株距精确和播深精确。谷物条播和中耕作物播种均可采用精密播种法。

精密条播的特点是株距精确，与普通条播相比，种子在行内分布很均匀，因而有利于作物植株的生长发育，可提高产量。

中耕作物精密播种的特点是每穴只播一粒种子，用保证每亩株数来保证产量。它的优点是可以节省种子和省掉间苗工序，因而可省工。但必须保证种子发芽率和播种条件下的出苗能力，并防止病虫草害，以保证全苗。对某些发芽率低、田间出苗能力差的种子（如甜菜等），采用精密播种时可减少株距以增加播量，再用机械或辅以人工间苗来保证每亩株数。

⑤ 铺膜播种。播种时在种床表面铺上塑料薄膜，种子出苗后，幼苗长在膜外的一种播种方式。这种方式可以是先播下种子，随后铺膜，待幼苗出土后再由人工破膜放苗；也可以是先铺上膜，随即在膜上打孔、下种。

地膜栽培有许多优点，但成本较高、消耗劳动量较多，技术要求也较高。作物收获后，残膜回收问题也未完全解决。所以目前主要用在花生、棉花、蔬菜等经济价值较高的作物栽培上。

⑥ 免耕播种。免耕技术的基本内容是在前茬作物收获后，土地不进行耕翻，让原有的稿秆、残茬或枯草覆盖地面；待下茬作物播种时，用特制的免耕播种机直接在茬地上进行

局部的松土播种并在播种前或播种后喷洒除草剂及农药。根据气候环境和土地情况的不同，有些地区在施行免耕法的过程中，也用圆盘耙或松土除草机在收获后或播种前进行表土耕作以代替犁耕；有些地方，每隔两、三年也用铧式犁或凿式犁深耕一次。因此免耕技术在不同地区有不同的名称，如免耕法、少耕法、覆盖耕作法、直接播种法等。这种方法与常规耕作法相比，可以减少机具投资费用和土壤耕作次数，因而可降低生产成本、减少能耗、减轻对土壤的压实和破坏，并可减轻风蚀、水蚀和土壤水分的蒸发与流失。但是采用免耕法是有条件的，必须与作物栽培技术密切配合。由于不进行土壤翻耕，害虫杂草较多。故对灭草剂和杀虫剂的需要量较大，质量要求也较高。这就有可能抵消掉因少耕而节约下来的成本。免耕播种在免耕法中占有重要地位。

（2）播种的农业技术要求

① 播种的农业技术要求。播种的农业技术要求包括播量、行距、株距（或穴距）、播种均匀度、播种深度、覆土深度及压密程度等。

② 对播种机的要求。对条播机的要求为：播种量符合农业技术要求、行距一致、播种均匀；种子播在湿土层上且用湿土覆盖、播深一致且符合规定；种子损伤率小。

对穴播机的要求为：每穴种子粒数一致（每穴种子粒数以 $n\pm1$ 粒为合格，n 为每穴平均粒数，如穴播玉米要求 3±1 粒的穴数不小于 85%），穴内种子不过度分散，播深一致且符合规定，种子损伤率低。

3．机收作业

根据不同的自然条件、栽培制度、经济和技术水平，我国目前采用的机械化谷物收获方法有以下几种：

① 分段收获法。采用多种机械分别完成割、捆、运、堆垛、脱粒和清选等作业的方法，称为分段收获法。这种方法使用的机器结构简单，造价较低；保养维护方便，易于推广。但整个收获过程还需大量人力配合，劳动生产率较低，而且收获损失也较高。

② 联合收获法。即是采用谷物联合收割机在田间一次完成切割、脱粒、分离和清选等全部作业的收获方法。这种方法的特点是：提高了生产效率，减轻了劳动强度，也有利于抢农时并降低了收获损失。但联合收割机的结构复杂，造价较高，每年使用时间短，收获成本较高；还要求有较大的田块和较高的管理与使用水平。

③ 两段收获法。此法先用割晒机将谷物割倒并成条地铺放在高度为 15～20cm 的割茬上，经过 3～5 天晾晒使谷物完成后熟并风干，然后用装有拾禾器的联合收获机进行捡拾、脱粒、分离和清选作业。

（二）联合收割机跨区作业管理规定

联合收割机跨区作业是指驾驶操作各类自走式和悬挂式联合收割机跨越县级以上行政区域进行农作物收获作业。

1．参加跨区作业的联合收割机及驾驶员基本要求

参加跨区作业的联合收割机必须经农机监理机构注册登记，领取号牌和行驶证；参加跨区作业的联合收割机驾驶员应熟练掌握联合收割机操作技能，熟悉基本农艺要求和作业质量标准，持有农机监理机构核发的有效驾驶证件。持有农业部统一印制的《联合收割机插秧机跨区作业证》，参加农机跨区作业队进行有组织的跨区作业。联合收割机跨区作业

前，当地农机化主管部门应当会同有关部门对跨区作业的联合收割机进行安全检查并对操作人员进行安全教育。

2.《联合收割机插秧机跨区作业证》使用规定（以下简称为《作业证》）

《作业证》每年审领，当年有效。联合收割机在转移过程中，经过公路、桥梁等收费站时，要遵守收费站区管理规定，主动停机并出示《作业证》，自觉服从收费站工作人员的检查和审证。普通收费公路对持《作业证》进行跨区作业的联合收割机、运输联合收割机（包括插秧机）的车辆，免收车辆通行费。高速公路对运输联合收割机（包括插秧机）的车辆免收通行费，联合收割机（包括插秧机）不得在高速公路上行驶。禁止对《作业证》进行涂改、转借、伪造和倒卖。

二、四川省农业机械化主要生产技术

1. 水稻机械化生产技术

（1）技术概述

水稻生产机械化的主要环节包括耕整、育插秧、收获、烘干等机械化技术。

（2）技术要点

① 水稻机械耕整。使用水田耕整机、水田驱动耙或旋耕机等机械对水田进行耕整。要求耕透熟土层，覆盖平，无残茬，土壤柔软无僵垡。

② 水稻机械化育秧。严格按照农艺要求进行种子处理和工厂化育秧。主要流程：精选种子——高温破胸催芽——机械精量播种。

③ 水稻机插秧。机手在机插秧时，要直线行驶，来回进行，合理密植。一般机插秧的行距为 30cm 左右，穴距为 12～15cm。空穴率不超过 3%，秧苗深浅要一致，基本做到无深秧，无漂秧。

④ 水稻机械化收获。因地制宜选择不同的收获机型，一般在黄熟期，当稻谷中含水量在 18%～19%时收割，留茬高度一般在 30cm 以下。

2. 小麦机械化生产技术

（1）技术概述

小麦生产机械化主要包括耕整、播种、收获、秸秆还田等机械化技术。

（2）技术要点

① 小麦机械耕整。选用适宜的耕整地机械在深秋初冬进行，耕深 10～15cm，碎土一次成型，以促进土壤熟化，保墒蓄水，便于机播。

② 小麦机械播种。根据各地播种习惯选用播种施肥联合作业机、精少量播种机、精播机等适时播种。满足机械收获的要求，播种厢宽为 2.5～3.0m，深度为 3～5cm，播量精确，行距一致，深浅一致，不漏播，不重播。

③ 小麦机械收获。在小麦蜡熟末期，采用小麦联合收获机收获。配合采用秸秆还田机粉碎小麦秸秆还田，培肥地力。

3. 油菜机械化生产技术

（1）技术概述

油菜生产机械化技术主要包括机械化耕整地、开沟、栽种、植保、收获及秸秆还田等技术。

（2）技术要点

① 机械耕整：耕深为 10～15cm，深浅一致，地表植物残株、肥料覆盖严密。

② 机械播栽：一般分为机械直播和机械移栽。机械直播株距为 120～160mm、行距为 250～300mm、深度为 10～20mm；机械移栽株距为 120～160mm、行距为 250～300mm、深度为 30～50mm，苗长为 200～350mm。

③ 机械收获：油菜收获分为联合收获和分段收获两种方式。采用联合收获方式时，应在全田 90%以上油菜角果外观颜色全部变黄色或褐色，完熟度基本一致的条件下进行。采用分段收获方式时，应在全田油菜 70%～80%角果外观颜色呈黄绿或淡黄，种皮也由绿色转为红褐色，采用割晒机或进行人工割晒作业；将割倒的油菜就地晾晒后熟 5～7 天，成熟度达到 95%后，用捡拾收获机进行捡拾、脱粒及清选作业。

4. 农作物秸秆综合利用机械化技术

目前，在我省重点推广应用的秸秆机械化综合利用技术有以下几种：

（1）玉米秸秆挤丝揉搓加工和袋装微贮饲草技术

玉米秸秆机械挤丝揉搓加工技术是指利用机械将玉米秸秆通过压扁、纵切、揉搓等工序，加工成 10～15cm 丝状，可被牛羊等食用的饲草，采食率可达 95%以上。玉米秸秆饲草袋装微贮技术是在挤丝揉搓机加工的丝状饲草中加入定量的微生物制剂，用打捆机械进行打捆装袋密封包装，进行长期贮存，具有效率高、密度大、便于长期保存和远途运输等优点，可作为商品饲草出售。该技术是大型规模牛羊养殖户冬季缓解饲草短缺的方法之一。

（2）秸秆机械化青贮技术

该项技术是将玉米秸秆用铡草机切成 5～10cm 的饲草，用地下窖或者装入大型塑料袋内进行密封青贮。青贮要求：一是要加入定量微生物制剂搅拌均匀，二是要压实，三是必须严格密封，不让空气进入，给青贮饲草创造一个密封，厌氧发酵环境，经过 3～6 周的发酵，形成粗蛋白含量高、适口性好、采食率高、保质期长的优质饲草。该技术省工省时，简单易行、广泛应用于一般畜牧养殖户，可有效缓解冬季饲草短缺问题。

（3）小麦秸秆捡拾打捆技术

小麦秸秆捡拾打捆技术是近年来国家补贴推广的一项新技术，是利用捡拾打捆机将联合收获后抛撒在田间的小麦秸秆进行捡拾，并自动打成捆。一方面可以加快田间腾地速度，另一方面减少秸秆田间焚烧，使小麦秸秆得到充分利用，从而产生良好的经济效益和社会生态效益。

（4）农作物秸秆粉碎还田技术

农作物秸秆粉碎还田技术是指利用秸秆粉碎还田机将田间直立的秸秆或铺放的秸秆直接在田间粉碎还田，省去了人工还田作业的收割、摘、捆运、铡、撒、翻等复杂工序，是一项高效低耗、省劳省工的有效技术措施，坚持夏、秋两季农作物秸秆还田，可不断增加土壤的有机质含量，培肥地力，增强农业发展后劲，实现农业可持续发展。

农作物秸秆粉碎还田技术要点如下：旱地应先灌水泡田 12 小时，田面水深为 3～5cm，土壤松软后再作业。机具作业速度应根据土壤条件和秸秆还田量（以每亩 300kg 左右为宜，秸秆较细、易分解的作物可全量还田，秸秆不易分解的，可按 50%～60%还田）选定。适用机具主要有秸秆粉碎还田机、旋耕灭茬机、旋耕埋草机、免耕直播机等。

5. 保护性耕作技术

保护性耕作技术是对农田实行免耕、少耕，尽可能减少土壤耕作，并用作物秸秆、残茬覆盖地表，减少土壤风蚀、水蚀，提高土壤肥力和抗旱能力的一项先进农业耕作技术。

保护性耕作主要包括四项技术内容。

一是改革铧式犁翻耕土壤的传统耕作方式，实行免耕或少耕。免耕就是除播种之外不进行任何耕作。少耕包括深松与表土耕作，深松即疏松深层土壤，基本上不破坏土壤结构和地面植被，可提高天然降雨入渗率，增加土壤含水量。

二是将 30%以上的作物秸秆、残茬覆盖地表，在培肥地力的同时，用秸秆盖土，根茬固土，保护土壤，减少风蚀、水蚀和水分无效蒸发，提高天然降雨利用率。

三是采用免耕播种，在有残茬覆盖的地表实现开沟、播种、施肥、施药、覆土镇压复式作业，简化工序，减少机械进地次数，降低成本。

四是改翻耕控制杂草为喷洒除草剂或机械表土作业控制杂草。

第三节 农业机械管理

一、农业机械安全生产宣传、检查与事故的预防

各级农机部门要按照农业部、省政府的安排部署，结合行业实际，组织开展形式多样、内容丰富的安全生产宣传教育活动，切实提高从业人员的安全生产意识，让安全生产知识进村入户，让“安全发展”理念深入人心。

农业机械安全检查是纠正违章，促进农机手遵纪守法、安全驾驶，保证安全生产的有效措施和管理手段。安全检查的内容主要是：违法载人、无牌无证、酒后操作、带病农作物秸秆粉碎还田技术操作等。

二、农业机械安全管理

按照国家规定，需要核发牌证的农业机械必须在三个月内到当地农业机械监理机构办理入户手续，经农业机械监理机构检验符合农业机械安全条件，取得号牌及行驶证（准用证）后方可使用。农业机械的驾驶、操作人员，必须经农业机械监理机构考试、考核合格，领取驾驶证（操作证）后，方可驾驶、操作农用机械。取得牌证的农业机械及其驾驶、操作人员，应当参加农业机械监理机构依法进行的定期案例技术检验和驾驶证（操作证）定期审验。检验不合格的农业机械应当暂停使用，及时维修。农业机械从注册登记之日起，每年检验一次。农业机械所有人应在行驶证有效期内携带行驶证和第三者责任强制保险凭证，参加年度检验。对安全技术检验合格的，农机监理机构确认农机所有人提交的农业机械号牌号码、行驶证一致，在行驶证副页检验记录栏内加盖检验专用章，核发检验合格标志。

三、农机产品选购与质量投诉

（一）选购农机具的方法

一看。主要是认准厂名、厂址和商标。查看农机具是否贴有菱形的“农业机械推广鉴定证”，或是通过农机产品质量认证即CAM认证。看准生产日期，一般选择一些生产年月较近的农机具。同时，观察农机具外表，看油漆是否美观，外表应光洁、平整，无砂眼、裂纹或毛刺，无锈蚀，无三漏现象等，轮胎质量是否符合要求，不应出现鼓包、龟裂现象。零部件是否有缺损的情况。

二摸。摸主要是检查表面是否光滑，焊接部位是否牢固，油缸、油封是否有三漏现象。

三试。选购农机具尤其选购拖拉机时，要进行试车，对柴油机和拖拉机底盘进行试车，检查相应运动部件的质量。试车时应注意检查柴油机的启动性能、油门控制系统和柴油机的空转。检查方向盘的自由行程和转向性能是否轻便灵活，制动是否轻松平稳和安全可靠，液压系统是否性能良好、方便灵活，无渗漏等。另外，注意用耳听有无其他异响，包括发动机、离合器、变速箱，变速箱挂挡时无沉重的摩擦声及其他异常的响动。

（二）选购农机具的注意事项

1. 购买农机具后要检查随机附件是否齐全。选购拖拉机时检查随机工具箱，一般包括少量柴油机易损零件以及随机维修工具，还有使用说明书和零件图册，这都是使用和维修保养中不可或缺的。

2. 索取“一票二证”。一票即销售发票，二证是指产品合格证和三包凭证，这是国家经贸委等五部委颁布的《农机产品退货、更换、修理规定》（俗称三包）的重要凭证。

3. 索取使用说明书。认真按使用说明书进行必要的维护、保养。

4. 新购置拖拉机要注意磨合期的使用，按规定进行维护保养。

（三）农机质量监督与投诉

凡是农民在农业生产中使用的、从生产企业或经销单位购买并能证明双方购销关系和有关质量契约的有效文字（发票、合同等）的农机产品，因产品质量问题发生的自身合法权益受到侵害的问题，均可向中国消费者协会农机产品质量投诉监督站及地方投诉监督站投诉。投诉站按照《中国消费者协会受理农机产品质量投诉规则》（2001年11月30日发布）的相关规定及时处理。

四川省保护消费者权益委员会农机产品投诉站，地址为：成都市营门口银沙北街88号，邮编：610036；电话：028—761068317。

四、农业机械的报废

（一）农业机械的异动

农业机械异动包括：转籍、过户、变更。

1. 转籍

农业机械转籍是在产权不变的情况下，从本辖区转出（含异地入户转回原籍）。

（1）原籍转出的程序：① 申请转出。机械所有人持户口迁移证明、身份证、行驶（准用）证；异地入户、转回原籍，凭本人身份证、行驶（准用）证，到原发牌证农机安全监理机构申请转出，农机安全监理机构填写《农业机械、驾驶员转出通知单》。② 转出登记。将该机械转出信息输入计算机管理系统。③ 审核。申请转出的机械必须是当年年检合格，并在有效期内；同时核对机械相关编号与行驶（准用）证、档案记载是否吻合，有无改动痕迹；是否经过改装，是否属报废、注销或挂失的机械。④ 收回原号牌。将原机械号牌收回。⑤ 制作临时号牌。制作临时号牌核发机械所有人、注明有效期。⑥ 签注盖章。在原行驶（准用）证上签注转出事项，加盖印鉴；并在原始档案登记表上签注转籍原因和转籍新址，加盖印鉴，经办人签名、盖章、封存档案。⑦ 交、寄原始档案。将转出通知单和档案一并交机主带往新籍农机安全监理机构；或由原籍农机安全监理机构在三个月内寄往新籍农机安全监理机构。

（2）新籍转入的程序：① 申请转籍入户。机械所有人到新籍农机安全监理机构需交验行驶（准用）证，携带档案的应一并交新籍农机安全监理机构，填表申请入户。② 转入登记。将该机械转出信息输入计算机管理系统，收取相关费用。③ 审核。审核档案是否完整；审核行驶（准用）证、机械、原始的相关内容是否吻合。④ 收回牌、证。收回临时号牌和行驶（准用）证，核发本地号牌和行驶（准用）证；并在原始登记表相关栏内签注核发新牌、证的日期。⑤ 寄交回执。办理完转入手续后，将回执寄往原籍农机安全监理机构。⑥ 归档。

2. 过户

机械过户是指机械所有人产权转移的行为：包括机械买卖、经济赔偿、财产分割、继承财产。属机械买卖的应有合法有效的交易证明，买卖的机械必须是当年年检合格的机械。属于经济赔偿、财产分割的已注册登记的机械应有发生法律效力的判决书、裁决书、调解书。属于财产继承的，应有合法的财产继承证明。办理过户的程序如下。

（1）申请。申请办理过户的农业机械所有人，持相关证明、行驶（准用）证到原发牌证农机安全监理机构办理过户，领填《拖拉机变更、过户、改装、停驶、复驶、报废审批申请表》，并应在申请栏内签名盖章。

（2）过户登记。将过户信息输入计算机管理系统。

（3）审核。审核内容：过户申请表是否填全，现机械所有人是否签名；已注册机械是否经过年检；是否属报废、注销、挂失的机械；核对机械相关内容与行驶（准用）证、档案记载是否吻合，有无改动痕迹；是否改装。

（4）收回原证。收回原行驶（准用）证，为现机械所有人核发与原号牌相同编号的行驶（准用）证，并在原机械登记表相关栏目签注过户记录及核发新证日期，有关信息输入计算机管理系统。

（5）收取相关费用。

（6）归档。在机械过户的同时发生转籍，还应按转籍的要求，同时办理转籍手续。

3. 变更

机械变更是指对登记表中下列项目进行变更的行为：

（1）机械所有人的名称（姓名）、地址在本辖区内变动。

（2）机身颜色、外廓尺寸的变动。

（3）更换发动机或车架（两者不得同时变更）。

变更办理程序如下。

① 申请变更。机械所有人持相关变更证明、身份证、行驶（准用）证到原发牌、证农机安全监理机构申请变更，领填《拖拉机变更、过户、改装、停驶、复驶、报废审批申请表》。

② 变更登记。将机械变更信息输入计算机管理系统。

③ 审核。审核内容同过户。

④ 制作证件。因名称（姓名）、地址、发动机或车架变更的，应制作新证核发给机械所有人，并在登记表相关栏目签注变更记录和日期。

⑤ 收费。

⑥ 归档。办理变更手续应在一个工作日内完成。

（二）注销报废

1. 农业拖拉机禁用与报废

农业拖拉机因技术状况不良而禁止其继续使用，实行强制禁用。

农业拖拉机满足以下条件的必须禁用。

（1）在标定工况下，燃油消耗率上升幅度大于出厂标定值20%的。

（2）大型和中型拖拉机发动机有效功率或动力输出功率降低值大于出厂标定值15%的。

（3）小型拖拉机发动机有效功率降低值大于出厂标定值15%的。

（4）有效制动距离低于出厂标定值的。

（5）经非规范改装存在安全隐患的。

农业拖拉机因使用年限长、技术状况恶化不宜继续使用而作废。

经过一定时期使用后，具有下列条件之一的农业拖拉机应报废。

① 大型链式拖拉机使用年限超过12年（或累计作业1.5万小时），经过检查调整或更换易损件后，技术状况仍不符合要求的。

② 大型和中型轮式拖拉机使用年限超过15年（或累计作业1.8万小时），经过检查调整或更换易损件后，技术状况仍不符合要求的。

③ 小型拖拉机使用年限超过10年（或累计作业1.2万小时），经过检查调整或更换易损件后，技术状态仍不符合要求的。

④ 由于各种原因造成严重损坏，无法修复的。

⑤ 预计大修费用大于同类新车价格50%的。

⑥ 未达报废年限，但技术状况差且无配件来源的。

⑦ 国家明令淘汰的。

2. 联合收割机禁用与报废

联合收割机满足以下条件的必须禁用。

（1）实测功率修正值小于发动机功率允许值85%。

（2）实测燃油消耗率修正值大于发动机燃油消耗率允许值20%。

（3）噪音危害大，制动性能差的，收获损失率、破碎率超过3%。

联合收割机满足以下条件的必须报废。

① 自走式联合收割机使用年限超过 12 年；悬挂式联合收割机使用年限超过 10 年。

② 未到使用年限但个性技术指标符合禁用条件的联合收割机。

③ 造成严重损坏，无法修复的。

④ 评估大修费用大于同类新车价格 50%的。

⑤ 国家明令淘汰的。

3. 注销报废程序

（1）申请。机械所有人应持号牌、行驶证、身份证到原发牌、证农机安全监理机构申请报废，领填《拖拉机变更、过户、改装、停驶、复驶、报废审批申请表》。

（2）审核。审核行驶（准用）证、机械、登记表相关记录和编号是否吻合。

（3）报废注销登记。将报废、注销信息输入计算机管理系统。

（4）收缴牌、证。原发牌、证农机安全监理机构收回报废机械的牌、证。报废登记在一个工作日内完成。

第五章

农产品质量安全岗位

第一节 “三品”生产对环境及投入品的要求

一、“三品”生产对产地环境的要求

（一）无公害农产品生产对产地环境的要求

无公害农产品基地应选择在生态条件良好，远离污染，且有可持续生产能力的农业生产区域；基地空气质量、灌溉水质量、土壤环境质量均应符合无公害农产品产地环境相关标准。农业部从2001年起相继颁布了一些不同作物的无公害农产品产地环境条件标准，该类标准的编号为NY5000系列。

（二）绿色食品生产对产地环境的要求

生产基地应具备优良的生产环境，产地的大气、水质、土壤符合《绿色食品产地环境技术条件》(NY/T 391)的要求。绿色食品生产基地应选择在无污染和生态条件良好的地区。基地选点应远离工矿区和公路铁路干线，避开工业和城市污染源的影响；同时，绿色食品生产基地应具有可持续的生产能力。

1. 空气环境质量要求

绿色食品产地空气中各项污染物含量不应超过表5-1所列的量值。

表5-1 空气中各项污染物的指标要求（标准状态）

项目		指标	
		日平均	1h平均
总悬浮颗粒物（TSP），mg/m^3	≤	0.30	—
二氧化硫（SO_2），mg/m^3	≤	0.15	0.50
氮氧化物（NOx）	≤	0.10	0.15
氟化物（$\mu g/m^3$）	≤	1.8μg/（dm^2d）（挂片法）	20$\mu g/m^3$

注：

① 日平均指任何一日的平均指标。

② 1h平均指任何一小时的平均指标。

③ 连续采样三天，一日三次，晨、午和夕各一次。

④ 氟化物采样可用动力采样滤膜法或用石灰滤纸挂片法，分别按各自规定的指标执行，石灰滤纸挂片法挂置7天。

2. 农田灌溉水质要求

绿色食品产地农田灌溉水中各项污染物含量不应超过表 5-2 所列的浓度值。

表 5-2 农田灌溉水中各项污染物的浓度限值 mg/L

项　目	指　标
pH 值	5.5～8.5
总汞，mg/L≤	0.001
总镉，mg/L≤	0.005
总砷，mg/L≤	0.05
总铅，mg/L≤	0.1
六价铬，mg/L≤	0.1
氟化物，mg/L≤	2.0
粪大肠菌群，个/L≤	10000

注：灌溉菜园用的地表水须测粪大肠菌群，其他情况不测粪大肠菌群。

3．渔业水质要求

绿色食品产地渔业用水中各项污染物含量不应超过表 5-3 所列的指标要求（NY/T 391-2000）。

表 5-3 渔业用水中各项污染物的指标要求

项　目	指　标
色、臭、味	得使水产品带异色、异臭和异味
漂浮物质	不水面不得出现油膜或浮沫
悬浮物，mg/L	人为增加的量不得超过 10
pH 值	淡水 6.5～8.5，海水 7.0～8.5
溶解氧，mg/L	>5
生化需氧量，mg/L ≤	5
总大肠菌群，个/L ≤	5000（贝类 500）
总汞，mg/L ≤	0.0005
总镉，mg/L ≤	0.005
总铅，mg/L ≤	0.05
总铜，mg/L ≤	0.01

（续表）

项　目	指　标
总砷，mg/L　≤	0.05
六价铬，mg/L　≤	0.1
挥发酚，mg/L　≤	0.005
石油类，mg/L　≤	0.05

4．畜禽养殖用水要求

绿色食品产地畜禽养殖用水中各项污染物不应超过表 5-4 所列的指标要求。

表 5-4　畜禽养殖用水各项污染物的指标要求

项　目	指　标
色度	15 度，并不得呈现其他异色
混浊度	3 度
臭和味	不得有异臭、异味
肉眼可见物	不得含有
pH 值	6.5～8.5
氟化物，mg/L　≤	1.0
氰化物，mg/L　≤	0.05
总砷，mg/L　≤	0.05
总汞，mg/L　≤	0.001
总镉，mg/L　≤	0.01
六价格，mg/L　≤	0.05
总铅，mg/L　≤	0.05
细菌总数，个/mL　≤	100
总大肠菌群，个/L　≤	3

5. 土壤环境质量要求

将土壤按耕作方式的不同可分为旱田和水田两大类，每类又根据土壤 pH 值的高低分为三种情况，即 pH＜6.5，pH 为 6.5～7.5，pH＞7.5。绿色食品产地各种不同土壤中的各项污染物含量不应超过表 5-5 所列的限值。

表 5-5 土壤中各项污染物的含量限值 mg/kg

耕作条件	旱田			水田		
pH 值	<6.5	6.5～7.5	>7.5	<6.5	6.5～7.5	>7.5
镉≤	0.30	0.30	0.40	0.30	0.30	0.40
汞≤	0.25	0.30	0.35	0.30	0.40	0.40
砷≤	25	20	20	20	20	15
铅≤	50	50	50	50	50	50
铬≤	120	120	120	120	120	120
铜≤	50	60	60	50	60	60

注：① 果园土壤中的铜限量为旱田中铜限量的一倍；② 水旱轮作所用的标准值取严不取宽。

（三）有机产品生产对产地环境的要求

根据 GB/19630.1-2012 的规定，有机生产基地应远离城区、工矿区、交通主干线、工业污染源、生活垃圾场等。

产地的环境质量应符合以下要求：

1. 土壤环境质量符合 GB15618-1995 中规定的二级标准；
2. 农田灌溉用水水质符合 GB5084 的规定；
3. 环境空气质量符合 GB3095 中二级标准和 GB9137 的规定。
4. 食用菌栽培水源符合 GB5749 的要求；
5. 水产养殖水质符合 GB11607 的规定；
6. 畜禽养殖符合 GB18596 畜禽养殖业污染物排放标准；
7. 蜂场应设在有机农业生产区内或设在至少 3 年未使用过禁用物质的自然（野生）区域内；
8. 加工用水符合 GB5749 生活饮用水卫生标准的规定；
9. 纺织品加工用污水处理符合 GB4287 的规定。

应对有机农作物生产区域受到邻近常规生产区域污染的风险进行分析。在存在风险的情况下，则应在有机和常规生产区域之间设置有效的缓冲带或物理屏障，以防止有机生产地块受到污染。缓冲带上种植的植物不能认证为有机产品。

一年生植物的转换期至少为播种前的 24 个月，草场和多年生饲料作物的转换期至少为有机饲料收获前的 24 个月，饲料作物以外的其他多年生植物的转换期至少为收获前的 36 个月。转换期内应按照有机产品标准的要求进行管理。

新开垦的、撂荒 36 个月以上的或有充分证据证明 36 个月以上未使用本标准禁用物质的地块，也应经过至少 12 个月的转换期。

野生采集、食用菌栽培（土培和覆土栽培除外）、芽苗菜生产可以免除转换期。有机产品转换期符合 GB/19630.1-2012 相应条款。

二、“三品”生产对农业投入品的要求

（一）无公害农产品对投入品的要求

1. 无公害农产品对农药的要求

无公害农产品生产要求优先选择生物农药，合理选用化学农药。严禁使用剧毒、高毒、高残留、高生物富集、高三致（致畸、致癌、致突变）农药及其复配制剂。选择高效、低毒、低残留的化学农药。

（1）国家全面禁止使用的农药（33 种）。根据中华人民共和国农业部公告第 199 号和农业部、工业和信息化部、环境保护部、国家工商行政管理总局、国家质量监督检验检疫总局公告第 1586 号，全面禁止使用的农药有：

甲基对硫磷，六六六，滴滴涕，毒杀芬，二溴氯丙烷，杀虫脒，二溴乙烷，除草醚，艾氏剂，狄氏剂，汞制剂，砷、铅类，敌枯双，氟乙酰胺，甘氟，毒鼠强，氟乙酸钠，毒鼠硅，甲胺磷，对硫磷（1605），久效磷，磷胺，苯线磷，地虫硫磷，甲基硫环磷，磷化钙，磷化镁，磷化锌，硫线磷，蝇磷，治螟磷，特丁硫磷。

（2）国家限制使用的农药（19 种），根据农业部第 194 号公告，禁止氧乐果在甘蓝上使用；根据农业部第 199 号公告，禁止在蔬菜、果树、茶叶中草药材上使用的农药有：甲拌磷，甲基异柳磷，甲基硫环磷，治螟磷，内吸磷，克百威，涕灭威，灭线磷，硫环磷，蝇毒磷，地虫硫磷，氯唑磷，苯线磷；三氯杀螨醇、氰戊菊酯禁止在茶树上使用；根据农业部第 274 号公告，禁止丁酰肼在花生上使用；根据农业部第 1157 号公告，除卫生用、玉米等部分旱田作物种子包衣剂外，禁止氟虫腈在其他方面的使用。

各类无公害农产品对农药的要求不一样，《中华人民共和国农业行业标准》对各类无公害农产品禁用农药做了详细的规定，具体每种无公害农产品的农药禁用及限用可参考行业标准执行。

（二）绿色食品对投入品的要求

为确保产品质量，绿色食品建立了产地环境、生产过程、产品检测、包装贮运等一系列标准，对生产过程中投入品（包括兽药、饲料及饲料添加剂、食品添加剂及包装材料等）制定了详细的使用准则。下面以农药、肥料为例予以说明。

1. 绿色食品对农药的要求

绿色食品生产应从作物—病虫草等整个生态系统出发，综合运用各种防治措施，创造不利于病虫草害孳生和有利于各类天敌繁衍的环境条件，保持农业生态系统的平衡和生物多样化，减少各类病虫草害所造成的损失。优先采用农业措施，通过选用抗病抗虫品种，非化学药剂种子处理，培育壮苗，加强栽培管理，中耕除草，秋季深翻晒土，清洁田园，轮作倒茬、间作套种等一系列措施，起到防治病、虫、草害的作用。还应尽量利用灯光、色彩诱杀害虫，机械捕捉害虫，机械和人工除草等措施，防治病、虫、草害。特殊情况下，必须使用农药时，应遵守以下准则：

除了无公害农产品禁止使用的农药外，绿色食品还禁止使用以下农药：

林丹、甲氧、高残毒 DDT、硫丹、三氯杀螨醇、甲拌磷、乙拌磷、甲基异柳磷、治螟磷、氧化乐果、灭克磷（益收宝）、水胺硫磷、氯唑磷、杀扑磷、克线丹、涕灭涕威、克百威、灭多威、丁硫克百威、丙硫克百威、所有拟除虫菊酯类杀虫剂、甲基胂酸锌（稻脚

青）、甲基胂酸钙胂（稻宁）、甲基胂酸铵（田安）、福美甲胂、福美胂、三苯基醋锡（薯瘟锡）、三苯基氯化锡、三苯基羟基羟基锡（毒菌锡）、氯化乙基汞（西力生）、醋酸苯汞（赛力散）、稻瘟净、异稻瘟净、五氯硝基苯、稻瘟醇（五氯苯甲醇）、草枯醚、有机合成的植物生长调节剂、各类除草剂。

绿色食品生产中允许使用从植物中提取的天然的生长调节剂（即天然植物激素），但是禁止使用人工合成的植物生长调节剂，并在所有农作物上都禁止使用。

生产绿色食品的农药使用原则是：

（1）中等毒性以下植物源农药、动物源农药和微生物源农药；

（2）在矿物源农药中允许使用硫制剂、铜制剂；

（3）可以有限度地使用部分低毒农药和中等毒性有机合成农药；

（4）严禁使用剧毒、高毒、高残留或具有三致毒性（致癌、致畸、致突变）的农药；

（5）每种有机合成农药在一种作物的生长期内只允许使用一次；

（6）应按照国家标准的要求控制施药量与安全间隔期；

（7）有机合成农药在农产品中的最终残留应符合国家标准的有关规定；

（8）严禁使用高毒、高残留农药防治贮藏期病虫害；

（9）严禁使用基因工程品种（产品）及制剂。

绿色食品农药使用准则严格规定了农药使用的安全间隔期。例如，在蔬菜上，几种常用农药的安全间隔期为：溴氰菊酯 2 天，百菌清 7 天，扑海因 3 天，多菌灵 5 天，杀毒矾锰锌 3 天。为了确保环境和产品质量，绿色食品生产中还特别规定每种有机合成农药在一种作物的生长期内只允许使用一次。

2. 绿色食品的肥料使用原则

（1）生产绿色食品的施肥原则。改变单纯依赖使用化肥的现象，提倡科学合理地使用各种肥料，尽可能多使用农家肥、有机肥，配合使用一些化肥，有机氮与无机氮之比至少为 1∶1，并禁止使用硝态氮肥，如硝酸铵等。例如，施优质厩肥 1000kg 加尿素 10kg（厩肥作基肥、尿素可作基肥和追肥用）。对叶菜类最后一次追肥必须在收获前 30 天进行，禁止使用硝态氮肥。化肥也可与有机肥、复合微生物肥配合施用。厩肥 1000kg，加尿素 5～10kg 或磷酸二铵 20kg，复合微生物肥料 60kg（厩肥作基肥，尿素、磷酸二铵和微生物肥料作基肥和追肥用）。最后一次追肥必须在收获前 30 天进行。城市生活垃圾一定要经过无害化处理，质量达到要求才能使用。秸秆还田允许用少量氮素化肥调节碳氮比。

生产绿色食品的农家肥料无论采用何种原料（包括人畜禽粪尿、秸秆、杂草、泥炭等）制作堆肥，必须高温发酵，以杀灭各种寄生虫卵和病原菌、杂草种子，使之达到无害化卫生标准（详见《绿色食品肥料使用准则》附录 A）。

农家肥料原则上就地生产就地使用。外来农家肥料应确认符合要求后才能使用。商品肥料及新型肥料必须通过国家有关部门的登记认证及生产许可，质量指标应达到国家有关标准的要求。

因施肥造成土壤污染、水源污染，或影响农作物生长、农产品达不到卫生标准时，要停止施用该肥料，并向专门管理机构报告。用其生产的食品也不能继续使用绿色食品标志。

3. 绿色食品对除草剂的要求

绿色食品标准中禁止使用2，4-D类的除草剂和二苯醚类除草剂，如除草醚等。其他允许使用的除草剂应符合NY/T393的规定，如在蔬菜生长期是禁止使用的，因为蔬菜的生长期短，使用除草剂可能造成蔬菜中农药残留超标。但是，在蔬菜育苗前的土壤处理和发芽前处理可以使用部分除草剂。

4. 绿色食品对生活垃圾的要求

生产绿色食品的生产基地，必须远离医疗垃圾污染源。生活垃圾可以回田，但不能混入工业垃圾及其他废物。生活垃圾经过无害化处理，其质量达到GB8172-1987《城镇垃圾农用控制标准》规定的技术要求才能使用。绿色食品标准中对无害化处理后的生活垃圾的用量也做出了严格的规定，即每年每亩农田限制用量为黏性土壤不超过3000kg，砂性土壤不超过2000kg。

（三）有机农产品对投入品的要求

1. 有机农产品对农药的要求

有机农产品生产不能使用任何化学合成的农药。推荐使用的植物保护产品有：

（1）植物和动物来源。印楝树提取物及其制剂、天然除虫菊（除虫菊科植物提取液）、苦楝碱（苦木科植物提取液）、鱼藤酮类（毛鱼藤）、苦参及其制剂、植物油及其乳剂、天然酸、蘑菇的提取物、卵磷脂、蜂胶。

（2）矿物来源。铜盐（如硫酸铜、氢氧化铜、氯氧化铜、辛酸铜等）、波尔多液、石灰硫黄（多硫化钙）、石灰、硫黄、高锰酸钾、碳酸氢钾、碳酸氢钠、氯化钙、硅藻土。

（3）微生物来源。真菌及真菌制剂，如白僵菌、轮枝菌，细菌及细菌制剂（如苏云金杆菌，即Bt），释放寄生、捕食、绝育型的害虫天敌，病毒及病毒制剂（如颗粒体病毒等）。

（4）其他。氢氧化钙、二氧化碳、乙醇、海盐和盐水、苏打、软皂（钾肥皂）、二氧化硫。

（5）诱捕器、屏障、驱避剂。物理措施（如色彩诱器、机械诱捕器等）、覆盖物（网）、昆虫性外激素、四聚乙醛制剂。

2. 有机农产品对肥料的要求

有机农产品生产不能使用任何化学肥料，推荐使用的肥料有：

（1）有机肥：秸秆、畜禽粪便及其堆肥，干的农家肥和脱水的家畜粪便，海草或物理方法生产的海草产品，来自未经化学处理木材的木料、树皮、锯屑、刨花、木灰、木炭及腐殖酸物质，未掺杂防腐剂的肉、骨头和皮毛制品，蘑菇培养废料和蚯蚓培养基质的堆肥，不含合成添加剂的食品工业副产品，草木灰，不含合成添加剂的泥炭、饼粕、鱼粉。

（2）矿物肥：磷矿石、钾矿粉、硼酸岩、微量元素、镁矿粉、天然硫黄、石灰石、石膏、白垩、黏土（如珍珠岩、蛭石等）、钙镁改良剂、氯化钙、氯化钠。

（3）微生物肥：可生物降解的微生物加工副产品，如酿酒和蒸馏酒行业的加工副产品，天然存在的微生物配制的制剂。

3. 有机农产品对其他投入品的要求

根据GB/19630.1-2012规定，生产者应选择并实施栽培和（或）养殖管理措施，以维持或改善土壤理化和生物性状，减少土壤侵蚀，保护植物和养殖动物的健康。

在栽培和/或养殖管理措施不足以维持土壤肥力和保证植物和养殖动物健康，需要使用有机生产体系外投入品时，可以使用表 5-6 和表 5-7 中列出的投入品，但应按照规定的条件使用。在表 5-6 和表 5-7 涉及有机农业中用于土壤培肥和改良、植物保护、动物养殖的物质不能满足要求的情况下，可以参照 GB/19630 中描述的评估准则对有机农业中使用除表 5-6 和表 5-7 以外的其他投入品进行评估。

作为植物保护产品的复合制剂的有效成分应是表 5-6 列出的物质，不应使用具有致癌、致畸、致突变性和神经毒性的物质作为助剂。

不应使用化学合成的植物保护产品。

不应使用化学合成的肥料和城市污水污泥。

认证的产品中不得检出有机生产中的禁用物质。

表 5-6 有机植物生产中允许使用的投入品

表 5-6-1 土壤培肥和改良物质

类别	名称和组分	使用条件
I. 植物和动物来源	植物材料（秸秆、绿肥等）	
	畜禽粪便及其堆肥（包括圈肥）	经过堆制并充分腐熟
	畜禽粪便和植物材料的厌氧发酵产品（沼肥）	
	海草或海草产品	仅直接通过下列途径获得： ① 物理过程，包括脱水、冷冻和研磨； ② 用水或酸和/或碱溶液提取； ③ 发酵
	木料、树皮、锯屑、刨花、木灰、木炭及腐殖酸类物质	来自采伐后未经化学处理的木材，地面覆盖或经过堆制
	动物来源的副产品（血粉、肉粉、骨粉、蹄粉、角粉、皮毛、羽毛和毛发粉、鱼粉、牛奶及奶制品等）	未添加禁用物质，经过堆制或发酵处理
	蘑菇培养废料和蚯蚓培养基质	培养基的初始原料限于本附录中的产品，经过堆制
	食品工业副产品	经过堆制或发酵处理
	草木灰	作为薪柴燃烧后的产品
	泥炭	不含合成添加剂。不应用于土壤改良；只允许作为盆栽基质使用
	饼粕	不能使用经化学方法加工的

（续表）

类别	名称和组分	使用条件
II. 矿物来源	磷矿石	天然来源，镉含量小于等于 90mg/kg 五氧化二磷
	钾矿粉	天然来源，未通过化学方法浓缩。氯含量少于 60%
	硼砂	天然来源，未经化学处理、未添加化学合成物质
	微量元素	天然来源，未经化学处理、未添加化学合成物质
	镁矿粉	天然来源，未经化学处理、未添加化学合成物质
	硫黄	天然来源，未经化学处理、未添加化学合成物质
	石灰石、石膏和白垩	天然来源，未经化学处理、未添加化学合成物质
	黏土（如珍珠岩、蛭石等）	天然来源，未经化学处理、未添加化学合成物质
	氯化钠	天然来源，未经化学处理、未添加化学合成物质
	石灰	仅用于茶园土壤 pH 值调节
	窑灰	未经化学处理、未添加化学合成物质
	碳酸钙镁	天然来源，未经化学处理、未添加化学合成物质
	泻盐类	未经化学处理、未添加化学合成物质
III. 微生物来源	可生物降解的微生物加工副产品，如酿酒和蒸馏酒行业的加工副产品	未添加化学合成物质
	天然存在的微生物提取物	未添加化学合成物质

表 5-6-2 植物保护产品

类别	名称和组分	使用条件
I. 植物和动物来源	楝素（苦楝、印楝等提取物）	杀虫剂
	天然除虫菊素（除虫菊科植物提取液）	杀虫剂
	苦参碱及氧化苦参碱（苦参等提取物）	杀虫剂
	鱼藤酮类（如毛鱼藤）	杀虫剂
	蛇床子素（蛇床子提取物）	杀虫、杀菌剂
	小檗碱（黄连、黄柏等提取物）	杀菌剂

（续表）

类别	名称和组分	使用条件
I. 植物和动物来源	大黄素甲醚（大黄、虎杖等提取物）	杀菌剂
	植物油（如薄荷油、松树油、香菜油）.	杀虫剂、杀螨剂、杀真菌剂、发芽抑制剂
	寡聚糖（甲壳素）	杀菌剂、植物生长调节剂
	天然诱集和杀线虫剂（如万寿菊、孔雀草、芥子油）	杀线虫剂
	天然酸（如食醋、木醋和竹醋）	杀菌剂
	菇类蛋白多糖（蘑菇提取物）	杀菌剂
	水解蛋白质	引诱剂，只在批准使用的条件下，并与本附录的适当产品结合使用
	牛奶	杀菌剂
	蜂蜡	用于嫁接和修剪
	蜂胶	杀菌剂
	明胶	杀虫剂
	卵磷脂	杀真菌剂
	具有驱避作用的植物提取物（大蒜、薄荷、辣椒、花椒、熏衣草、柴胡、艾草的提取物）	驱避剂
	昆虫天敌（如赤眼蜂、瓢虫、草蛉等）	控制虫害
II. 矿物来源	铜盐（如硫酸铜、氢氧化铜、氯氧化铜、辛酸铜等）	杀真菌剂，防止过量施用而引起铜的污染
	石硫合剂	杀真菌剂、杀虫剂、杀螨剂
	波尔多液	杀真菌剂，每年每公顷铜的最大使用量不能超过 6kg
	氢氧化钙（石灰水）	杀真菌剂、杀虫剂
	硫黄	杀真菌剂、杀螨剂、驱避剂
	高锰酸钾	杀真菌剂、杀细菌剂；仅用于果树和葡萄
	碳酸氢钾	杀真菌剂
	液状石蜡	杀虫剂，杀螨剂

（续表）

类别	名称和组分	使用条件
II. 矿物来源	轻矿物油	杀虫剂、杀真菌剂；仅用于果树、葡萄和热带作物（例如香蕉）
	氯化钙	用于治疗缺钙症
	硅藻土	杀虫剂
	黏土（如：斑脱土、珍珠岩、蛭石、沸石等）	杀虫剂
	硅酸盐（硅酸钠，石英）	驱避剂
	硫酸铁（3 价铁离子）	杀软体动物剂
III. 微生物来源	真菌及真菌提取物剂（如白僵菌、轮枝菌、木霉菌等）	杀虫、杀菌、除草剂
	细菌及细菌提取物（如苏云金芽孢杆菌、枯草芽孢杆菌、蜡质芽孢杆菌、地衣芽孢杆菌、荧光假单胞杆菌等）	杀虫、杀菌剂、除草剂
	病毒及病毒提取物（如核型多角体病毒、颗粒体病毒等）	杀虫剂
IV. 其他	氢氧化钙	杀真菌剂
	二氧化碳	杀虫剂，用于贮存设施
	乙醇	杀菌剂
	海盐和盐水	杀菌剂，仅用于种子处理，尤其是稻谷种子
	明矾	杀菌剂
	软皂（钾肥皂）	杀虫剂
	乙烯	香蕉、猕猴桃、柿子催熟，菠萝调花，抑制马铃薯和洋葱萌发
	石英砂	杀真菌剂、杀螨剂、驱避剂
	昆虫性外激素	仅用于诱捕器和散发皿内
	磷酸氢二铵	引诱剂，只限用于诱捕器中使用
V. 诱捕器、屏障	物理措施（如色彩诱器、机械诱捕器）	
	覆盖物（网）	

表 5-6-3 清洁剂和消毒剂

名称	使用条件
醋酸（非合成的）	设备清洁
醋	设备清洁
乙醇	消毒
异丙醇	消毒
过氧化氢	仅限食品级的过氧化氢，设备清洁剂
碳酸钠、碳酸氢钠	设备消毒
碳酸钾、碳酸氢钾	设备消毒
漂白剂	包括次氯酸钙、二氧化氯或次氯酸钠，可用于消毒和清洁食品接触面。直接接触植物产品的冲洗水中余氯含量应符合 GB5749-2006 的要求
过乙酸	设备消毒
臭氧	设备消毒
氢氧化钾	设备消毒
氢氧化钠	设备消毒
柠檬酸	设备清洁
肥皂	仅限可生物降解的。允许用于设备清洁
皂基杀藻剂/除雾剂	杀藻、消毒剂和杀菌剂，用于清洁灌溉系统，不含禁用物质
高锰酸钾	设备消毒

表 5-7 有机动物养殖中允许使用的物质

表 5-7-1 添加剂和用于动物营养的物质

序号	名称	说明	INS
1	铁	一水硫酸亚铁、七水硫酸亚铁、碳酸亚铁	1
2	碘	无水碘酸钙、六水碘酸钙、碘化钠	2
3	钴	一水硫酸钴、七水硫酸钴	3
4	铜	五水硫酸铜	4
5	锰	碳酸锰、一氧化锰、三氧化二锰、一水硫酸锰、四水硫酸锰	5

（续表）

序号	名称	说明	INS
6	锌	氧化锌、碳酸锌、一水硫酸锌、七水硫酸锌	6
7	钼	钼酸钠	7
8	硒	亚硒酸钠	8
9	钠	氯化钠、硫酸钠	
10	钙	碳酸钙（石粉、贝壳粉）、乳酸钙	
11	磷	磷酸氢钙、磷酸二氢钙、磷酸三钙	
12	镁	氧化镁、氯化镁、硫酸镁	
13	硫	硫酸钠	
14	维生素	来源于天然生长的饲料源的维生素。在饲喂单胃动物时可使用与天然维生素结构相同的合成维生素。若反刍动物无法获得天然来源的维生素，可使用与天然维生素一样的合成的维生素 A、D 和 E	
15	微生物	畜牧技术用途，不是转基因/基因工程生物或产品	
16	酵母	青贮饲料添加剂，不是转基因/基因工程生物或产品	
17	酿酒酵母	用于动物营养	
18	酶	青贮饲料添加剂和畜牧技术用途，不是转基因/基因工程生物或产品	
19	山梨酸	防腐剂	200
20	甲酸	防腐剂和青贮饲料添加剂，只可在天气条件不能满足充分发酵的情况下使用	236
21	乙酸	防腐剂和青贮饲料添加剂，只可在天气条件不能满足充分发酵的情况下	260
22	乳酸	防腐剂和青贮饲料添加剂，只可在天气条件不能满足充分发酵的情况下使用	270
23	丙酸	防腐剂和青贮饲料添加剂，只允许在天气条件不能满足充分发酵的情况下使用	280
24	柠檬酸	防腐剂，只可在天气条件不能满足充分发酵的情况下使用	330
25	硬脂酸钙	天然来源，黏合剂和抗结块剂	470
26	二氧化硅	粘接剂和抗结块剂	551b
27	海盐	青贮饲料添加剂	

（续表）

序号	名称	说明	INS
28	粗石盐	青贮饲料添加剂	
29	乳清	青贮饲料添加剂	
30	糖	青贮饲料添加剂	
31	甜菜渣	青贮饲料添加剂	
32	谷物粉	青贮饲料添加剂	

表 5-7-2 动物养殖场所允许使用的清洁剂和消毒剂

名称	使用条件
钾皂和钠皂	
水和蒸汽	
石灰水（氢氧化钙溶液）	
石灰（氧化钙）	
生石灰（氢氧化钙）	
次氯酸钠	用于消毒设施和设备
次氯酸钙	用于消毒设施和设备
二氧化氯	用于消毒设施和设备
高锰酸钾	可使用 0.1%高锰酸钾溶液，以免腐蚀性过强
氢氧化钠	
氢氧化钾	
过氧化氢	仅限食品级，用作外部消毒剂。可作为消毒剂添加到家畜的饮水中
植物源制剂	
柠檬酸	
过乙酸	
蚁酸	
乳酸	

（续表）

名称	使用条件
草酸	
异丙醇	
乙酸	
酒精	供消毒和杀菌用
碘（如碘酒）	作为清洁剂，应用热水冲洗；仅限非元素碘，体积百分含量不超过 5%
硝酸	用于牛奶设备清洁，不应与有机管理的畜禽或者土地接触
磷酸	用于牛奶设备清洁，不应与有机管理的畜禽或者土地接触
甲醛	用于消毒设施和设备
用于乳头清洁和消毒的产品	符合相关国家标准
碳酸钠	

表 5-7-3　蜜蜂养殖允许使用的疾病和有害生物控制物质

名称	使用条件
甲酸（蚁酸）	控制寄生螨。这种物质可以在该季末次蜂蜜收获之后并且在添加贮蜜继箱之前 30 天停止使用
乳酸、醋酸、草酸	控制病虫害
薄荷醇	控制蜜蜂呼吸道寄生螨
天然香精油（麝香草酚、桉油精或樟脑）	驱避剂
氢氧化钠	控制病害
氢氧化钾	控制病害
氯化钠	控制病害
草木灰	控制病害
氢氧化钙	控制病害
硫黄	仅限于蜂箱和巢脾的消毒

（续表）

名称	使用条件
苏云金杆菌	非转基因
漂白剂（次氯酸钙、二氧化氯或次氯酸钠）	养蜂工具消毒
蒸汽和火焰	蜂箱的消毒
琼脂	仅限水提取的
杀鼠剂（维生素D）	用于控制鼠害，以对蜜蜂和蜂产品安全的方式使用

第二节　基层农产品质量安全监管人员职责

一、县级以上农业行政主管部门

根据《中华人民共和国食品安全法》《中华人民共和国农产品质量安全法》和《四川省〈中华人民共和国农产品质量安全法〉实施办法》等法律法规，明确了县级以上农业行政主管部门负责农产品质量安全的监督管理工作。地级市（州）、县（市、区）农业行政主管部门应依法履职尽责，在地方人民政府组织下，制定本行政区域的农产品质量安全年度监督管理计划，并按照年度计划组织开展工作。

（一）农产品产地环境监管

1. 根据本区域农产品品种特性和产地环境质量状况等，进行农产品产地划分、规划和监督管理。

2. 加强农产品产地安全日常监测。委托有资质的检测机构，对农产品生产区域的土壤、水体、大气等环境要素进行监测，定期编制农产品产地安全状况及发展趋势报告，并报上一级农业行政主管部门备案。

3. 按照保障农产品质量安全的要求，根据农产品品种特性和生产区域大气、土壤、水体中有毒有害物质状况等因素，认为不适宜特定农产品生产的，提出划定禁止生产区域的建议，经省农业行政主管部门组织专家论证后，报本级人民政府批准后公布。农产品禁止生产区域的调整，依照前款规定的程序办理。

4. 在禁止生产区设置标识，载明禁止生产区地点、四至范围、面积、禁止生产的农产品种类、主要污染物种类、批准单位、设立日期等内容。对擅自移动、损毁禁止生产区标识的依法查处。

5. 采取措施，推进保障农产品质量安全的标准化生产综合示范区（基地）、示范农场、养殖小区（场）和无规定动植物疫病区的建设，指导农产品生产者按照农产品质量安全标准进行生产。

6. 加快推进无公害农产品产地认定，鼓励、支持农产品生产者申请绿色食品、有机农产品生产基地认定。经认定合格，应当在基地设置相应的标示牌。对擅自变更无公害农产品、绿色食品、有机农产品认定证书的产地名称、面积、范围、生产种类的，或未取得产地认定证书，或者违反该证书的内容设立产地认定标示牌的，要依法查处。

（二）农业投入品监管

1. 加强对农业投入品使用的管理和指导，建立健全农业投入品的安全使用制度。

2. 将国家规定禁止、淘汰、限制使用的农业投入品目录等信息及时向社会公布。

3. 对农业投入品经营者未建立、保存进销货台账或者未向购买者出具销售凭证的，或未向购买者说明，或未正确说明农业投入品使用方法和注意事项，给农业投入品使用者造成损失的，予以依法查处。

4. 依法查处农产品生产过程中使用国家禁止的农业投入品，超量超范围使用国家限制的农业投入品，使用有毒有害物质生产、处理农产品，将人用药品用于动物，收获、捕捞、屠宰未达到安全间隔期、休药期的农产品，在禁止生产区内生产禁止生产种类的农产品，使用苯肼等化合物用于活畜引流胆汁或法律、法规、规章禁止的其他行为。

（三）农产品生产过程监管

1. 加强对农产品生产的指导。

2. 加强对农产品生产者质量安全知识和技能培训，组织农业科研机构和农业技术推广机构指导农产品生产者执行有关技术要求和操作规程，科学合理使用农业投入品，严格执行农业投入品使用安全间隔期或者休药期的规定，推广农业综合防治技术。

3. 督导农产品生产企业、农民专业合作经济组织建立和保存农产品生产记录，鼓励其他农产品生产者建立农产品生产记录。

4. 做好无公害农产品生产经营的指导、服务工作，推广无公害农产品生产技术。

（四）农产品监测和监督检查

1. 按照保障农产品质量安全的要求，制定并组织实施农产品质量安全监测计划，委托符合法定条件的农产品质量安全检测机构对生产中或者市场上销售的农产品进行监督抽查。

2. 督导农产品批发市场设立或者委托农产品质量安全检测机构，对进场销售的农产品质量安全状况进行抽查检测，发现不符合农产品质量安全标准的，要求销售者立即停止销售，并向农业行政主管部门报告。

3. 在农产品质量安全监督检查中，依法行使下列职权：

（1）农产品产地环境发生重大变化的，组织检测机构进行现场抽查；对农产品生产、包装、经营及仓储场所进行现场检查；

（2）向当事人和其他有关人员调查了解农产品质量安全的有关情况；查阅、复制涉及生产、经营活动的记录、档案、票据、账簿、协议、证明等有关资料；

（3）对国家禁止使用的农业投入品和不符合农产品质量安全标准的农产品依法予以查封、扣押。

4. 在农产品质量安全监督管理中，发现有销售含有国家禁止使用的农药、兽药或者其他化学物质的，农药、兽药等化学物质残留或者含有的重金属等有毒有害物质不符合农产品质量安全标准的，含有的致病性寄生虫、微生物或者生物毒素不符合农产品质量安全标准的，使用的保鲜剂、防腐剂、添加剂等材料不符合国家有关强制性的技术规范的或其他不符合农产品质量安全标准的农产品，按照农产品质量安全责任追究制度的要求，查明责任人，依法予以处理或者提出处理建议。

5. 建立农产品生产者、销售者违法行为记录制度。对有违法行为记录的农产品生产者、销售者，应当增加监督抽查检测的频次。

6. 督导在集中交易场所销售自产农产品的生产企业建立和保存销售记录。

7. 督导农产品生产企业、农民专业合作经济组织以及从事农产品收购的单位或者个人销售的农产品按照规定进行包装、标识。督导销售的无公害农产品、绿色食品、有机农产品等认证产品及地理标志农产品按规定包装，对冒用农产品质量标志的依法查处。对获得无公害农产品认证并加贴标志的产品，经检查、检测、鉴定，不符合无公害农产品质量标准要求的依法查处。

（五）其他

1. 负责农产品质量安全标准的组织实施。

2. 协助开展无公害农产品、绿色食品、有机农产品认证，加强农产品地理标志登记保护，开展产地准出、市场准入和质量追溯等工作。

3. 督导农产品质量安全检测机构依法出具检测结果。

4. 依据职责公布农产品质量安全日常监督管理信息，向其他相关部门通报获知的农产品质量安全信息。

5. 协助当地政府建立健全农产品质量安全预警制度和应急机制，配合开展农产品质量安全事故的应急处置。

6. 负责本区域农产品质量安全事故紧急情况报告和管理。建立健全重大农产品质量安全事故报告制度，包括信息报告和通报以及社会监督、舆论监督、信息采集和报送等。在日常监督管理中发现农产品质量安全事故，或者接到有关农产品质量安全事故的举报，立即向卫生行政部门通报。

7. 加强农产品质量安全知识宣传，提高公众农产品质量安全意识，引导农产品生产者、销售者加强质量安全管理。

二、乡镇农产品质量安全监管公共服务机构

《农业部关于加快推进乡镇农产品质量安全监管公共服务机构建设的意见》（农质发[2011]7 号）明确了乡镇农产品质量安全监管公共服务机构职责任务，主要是承担农产品质量安全知识的培训、质量安全控制技术的推广、生产环节质量安全的日常巡查、各项监管措施的督促落实等任务，从源头上保障农产品质量安全。

一是定期组织农产品质量安全法律法规知识宣传、教育和培训，通过多种形式提高生产经营者质量安全意识和诚信守法意识。

二是组织开展农产品质量安全控制技术示范，推广农民群众看得懂、会使用的农产品安全生产技术要求和操作规程，普及科学种养知识和安全生产技术。

三是承担对种植、养殖过程的督导巡查工作，重点对农药、兽药、肥料、饲料和饲料添加剂等投入品使用情况进行检查，严防禁用药物和有毒、有害物质流入生产环节，督促指导生产经营企业和农民专业合作社建立生产经营档案记录。

四是对产地农产品进行快速检验监测，协助开展农产品质量安全认证、产地准出和质量追溯等工作。收集、报送农产品质量安全信息，配合开展农产品质量安全事故的应急处

置。指导农资经营门店建立进货查验和销售档案记录，受理假劣农资投诉举报。完成县级以上农业行政主管部门和乡、镇人民政府交办的农产品质量安全相关工作。

第三节 农产品生产记录制度管理

为提高农产品生产质量，加强监督管理，完善农产品追溯制度，健全生产管理记录，农产品生产企业、农民专业合作经济组织在农产品生产过程中，应当建立生产记录；其他农产品生产者也要逐步建立农产品生产记录。农产品生产记录应当保存两年，以保证农产品质量安全追溯和生产过程问题的追查。

（一）记录的内容及要求

1. 农产品生产记录的内容

（1）使用农业投入品的名称、生产企业、采购地点、购入数量、产品批准文号、用法、用量、使用日期、停用日期、休药期、间隔期；

（2）动物疫病、植物病虫草害的发生和防治情况；

（3）收获、屠宰或者捕捞的日期等内容。

2．农业投入品使用的记录要求

关于农业投入品的使用，要查明和记载农业投入品的来源、登记证号和允许适用的范围以及生产、经营者名称等。

所记录的内容必须能够反映整个生产过程，形成完整的质量追溯链条。农产品生产主体应如实记录生产过程，不得漏记、补记和伪造生产记录。农产品生产记录应准确、及时、清晰、完整。农产品生产记录应具体到基本生产单元，由实际操作人记录并签名。

（二）记录档案的管理

1. 农产品生产企业和农民专业合作经济组织应建立生产记录档案及配套管理制度，指定专人负责。

2. 各农产品生产企业和农民专业合作经济组织内部应印制统一的农产品生产记录档案的模板（见附录），并由专人负责分发、整理和保管。农产品生产记录文本要统一编号，落实到具体记录人。

3. 各基本生产单元生产记录人员在每个生产周期结束后，要及时将生产记录上交，由档案管理人员整理归档。生产记录应由档案管理人员按批整理、汇总、装订成册后归档，并妥善保管。生产记录档案应按类别、产品、批号等建立目录、分类保管，以便查找。

4. 农产品生产记录应保存二年，凡超过保存期限的生产记录，由档案管理人员提出申请，经单位负责人审核批准后销毁。

5. 农产品生产档案要逐步建立电子档案，实现网络化管理，确保档案数字的准确性、真实性和连续性。

第四节　农产品产地准出制度管理

一、农产品准出的实施要求

（一）农业标准化生产

各级农业部门应积极开展农业标准化生产技术宣传、培训和示范，指导生产者选购适宜的农业投入品，科学施肥，合理用药，严格执行农产品采收安全间隔期，按标准进行生产和管理。

2. 农产品质量安全检测

实行农产品质量安全例行检测。对产地准出重点产品，农业部门加强例行检测，定期或不定期开展专项检测。

农产品生产企业和农民专业合作社应当在其生产的农产品采收上市前，进行农产品质量安全自律性检测或委托农产品质量安全检测机构检验。

二、实施农产品准出的范围

农产品产地准出的范围是指农产品生产企业、农民专业合作社等生产的初级农产品，主要包括蔬菜、食用菌、水果、茶叶。

三、农产品准出条件

农产品生产企业、农民专业合作社及其成员生产的农产品，由本企业或合作社根据生产记录和自律性检测或委托检测质量安全合格证书，出具《农产品产地证明》后方可准出。

其他农产品生产者生产的农产品，由县级农业部门指定机构或委托乡（镇）政府、村委会，根据生产记录和农产品质量安全合格证书，出具《农产品产地证明》后方可准出。证明内容主要包括：品种名称、数量、产地、质量安全状况、采收日期和生产者等。

根据“川办发〔2010〕2 号”《四川省人民政府办公厅关于做好农产品市场准入工作的意见》的规定，凡进入市场销售的农产品，应当随附下列五项中的任意一项证明材料。

1. 农产品生产单位或村民委员会、乡镇政府、县级农业行政主管部门指定机构出具的产地证明和农产品质量安全检测机构出具的检验合格证明或农产品生产企业、农民专业合作社等出具的自律性检测合格证明。

2. 由畜牧兽医部门出具的动物及动物产品产地检疫合格证明。

3. 无公害农产品、绿色食品、有机农产品以及获得农业、畜牧、商务、检验检疫部门共同认可的出口农产品示范区资格等质量安全认证有效证书复印件，以及近一年内农产品质量安全检测机构出具的产品检验合格证明。

4. 对于进口的农产品应具有我国政府认可的出入境检验检测机构出具的入境货物检验检疫证明或卫生证书。

5. 对未取得相关证明的农产品，除农民销售自种自养的少量农产品外，实行入市登记、现场检验，检验合格的方可进入市场销售；检验不合格的，禁止在市场销售。

《农产品产地证明》由县级农业部门统一格式。出具单位应当加盖印章，出具产地证明时，不得收取任何费用。

第五节　农产品质量安全事故处理

一、农产品质量安全事故分级

按照《四川省农业厅重大农产品质量安全事故应急预案》分级办法，农产品质量安全事故响应分为四级。

（一）特别重大农产品质量安全事故（Ⅰ级）

1. 事故危害特别严重，对2个以上省份造成严重威胁，并有进一步扩散趋势的；

2. 超出事发地省级人民政府处置能力水平的；

3. 发生跨境（香港、澳门、台湾）、跨国农产品质量安全事故，造成特别严重社会影响的；

4. 国务院认为需要由国务院或国务院授权有关部门负责处置的。

（二）重大农产品质量安全事故（Ⅱ级）

1. 事故危害严重，影响范围涉及省内2个以上市（地）级行政区域的；

2. 造成伤害人数超过100人并出现死亡病例的；

3. 造成10例以上死亡病例的；

4. 省政府认为需要由省政府或省政府授权有关部门负责处理约。

（三）较大农产品质量安全事故（Ⅲ级）

1. 事故影响范围涉及市（地）级行政区域的2个以上县级行政区域，给人民群众饮食安全带来严重危害的；

2. 造成伤害人数100人以上，或出现死亡病例的；

3. 市（地）级人民政府认定的较重大农产品质量安全事故。

（四）一般农产品质量安全事故（Ⅳ级）

1. 事故影响范围涉及县级行政区域2个以上乡镇，给公众饮食安全带来严重危害的；

2. 造成伤害人数30～99人，未出现死亡病例的；

3. 县级人民政府认定的一般农产品质量安全事故。

二、农产品质量安全事故处理的应急响应

（一）分级响应

特别重大农产品质量安全事故（Ⅰ级），报经国务院批准并宣布启动响应后，按照国家特别重大食品安全事故应急处置指挥部的统一部署，开展全省范围内的应急处置工作。重大农产品质量安全事故（Ⅱ级），报经四川省政府批准并宣布启动响应后，指挥部立即成立运行，组织开展应急处置。较大（Ⅲ级）和一般（Ⅳ级）农产品质量安全事故，分别由市（州）、县（市、区）政府启动响应，成立应急处置指挥机构进行处置。

（二）应急响应

接到农产品质量安全事故报告或县食品安全事故应急指挥部的指令后，县农产品质量

安全事故应急指挥小组及其办公室立即启动应急预案，并提出应急行动原则要求，协调指挥应急处置行动。一般农产品质量安全事故发生地县人民政府及有关部门应当依靠本行政区域内的应急处置力量，按照应急预案迅速采取措施，防止事态恶化或蔓延。特别重大、重大和较大农产品质量安全事故发生地农业部门应在上级应急指挥部的统一指挥下，按要求认真履行职责，落实有关工作。

（三）应急响应的升级、降级和终结

当农产品质量安全事故随时间发展进一步加重，农产品质量安全事故危害特别严重并有蔓延扩大的趋势、情况复杂难以控制时，当地农业行政主管部门应当及时建议本级人民政府报请上级人民政府提升响应级别。

事故危害得到有效控制，危害降低到原级别评估标准以下且不会进一步扩散的，应当建议同级应急指挥机构相应降低响应级别。

对事故危害已迅速消除，事故伤员全部得到救治，原患者病情稳定 24 小时以上，无新增急性病患者出现，食源性感染性疾病在末例患者后经过最长潜伏期无新病例出现，问题农产品得以有效控制，受污染环境得到有效清理并符合相关标准，次生、衍生事故隐患消除，当地农业行政主管部门应当建议同级应急指挥机构终止响应。

三、农产品质量安全事故处理的流程

（一）报告

任何单位和个人在发现农产品质量安全事故时，应立即向当地政府或农业主管部门报告。

各级农业部门负责本区域农产品质量安全事故紧急情况的报告和管理。建立健全重大农产品质量安全事故报告制度，包括信息报告和通报以及社会监督、舆论监督、信息采集和报送等。

各级农业部门及相关责任单位，在日常检查中发现、群众举报、各类举报热线、新闻媒体或其他途径获取的重大农产品质量安全事故隐患，应立即向当地政府和上级主管部门报告，并对农产品质量安全事故隐患的源头单位进行污染控制，防止农产品质量安全事故的进一步扩大。

特别重大和重大农产品质量安全事故发生地有关责任报告单位，应在知悉事故后 1 小时内做出初次报告。较大农产品质量安全事故发生地有关责任报告单位，应在知悉事件后 2 小时内做出初次报告。一般农产品质量安全事故发生地有关责任报告单位，应在知悉事故后 1 日内做出初次报告。要根据事故处理的进程或者上级的要求随时做出阶段报告，在事故处理结束后 7 日内做出总结报告。

（二）应急处置

农产品质量安全事故发生后，事故所发地农业部门为事故处置第一责任人，应立即采取应急措施，做好应急处置各方面的准备工作。

进入应急状态后，各相关责任部门在接到现场应急小组的命令后，应迅速赶赴现场；应急处置物资的调用须无条件服从；任何单位不得以任何理由延缓应急处置（应急处置流程见应急处置流程图）。

农产品质量安全事故发生后，农业部门应协助当地政府做好事故区域内群众的思想工作，稳定群众情绪，听取当地政府及有关部门对预防和减轻农产品质量安全事故所造成灾害的意见，认真总结经验教训，事故处理结束后7日内，写出总结报告。

（三）奖励与惩罚

1. 惩罚

有下列行为之一的，依法追究当事人的行政责任，构成犯罪的依法追究其刑事责任：

（1）不认真履行农产品质量安全法律法规规定的职责，而引发农产品质量安全事故的；

（2）不按照规定制定突发农产品质量安全事故应急预案，拒绝承担农产品质量安全事故应急准备义务的；

（3）不按规定报告、通报突发农产品质量事故真实情况的；

（4）拒不执行突发农产品质量安全事故应急预案，不服从命令和指挥，或者在农产品质量安全应急响应时临阵脱逃的；

（5）阻碍农产品质量安全应急工作人员依法履行职责或者进行破坏活动的；

（6）散布谣言，扰乱社会秩序的；

（7）其他对农产品质量安全事故应急工作造成危害的。

2. 奖励

相关管理单位对突发农产品质量安全事故应急工作中作出突出贡献的集体和个人，进行表彰：

（1）出色完成突发农产品质量安全事故应急处置任务，成绩显著的；

（2）对防止或处置突发农产品质量安全事故有功，使国家、集体和人民群众的生命财产免受或者减少损失的；

（3）对农产品质量安全事故应急准备与响应提出重要有益建议，实施效果显著的；

（4）其他特殊贡献的。

第六节　农产品质量安全快速检测

一、快速检测的人员要求

从事农产品质量安全快速检测的人员需具有农残检测的专业技术知识，经过专业的技术培训，具备检测工作的技能，明确快速检测的原理和方法，熟练掌握快速检测的操作技术，了解快速检测仪器设备的性能、工作原理、维护及一般故障处理，熟练掌握快速检测仪器的操作使用方法，能独立进行检测结果的处理。

二、快速检测的原理及应用

（一）农残主要检测方法及特点

目前，根据检测的仪器和准确性，可分为快速检测法和色谱法。

1. 快速检测

快速检测主要方法有酶抑制法（速测卡法、酶抑制率法）和免疫分析法。酶抑制技术是目前我国研究得比较成熟、应用最广泛快速的农药残留检测技术。该方法对大多数有机磷和氨基甲酸酯类农药灵敏度高，检测速度快，操作简单，受外界干扰因素少，结果比较稳定，成本较低。对一些含辛辣物质的蔬菜，如萝卜、韭菜以及茭白、蘑菇等，此方法不适用。酶抑制法根据检测用试剂的不同，市场上销售和使用的农药残留快速检测仪器可分为两大类：① 速测卡法（纸片法）仪器；② 酶抑制率法（分光光度法）仪器。免疫分析法是将抗体抗原反应与现代测试手段相结合的微量分析法。

2. 色谱法

用于农药残留的色谱法有气相色谱法、液相色谱法、色质联用法等。农残检测法的优缺点对比表如表 5-8 所示。

表 5-8 农残检测法的优缺点对比表

检测方法	原理	优点	缺点
速测卡法	胆碱酯酶可催化靛酚乙酸酯水解为乙酸与靛酚（呈蓝色），而有机磷、氨基甲酸酯类农药可抑制胆碱酯酶的活性，使催化水解，变色过程发生改变。由此推断蔬菜中是否含此类农药	① 仪器体积较小，价格便宜，重量较轻，在户外也可使用，操作简单 ② 在一次检测样品较少的情况下，使用该仪器检测，能较快得出结果，因为它一次能检测 9～12 个样品	① 检测有机磷类和氨基甲酸酯类农药的浓度范围有限，而且检测的限度比较高，所以它的准确性比较低。 ② 对于一次检测较多样品，检测全部样品的时间相对要长。 ③ 由于它主要是靠目测速测卡的色泽变法来做判断的，所以对于最后检测结果的判定，需要从长期的实际操作中总结经验，才能比较容易和准确地判断出哪些是合格的样品，哪些是不合格的样品
酶抑制率法	在一定条件下，有机磷和氨基甲酸酯类农药可以抑制乙酰胆碱酯酶的活性，如农产品中含有有机磷和氨基甲酸酯类农药乙酰胆碱酯酶不能被水解，从而无显色反应，如农产品中没有有机磷和氨基甲酸酯类农药，乙酰胆碱酯酶水解后，水解产物可与显色剂反应产生颜色	简单方便，快捷，成本低廉，整个检测过程只需 30 分钟左右，针对市场、农场蔬菜农药残留量进行快速筛选监测，保证上市蔬菜食用的相对安全性	酶试剂易失活性，导致反应不稳定，检测结果误差较大，重复性不好，实际应用中的确认率大约为 60%～70%，只能检测有机磷和氨基甲酸酯 2 类农药，不能检测有机氯类、菊酯和其他类别的剧毒农药；需要对检测人员进行专门培训，否则会对出现的问题无法正确处理或判断，从而得出错误的结果
免疫分析法	即抗原与抗体反应形成抗原抗体复合物。以放射性同位素作指示剂或用生物酶作标记物	灵敏度高和效能高，仅需要很少的仪器设备和专业培训	该方法开发费用高，开发时间长约 1 年，而且只适用于分析一种农药或一类农药
色谱法	气流作为流动相，待测组分通过色谱柱，利用物质在两相中的反复分配，最后达到分离的目的	检测灵敏度高、选择性好、定性定量同时进行、结果可靠	仪器设备昂贵，操作程序复杂，且需要特定的实验条件和具有一定专业技术的人员进行操作，不适用于现场检测

（二）常用的仪器设备

1. 速测卡法（纸片法）

速测卡法常用的仪器设备有：固化有胆碱酯酶和靛酚乙酸酯试剂的纸片）、蒸馏水仪器（常量天平，有条件时配备 37℃±2℃恒温装置，专为速测卡法而设计的“农药残留速测仪”和超声波提取器）。图 5-1 所示为便携式农残检测仪器。

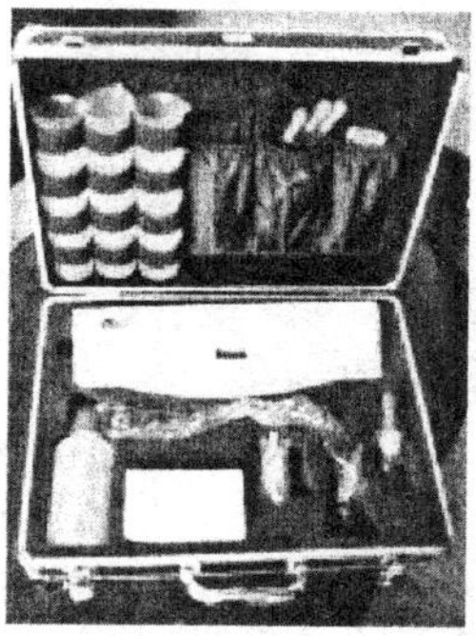

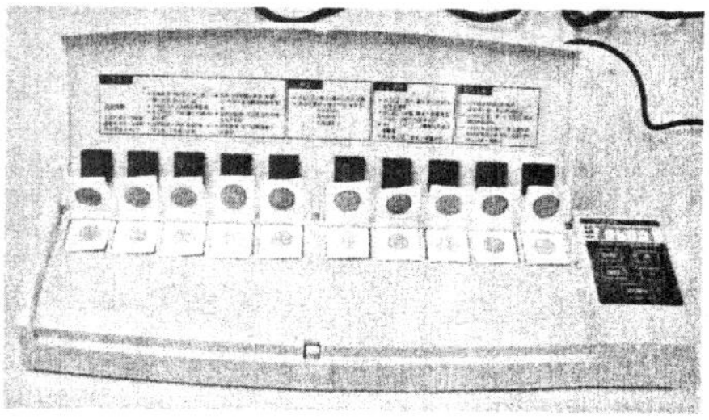

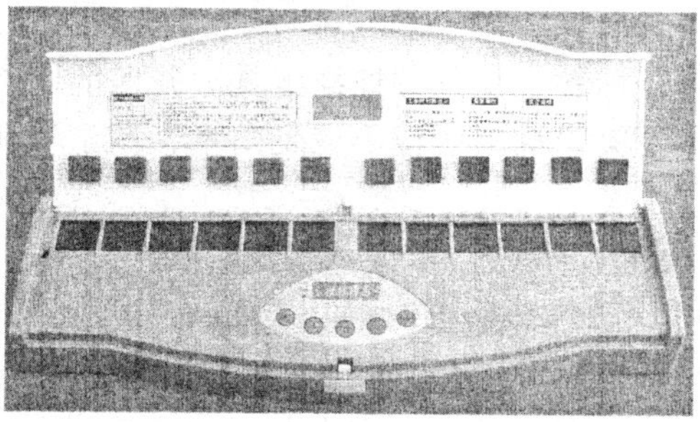

PR-3 型

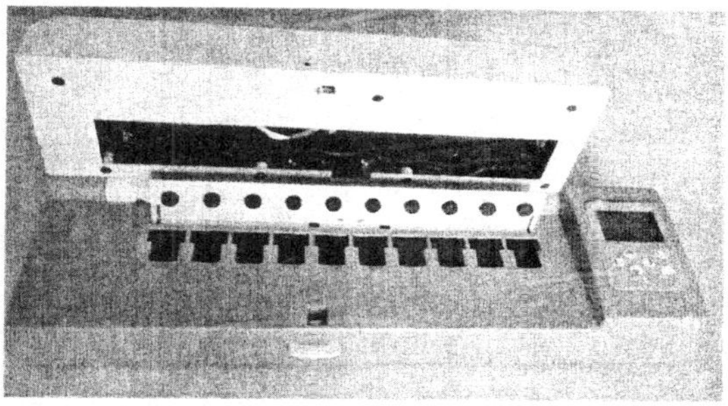

PR-3B 型

图 5-1　便携式农残检测仪器（纸片法）

2. 酶抑制率法（分光光度法）

酶抑制法的设备主要是分光光度计（有使用比色皿的，日检测样品量不多或单次检测量不大，有四通道及四通道以下、五-六通道、八通道及以上通道等类型；有使用微孔板的，日检测样品或一次检测样品量较多的有 24 通道、64 通道及以上通道等类型）。

试剂主要有：提取试剂：pH=8 的缓冲液；胆碱酯酶：乙酰胆碱酯酶或丁酰胆碱酯酶；显色剂：二硫代二硝基苯甲酸（DTNB）；底物：碘化硫代乙酰胆碱（ATCI）或碘化硫代丁酰胆碱（B TCI）。图 5-2 所示为分光光度计及试剂。

三、检测程序

（一）抽样

抽样要严格按照《NY/T 762 蔬菜农药残留检测抽样规范》执行。

1. 基本原则

应抽取混合样品，不能以单株（或单个果实）作为监测样品。抽取的样品应能充分代表产品的特征。抽样时应避开病虫害或其他非正常植株。抽取的样品应是成熟期或即将上市的蔬菜。所抽样品均须被抽单位或个人确认，超市蔬菜应调查蔬菜进货渠道。

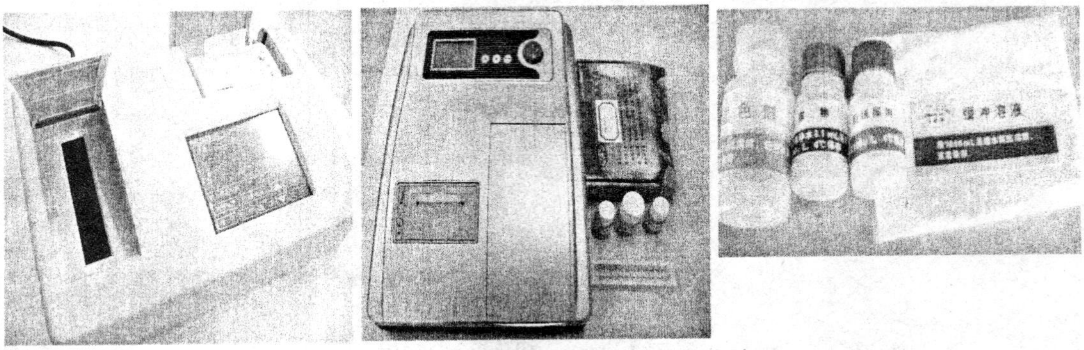

图 5-2 分光光度计及试剂（酶抑制率测定法）

2. 人员

抽样的人员不应少于 2 人。抽样人员应随身携带身份证、工作证、抽样方案、记录本、抽样单和调查表等，并在规定的时间内抽样。

3. 抽样准备

抽样人员应事先准备好抽样袋、保鲜袋、纸箱、标签、封条等抽样工具，并保证这些用具和容器洁净、干燥、无异味，不会对样品造成污染。抽样过程不应受雨水、灰尘等环境污染。

4. 抽样时间

（1）生产地。要根据作物不同品种在其种植区域的成熟期来确定，蔬菜抽样应安排在成熟期或即将上市前进行。雨后不宜抽样。

（2）批发市场。一般在批发交易高峰时抽样。

（3）农贸市场和超市。应在批发市场抽样前进行。

5. 抽样量

一般每个样品抽样量为 500g；单个个体超过 500g 的，如结球甘蓝、花椰菜、大白菜和西葫芦等，抽取 2～3 个；如冬瓜等个体较大的蔬菜产品，可切取其中的 500g 作为样品。

6. 抽样方法

（1）生产地。当蔬菜种植面积小于 10 公顷时，每 1～3 公顷设为一个抽样单元；当蔬菜基地面积大于 10 公顷，每 3～5 公顷设为一个抽样单元。每个抽样单元内根据实际情况按对角线法、梅花点法、棋盘式法、蛇形法等方法抽取样品，每个抽样单元内抽样点不应少于 5 个，每个抽样点面积为 $1m^2$ 左右，随机抽取该范围内的蔬菜作为检验用样品。

（2）批发市场。应随机抽取不同地方生产的蔬菜样品。

（3）农贸市场和超市。农贸市场的样品应从不同摊位抽取。超市应抽取不少于 50%有标志或标签的样品。

7. 样品的封存和运输

（1）填写抽样单。抽样人员要现场填写抽样单，抽样单一式三份，由抽样人员和被检单位代表共同签字或加盖公章，一份交被检单位，另一份由抽样人员带回，最后一份交任务下达单位。

（2）样品的封存。抽样完成后，抽样人员要与被检单位代表共同确认样品的真实性和代表性，然后填写标签，一式两份，一份放在袋内，另一份扎在袋口。将样品封存，粘贴好封条，要求标明封样时间和样品到达检测实验室的期限，封条应由双方代表共同签字。

（3）样品的运输。为减少运送过程中的质量变化，样品应在 24h 内运送到实验室，原则上不准寄送和托运，应由抽样人员随身携带。

8. 样品制备

（1）样品制备场所。通风、整洁、无扬尘、无易挥发化学物质。

（2）制备工具和容器。① 新鲜样品：无色聚乙烯砧板或木砧板、不锈钢食品加工机、聚乙烯塑料食品加工机、高速组织分散机、不锈钢刀、不锈钢剪等。② 干样品：不锈钢磨、旋风磨、玛瑙研钵、无色聚乙烯塑料薄膜、白搪瓷盘等。③ 分装容器用具塞磨口玻璃瓶、旋盖聚乙烯塑料瓶、具塞玻璃瓶等，规格视量而定。

（3）样品制备。① 新鲜样品：取可食部分，用干净纱布轻轻擦去样品表面的附着物，采用对角线分割法，取对角部分，将其切碎，充分混匀，用四分法取样或直接放入食品加工机中捣碎成匀浆，制成待测样，放入分装容器中，备用。或将取后的样品用食品粉碎机粉碎（不可太碎，不能制成匀浆），制成待测样，放入分装容器中，备用。② 干样品（一般用于重金属的测定）：将新鲜样品用四分法取样后称取一定量的样品，放在铺有无色聚乙烯塑料薄膜的白搪瓷盘中，放入鼓风干燥箱中在 105℃加热 15min 杀酶，然后在 60℃～70℃条件下干燥 24h～48h。干燥后的样品，放入干燥器内，待冷却到室温后，称量，计算样品的含水量。然后将样品用不锈钢磨、旋风磨或玛瑙研钵进行加工，使全部样品通过 40～60 目尼龙筛，混合均匀后制成待测样，放入分装容器中，备用。制样工具每处理一个样品后应冲洗或擦洗一次，严防交叉污染。

9. 样品的保存

样品放入冷藏箱或低温冰箱中保存，冷藏箱或低温冰箱应清洁并无化学药品等污染物。新鲜样品短期保存（2d～3d）可放入冷藏箱中，长期保存应放在-20℃低温冰箱中。

（二）纸片法检测程序

1. 取样及样品处理

随机抽取农产品 10g 左右样品于 50mL 小烧杯中（叶菜类取叶尖部位，瓜果类连皮带肉取样），用剪刀剪成指甲盖大小，加蒸馏水至刚好将样品浸没，用玻璃棒轻轻搅拌摇动，或放入超声波振荡器中震荡 3 分钟，取 3 滴提取液滴至速测卡白色药片上。

2. 速测仪预备

将速测仪接通电源，两三分钟后仪器预热平衡，速测仪响一声，光标停止闪烁，表明可以开始检测。首先揭去速测卡保护膜，沿中线对折，红色药片朝上，白色药片朝下，插入试纸槽中，一次最多可测试十个样品，第一次测试应做一个空白试验。

3. 样品的测试

用滴管取 3 滴提取液加在速测卡白色药片上，按速测仪开始键，约 10 分钟反应完成后，速测仪发出急促的提示音；合上速测仪上盖，3 分钟显色反应完成后，发出和缓的提示音。打开上盖，观察速测卡白色药片的变化，显蓝色是阴性，表明蔬菜是安全的；浅蓝色是弱阳性，表明有微量农药残留，通常小于 1mg/kg；显白色是阳性，表明农药残留超标。图 5-3

所示为检测结果。

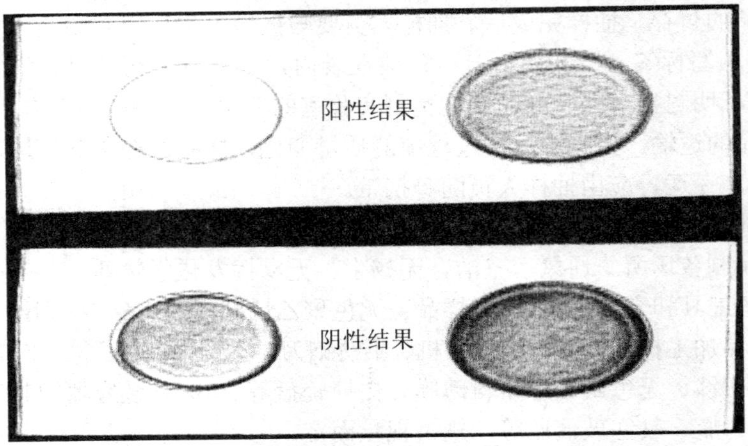

图 5-3 检测结果图

4. 操作注意事项

空白对照卡不变色的原因：药片表面浸提液少、表面不够湿润/或温度太低。当 $T<37$ ℃时，酶反应的时间相对延长。样品放置时间应与空白对照卡放置时间一致（可比性）。叠合反应的时间为 3min（3min 后的蓝色加深，24h 后退色）。

（三）酶抑制率测定法检测程序

1. 样品处理

选取有代表性的蔬菜样品，擦去表面泥土，剪成 1cm 左右见方的碎片，取 1g 放入烧杯或提取瓶中，加入 5mL 缓冲溶液浸没菜叶，每 3min 摇动一下烧杯，于 10min 后吸取 2.5mL 提取液于试管，待测。

2. 测定

对照溶液测试：于试管中加入 2.5mL 缓冲溶液，再加入 0.1mL 酶液、0.1mL 底物摇匀，此时检液开始显色反应，应立即放入仪器比色池中，于 412nm 波长下检测，仪器自动记录反应 3min 的吸光度变化值 ΔA_c。

样品测试：于试管中加入 2.5mL 样品提取液，其他操作与对照溶液测试相同，仪器自动显示以抑制率表示的检测结果。

$$抑制率（\%）=\frac{\Delta A_c-\Delta A_s}{\Delta A_c}\times 100$$

式中，抑制率这酶被抑制的程度；ΔA_c 为对照组 3min 后与 3min 前吸光值之差；ΔA_s 为样本 3min 后与 3min 前吸光值之差。

3. 结果判定

结果以酶被抑制的程度（抑制率）来表示。当蔬菜样品提取液对酶的抑制率≥50%时，表示蔬菜中有高剂量有机磷或氨基甲酸酯类农药存在，样品为阳性结果。阳性结果的样品需要重复检验 2 次以上。对阳性结果的样品，可用其他方法进一步确定具体农药品种和含量。

4. 注意事项

检测的品种要求：对一些有特殊气味的样品如辣椒、韭菜、香菜、洋葱、胡萝卜、茭白等，不能切小取样，避免其汁对酶的活性影响，而应整株浸泡取样；或选用单独有此检测功能的仪器。

检测的环境要求：应避免在有其他异味或刚喷洒过杀虫剂等的环境下检测。

试剂保存条件要求：0～4℃保存，如配置好，应在一周内用完。故宜根据检测量的具体情况，选购有大、小不等包装的试剂。

附　录

附件一　农产品生产记录（模板）

一、生产主体基本信息

由农产品生产企业（合作社、协会等）填写，并自行将本单位所有的基地划分成地块进行编号，地块为最小生产单位，编号应与生产农户一一对应。

企业名称	地址	法人	基地面积（亩）	联系电话	产地证书或环境检测报告编号
合江县荔枝合作社	合江县合江镇少岷路××号	张三	1500	0830×××56	WNCR-SC10-×××

农户姓名	地块编号	地块面积（亩）	地块地址
李四	001	40	合江县×镇×村×组
王二	002	50	合江县×镇×村×组

二、生产记录档案

基地内实现统一按标准组织生产的，即统一购入投入品（种子种苗、农药、肥料等）、统一病虫害防治、统一施肥等，由基地生产主体农产品生产企业（合作社、协会等）统一填写生产记录档案；没有实现统一的，由农户（按地块对应）记录后，基地统一汇总档案。

（一）主要农资（种子、农药、肥料）购买记录表

农资名称		有效成分	生产企业	许可（登记）证号	供应商及电话	购买日期/发票号	购买量（kg）	购买人	备注
种子（苗）									
肥料									
农药									

注：① 只填写肥料、农药的有效成分，并按包装标识上所标的填写；② 肥料登记证号只填登记范围产品。

（二）田间主要农事操作记录

<table>
<tr><th rowspan="2">作物名称</th><th rowspan="2">地块编号</th><th rowspan="2">采用的生产技术规程（标准发布号）</th><th rowspan="2" colspan="2">作业内容</th><th colspan="3">农药、化肥使用情况</th><th rowspan="2">记录人</th><th rowspan="2">备注</th></tr>
<tr><th>时间</th><th>名称</th><th>量/亩</th></tr>
<tr><td rowspan="9">豇豆</td><td rowspan="9">001</td><td rowspan="9">豇豆生产技术规程（DB--）…</td><td>播种时间</td><td>年 月 日</td><td rowspan="2">/</td><td rowspan="2">/</td><td rowspan="2">/</td><td></td><td rowspan="9"></td></tr>
<tr><td>定植时间</td><td>年 月 日</td><td></td></tr>
<tr><td rowspan="3">施肥</td><td rowspan="2">基肥</td><td></td><td></td><td></td><td></td></tr>
<tr><td></td><td></td><td></td><td></td></tr>
<tr><td>追肥</td><td></td><td></td><td></td><td></td></tr>
<tr><td rowspan="3">施药</td><td>××病</td><td></td><td></td><td></td><td></td></tr>
<tr><td>××虫</td><td></td><td></td><td></td><td></td></tr>
<tr><td>…</td><td></td><td></td><td></td><td></td></tr>
</table>

（三）产地准出记录

作物名称	地块编号	采收日期	采收量（kg）	农残留检验单编号（可从检测仪上传）	检验结果	检测员	三品一标证书编号	销售流向
				……	合格	张三	WGH-08-04010	××超市/ ××农贸市场

附件二 农产品产地证明模版

四川省______ 市（州）______县（市、区）
种植业农产品产地证明（正本）[式样]

发证日期：_______年___月___日　　编号：___________
产地：________镇（乡、街办）________村（社区）
生产者：______________________　　电话：____________
产品名称：______　　数量：______　　收获日期：_______
质量安全状况：____　运销商：_______　电话：________
证明出具单位（盖章）：________________________
经办人（签字）：___________

四川省______ 市（州）______县（市、区）
种植业农产品产地证明（副本）[式样]

发证日期：_______年___月___日　　编号：___________
产地：________镇（乡、街办）________村（社区）
生产者：______________________　　电话：____________

....

产品名称：______　　数量：______　　收获日期：_______
质量安全状况：____　运销商：_______　电话：________
证明出具单位（盖章）：________________________
经办人（签字）：___________

参 考 文 献

[1] 熊洪，徐富贤. 水稻旱育秧技术[J]. 四川农业科技，2012，（3）：20.
[2] 王代根. 水稻旱育秧与抛秧高产栽培新技术[J]. 四川农业科技，2011，（4）：19～20.
[3] 付会仙，徐良涛，林祖堂. 水稻旱育秧育苗技术[J]. 现代农业科技，2012，（6）：81～83.
[4] 吴文革. 水稻机插丰产高效栽培施氮模式[J]. 农家顾问，2011，（4）：31.
[5] 罗炬，潘晓芳，焦桂爱. 泰国的水稻发展状况及战略[J]. 麦类文摘（种业导报），2006（11）：38～41.
[6] 唐晓庆. 水稻机插秧育苗技术[J]. 现代农业科技，2012，（16）：49～56.
[7] 瞿廷广，许鸿鸽，沈志坚. 水稻盘育带土小苗机插秧田播种量研究[J]. 安徽农业科学，2003（1）：93～94.
[8] 李茂柏，曹黎明，顾玉龙，等. 上海水稻机插秧育秧技术研究[J]. 中国稻米，2011，（3）：19～21.
[9] 张锦萍，钟平，陈川，等. 杂交稻机插秧现状及关键技术研究进展[J]. 现代农业科技，2011，（3）：50～52.
[10] 周文. 水稻机插秧育秧方法[J]. 湖南农业，2011，（6）：15.
[11] 孙亚东，张亚，刘金武. 水稻机插秧育秧技术[J]. 现代农业科技，2011，（8）：51～56.
[12] 何水清，陈向阳，李建华. 水稻机插秧育秧技术试验研究[J]. 现代农业科技，2010，（20）：56～57.
[13] 刘刚. 水稻强化栽培技术促增产[J]. 四川农业科技，2010，（2）：24.
[14] 朱永川，熊洪，徐富贤，等. 水稻强化栽培技术的研究[J]. 第 1 届中国杂交水稻大会论文集，2010（9）：354～359.
[15] 王振洪，张丽辉. 水稻软盘育秧及抛秧技术[J]. 作物栽培，2008，（5）：28～29.
[16] 段雪梅. 论玉米肥团育苗移栽[J]. 农家之友，2009，（13）：34～35.
[17] 张星耀，王建民，王永久. 玉米肥团育苗移栽配套高产栽培技术[J]. 农业科技通讯，2003，（2）：5.
[18] 刘庆元，王培秋，贺刚林. 玉米软盘育苗移栽高产栽培技术[J]. 作物杂志，2001（4）：10～11.
[19] 张景珍，张瑜，孟自凤. 玉米软盘育苗移栽技术[J]. 中国农技推广，2000，（1）：27～28.
[20] 杨利伟，杨凤泉. 玉米塑料软盘育苗移栽技术[J]. 云南农业，2008，（8）：11.
[21] 苏永. 小麦免耕播种与深耕播种对产量的影响及技术措施[J]. 安徽农学通报，2012，（12）：66～123.

[22] 任富平，翟军海，王哲笃. 推广应用免耕栽培技术、促进农业可持续发展[J]. 中国农技推广，2006，（10）：14.
[23] 李友军，吴金芝，黄明，等. 不同耕作方式对小麦旗叶光合特性和水分利用效率的影响[J]. 农业工程学报，2006，22（12）：44～48.
[24] 曾必荣，张先德，武迎. 小麦免耕浅旋机播高产示范[J]. 四川农业科技，2011，（8）：14～15.
[25] 周晓，袁全武，杨华亮. 小麦免耕施肥播种技术介绍[J]. 农业机械，2011，（4）：41～42.
[26] 洪子怡，梁岩. 小麦小撬点播疏株密植栽培技术[J]. 中国农业科学，1985，（3）：33～34.
[27] 池赛芳. 春马铃薯栽培技术要点[J]. 福建农业，2009，（9）：9～11.
[28] 赵德群，邓士杰. 秋马铃薯栽培技术[J]. 现代农业科技，2007，（16）：41.
[30] 李厦平. 秋马铃薯栽培要点[J]. 福建农业，1996，（10）：24～25.
[31] 纳添仓. 马铃薯良种繁育技术[J]. 蔬菜，2008（8）：167～169.
[32] 邢凤武. 甘薯育苗技术[J]. 现代农业科技，2009，（12）：188～191.
[33] 李勤贤，富贵荣. 甘薯育苗新方法[J]. 新农业，2007，（2）：18～19.
[34] 周凤平，揣艳君. 甘薯育苗栽培技术[J]. 杂粮作物，2006，26（3）：219～220.
[35] 吴鹏. 脱毒甘薯高产配套栽培技术[J]. 农业科技通讯，2011，（2）：105，108.
[36] 董云燕，张金福，杜晶. 脱毒甘薯配套高产栽培技术[J]. 北京农业，2006（6）：40～41.
[37] 陈红，张继君，余国东等. 免耕种植秋大豆的高产配套栽培技术及效益分析[J]. 南方农业，2007，（6）：44～45.
[38] 袁超. 秋大豆栽培技术[J]. 四川农业科技，1998，（5）：17～18.
[39] 南方秋大豆栽培技术[J]. 农民科技培训，2005，（5）：28.
[40] 曾科. 高粱育苗移栽高产技术[J]，农家之友，2010，（7）：6.
[41] 牟之碧. 杂交高粱高产栽培技术[J]. 现代农业科技，2009，（8）：145.
[42] 任健，刘绮，朱建忠，等. 杂交高粱泸糯 8 号的产量优势及高产栽培技术要点[J]. 农业科技通讯，2010，（4）：103～104.
[43] 石宗益. 杂交高粱泸杂四号氮、磷、钾肥配施试验研究[J]. 现代农业科，2010（15）：0～62.
[44] 丁国祥，赵甘霖. 杂交高粱栽培技术要点[J]. 四川农业科技，2007，（3）：25.
[45] 陈琦辉. “双低”油菜直播轻简栽培技术[J]. 福建农业，2010，（10）：12～13.
[46] 王建平，朱家成，张书芬，等. 双低优质油菜育苗移栽技术[J]. 河南农业科学，2004，（10）：87～88.
[47] 吴安平，殷少华，熊飞，等. 双低优质油菜育苗栽培技术[J]. 现代农业科技，2010，（2）：78，80.
[48] 熊飞，殷少华，吴安平，等. 双低油菜棉后拔杆免耕移栽高产栽培技术[J]. 现代农业科技，2009，（23）：192.
[49] 毕建成. 油菜轻简化高产栽培技术要点[J]. 安徽农学通报，2008，（15）：130.

[50] 牛春丽，刘西超，王静. 花生地膜覆盖高产栽培技术[J]. 现代农业科，2012，(10)：76.
[51] 刘莉莉. 花生地膜覆盖高产栽培技术[J]. 现代农业，2012，（5）：103.
[52] 才允. 花生地膜覆盖高产栽培技术[J]. 种子世界，2012，（6）：28.
[53] 孙得禄. 荞麦高产栽培技术[J]. 农家科技，2012，（10）：8.
[54] 柏合荫. 荞麦高产栽培技术[J]. 现代农业，2011，（7）：54～55.
[55] 杨延年. 格尔木青稞丰产栽培技术[J]. 青海农林科技，2012，（8）：81～82.
[56] 和朝元. 迪庆青稞生产与技术发展[J].西藏农业科技，2011，（1）：21～23.
[57] 王建涛，张建平，李晓慧. 丹参高产高效栽培技术初探[J]. 现代农业，2009，(06)：29～30.
[58] 杨春莲. 丹参仿野生高产栽培技术[J]. 现代农村科技，2009，(15)：12～13.
[59] 杨素贞. 丹参高产栽培技术[J]. 现代农村科技，2010，(1)：12～13.
[60] 薛琴芬，孙大文，张普，等. 丹参栽培管理技术及主要病虫害防治[J]. 中国农技推广，2010，(2)：28～29.
[61] 胡晓黎，田玲，刘娜，等. 丹参优质高产栽培技术探讨[J]. 陕西农业科学，2010，(2)：213～214.
[62] 乐玮，覃朝谷，苟洪昱. 麦冬在南方园林地被中的栽培管理技术[J]. 现代园艺，2010，(5)：40.
[63] 黄虹. 麦冬高产栽培要点[J]. 安徽林业. 2006，(2)：36.
[64] 吴生兵. 涪陵麦冬高产栽培技术[J]. 现代农业科技，2008，(17)：57～58.
[65] 王淑欣. 麦冬栽培管理[J]. 河北农业科技，2004，(2)：27.
[66] 蔡文国. 彭山县川泽泻栽培技术.现代农业科技，2007，（14）：37.
[67] 林宝凤. 泽泻栽培技术[J]. 现代农业，2009，(10)：16.
[68] 陈明. 泽泻丰产的栽培技术. 中国中药杂志，1994，19（12）：722.
[69] 高农，韩学俭. 川芎苓子繁育技术. 特种经济动植物，2004，（10）：26.
[70] 李珍贤. 川芎栽培技术. 农村实用技术，2006，（12）：34～35.
[71] 蒋桂华，马逾英，侯嘉，等. 川芎种质资源的调查收集与保存研究. 中草药，2008，39（4）：601～604.
[72] 杨关学，任成芬，代秀容，等. 彭州市川芎的高产栽培技术. 四川农业科技，2007，（7）：43.
[73] 付责明，雷朝林，罗志美，等. 无公害川芎规范化栽培技术. 四川农业科技，2003，（6）：27～28.
[74] 何建华. 川贝母栽培技术与药用价值[J]. 华夏星火，1995，(8)：45.
[75] 钟水明，马一平. 川贝母栽培技术[J]. 资源开发与市场，1986，(4)：46～48.
[76] 王永生. 贝母栽培技术[J]. 农村实用科技信息，2006，(8)：30.
[77] 李忠义，陈忠坚. 三七栽培技术要点. 人参研究，2000，(1)：11～12.
[78] 邢作山，徐长华. 三七栽培加工技术[J]. 农村实用科技信息，2006，(12)：18.
[79] 王科斌，张建华. 三七栽培和采收[J]. 现代种业，2003，(3)：36.
[80] 陈中坚，李忠义，黄天卫，等. 云南省三七栽培现状与发展前景[J]. 人参研究，2000，

（2）：15～16.
[81] 赵霞，吕雅楠. 天麻高产栽培技术[J]. 吉林农业，2010，（8）：109.
[82] 李健，卫云，孟令芳. 天麻栽培技术[J]. 科技致富向导，1996，（11）：4～5.
[83] 芮孔明，杨新华. 天麻栽培与加工技术[J]. 农家之友（理论版），2009，（8）：50～51.
[84] 章庆华，陆卫明. 天麻栽培技术. 现代农业科技，2006，（9）：53～54.
[85] 和积飞，谭林彩. 茯苓生产栽培技术[J]. 现代农村科技，2009，（20）：8.
[86] 刘乔. 优质高产高效茯苓栽培技术[J]. 科技成果纵横，1995，（3）：30.
[87] 李日长. 不断根茯苓栽培丰产技术[J]. 食用菌，2001，（3）：32～33.
[88] 刘本洪，郑林用. 茯苓的特性及段木栽培技术[J]. 四川农业科技，2002，（4）：16.
[89] 彭素琴，谢双喜. 金银花的生物学特性及栽培技术. 贵州农业科学，2003，31（5）：27～29.
[90] 王恒波，袁月芳. 金银花繁育栽培技术. 河北林业科技，2003，（3）：38～39.
[91] 卿太明，熊明彪，邵智勇. 四川省紫色土区金银花栽培技术. 中国水土保持，2004，（10）：17～18.
[92] 曾令祥. 金银花主要病虫害及防治技术. 贵州农业科学，2004，32（4）：68～70.
[93] 王广军，张国彦. 金银花无公害生产病虫害防治技术. 植保技术与推广，2003，23（11）：35.
[94] 程灶隧. 金银花的栽培与加工. 安徽农学通报，2007，13（10）：223.
[95] 黄正方，杨美全，孟忠贵，等. 黄连生物学特性和主要栽培技术. 西南农业大学学报，1994，16（3）：300～302.
[96] 雷庆华，黄德平. 黄连无公害栽培技术. 中药材，2011，（2）：32.
[97] 章文伟. 黄连栽培技术要点及采收加工. 农家科技，2001，（2）：33～34.
[98] 施尚泽，邱有荣，董顺文等. 川明参大田种植及加工的关键技术. 四川农业科技，2010，（3）：35～36.
[99] 陈志荣，莫春义. 川明参田间管理技术. 四川农业科技，2009，（3）：44.
[100] 施尚泽，邱有荣，董顺文，等. 川明参种植关键技术. 农业科技通讯，2010，（7）：185～186.
[101] 戚容，向茂德. 川北地区川明参高产栽培技术. 四川农业科技，2006，（10）：27～28.
[102] 魏波. 川明参高产栽培技术. 现代农业科技，2009，（5）：15，31.
[103] 励月辉，张志勇，安福聚. 白芷栽培技术要点. 中国中医药报，2002，（7）：17～18.
[104] 苑军，殷霈瑶，李红莉. 白芷的生物学特性及规范化栽培技术. 中国林副特产，2010，（1）：43～44.
[105] 罗光明，肖宏浩，刘能俊. 白芷的栽培技术[J]. 中国野生植物资源，1996，（2）：40～41.
[106] 周淑荣，王忠萍. 兴安白芷的栽培[J]. 特种经济动植物，2007，（6）：36.
[107] 李振陆. 植物生产环境. 北京：中国农业出版社，2006.

[108] 林新坚，章明清，王飞. 新型肥料与施肥新技术. 福州：福建科学技术出版社，2011.
[109] 北京市土肥工作站. 施肥技术手册. 北京：中国农业大学出版社，2010.
[110] 卓开荣，逯昀. 园林植物生长环境. 北京：化学工业出版社，2010.
[111] 陈利锋. 农业植物病理学. 北京：中国农业出版社，2007.
[112] 刁春友. 农作物主要病虫害预测预报与防治. 杭州：江苏科学技术出版社，2006.
[113] 王中武. 植物检疫技术. 北京：化学工业出版社，2010.
[114] 卢颖. 植物化学保护. 北京：化学工业出版社，2009.
[115] 贵州农学院. 生物统计附试验设计（第二版）. 北京：中国农业出版社，1989.
[116] 明道绪. 生物统计. 北京：中国农业科技出版社，1998.
[117] 任正隆. 适应四川农业产业化的小麦生产：现状、问题和应对策略[J]. 四川农业大学学报，2000，19（4）：89～93. 5.
[118] 张彭良. 6 个小麦育种材料产量因子比较研究. 中国科技纵横，2011.05：34～35.
[119] 梁称福. 蔬菜生产技术（南方本）. 北京：化学工业出版社，2009.
[120] 汪炳良. 南方大棚蔬菜生产技术大全. 北京：中国农业出版社，2000.
[121] 北京农业工程大学. 农业机械学. 北京：中国农业出版社，1989.
[122] 吴守一. 农业机械学（下册）. 北京：机械工业出版社，1989.
[123] 王万钧. 农业机械设计手册（上册）. 北京：机械工业出版社，1988.
[124] 谷物联合收获机. 黑龙江国营农场总局农机处，1989.
[125] 农业机械. 黑龙江国营农场总局农机处，1981.
[126] 陈学林. 优质茶叶生产技术. 北京：中国农业科学技术出版社，2008.
[127] 石春华，虞轶俊. 茶叶无公害生产技术.北京：中国农业出版社，2010.
[128] 童启庆. 茶树栽培学（第三版）. 北京：中国农业出版社，2006.
[129] 张强. 农民实用技术培训手册. 彭州市农村发展局

基层农技推广人员岗位证书

《农业专业知识》

培训（考试）大纲（试行）

本大纲由两部分组成，第一部分为农业生产基础知识，即第一章的内容；第二部分为农技推广各岗位所需掌握的知识，即第二章、第三章、第四章和第五章的内容。

考试要求：第一部分农业生产基础知识（分值 40 分），为每个岗位考生的必考内容；第二部分为选考内容（分值 60 分），各岗位考生考相应岗位章节的知识内容，两部分分值合计 100 分。

考试题型：考试有单项选择题（20%）、多项选择题（20%）、判断题（30%）、简述题（30%）四种题型，第一部分有单项选择题、多项选择题和判断题三种题型；第二部分有单项选择题、多项选择题、判断题和简述题四种题型。

第一章　农业生产基础知识

第一节　农技推广

一、农业推广方法分类

农业推广方法以传播方式和指导方法不同进行分类。

二、农业推广的主要方法

三、农业推广方法的选择

四、农业信息索取技术

1. 农业信息的获取技术：图书情报；网络途径：Google，百度搜索的使用技术。

2. 农业信息的传播、储存和处理技术：传播途径、储存方法和信息分类整理以及编排技术。

3. 农业信息的利用技术：农业信息的利用、转换和转让应用的有关技术。

五、田间实验与生物统计

1. 田间实验设计的基本方法。

2. 测产的基本方法。

3. 试验资料的收集与整理。

第二节　四川主要土壤类型及其特性

一、水稻土。

二、紫色土。

三、黄壤。

第三节　肥料

一、化学肥料。

二、有机肥料。

三、新型肥料。

四、测土配方施肥技术。

第四节　种子基本知识

一、农作物种子的概念。

二、主要农作物品种。

三、种子的类别。

四、种苗类型。

五、作物品种选择。

第五节　植物保护基础

一、植物保护的基本概念。

二、农业有害生物的基本知识。

三、病虫害预测预报。

第六节　农机基础

一、农业机械、农业机械化的概念。

二、农业机械分类。

第七节　农产品质量安全基本知识

一、“三品一标”的内容。

二、“三品一标”的定义。

第八节　农村能源

一、概念。

二、农村能源分类。

三、农村能源安全管理使用知识。

重点：了解农业推广的主要方法，了解信息的收集与整理、四川主要土壤类型、肥料施用技术、农机分类、“三品一标”的内容及定义，常见病虫害防治方法及农产品质量安全要求。掌握病虫害防控策略、农村能源安全使用等。

第二章　农业技术推广岗位

第一节　粮油生产

一、水稻

1. 水稻的生物学基础。

2. 水稻常见育苗技术：旱育秧、抛秧和机插秧等育苗技术。

3. 水稻高产栽培技术。

二、玉米

1. 玉米的生物学基础。

2. 玉米的育苗方法：方格育苗、肥团育苗和软盘育苗等育苗技术。

3. 玉米地膜覆盖栽培等高产栽培技术。

三、小麦

1. 小麦的生物学基础。

2. 小麦的机播栽培技术。

3. 小麦免耕栽培技术。

4. 小麦小窝疏株密植高产栽培技术。

四、马铃薯

1. 马铃薯的生物学基础。

2. 春、秋、冬马铃薯配套高产栽培技术。

五、大豆

1. 大豆的生物学基础。

2. 套作大豆、秋大豆的配套高产栽培技术。

六、高粱

1. 高粱的生物学基础。

2. 杂交高粱、常规高粱育苗移栽配套高产栽培技术。

3. 再生高粱配套高产栽培技术。

七、甘薯

1. 甘薯的生物学基础。

2. 甘薯育苗技术。

3. 甘薯配套高产栽培技术。

八、青稞

1. 青稞的生物学基础。

2. 青稞配套高产栽培技术。

九、荞麦

1. 荞麦的生物学基础。

2. 荞麦配套高产栽培技术。

十、油菜

1. 油菜的生物学基础。

2. “双低”油菜育苗移栽技术。

3. 免耕栽培的配套高产栽培技术。

十一、花生

1. 花生的生物学基础。

2. 花生地膜覆盖配套高产栽培技术。

注：各粮油作物的病虫害综合防治技术见第三章的农业有害生物防控岗位的相关内容。

第二节　蔬菜生产

一、露地蔬菜生产

（一）蔬菜种子与播种

1. 常见蔬菜种子的千粒重。
2. 蔬菜种子质量的确定。
3. 蔬菜浸种的方法。
4. 蔬菜催芽的方法。

（二）育苗

1. 冷床育苗。
2. 温床育苗。
3. 护根育苗。

（三）定植

1. 整地做畦。
2. 施肥与土壤消毒。

（四）田间管理

1. 植株调整。
2. 生长调节剂的种类及应用。
3. 常见蔬菜的肥水管理。
4. 常见蔬菜的病虫害绿色防控技术。
5. 蔬菜的商品化处理技术。

二、设施蔬菜生产

（一）地膜

1. 地膜的种类。
2. 特点。
3. 使用方法。

（二）大棚

1. 大棚的种类。
2. 特点。
3. 大棚内气候（温度、光照、湿度）特点及调控。
4. 大棚所需材料及建造的成本概算。
5. 滴（喷）灌的使用。
6. 大棚蔬菜的种植模式。
7. 四川地区大棚蔬菜生产的茬口安排。

第三节　果树生产

一、育苗

嫁接育苗。

二、建园

规划建园。

三、定植

掌握定植穴（沟）、底肥、定植、定干等技术。

四、田间管理

1. 间作及土壤管理：间作作物的选择、覆盖物。
2. 施肥：常见施肥的方法及要求，薄施勤施。
3. 整形修剪：修剪时间和方法。
4. 疏花疏果。
5. 保花保果及主要水果的套袋技术。
6. 果实采收及商品化处理。
7. 果树常见病虫害的绿色防控技术。

第四节 茶叶生产

一、育苗

1. 有性繁殖。
2. 无性繁殖。
3. 苗圃管理。

二、建园

1. 茶园规划设计。
2. 茶园开垦。
3. 茶树种植。

三、茶园管理

1. 茶园施肥。
2. 茶树修剪。
3. 茶园机械化作业。

四、茶园主要病虫害防治。

五、茶叶采摘。

六、绿茶、红茶粗加工技术。

第五节 中草药生产

一、丹参的栽培技术。

二、麦冬的栽培技术。

三、泽泻的栽培技术。

四、川芎栽培技术。

五、川贝母栽培的关键技术。

六、三七栽培的关键技术。

七、天麻栽培技术。

八、茯苓栽培的关键技术。

九、金银花栽培的关键技术。

十、黄连栽培的关键技术。

十一、川明参栽培的关键技术。

十二、川白芷栽培的关键技术。

重点：了解四川主要栽培作物的品种；掌握常见作物的栽培技术。

第三章 农业有害生物防控岗位

第一节 主要农作物病虫害

一、农作物病虫害的基本知识

1. 植物病害基本知识。
2. 害虫基本知识。
3. 杂草基本知识。
4. 鼠害的基本知识。

二、主要病虫害识别及防治技术

按主要作物（水稻、小麦、玉米、马铃薯、油菜、甘薯、蔬菜、果树、茶园）区分防治。

第二节 农作物病虫害预测预报

1. 病虫害田间调查方法。
2. 病虫害调查抽样技术。
3. 病虫测报常见概念。
4. 常见病虫害调查数据。
5. 病虫害调查时间和内容。
6. 病虫害预测预报。

第三节 农业有害生物综合防治策略与技术

1. 综合防治策略。
2. 综合防治技术。

① 农业防治。

② 物理机械防治。

③ 生物防治。

④ 化学防治。

3. 农作物病虫害绿色防控。

① 农作物病虫害绿色防控的概念。

② 农作物病虫害绿色防控主推技术。

第四节 农药基本知识及使用技术

一、农药的基本知识

1. 农药的分类。
2. 农药的剂型及特点。

二、农药安全使用技术

1. 农药的选择。

2. 农药的购买。
3. 农药的配制。
4. 农药的施用方法。
5. 科学用药的措施。
6. 禁止和限制使用的农药。
（注意：包括植物源和动物源的生物农药）

重点：了解作物病虫害防控策略、植物检疫相关法律法规；掌握常见作物病虫害防控技术。

第四章　农机管理与技术推广岗位

第一节　农业机械分类及使用

一、农业机械分类
二、农业机械使用
（一）农业机械使用常识；
（二）农业机械配套农机具及田间作业常识；
（三）农业机械保养的基本要求与做法。

第二节　农业机械化生产

一、农业机械化生产作业
1. 机耕、机播、机收作业
2. 农机跨区作业
二、四川省农业机械化主要生产技术
1. 水稻机械化生产技术。
2. 小麦机械化生产技术。
3. 油菜机械化生产技术。
4. 农作物秸秆综合利用机械化技术。
5. 保护性耕作技术。

第三节　农业机械管理

一、农业机械安全生产宣传、检查与事故的预防。
二、农业机械安全管理。
三、农机产品选购与质量投诉。
四、农业机械的报废。

重点：了解农机产品分类、型号及过户与报废、质量投诉等知识；掌握常见农业机械选购、操作及维修保养。

第五章　农产品质量安全生产岗位

第一节　“三品”生产对环境及投入品的要求

一、“三品”农产品生产对产地环境的要求。
二、“三品”生产对农业投入品的要求。
1. 国家明令禁止使用的农药。
2.“三品”对肥料、农药等的要求。

第二节　基层农产品质量安全监管人员职责

一、县级以上农业行政主管部门
1. 农产品产地环境监管。
2. 农业投入品监管。
3. 农产品生产过程监管。
4. 农产品监测和监督检查。
5. 其他。
二、乡镇农产品质量安全监管公共服务机构
1. 定期组织农产品质量安全法律法规知识宣传、教育和培训。
2. 组织开展农产品质量安全控制技术示范。
3. 承担对种植、养殖过程的督导巡查工作。
4. 对产地农产品进行快速检验监测。

第三节　农产品生产记录制度管理

一、建立记录档案。
二、记录档案的内容及要求。

第四节　农产品产地准出制度管理

一、农产品准出的实施要求
1. 农业标准化生产。
2. 农产品质量安全检测。
二、实施农产品准出的范围。
三、农产品准出条件。

第五节　农产品质量安全事故处理

一、农产品质量安全事故分级
二、农产品质量安全事故处理的应急响应
三、农产品质量安全事故处理的流程

第六节　农产品质量安全快速检测方法

一、快速检测对人员要求
二、快速检测的原理及应用
1. 农药残留物主要检测方法及特点。
2. 常用的仪器设备。
三、检测程序
1. 抽样。

2. 纸片法检测程序。

3. 酶抑制率测定法检测程序。

重点：了解农产品质量安全监管人员职责、农产品生产记录制度、农产品安全事故处理；熟悉农产品质量安全监管的各项制度；掌握“三品”对农业投入品的要求、农药残留物的快速检测技术。